工程识图与绘制

薛　召　主　编
高积慧　主　审

大连海事大学出版社

图书在版编目(CIP)数据

工程识图与绘制 / 薛召主编．— 大连：大连海事大学出版社，2014.4

ISBN 978-7-5632-3002-0

Ⅰ．①工… Ⅱ．①薛… Ⅲ．①工程制图－识别 Ⅳ．①TB23

中国版本图书馆 CIP 数据核字(2014)第 075469 号

大连海事大学出版社出版

地址:大连市凌海路1号　邮编:116026　电话:0411-84728394　传真:0411-84727996

http://www.dmupress.com　E-mail:cbs@dmupress.com

大连住友彩色印刷有限公司印装　　大连海事大学出版社发行

2014 年 4 月第 1 版　　2014 年 4 月第 1 次印刷

幅面尺寸:185 mm×260 mm　　印张:20.25

字数:501 千字　　印数:1～1200 册

出版人:徐华东

责任编辑:华云鹏　　责任校对:何　乔　孙雅荻

封面设计:王　艳　　版式设计:解瑶瑶

ISBN 978-7-5632-3002-0　　定价:48.00 元

前　　言

本书为浙江省特色专业——船舶工程技术专业的专业基础课程的配套教材，目的是使学生通过学习了解船机零件、船体结构等技术图纸的主要内容和表达方法，熟悉相关国家标准和行业标准的有关规定，掌握使用 AutoCAD 软件绘制相关图纸的技能。

本书的编写以实用、够用为原则，充分体现任务引领、项目导向课程的设计思想，教材以制图基本知识，基本体视图的识读与绘制，船机零件图的识读与绘制，船体型线图、总布置图的识读，船体节点图的识读与绘制，船体基本结构图的识读，AutoCAD 基本命令的使用，机械零件 CAD 实体创建，船体节点 CAD 实体创建等九个项目为载体，引导学生识读船机零件和船体结构。教材图文并茂，有利于提高学生的学习兴趣。

本书项目四的任务三由杭州智胜船舶设计有限公司的王国良编写，项目五的任务二由浙江正和造船有限公司的项凤鲜编写，项目四的任务二和任务四、项目八、项目九分别由浙江交通职业技术学院的张海伟、卢冠钟、丁晓梅编写，其余部分由薛召编写并负责全书的统稿。本书由浙江交通职业技术学院的高积慧主审。

在编写过程中，浙江造船有限公司的程飞和浙江东海岸船业有限公司的曹德芳给予了一定的技术支持。同时，本书编写过程中参阅了大量的参考书籍和文章，在此对这些书籍和文章的作者表示感谢！鉴于编者的水平，书中难免存在疏漏与不足，希望读者批评指正。

编　者

2013 年 12 月

目 录

项目一 制图基本知识

通过本项目的训练，学生应能了解制图国标的有关规定及应用，熟悉绘图工具的用法；了解几何作图的方法与步骤，理解正投影特性和使用范围；掌握三视图的投影规律及相对位置关系，了解直线、平面在三投影面体系中的投影特点及三视图画法；了解直线与直线、直线与平面不同相对位置的三视图表达方法，能按国标要求绘制几何图形；能够识读和绘制直线、平面的三视图；能正确识读物体三视图。

任务一 制图国标知识的认知

● 能力目标

(1) 能够判别图纸的规格；

(2) 能够辨别图线的类别。

● 知识目标

(1) 了解图纸的幅面尺寸；

(2)掌握比例和字体规格;
(3)掌握图线的适用范围。

● 情感目标

(1)养成多思勤练的学习作风;
(2)培养尊重他人的职业素养;
(3)培养良好的沟通能力。

任务引入

(1)什么是机械图纸?
(2)机械图纸都是什么样子的?
(3)机械图纸都有哪些内容?

任务解析

机械图纸是根据投影原理、标准或有关规定,用点、线、符号、文字和数字等描绘机械零件几何特性、形态、位置及大小的一种形式,并有必要的技术说明图。

机械图纸根据需求不同,采用大小不一的幅面。常见的图纸幅面有A3、A4等,并具有一定的图框,部分图纸还具有一定的装订边。

机械图纸除了具有一组视图外,还会有标题栏、标注尺寸和技术要求等内容,用以标示零件名称、零件尺寸、加工要求等信息。

相关知识

知识点1　图纸基本幅面和格式(GB/T 14689－2008)

【初阶】

绘制技术图样时,可采用不同规格的图纸幅面,但应优先选择表1-1-1规定的基本幅面尺寸。

表1-1-1　图纸幅面尺寸

幅面代号		A0	A1	A2	A3	A4
尺寸 $B \times L$(mm)		841×1 189	594×841	420×594	297×420	210×297
图框	a	25				
	c	10			5	
	e	20		10		

A0幅面两边的尺寸分别为841 mm和1 189 mm,这个是如何计算的呢?为什么不直接用

840 mm 和 1 200 mm 来计算呢?

国家标准规定,标准图纸幅面的长边是短边的 $\sqrt{2}$ 倍,且 A0 幅面为 1 m^2,因此 A0 图纸的长边为 1 189 mm。将 A0 图纸沿其长边方向对折,即得到 A1 图纸,故 A1 纸的规格为 594 mm × 841 mm,其余均以此类推。我们常见的打印纸、复印纸多为 A4 纸,其规格为 210 mm × 297 mm。

图纸上必须有粗实线绘制的图框,图框有两种格式:不留装订边和留装订边,如图 1-1-1 所示。同一产品中所有图样均应采用同一种格式。

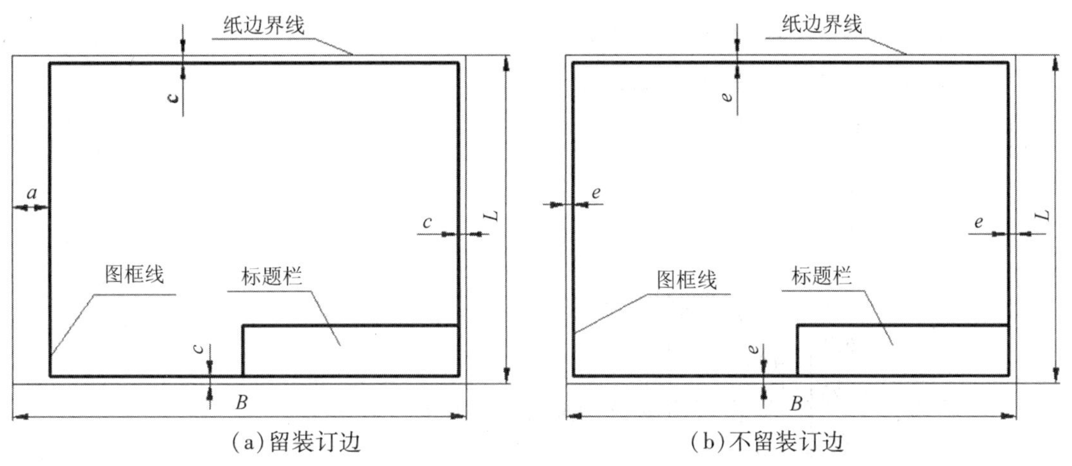

图 1-1-1 图框格式

【中阶】

为清晰表达机械零件或方便阅读,常把图纸分成两种类型:X 型图纸与 Y 型图纸。若标题栏的长边与图纸的长边平行时,则构成 X 型图纸,如图 1-1-1 所示;若标题栏的长边与图纸的长边垂直时,则构成 Y 型图纸,如图 1-1-2 所示。

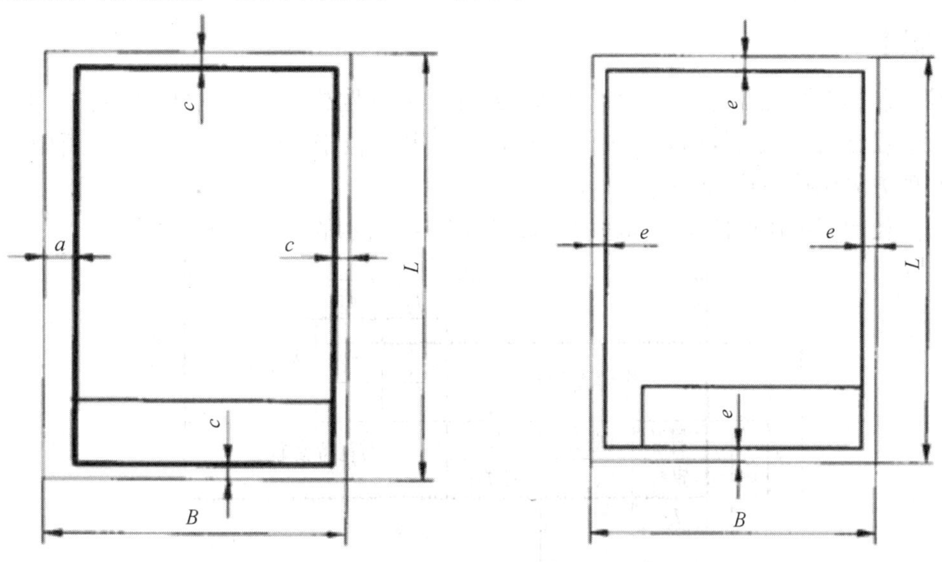

图 1-1-2 Y 型图纸

【高阶】

在表达某些机械零件时，可能会因为图纸基本幅面的限制而无法选择合适的比例、标注等内容，此时就需要对图纸进行一定的加长。国家标准规定的图纸加长幅面详见图 1-1-3 所示。

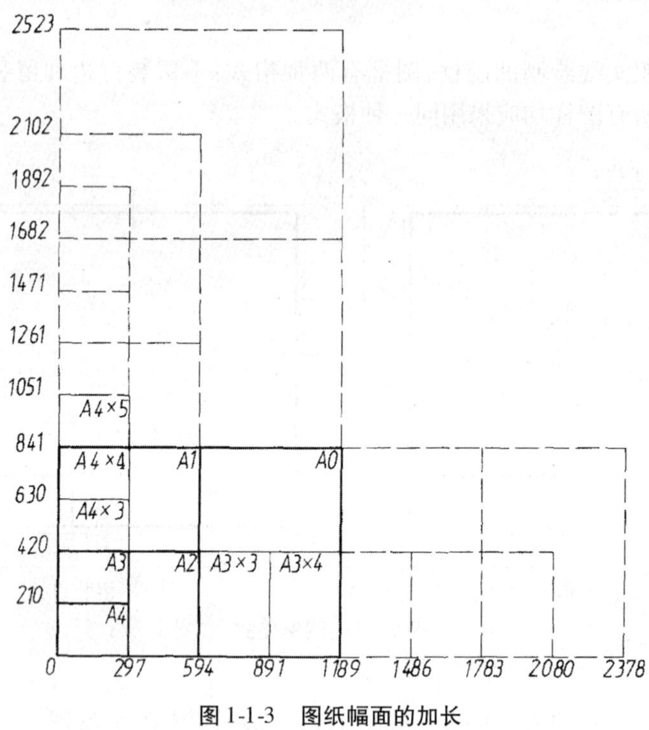

图 1-1-3　图纸幅面的加长

知识点 2　标题栏（GB/T10609.1－2008）

【初阶】

为使绘制的图纸便于管理和查阅，每张图纸必须有标题栏，用于填写机械零件名称、图纸代号、比例、设计人员签名等内容。通常情况下，标题栏应位于图框的右下角，并使看图的方向与标题栏的方向保持一致，如图 1-1-1、图 1-1-2 所示。

一般学校的制图作业使用的标题栏可采用图 1-1-4 所示的简化标题栏样式。

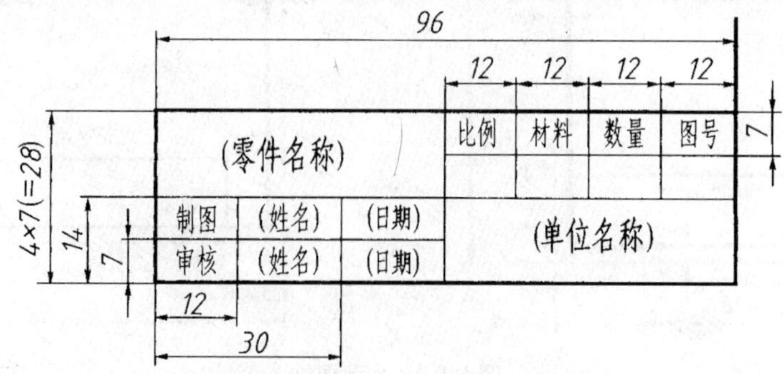

图 1-1-4　简化的标题栏格式

【中阶】

国标 GB/T10609.1－2008 中详细规定了标题栏的格式和内容,如图 1-1-5 所示。

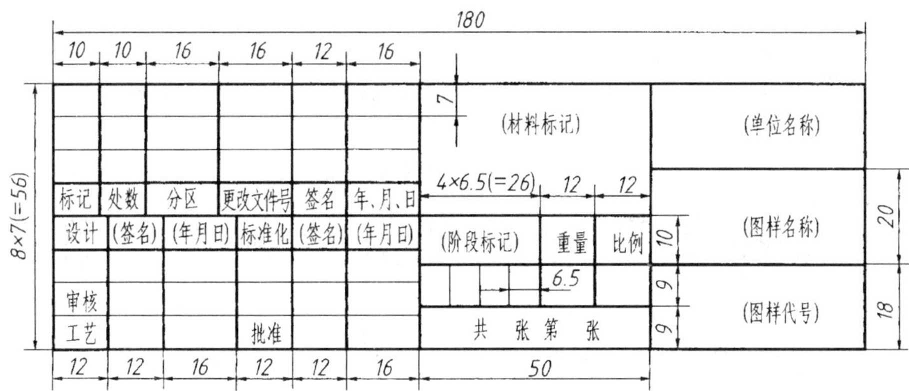

图 1-1-5 标题栏的格式

知识点 3 比例(GB/T14690－1993)

【初阶】

比例是指图中图形与实物相应要素的线性尺寸之比。比例分为原值比例、缩小比例和放大比例三种类型,绘制图形时尽量选择原值比例,必要时可选择其他比例,但所选比例应符合表 1-1-2 中所规定的系列。

表 1-1-2 比例系列

种类	比例	
	第一系列	第二系列
原值比例	1:1	
缩小比例	1:2 1:5 $1:1\times10^{n}$ $1:2\times10^{n}$ $1:5\times10^{n}$	1:1.5 1:2.5 1:3 1:4 1:6 $1:1.5\times10^{n}$ $1:2.5\times10^{n}$ $1:3\times10^{n}$ $1:4\times10^{n}$ $1:6\times10^{n}$
放大比例	2:1 5:1 $1\times10^{n}:1$ $2\times10^{n}:1$ $5\times10^{n}:1$	2.5:1 4:1 $2.5\times10^{n}:1$ $4\times10^{n}:1$

不论采用缩小或放大比例绘图,在图样上标注的尺寸均为零件设计要求的尺寸,与所选比例无关,如图 1-1-6 所示。一般情况下,比例应标注在标题栏中的比例栏内。

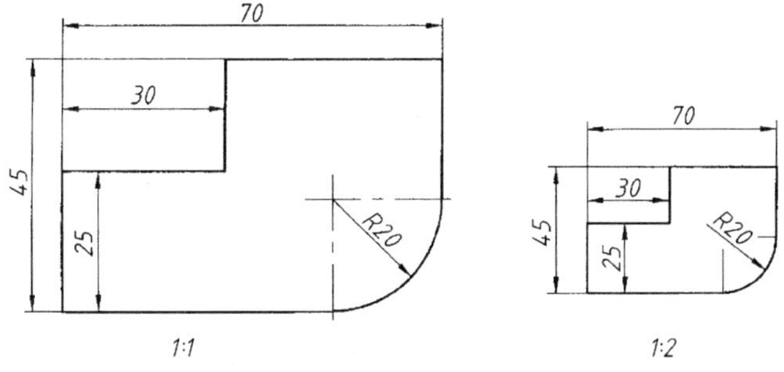

图 1-1-6 选用不同比例绘制同一图形的尺寸标注

知识点4 字体（GB/T14691－1993）

【初阶】

图纸中除了表达机件形状的图形外，还应有必要的文字、数字、字母，以说明机件的大小、技术要求等。图纸和技术文件中书写的字体必须做到：字体工整、笔画清楚、间隔均匀、排列整齐。

图样中的汉字应写成长仿宋体，并应采用国家正式公布推行的简化字，如图1-1-7所示。

字体工整笔画清楚间隔均匀排列整齐

浙江交通职业技术学院船舶工程技术专业

工程识图与绘制课程采用项目化教学

柴油机空调货舱轴系肋骨节点型线艏艉

图1-1-7 长仿宋体汉字示例

【中阶】

汉字的大小不能随意书写，应按字号规定选用，字体号数代表字体的高度，字体的高度是字体宽度的$\sqrt{2}$倍。

字体高度为1.8 mm、2.5 mm、3.5 mm、5 mm、7 mm、10 mm、14 mm、20 mm等八种规格，其中汉字的字体高度不能低于3.5 mm。同一张图纸中的字体大小应一致。

【高阶】

在图纸中，字母和数字可写成斜体或直体。斜体字字头向右倾斜，与水平基线成75°夹角。在技术文件中字母和数字一般写成斜体，用作指数、分数、极限偏差和注脚的数字和字母，一般应采用小一号的字体。字母和数字的书写如图1-1-8所示。

直体 斜体

1234567890 ΦR *1234567890 ΦR*

(a) 阿拉伯数字

直体

Ⅰ Ⅱ Ⅲ Ⅳ Ⅴ Ⅵ Ⅶ Ⅷ Ⅸ Ⅹ

斜体

Ⅰ Ⅱ Ⅲ Ⅳ Ⅴ Ⅵ Ⅶ Ⅷ Ⅸ Ⅹ

(b) 罗马数字

大写直体

ABCDEFGHIJKLMNOPXYZ

小写直体

abcdefghijklmnopxyz

大写斜体

ABCDEFGHIJKLMNOPXYZ

小写斜体

abcdefghijklmnopxyz

(c) 字母

图 1-1-8 字母和数字示例

知识点5　图线（GB/T4457.4－2002）

【初阶】

国家标准规定了机械制图中常用图线线型的图线代码、线型及一般应用，部分线型及应用见表1-1-3（摘选）。

表1-1-3　图线代码、线型及一般应用

代码	线型	线宽	一般应用
01.1	细实线	b/2	尺寸线和尺寸界线、剖面线、指引线和基准线、过渡线、重合断面图轮廓线、重复要素标示线
	波浪线	b/2	断裂处的边界线、视图与剖视图分界线
	双折线	b/2	断裂处的边界线、视图与剖视图分界线
01.2	粗实线	b	可见棱边线、可见轮廓线、相贯线、螺纹终止线、系统结构线、剖切符号用线
02.1	细虚线	b/2	不可见棱边线、不可见轮廓线
02.2	粗虚线	b	允许表面处理的标示线
04.1	细点画线	b/2	轴线、对称中心线、分度圆（线）、剖切线、孔系分布的中心线
04.2	粗点画线	b	限定范围标示线
05.1	细双点画线	b/2	相邻辅助零件的轮廓线、可动零件极限位置轮廓线、轨迹线、特定区域线

图线的线宽分粗、细两种，粗线的宽度应按图纸的类型、图幅的规格和尺寸的大小，在0.5～2 mm之间选择，推荐系列为0.5 mm、0.7 mm、1 mm、1.4 mm、2 mm。细线的宽度约为粗线的1/3～1/2。

各类图线在图纸中的意义各不相同，绘图时应按要求选择图线的类型与粗细。图线的应用如图1-1-9所示。

【中阶】

图线绘制过程中，应注意以下问题：

（1）同一图样中的同类图线的宽度应基本一致，虚线、细点画线及细双点画线的线段长度

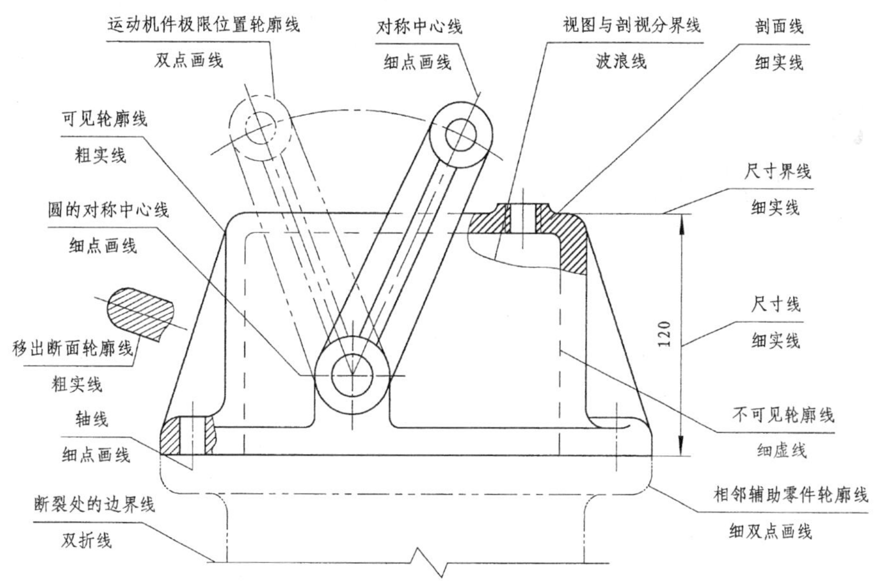

图 1-1-9　图线应用示例

和间隔应各自大致相等；

(2)两条平行线(包括剖面线)之间的最小距离应不小于 0.7 mm；

(3)绘制圆的对称中心线时,圆心应是两细点画线的线段的交点；

(4)细点画线和细双点画线的首末两端应是线段而不是短画；

(5)在较小的图形上绘制细点画线或细双点画线有困难时,可用细实线代替。

知识点 6　剖面符号（GB/T4457.5－1998）

【初阶】

在剖视图和断面图中,应根据机械零件材料的不同选择不同的剖面符号,剖面符号仅表示材料的类别,不表示材料的名称和代号。常用剖面符号如表 1-1-4 所示。

表 1-1-4　常用剖面符号

材料	符号	材料		符号
金属材料(已有规定剖面符号者除外)		型砂、填砂、粉末冶金、砂轮、陶瓷刀片、硬质合金刀片等		
线圈绕组元件		玻璃及供观察用的其他透明材料		
转子、电枢、变压器和电抗器等的叠钢片		木材	纵剖面	
非金属材料(已有规定剖面符号者除外)			横剖面	

任务二
图形基本线条的绘制

● 能力目标

(1)能正确使用绘图工具;

(2)能正确绘制简单图形。

● 知识目标

(1)了解绘图工具的使用方法;

(2)掌握绘图方法和技巧。

● 情感目标

(1)养成多思勤练的学习作风;

(2)培养仔细、严谨的职业素养。

任务引入

(1)绘制图纸都用哪些工具?

(2)如何正确使用绘图工具进行绘图?

任务解析

想要快速、准确地绘制图纸,应了解常用绘图仪器的结构、性能和使用方法。随着加工制造工艺技术的进步,绘图仪器的类型、功能等都有了较大的改善,如CAD绘图仪可直接将CAD类的电子图纸打印出图。

学生常用的绘图工具和仪器主要有铅笔、图板、丁字尺、三角板、圆规、分规、曲线板等。基本几何作图包括等分直线段、绘制斜度和锥度、作圆的切线、圆弧的连接等内容。

知识点1　绘图工具的使用

【初阶】

1. 铅笔

绘图铅笔的铅芯软硬程度用字母H、B表示。H(或B)前边的数字越大表示铅芯越硬(或

越软),画出的线就越淡(或越黑)。HB 的铅芯软硬适中。绘图时,通常用 H 或 2H 铅笔画底稿,用 B 或 HB 铅笔加粗加深全图,写字时用 HB 铅笔。

铅笔的削磨方法直接影响所画图线的粗细和光滑程度。按铅笔的不同用途,一般把铅芯削磨成圆锥形和扁平形两种,如图 1-2-1 所示。

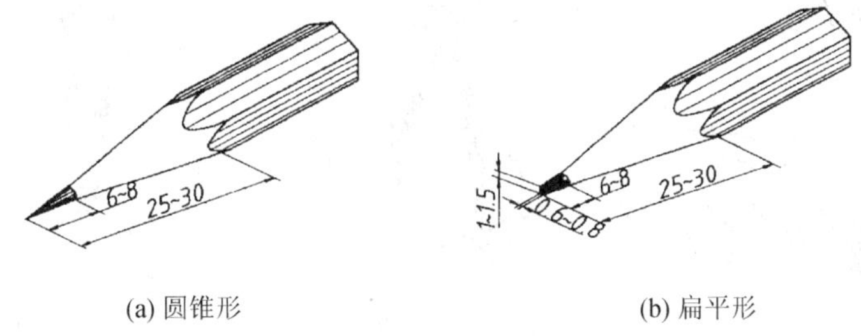

(a) 圆锥形　　(b) 扁平形

图 1-2-1　绘图铅笔铅芯形状

2. 图板、丁字尺

图板供绘图时贴放图纸用,其板面应平坦、整洁,左侧为导边,必须平直。丁字尺由尺头和尺身组成。尺身上边为工作边,用来画水平线。使用时,应使尺头内侧紧贴图板的左导边上下移动。图板和丁字尺在绘图时的位置关系如图 1-2-2 所示。

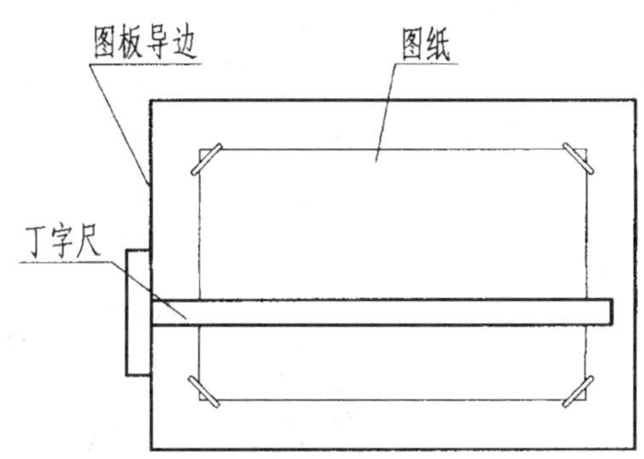

图 1-2-2　图板和丁字尺的位置关系

3. 三角板

三角板主要用于配合丁字尺使用,一副三角板有两块,一块是 45°,另一块是 30°及 60°。三角板与丁字尺配合,可画垂直线及与水平方向成 15°倍数的各种斜线,如图 1-2-3 所示。

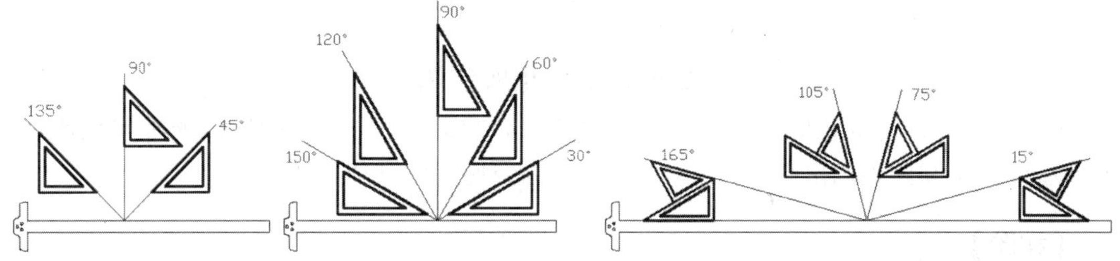

图 1-2-3　用三角板画垂直线及 15°倍数的斜线

4. 圆规

圆规是画圆及圆弧的工具。圆规两腿中,一腿上装有活动钢针,另一腿上装有肘形关节及可更换笔脚(装有铅芯)。使用前,应调整针脚,使针尖略长于铅芯,如图 1-2-4 所示。画圆时,应使圆规两脚皆垂直图纸面,如图 1-2-4(a)、图 1-2-4(b)所示。

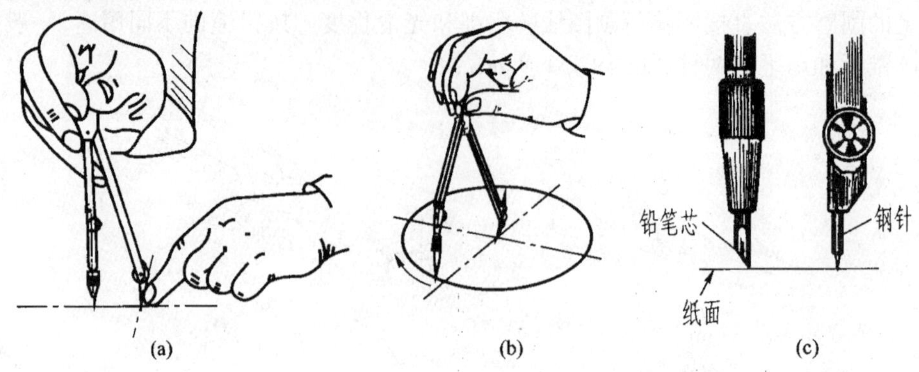

图 1-2-4　圆规使用方法

【中阶】

5. 曲线板

曲线板用来绘制非圆曲线。已知曲线上的几个点,光滑连接成圆弧时,除了徒手连接,使用曲线板连接的效果更理想。绘图时找出曲线板上与所画曲线吻合的一段,沿曲线板画出曲线即可。如果曲线较长,或顺、逆时针不规则,需要分段绘制。但前后绘制的两段曲线之间应有一小段是重合的,只有如此绘制的曲线才能保证其圆滑性,如图 1-2-5 所示。

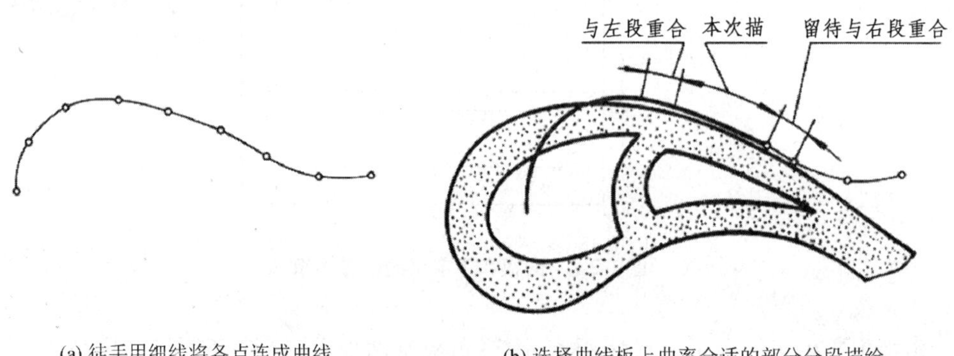

(a) 徒手用细线将各点连成曲线　　(b) 选择曲线板上曲率合适的部分分段描绘

图 1-2-5　曲线板的使用

知识点 2　几何作图

机械零件的轮廓形状虽然复杂多样,但其投影轮廓都是由直线、圆弧和一些常见曲线所组成。为了正确、快速地画出图样,必须熟练地掌握各种几何图形的作图方法。

【初阶】

1. 等分圆周和作正多边形

(1)三、六等分圆周并作正三、六边形

如图 1-2-6(a)所示,以 C 点为圆心、R 为半径画圆弧交圆周于 1、2 两点,则 D、1、2 点将该

圆周三等分;依次连接三个等分点,便得到圆内接正三边形,如图 1-2-6(b)所示;再以 D 点为圆心,R 为半径画圆弧交圆周于 3、4 两点,则 C、D、1、2、3、4 点将该圆周六等分,如图 1-2-6(c)所示;依次连接六个等分点,便得到圆内接正六边形,如图 1-2-6(d)所示。

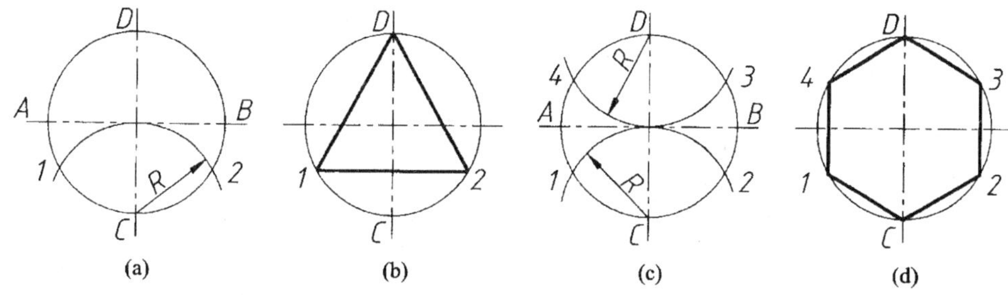

图 1-2-6　三、六等分圆周并作正三、六边形

(2)五等分圆周并作正五边形

已知圆心 O,半径为 R,五等分圆周的作图方法如图 1-2-7 所示,具体步骤如下:

①以 B 点为圆心、R 为半径画圆弧与圆周交于 M、N 两点,连接 M、N 与 OB 交于 P,则 P 点把 OB 等分。

②以 P 点为圆心、PD 为半径画圆弧与 OA 交于 K 点。

③以 D 点为圆心、DK 为半径画圆弧与圆周交于 1、2 两点,再以 1、2 点分别为圆心,DK 为半径画圆弧与圆周交于 4、3 点,则 D、1、2、3、4 点将该圆周五等分。依次连接五个等分点,便得到圆内接正五边形。

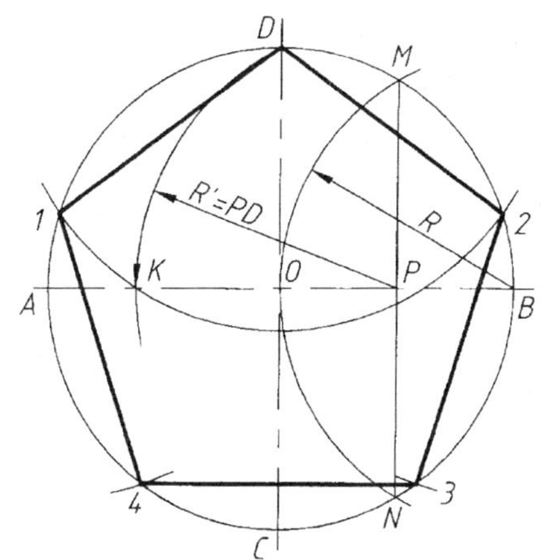

图 1-2-7　五等分圆周并作正五边形

【中阶】

2. 圆弧连接

绘图时常会遇到用一圆弧光滑连接相邻两线段或两圆弧的情况,这种光滑连接,在几何中称为相切,在制图中则通称圆弧连接。切点也称连接点,起连接作用的圆弧称为连接弧。

(1)圆弧与直线相切

半径为 R 的连接弧与直线相切时,其圆心轨迹是距离已知直线 L 为 R 的两条平行线 l_1 和

l_2。过 O 点作已知直线 L 的垂线，垂足 K 即为切点，如图 1-2-8(a)所示。

(2)圆弧与圆弧外切

半径为 R 的连接弧与已知圆弧(圆心为 O_1，半径为 R_1)外切时，其圆心轨迹是以 O_1 为圆心，以 $R_2=R+R_1$ 为半径画的圆。圆心连线 OO_1 与已知圆弧的交点即为切点 K，如图 1-2-8(b)所示。

(3)圆弧与圆弧内切

半径为 R 的连接弧与已知圆弧(圆心为 O_1，半径为 R_1)内切时，其圆心轨迹是以 O_1 为圆心，以 $R_2=R_1-R$ 为半径画的圆。连接 O、O_1 并延长与已知圆弧的交点即为切点 K，如图 1-2-8(c)所示。

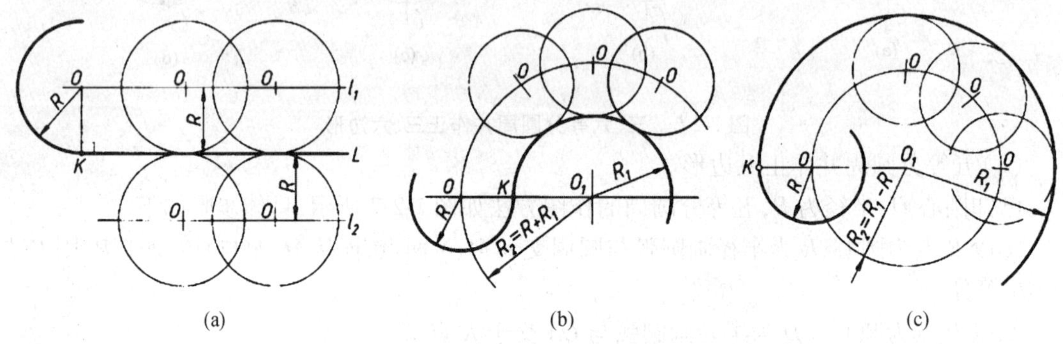

图 1-2-8　圆弧连接

(4)圆弧连接作图举例

除上述几种常见的圆弧连接方法外，还可以进行其他类别的圆弧连接，表 1-2-1 列出了几种圆弧连接的方法示例。

表 1-2-1　圆弧连接作图示例

连接要求	作图方法和步骤		
	求连接弧圆心 O	求连接点(切点)K_1、K_2	画连接弧
连接两已知直线			
连接已知直线和圆弧			
外切连接两已知圆弧			

续表

连接要求	作图方法和步骤		
	求连接弧圆心 O	求连接点（切点）K_1、K_2	画连接弧
内外连接两已知圆弧			

【高阶】

3. 斜度和锥度

（1）斜度

一直线（或平面）对另一直线（或平面）的倾斜程度称为斜度。斜度用字母 S 表示，其大小用两直线（或两平面）之间夹角的正切值来表示，并写成 1∶n 的形式，即

$$S=\tan\alpha=H/L=1:n$$

斜度的符号及标注如图 1-2-9 所示，符号尖端方向与图形斜度方向一致。

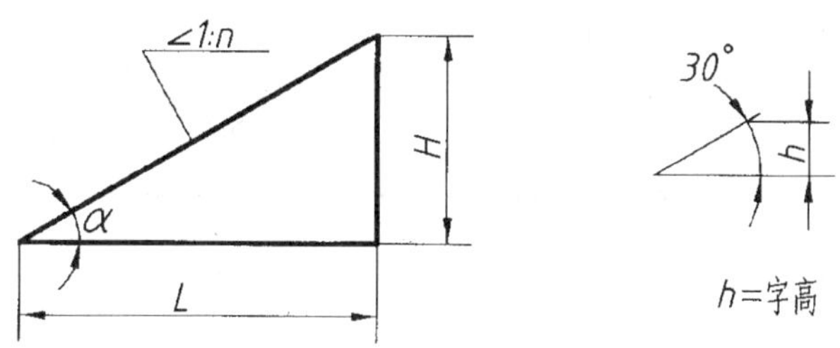

图 1-2-9　斜度的符号及标注

（2）锥度

正圆锥的底圆直径与锥高之比称为锥度。正圆锥台的锥度是指两底圆直径差与台高之比。锥度用字母 C 表示，锥度也写成 1∶n 形式，即

$$C=D/L \text{ 或 } (D-d)/l=1:n$$

锥度的符号及标注如图 1-2-10 所示，符号尖端方向应与锥度图形尖端方向一致。

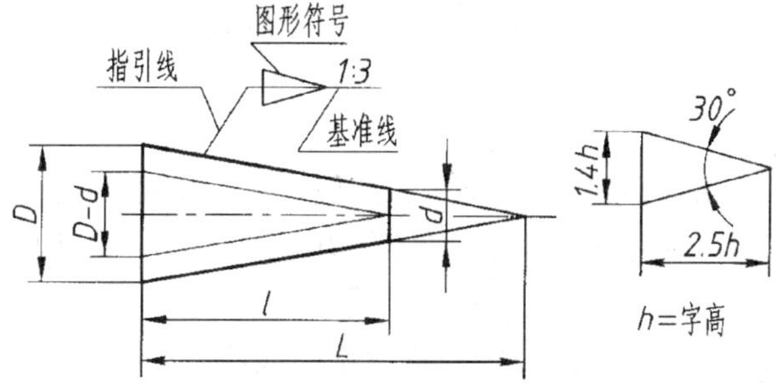

图 1-2-10　锥度的符号及标注

知识点3　平面图形的尺寸分析及画法

任何机件的视图都是平面图形，而平面图形又是由很多的直线段和曲线段连接而成的。因此掌握平面图形的分析方法，对于正确、迅速地绘制图样起着重要的作用。

【初阶】

1. 平面图形的尺寸分析

根据平面图形中尺寸所起的作用，可分为定形尺寸和定位尺寸两类。

(1)定形尺寸

定形尺寸是指确定平面图形上几何元素形状大小的尺寸，如图 1-2-11 中的 ϕ15、ϕ30、*R*18、*R*30、*R*50、80 和 10。

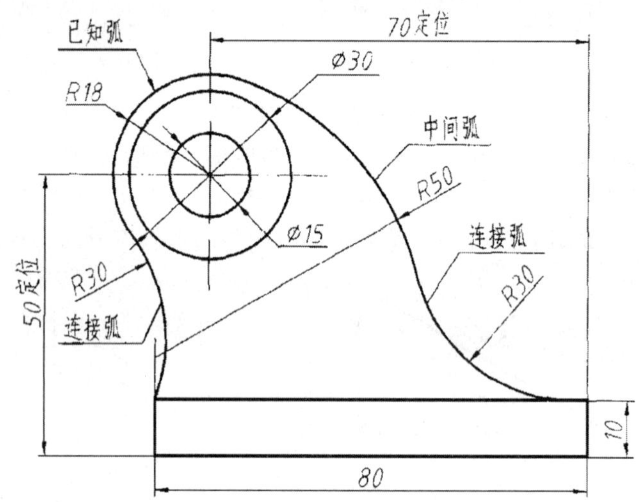

图 1-2-11　平面图形的尺寸分析

(2)定位尺寸

定位尺寸是指确定各几何元素相对位置的尺寸，如图 1-2-11 中的 70、50、80。

需要注意的是，有时一个尺寸可以兼有定形和定位两种作用，如图 1-2-11 中的 80，既是矩形的长，也是 *R*50 圆弧的横向定位尺寸。

2. 平面图形的线段分析

平面图形的线段(直线段和圆弧)按所给出的尺寸可分为三类：已知线段、中间线段和连接线段。

(1)已知线段

定形尺寸和定位尺寸齐全的线段，称为已知线段。在画图时，根据图中所给的尺寸可直接画出已知线段，如图 1-2-11 中的 ϕ15 和 ϕ30 的圆、*R*18 的圆弧、80 和 10 的直线。

(2)中间线段

定形尺寸给出，但定位尺寸不全的线段，称为中间线段。中间线段在画图时，需根据图中给出的定形和定位尺寸及与相邻线段的连接要求才能画出，如图 1-2-11 中的 *R*50 的圆弧。

(3)连接线段

只给出定形尺寸而没有定位尺寸的线段,称为连接线段。连接线段在画图时,需根据图中给出的定形尺寸及与两端相邻线段的连接要求才能画出,如图 1-2-11 中两个 $R30$ 的圆弧。

3. 平面图形的绘图步骤

(1)画基准线、定位线,如图 1-2-12(a)所示;

(2)画已知线段,如图 1-2-12(b)所示;

(3)画中间线段,如图 1-2-12(c)所示;

(4)画连接线段,如图 1-2-12(d)所示;

(5)整理全图,仔细检查无误后,加深图线并标注尺寸(后续项目中会训练此部分),如图 1-2-11 所示。

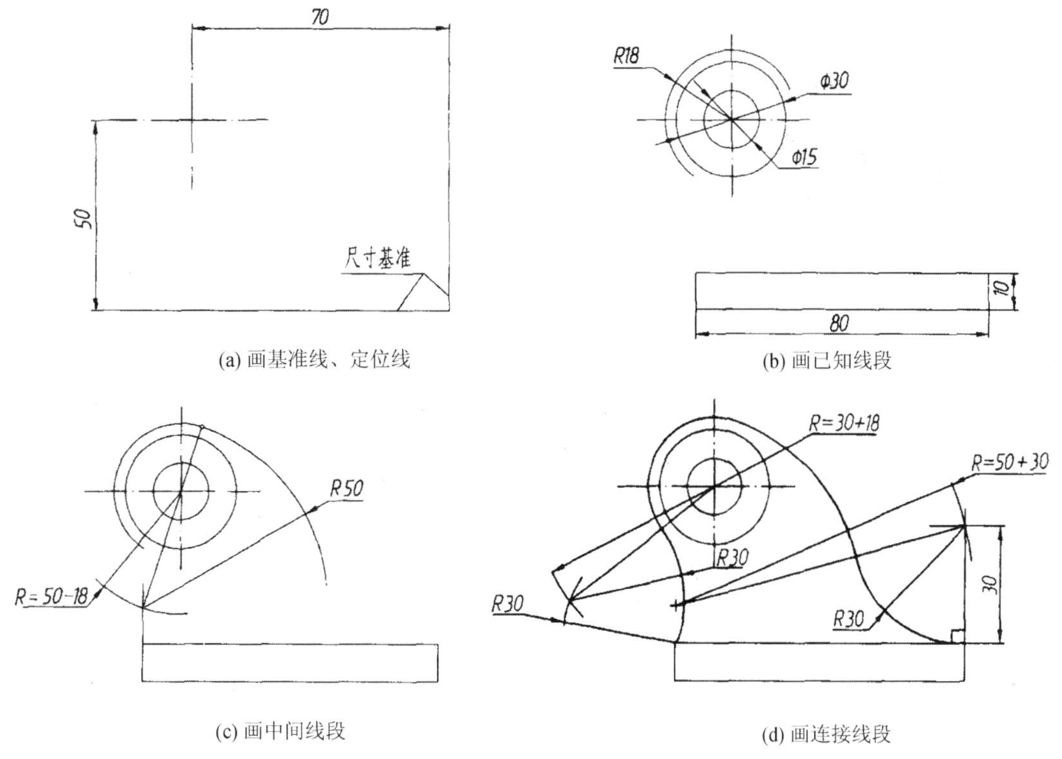

(a) 画基准线、定位线

(b) 画已知线段

(c) 画中间线段

(d) 画连接线段

图 1-2-12 平面图形的绘图步骤

【高阶】

4. 图纸的绘制步骤

(1)绘制前的准备

应准备好图板、丁字尺、三角板、圆规等绘图工具和仪器,按各种线型要求削好铅笔,并备好图纸。

(2)确定图幅、固定图纸

根据图形的大小和比例,选取适当的图纸幅面。绘图时必须将图纸用胶带固定在图板上,距图板左边 40 ~ 60 cm,图纸的下边应至少留有丁字尺宽度的 1.5 倍的距离,上边应与丁字尺工作边平齐。

(3)绘制图框和标题栏

按国家标准要求画出图框和标题栏,本课程项目练习时可采用简化标题栏。

(4)布置图形的位置

图形在图纸上布置的位置要匀称,不宜偏置或过于集中于某一角。

(5)绘制底稿

用H或2H铅笔尽量轻、细、准地绘好底稿。底稿线应分出线形,但不必分粗细。绘制时,应先绘制主要轮廓,再绘制细节。

(6)标注尺寸

应将尺寸界线、尺寸线、箭头一次性绘出,再填写尺寸数字。

(7)检查加深

仔细检查全图,修正图中错误,擦去多余的图线。加深线条时应按线型选择合适的铅笔。加深时,应按从硬芯到软芯、从圆弧到直线、从横竖到斜线、从上到下、从左到右的顺序进行。

(8)再次核查,填写标题栏

图线加深后,再次核查全图,确认无误后,填写标题栏,完成全图。

任务三 三视图投影规律认知

- **能力目标**

(1)能正确选择投影方法;

(2)能准确判断物体与三视图之间的方位关系。

- **知识目标**

(1)理解正投影特性和使用范围;

(2)掌握三视图的投影规律及相对位置关系的判定方法。

- **情感目标**

(1)养成多思勤练的学习作风;

(2)培养客观科学、认真负责的职业态度。

任务引入

(1)平面图纸如何反映三维的物体?

(2)物体的前后左右在平面图纸上的什么方位?

任务解析

在生产实际中，设计和制造部门普遍使用平面图形来表达物体的形状、尺寸等要素，常常使用向投影面进行投影的方法获得物体的特征图样。投影方法有中心投影、平行投影等投影方法。常用的三投影面体系中，物体在长、宽、高三个方向的投影反映在不同的投影视图上，均有固定的对应关系。我们可以根据此对应关系来确定物体的形状。

知识点1　投影法

【初阶】

物体在灯光或日光的照射下，就会在墙面或地面上产生影子，这是一种自然现象。投影法就是将这种自然现象加以几何抽象而产生的。投影法必须具备五个要素，即：投射中心、投射线、空间点（物体）、投影面和投影，如图 1-3-1 所示。

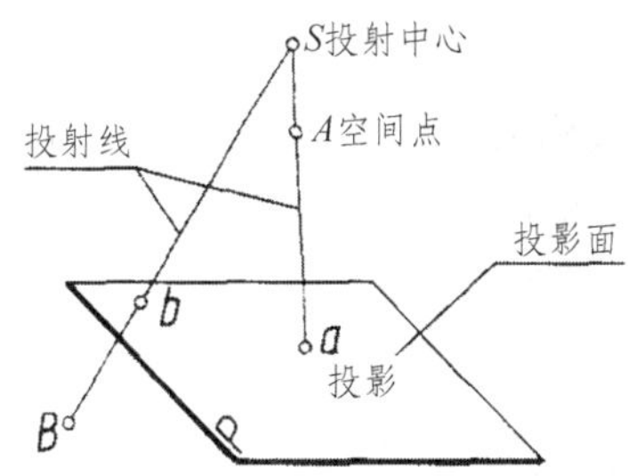

图 1-3-1　投影法

投射线通过空间物体向选定的投影面投射，并在该投影面上得到投影图形的方法，称为投影法。投影法通常分为两类：中心投影法和平行投影法。

1. 中心投影法

投射线都从投射中心出发的投影法，称为中心投影法。所得的投影称为中心投影，如图 1-3-2 所示。

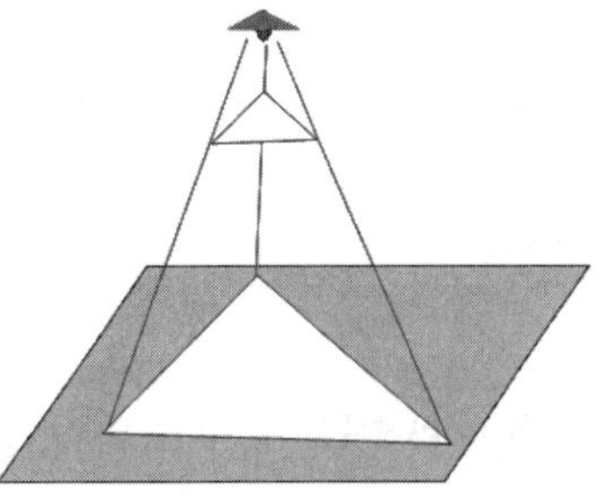

图 1-3-2　中心投影法

2. 平行投影法

平行投影法与中心投影法的区别在于，平行投影法的投射线相互平行。按投射线与投影面是否垂直，平行投影法又分为正投影法和斜投影法，如图 1-3-3 所示。投射线垂直于投影面的投影称为正投影法，投射线倾斜于投影面的投影称为斜投影法。

在平行投影法的正投影法中，如图 1-3-3 所示：如果使空间平面（图中的三角形）与投影面平行，投影面上的投影能反映空间平面的真实形状，其大小与空间平面距离投影面的远近无关。

机械制图中采用的投影方法,即:平行投影法中的正投影法,斜投影法一般只在轴测图的斜二轴测中使用。

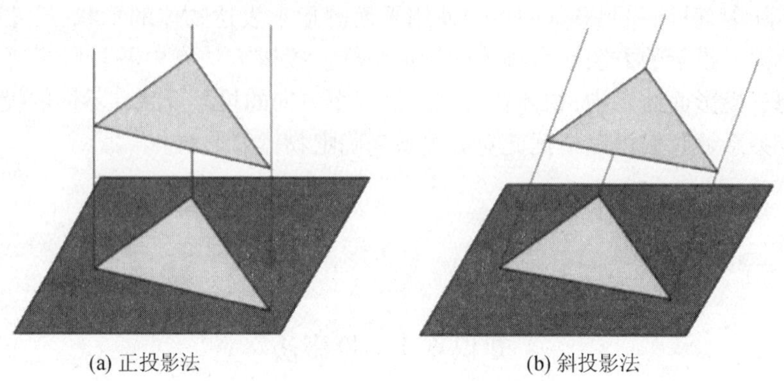

图 1-3-3　平行投影法

知识点 2　正投影图与三视图的形成

【初阶】

1. 正投影图

使用正投影法得到的投影图,称为正投影图,如图 1-3-4 所示。空间形体受投射线作用,在投影面上留下投影,此投影称为正投影图,简称投影图。

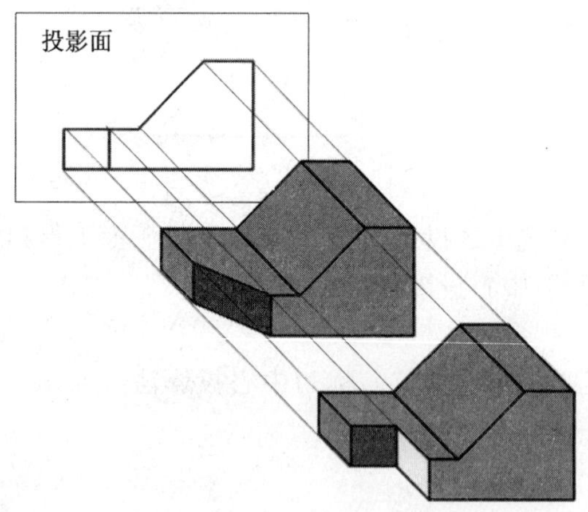

图 1-3-4　投影图

在正投影法中,平面和直线的投影有以下三个特性:

(1)实形性

当平面与直线平行于投影面时,平面的投影反映真实形状,直线的投影反映真实长度。

(2)积聚性

当平面与直线垂直于投影面时,平面的投影积聚成直线,直线的投影积聚成点。

(3)类似性

当平面与直线倾斜于投影面时,平面的投影类似原平面,直线的投影比原直线要短。

2. 三视图的形成

物体在三投影面体系中分别向三个投影面进行投影,得到物体的三视图。三投影面体系由三个相互垂直的投影面组成,如图 1-3-5 所示。其中,V 面称为正立投影面,简称正面;H 面称为水平投影面,简称水平面;W 面称为侧立投影面,简称侧面。三个投影面之间的交线 OX、OY、OZ 称为投影轴,表示物体长、宽、高三个度量方位上的数值。

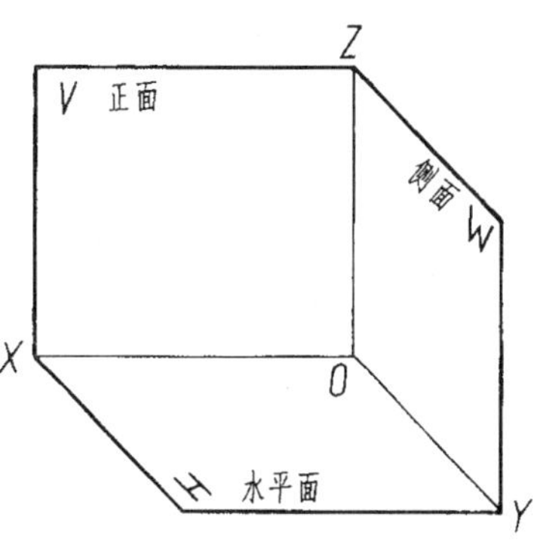

图 1-3-5　三投影面体系

如图 1-3-6 所示,将物体放入三投影面体系中,分别向三个投影面投射。为使所得三个投影处于同一平面上,保持 V 面不动,将 H 面绕 OX 轴向下旋转 90°,W 面绕 OZ 轴向右旋转 90°,与 V 面处于同一平面上,如图 1-3-6(b)、图 1-3-6(c)所示。绘制视图时,投影面的边框及投影轴不必绘出,三个视图的位置关系不能变动,如图 1-3-6(d)所示。

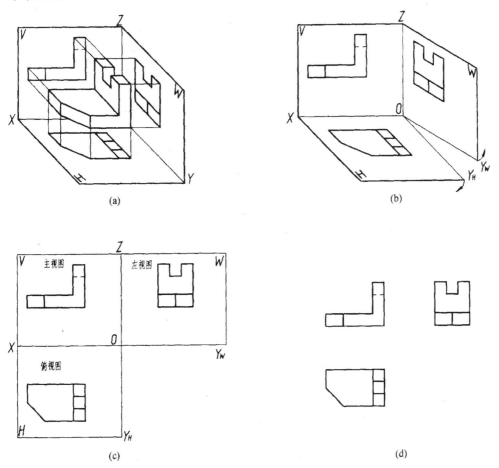

(a)

(b)

(c)

(d)

图 1-3-6　三视图的形成

【中阶】

3. 三视图之间的度量关系

物体有长、宽、高三个方向的尺寸,左右之间的距离为长度、前后之间的距离为宽度、上下之间的距离为高度,如图 1-3-7 所示。

主视图、俯视图都反映物体的长度特征,主视图、左视图都反映物体的高度特征,俯视图、左视图都反映物体的宽度特征。三视图之间的投影关系可归纳为:主视图、俯视图长对正,主视图、左视图高平齐,俯视图、左视图宽相等,即“长对正、高平齐、宽相等”,如图 1-3-8 所示。

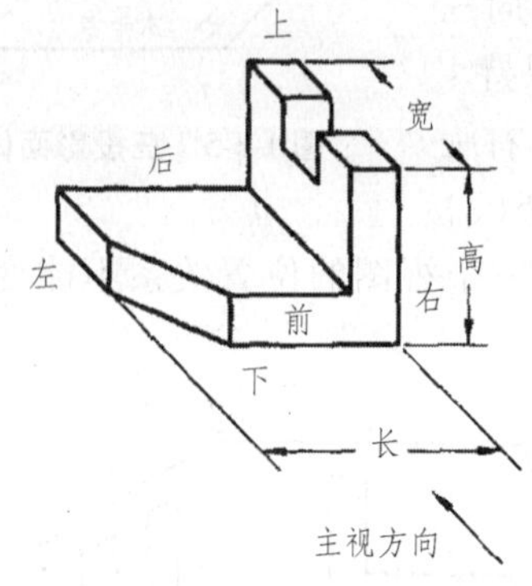

图 1-3-7　物体三个方向的度量关系

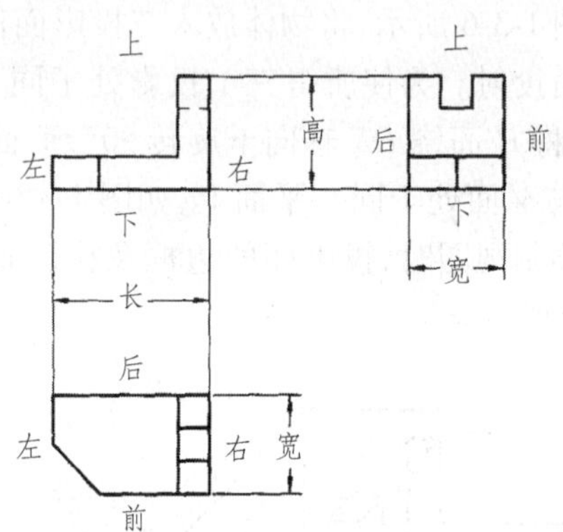

图 1-3-8　三视图的度量对应关系

4. 三视图示例

(1)有轴测图参考的三视图示例

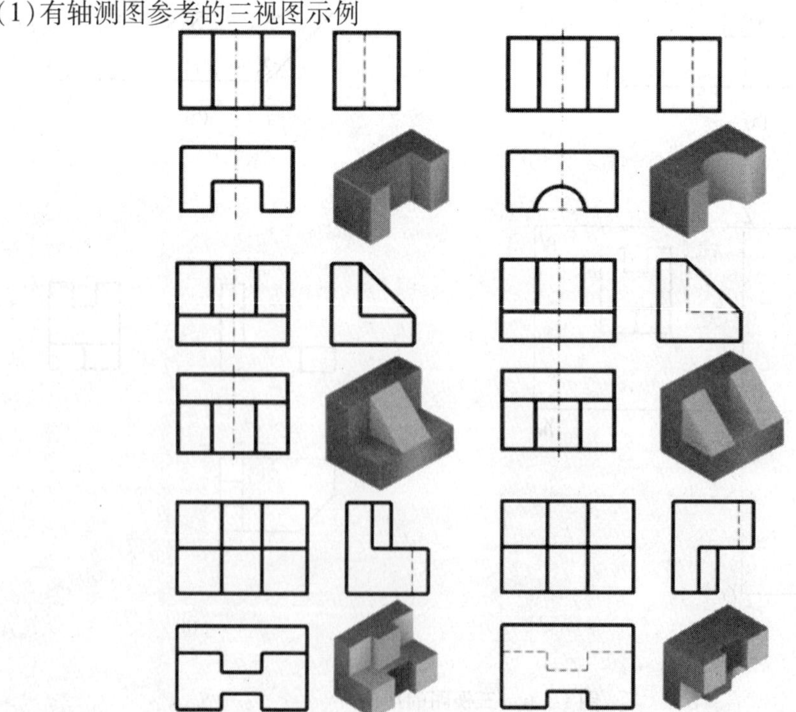

图 1-3-9　有轴测图参考的三视图示例

（2）无轴测图参考的三视图示例

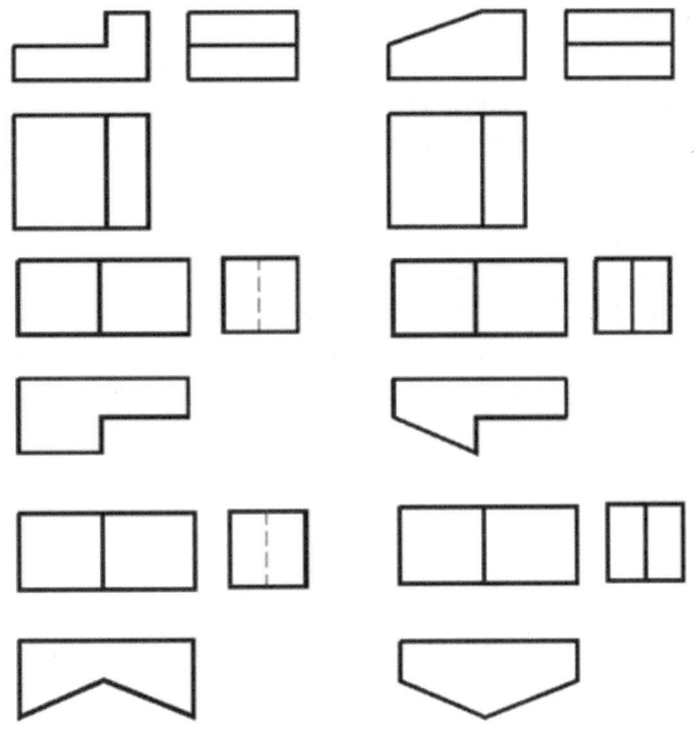

图 1-3-10　无轴测图参考的三视图示例

任务四
点的投影认知与绘制 

● 能力目标

（1）能正确判定点的投影；

（2）能绘制点在投影面上的投影。

● 知识目标

（1）掌握点投影的绘制方法；

（2）了解点的投影位置判断方法。

● 情感目标

（1）养成多思勤练的学习作风；

（2）培养客观科学、认真负责的职业素养。

任务引入

(1)物体在投影面上的投影如何绘制?

(2)不同点的投影相对位置关系如何表达?

任务解析

任何空间的立体,无论是复杂的还是简单的,都是由平面或曲面组成的。而平面或曲面是由直线或曲线组成的,线又是由点组成的。所以,点是构成空间立体最基本的几何元素,两点即可连成一直线,一直线与线外一点可以组成平面,若干平面又可组成平面立体。故点在各平面投影的确定是物体三视图绘制的基础。

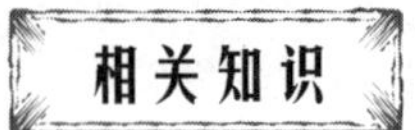

知识点1　点的单面投影

【初阶】

点的投影就是空间点在投射线作用下在投影面上留下的投影点,如图1-4-1所示。可以用作图方法表示点的投影,即过空间点A作H面的垂线,该垂线与H面交点a即为点A在H面上的投影。

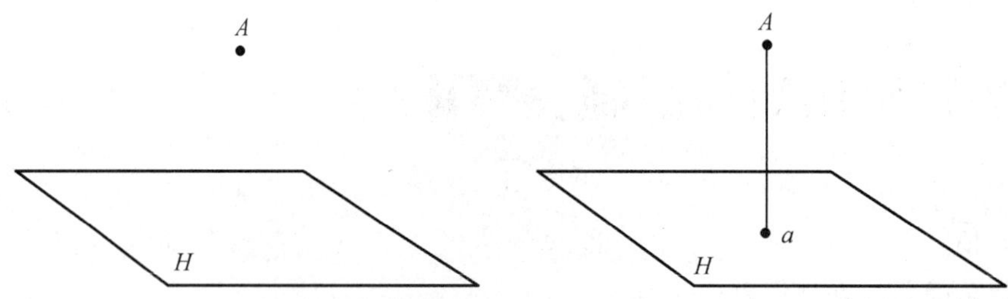

图1-4-1　点在一个投影面上的投影

在投影图中约定:空间真实点用大写字母代替,如A;其在H、V、W投影面上的投影点用小写字母表示,分别为a、a'、a''。

空间点一旦确定后,其投影点也唯一确定。但仅知道空间点在投影面上的投影位置,并不能确定空间点的位置,如图1-4-2所示。

知识点2　点的双面投影及绘制

【初阶】

空间点A位于由H面和V面组成的两面投影体系中,如图1-4-3所示。过A点分别作H

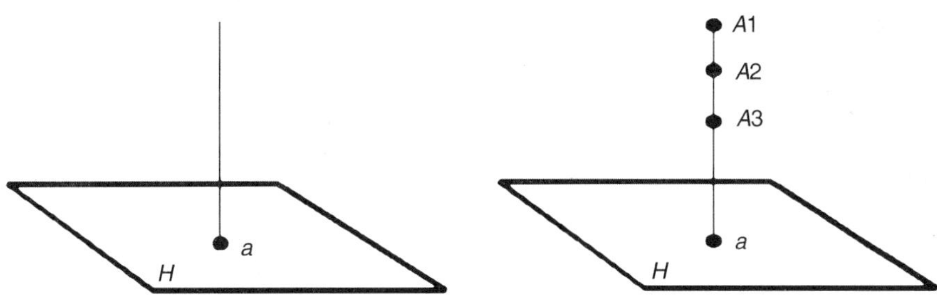

图 1-4-2　点的一个投影不能确定其空间位置

面和 V 面的垂线(投射线),与 H 面和 V 面的交点即为 A 点在其上的投影,用 a、a'表示。

在投影图中,两面的投影距离 $a'a_X$ 和 aa_X 均反映实际距离。将投影图展开,OX 轴线上方的是正面投影面,OX 轴线下方的是水平投影面。作轴 OX 的垂线,分别量取长度为 $a'a_X$ 和 aa_X 的两线段,省略 H 面和 V 面的投影线框,即得到点在两面投影上的投影图,如图 1-4-4 所示。

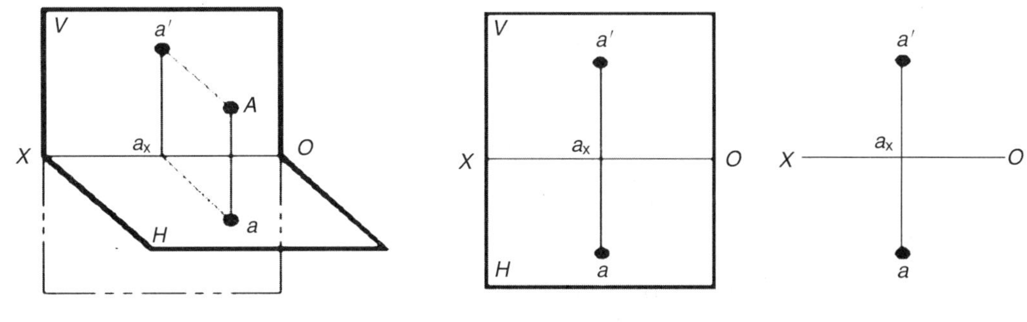

图 1-4-3　点的两面投影

图 1-4-4　点的两面投影的绘制

知识点 3　点的三面投影及绘制

【初阶】

在 H、V 两面的右侧增设一个侧面 W,构成三面投影体系。为获得正投影法的真实性,将三面投影展开,展开过程如图 1-4-5 所示;V 面不动,H 面向下,W 面向后,翻至三面共面。Y 坐标轴在展开图中被一分为二,位于 H 面上的命名为 Y_H,位于 W 面上的命名为 Y_W。

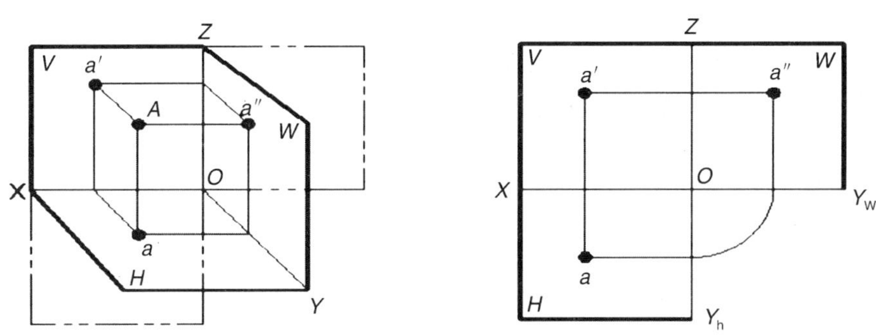

图 1-4-5　点的投影展开

【例题 1.4.1】 如图 1-4-6(a)所示,已知点 A 的两面投影 a 和 a',求第三投影 a''。

作图步骤:

(1)根据点的投影特性,过 a'作 OZ 轴的垂线并延长,a''必在此线上,如图 1-4-6(b)所示。

(2)利用宽相等特性($aa_X = a''a_Z$),得出 a''到 OZ 轴的距离等于 a 到 OX 轴的距离,确定 a''的投影,如图 1-4-6(c)所示。

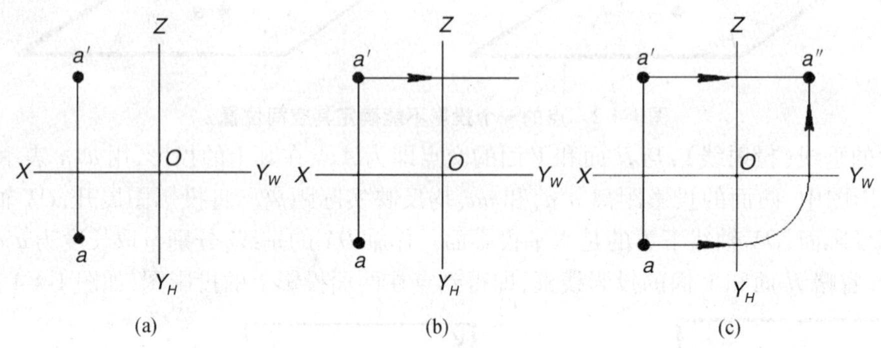

图 1-4-6　求点的第三面投影

知识点 4　点的三面投影与直角坐标的关系

【中阶】

在三面投影体系中,规定:OX 轴从 O 点向左为正,向右为负;OY 轴向前为正,向后为负;OZ 轴向上为正,向下为负。如图 1-4-7 所示为点 A 在三面投影体系中的投影情况,与其坐标间的关系如下:

(1)空间点的任一投影,均反映了该点的某两个坐标值,即 $a(x_A, y_A)$、$a'(x_A, z_A)$、$a''(y_A, z_A)$。

(2)空间点的每一个坐标值,反映了该点到某投影面的距离,即:

$x_A = aa_{YH} = a'a_Z = A$ 到 W 面的距离;

$y_A = aa_X = a''a_Z = A$ 到 V 面的距离;

$z_A = a'a_X = a''a_{YW} = A$ 到 H 面的距离。

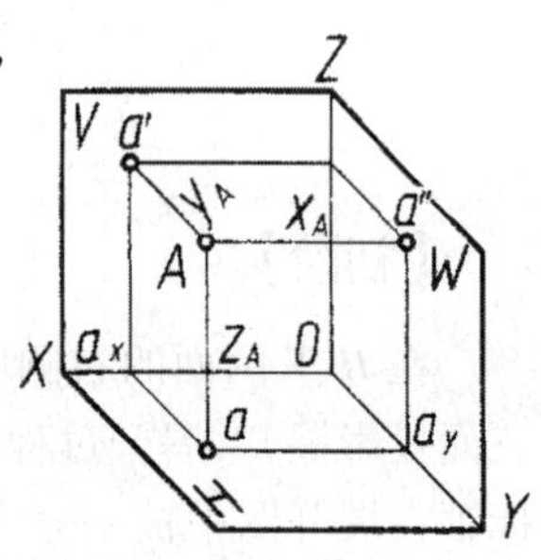

图 1-4-7　点的三面投影

【例题 1.4.2】 作点 $B(8、15、10)$的三面投影。

由已知坐标值先作出 B 点的正面投影 b'和水平投影 b,再根据投影关系求出其侧面投影 b''。作图步骤如下:

(1)画出投影轴,并在 OX 轴上量取 $x = 8$ mm 得 b_X(图 1-4-8(a))。

(2)过 b_X作 OX 轴的垂线。在垂线上从 b_X向下量取 $y = 15$ mm 得水平投影 b,向上量取 $z = 10$ mm 得正面投影 b'(图 1-4-8(b))。

(3)由 b 和 b'求得 b''(图 1-4-8(c))。

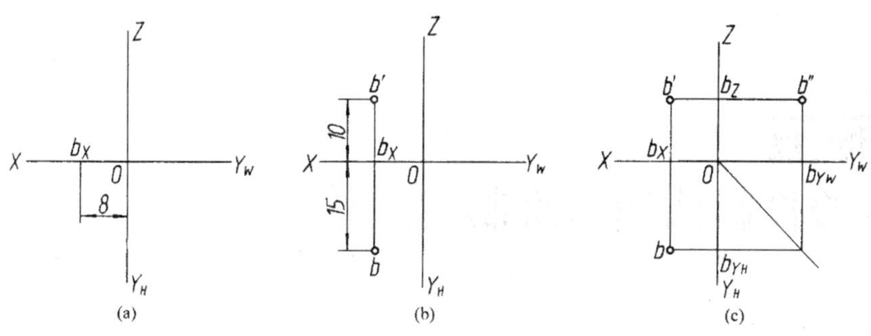

图 1-4-8 由点的坐标作点的投影

知识点 5 两点的相对位置

【中阶】

两点的相对位置是指两点在空间的上下、前后、左右的位置关系。例如空间两点 A(20,15,10)和 B(15,20,15),比较它们的坐标值大小即可判断出两者之间的相对位置。

判断方法:X 坐标值大的在左、Y 坐标值大的在前、Z 坐标值大的在上。

分析 A、B 两点的坐标,可以得出:A 点在 B 点之左、之后、之下,或者 B 点在 A 点之右、之前、之上。

因此得出空间两点 A(20,15,10)、B(15,20,15)的相对位置为:A 点在 B 点之左、之后、之下。

知识点 6 重影点及其可见性

【中阶】

当空间两点在某一投影面上的投影重合为一点时,称此两点为该投影面上的重影点。如图 1-4-9(a)所示,A、B 两点在 V 面上的投影 a'、b'重合为一点,称 A、B 两点为 V 面上的重影点。

当两点在某一个投影面上的投影重影时,需要判别其可见性。V 面上 a'、b'重影属于前后遮挡的问题,需要分析 H 面的 a、b 投影,得知 B 点在前,A 点在后,即 a'被 b'所遮挡,被遮挡的 a'加符号“( )”,以示其为不可见,如图 1-4-9(b)所示。

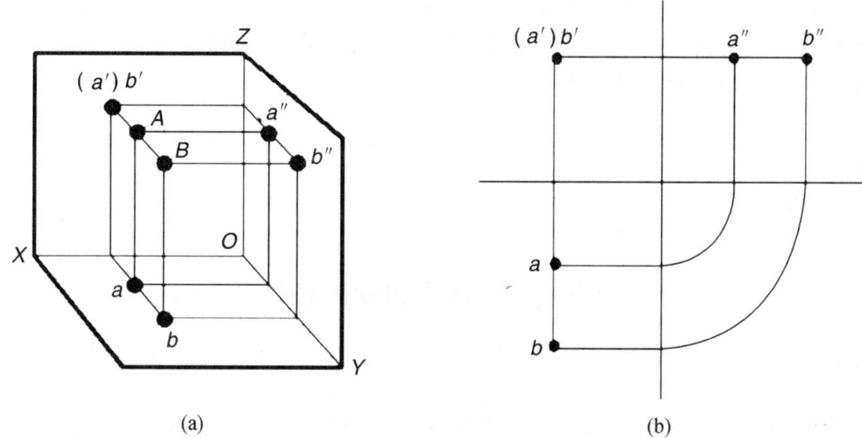

图 1-4-9 重影点的判断

任务五
直线的投影认知与绘制

● 能力目标

(1)能正确判定特殊位置直线的投影;

(2)能绘制直线的投影;

(3)能正确判别两直线的相对位置关系。

● 知识目标

(1)掌握直线投影的绘制方法;

(2)掌握直线相互位置的判断方法。

● 情感目标

(1)养成多思勤练的学习作风;

(2)创建互帮互助的学习氛围。

任务引入

(1)直线的投影如何确定?

(2)两条直线的相对位置关系如何判别?

任务解析

直线的投影可由属于该直线的两点的投影来确定。一般用直线段的投影表示直线的投影,即作出直线段上两端点的投影,则该两点的同面投影连线即为该直线段的投影。直线段按其位置的不同可分为特殊位置直线和一般位置直线,各有自己的投影特点。两直线的相对位置关系也可通过点的投影特性来判别。

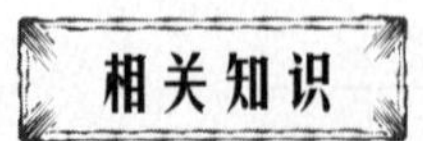

知识点1　直线的投影特性

【初阶】

根据直线在投影面体系中相对于三个投影面所处的位置不同,可将直线分为一般位置直线、投影面平行线、投影面垂直线三类。后两类统称为特殊位置直线。

1. 投影面垂直线

垂直于某投影面，平行于其余两投影面的直线称为投影面垂直线。其中，与正面垂直的直线称为正垂线，与水平面垂直的直线称为铅垂线，与侧平面垂直的直线称为侧垂线。表 1-5-1 列出了三种投影面垂直线的立体图、投影图和投影特性。

表 1-5-1　投影面垂直线

名称	正垂线	铅垂线	侧垂线
立体图	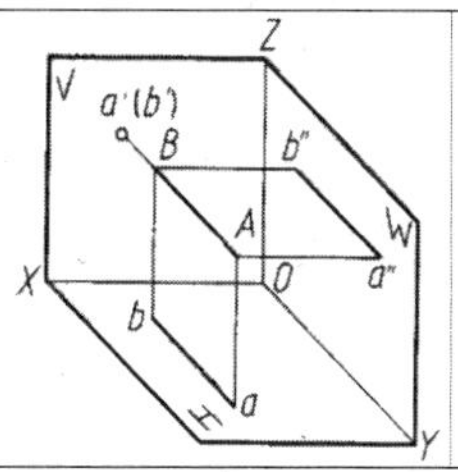	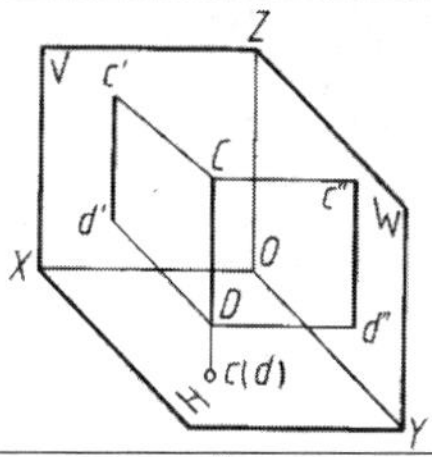	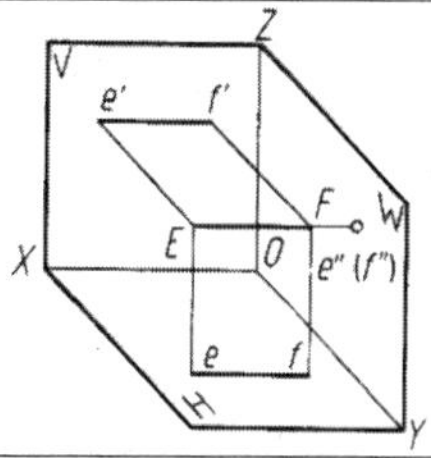
投影图	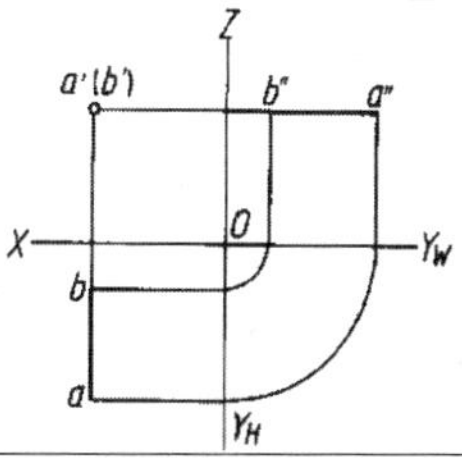	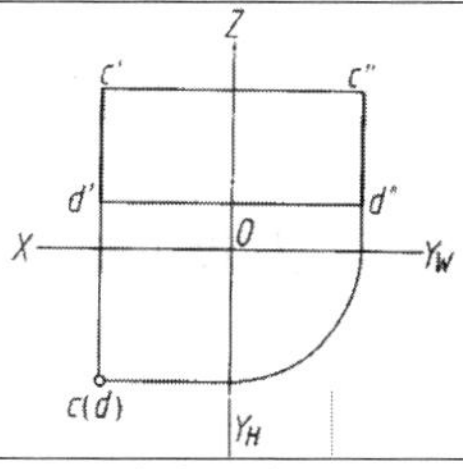	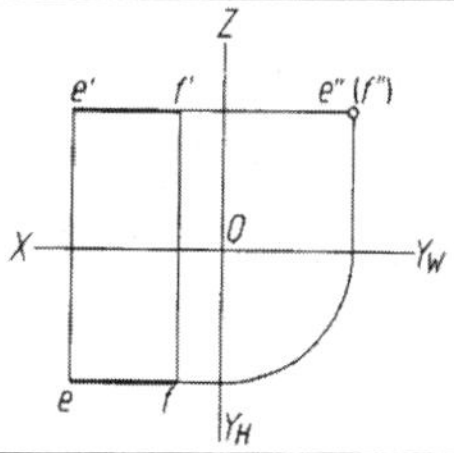
投影特性	①*a*′(*b*′)积聚成一点； ②*ab*、*a*″*b*″都反映实长	①*c*(*d*)积聚成一点； ②*c*′*d*′、*c*″*d*″都反映实长	①*e*″(*f*″)积聚成一点； ②*ef*、*e*′*f*′都反映实长

2. 投影面平行线

平行于某投影面，倾斜于其余两投影面的直线称为投影面平行线。其中，与正面平行的直线称为正平线，与水平面平行的直线称为水平线，与侧面平行的直线称为侧平线。表 1-5-2 列出了三种投影面平行线的立体图、投影图和投影特性。

表 1-5-2　投影面平行线

名称	正平线	水平线	侧平线
立体图	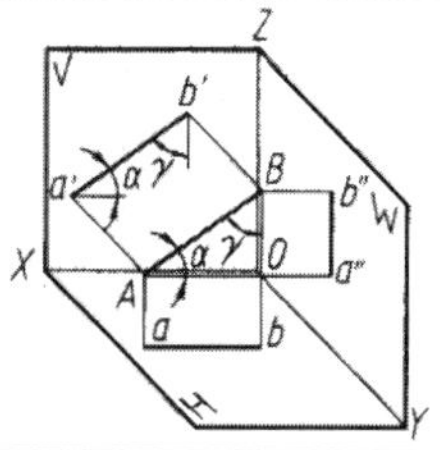	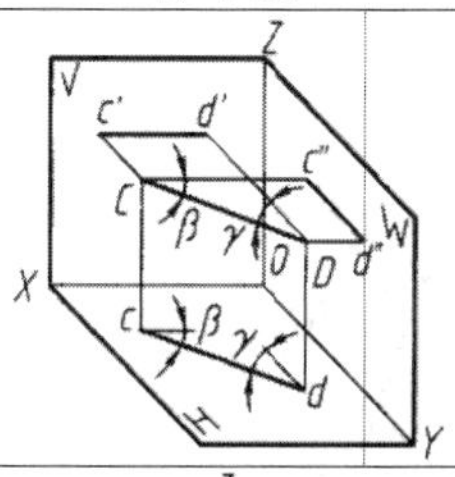	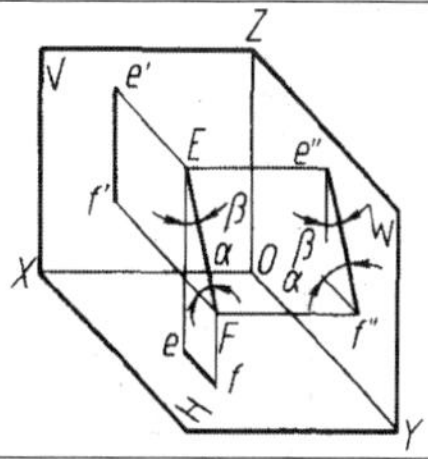
投影图	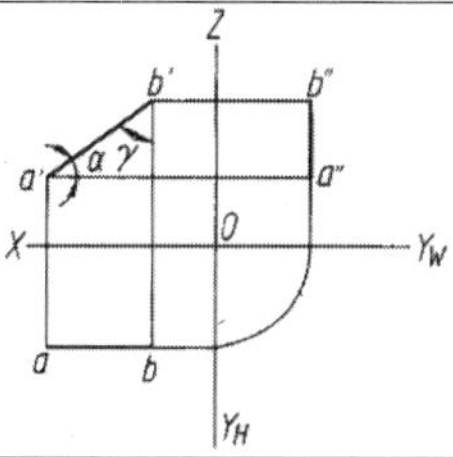	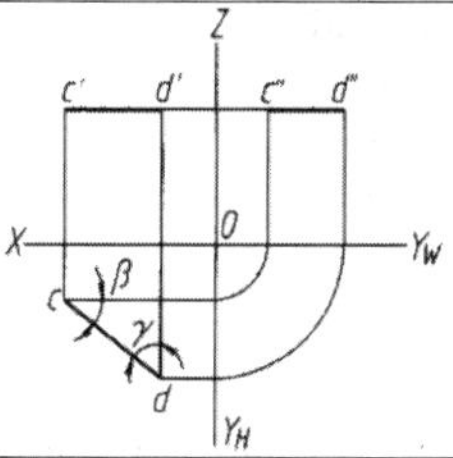	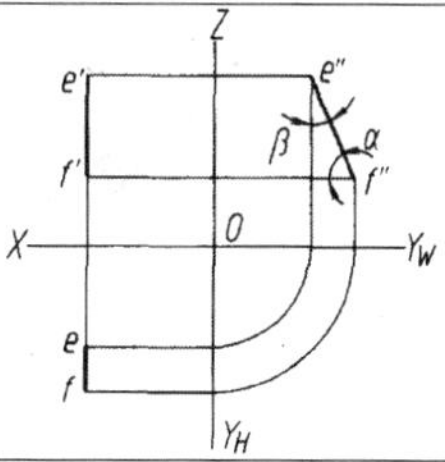
投影特性	①*a*′*b*′反映实长和倾角； ②*ab*、*a*″*b*″长度均缩短	①*cd* 反映实长和倾角； ②*c*′*d*′、*c*″*d*″长度均缩短	①*e*″*f*″反映实长和倾角； ②*ef*、*e*′*f*′长度均缩短

【中阶】

3. 一般位置直线

与三个投影面都倾斜的直线称为一般位置直线,如图 1-5-1 所示。

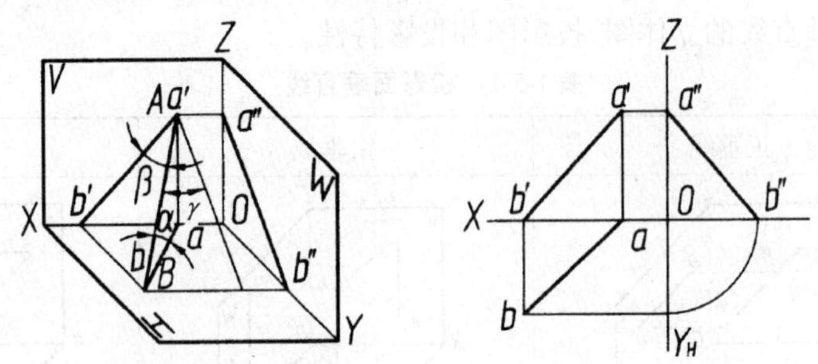

图 1-5-1　一般位置直线

一般位置直线的投影特性为:

①一般位置直线的三面投影与三个投影轴之间均不平行也不垂直;

②一般位置直线的任何一个投影均不反映该直线的实长,且小于实长;

③一般位置直线的任何一个投影与投影轴的夹角,均不能真实反映空间直线与投影面的倾角。

知识点 2　点与直线的关系

【初阶】

点与直线的位置关系有两种情况,即:点在直线上、点不在直线上。

1. 点在直线上

直线上的点投影特性为:点在直线上,则点的投影必在直线的同面投影上。如图 1-5-2(a)所示。点 C 在直线 AB 上,则其水平投影 c 在 ab 上,c'在 $a'b'$上,c''在 $a''b''$上。反之,在投影图中,如果点的各个投影均在直线的同面投影上,则该点必在此直线上。

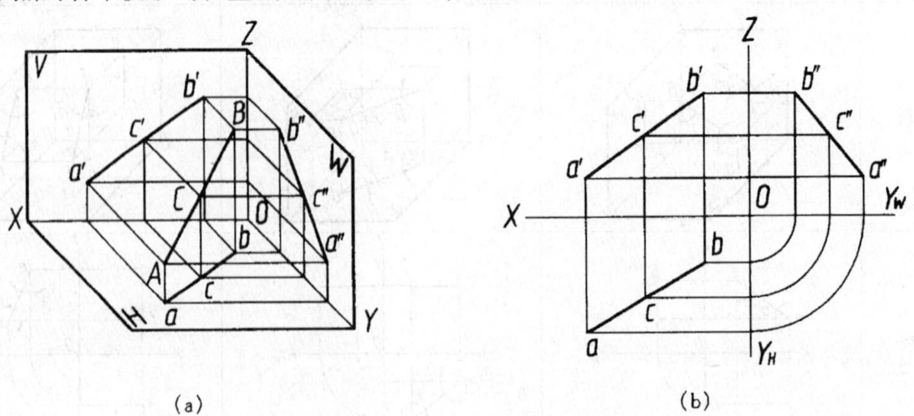

(a)　(b)

图 1-5-2　点在直线上

直线上的点分割线段之长度比值等于其投影分割线段投影长度之比。如图 1-5-2 所示,

点 C 将线段 AB 分为 AC、CB 两段，则 $AC:CB = ac:cb = a'c':c'b' = a''c'':c''b''$。

【例题 1.5.1】 已知点 K 在线段 AB 上，如图 1-5-3(a) 所示，求点 K 的正面投影。

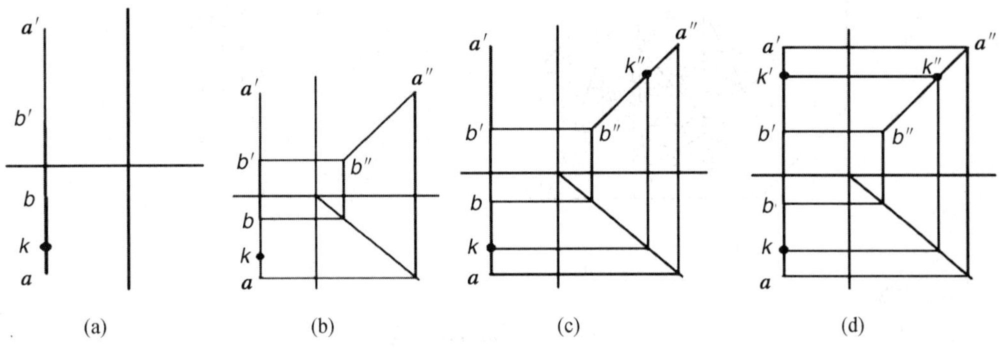

图 1-5-3 求点的正面投影

①已知直线 AB 的两面投影，作出该直线的第三投影，如图 1-5-3(b) 所示；

②根据点在直线上的投影特性，首先作出 K 点的侧面投影 k''，如图 1-5-3(c) 所示；

③最后求出 K 点的正面投影 k'，如图 1-5-3(d) 所示。

2. 点不在直线上

如果点不在直线上，则点的投影不具备上述性质。如图 1-5-4 所示，虽然 k 在 ab 上，但 k' 不在 $a'b'$ 上，故点 K 不在 AB 上。

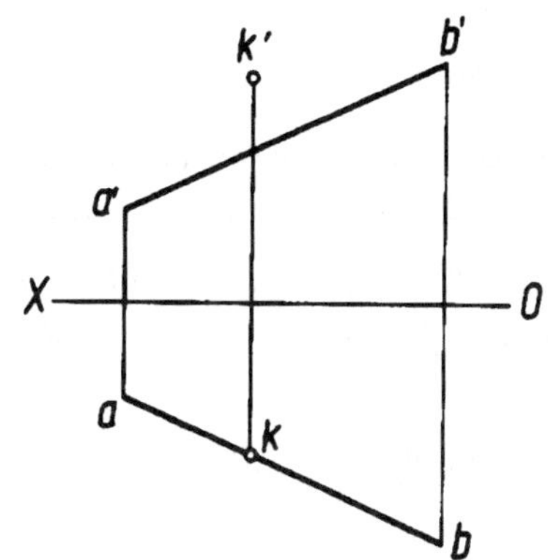

图 1-5-4 点不在直线上

知识点 3 两直线的相对位置关系

两直线的相对位置关系有三种情况，即：相交、平行和交叉（又称异面）。

【初阶】

1. 相交

两直线相交，其交点同属于两直线，为两直线所共有，满足点在直线上的所有投影特性。故两直线相交，其同面投影必相交，如图 1-5-5 所示。

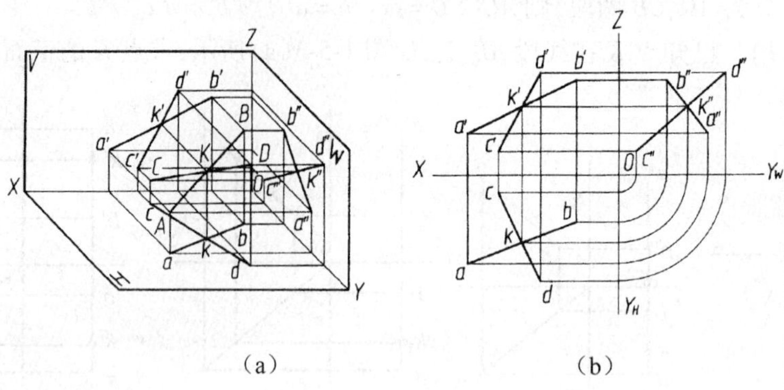

（a）　　　　　　　　　　　　（b）

图 1-5-5　两直线相交

【例题 1.5.2】　过 C 点作水平线 CD 与 AB 相交，如图 1-5-6(a)所示。

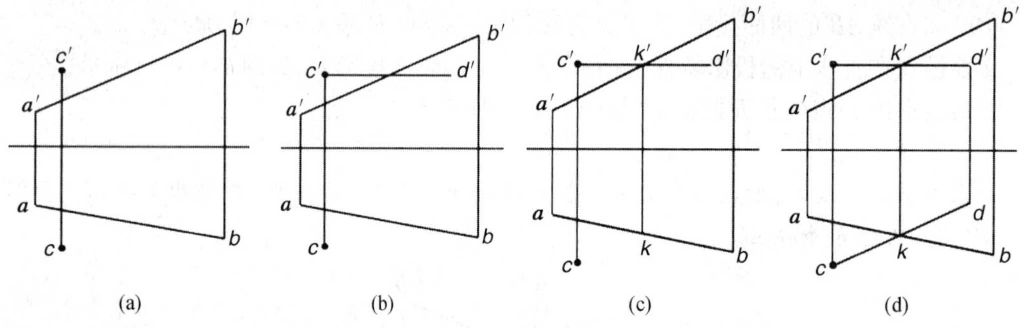

(a)　　　　(b)　　　　(c)　　　　(d)

图 1-5-6　过 C 点作水平线 CD 与 AB 相交

①在正面投影面上，过 c' 作 OX 轴的平行线，如图 1-5-6(b)所示。

②求出交点 K 的正面投影 k' 和水平投影 k，如图 1-5-6(c)所示。

③在水平投影面，连接 ck 并延长求出 d，如图 1-5-6(d)所示。

2. 平行

若空间两直线平行，则它们的同面投影也一定平行，如图 1-5-7 所示。

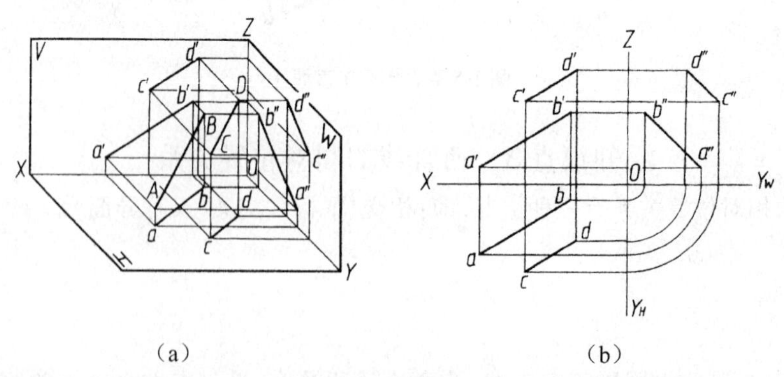

（a）　　　　　　　　　　　　（b）

图 1-5-7　两直线平行

【例题 1.5.3】　判断如图 1-5-8 中(a)、(b)所示两组直线是否平行。

①作出 AB、CD 的第三面投影，得出 AB、CD 两直线平行，如图 1-5-8(c)所示。

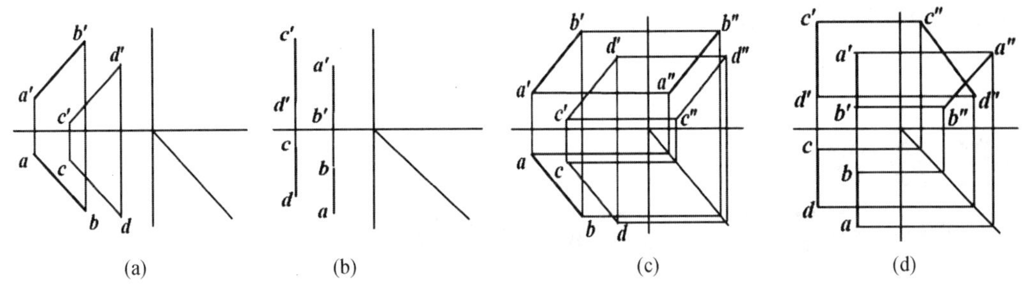

图 1-5-8　判断两条直线是否平行

②作出 *AB*、*CD* 的第三面投影，得出 *AB*、*CD* 两直线不平行，如图 1-5-8（d）所示。

【中阶】

3. 交叉

由于交叉的两直线既不相交也不平行，因此不具备相交两直线和平行两直线的投影特点。交叉两直线在空间不存在交点。

若交叉两直线的投影中，有某投影相交，这个投影的交点是同处于一条投射线上且分别在两直线上的两个点，即重影点的投影，如图 1-5-9 所示。

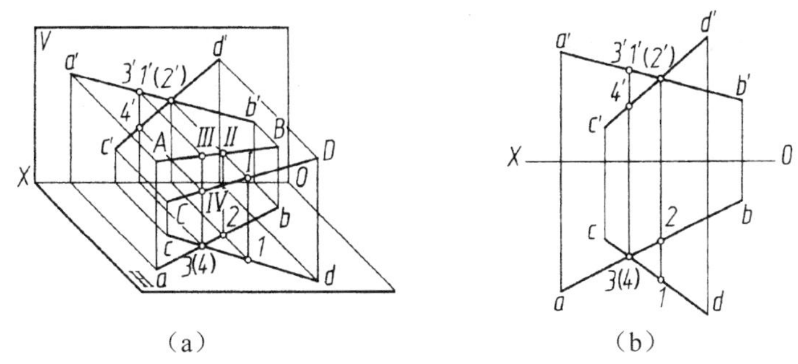

图 1-5-9　两直线交叉

【例题 1.5.4】　判定如图 1-5-10（a）所示的直线 *AB*、*CD* 的位置关系。

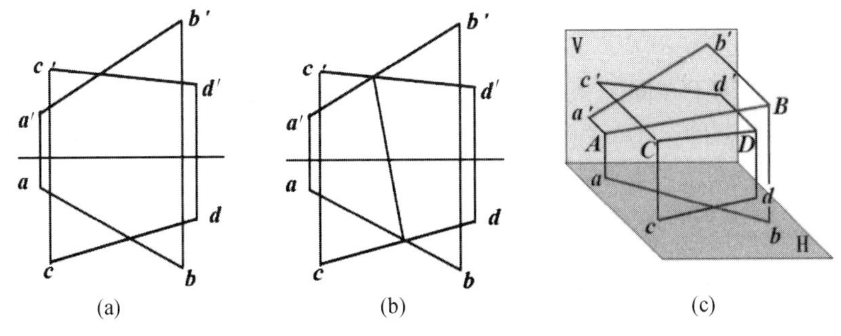

图 1-5-10　两直线位置关系的判定

①将图中看似“交点”的两面投影连接，该连线与 *OX* 轴不垂直，如图 1-5-10（b）所示，“交点”不符合一个点的投影规律，所以得出的结论是：*AB* 与 *CD* 不相交。

②由平行两直线的投影规则：若空间两直线平行，它们的同面投影也一定平行。而投影 *ab* 与 *cd* 相交，投影 *a′b′* 与 *c′d′* 也相交，得出的结论是：*AB* 与 *CD* 不平行。

由此可判定：直线 AB、CD 为空间两条既不平行也不相交的直线，为交叉直线。

任务六 平面的投影认知与绘制

● 能力目标

(1)能正确判定特殊位置平面的投影；

(2)能正确绘制平面的投影。

● 知识目标

(1)掌握特殊位置平面投影的绘制方法；

(2)掌握直线与平面位置关系的判断方法。

● 情感目标

(1)养成多思勤练的学习作风；

(2)培养尊重他人的职业素养；

(3)培养良好的沟通能力。

任务引入

(1)平面的投影如何确定？

(2)直线是否在平面内？是否与平面相交？如何判别直线与平面的位置关系？

任务解析

平面的投影可以用不在同一直线上的三个点在投影体系中的投影来表示，也可用一直线和该直线外一点在投影体系中的投影来表示，还可用平面图形等几何元素来表示。如图 1-6-1 所示。

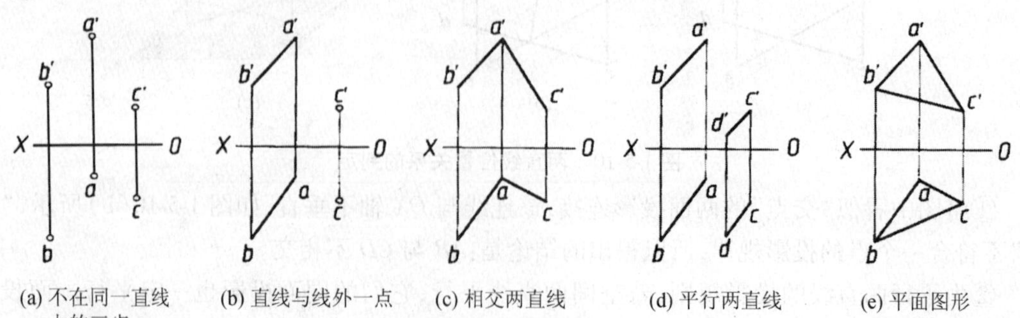

图 1-6-1　平面投影的表示

平面按其相对基本投影面的位置的不同可分为特殊位置平面和一般位置平面,各有自己的投影特点。直线与平面的相对位置关系也可通过直线的投影、点的投影特性来判别。

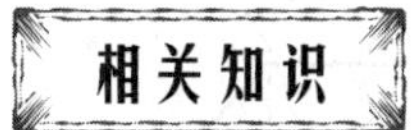

知识点1　平面的投影特性

【初阶】

根据平面在投影面体系中相对于三个投影面所处的位置不同,可将直线分为一般位置平面、投影面平行面、投影面垂直面三类。后两类统称为特殊位置平面。

1. 投影面平行面

在三面投影体系中,平行于一个投影面,垂直于另外两个投影面的平面称为投影面平行面。表1-6-1列出了投影面平行面的立体图、投影图和投影特性。

表1-6-1　投影面平行面

名称	正平面	水平面	侧平面
立体图	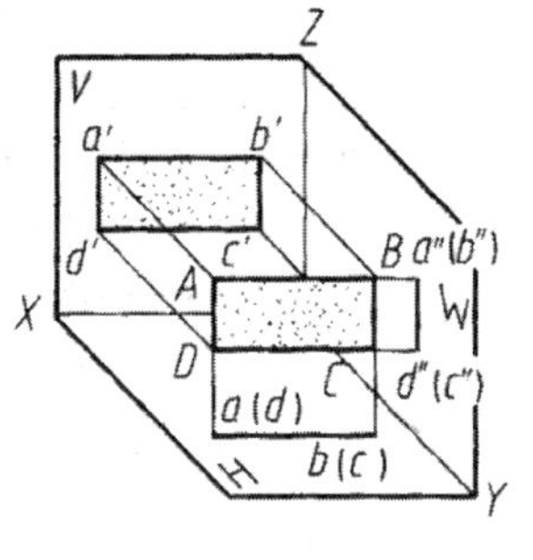	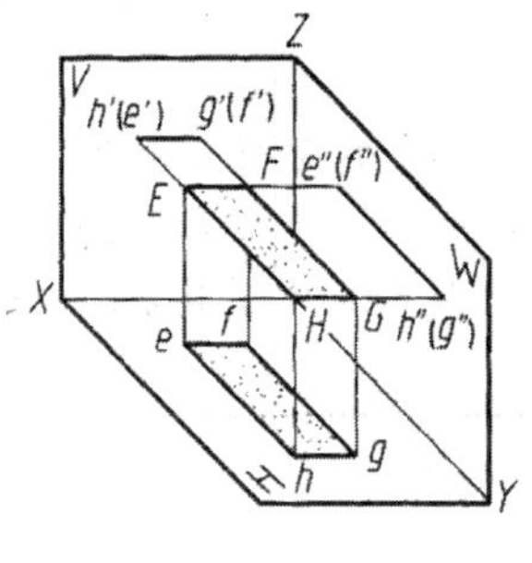	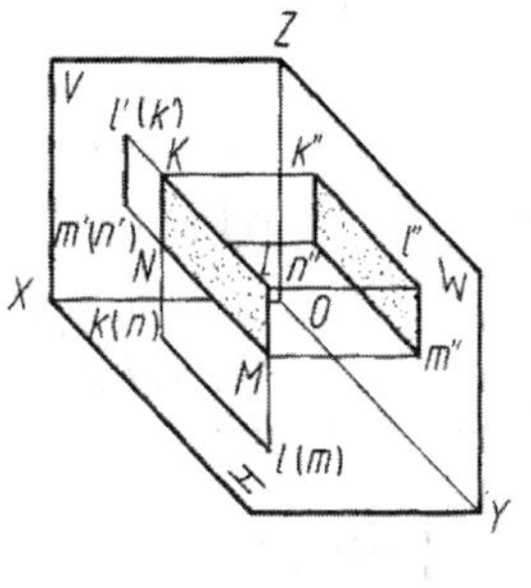
投影图	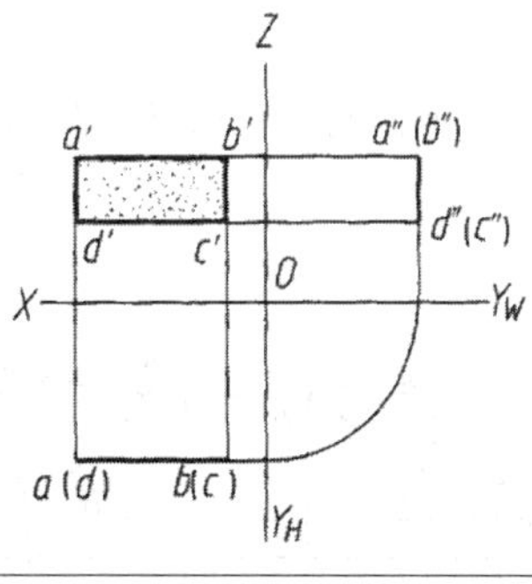	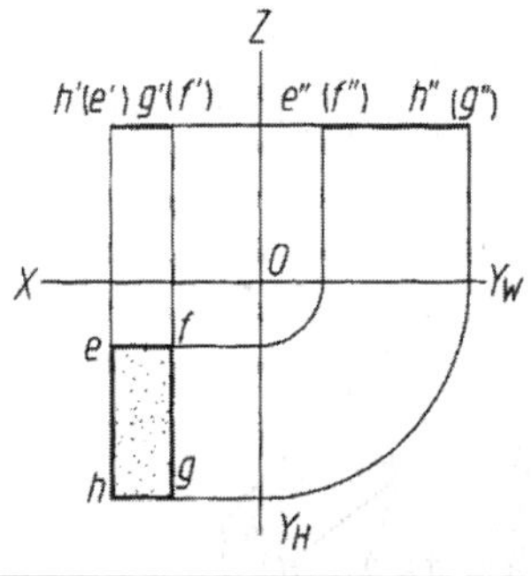	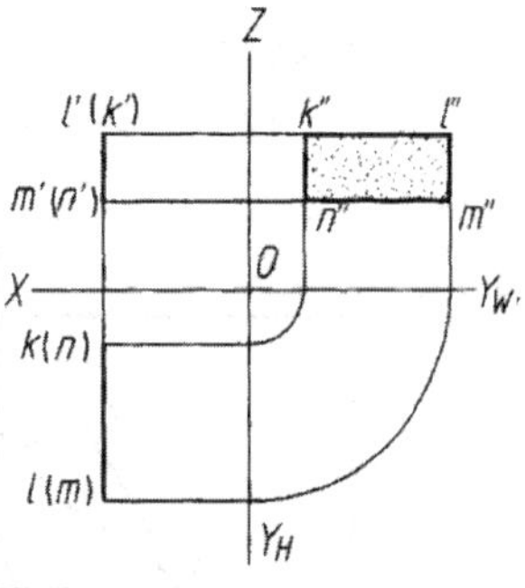
投影特性	①正面投影反映实形; ②其余两面积聚成直线	①水平面投影反映实形; ②其余两面积聚成直线	①侧面投影反映实形; ②其余两面积聚成直线

2. 投影面垂直面

在三面投影体系中,垂直于一个投影面,倾斜于另外两个投影面的平面称为投影面垂直面。表1-6-2列出了投影面垂直面的立体图、投影图和投影特性。

表 1-6-2　投影面垂直面

名称	正垂面	铅垂面	侧垂面
立体图	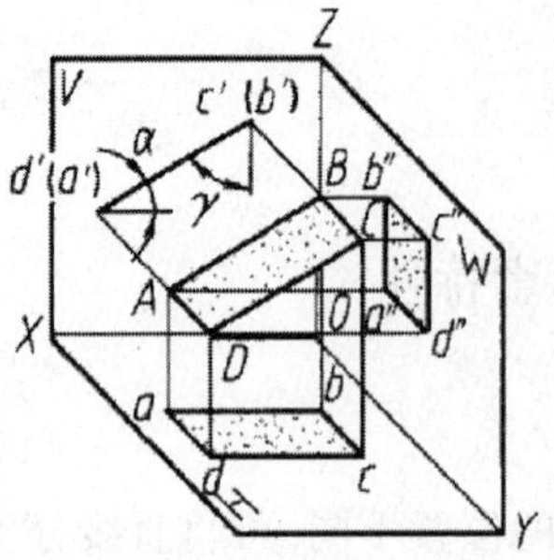	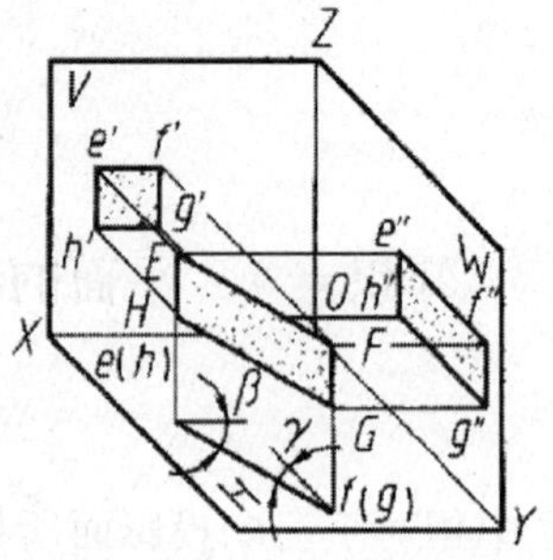	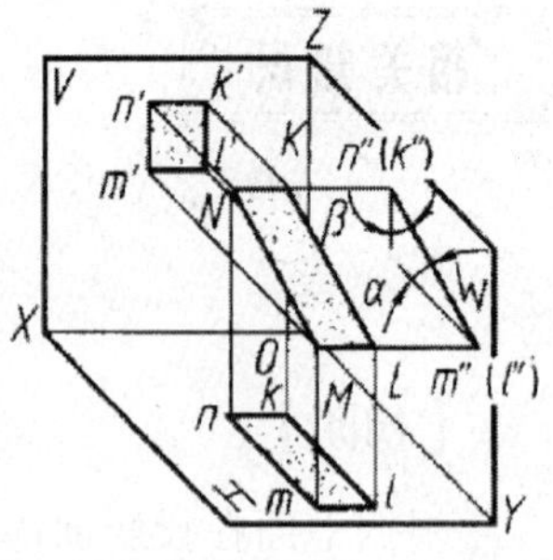
投影图	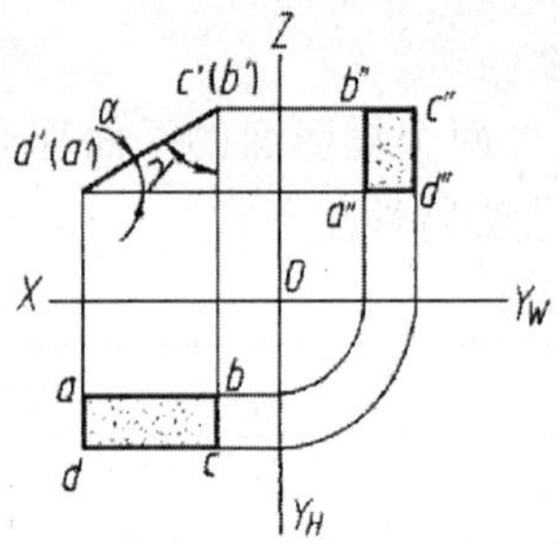	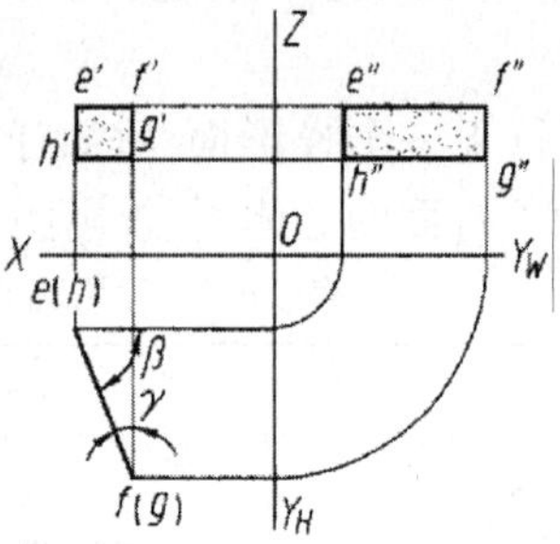	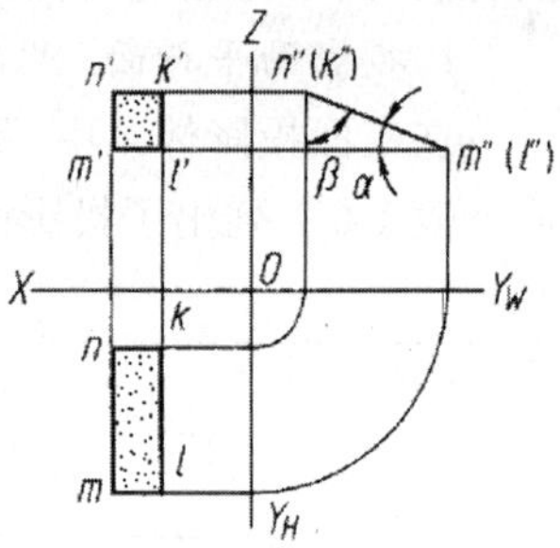
投影特性	①正面投影积聚成直线，并反映真实倾角 α、γ； ②其余两面投影仍为平面图形，面积缩小	①正面投影积聚成直线，并反映真实倾角 β、γ； ②其余两面投影仍为平面图形，面积缩小	①正面投影积聚成直线，并反映真实倾角 α、β； ②其余两面投影仍为平面图形，面积缩小

【中阶】

3. 一般位置平面

与三个投影面都不平行也不垂直，都处于倾斜位置的平面称为一般位置平面，如图 1-6-2 所示。

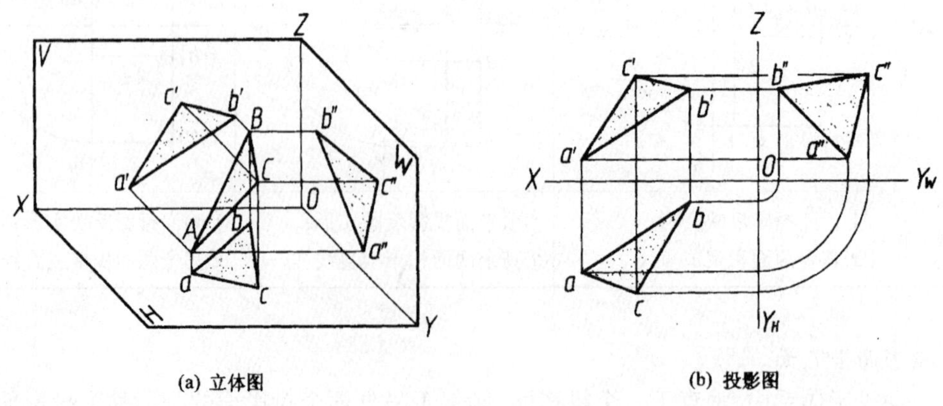

(a) 立体图　　(b) 投影图

图 1-6-2　一般位置平面

其投影特性如下：

(1)三个投影面上的投影都没有积聚性；

(2)三个投影面上的投影都不反映实形；

(3)三个投影面上的投影均不反映空间平面相对投影面的倾角；

(4)三个投影面上的投影都是空间原图形的类似形。

知识点2 平面与直线和点的关系

【初阶】

1. 点和直线在平面内

(1)若点在平面内的任一直线上，则该点在平面内；

(2)若直线通过属于平面内的两个点，则该直线在平面内；

(3)若直线通过平面内的一个点，且平行于该平面内的任一直线，则该直线在平面内，如图1-6-3所示。

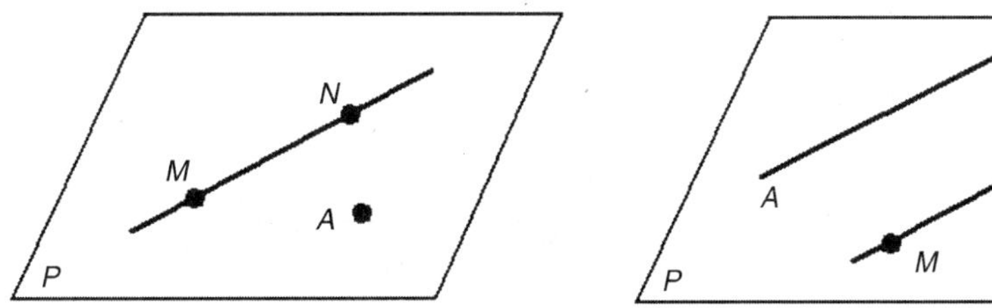

图1-6-3 点和直线在平面内

【例题1.6.1】 如图1-6-4(a)所示，在平面 ABC 内作一条水平线，使其到 H 面的距离为10 mm。

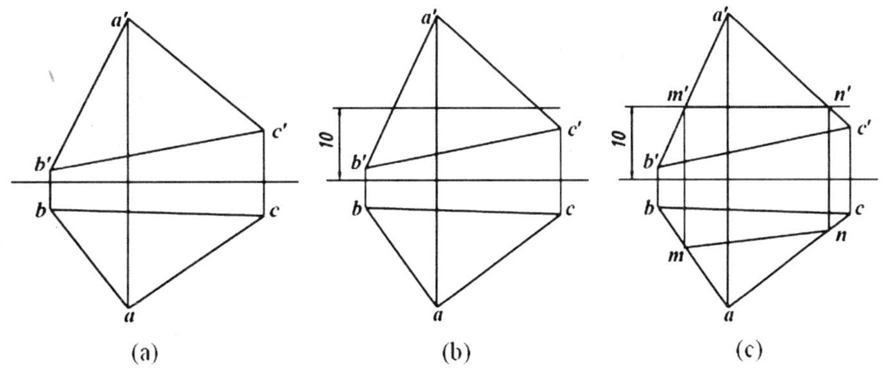

图1-6-4 在已知平面内作水平线

作图步骤为：

①先在正面投影作距离 OX 轴10 mm的平行线，图1-6-4(b)所示；

②找出平行线与平面的交点的正面投影 m'、n'，再根据点在直线上的投影规律，作出交点的水平投影 m、n，完成题目要求如图1-6-4(c)所示。

【中阶】

2. 直线不在平面内

直线不在平面内主要有两种情况，即直线与平面平行、直线与平面相交。

(1)直线与平面平行

若平面外的一直线平行于平面内的某一直线，则该直线与该平面平行。如图 1-6-5 所示，平面 *P* 及面外的一直线 *AB*，若是能在平面内找出一条直线与面外的直线 *AB* 平行(图中，面内直线 *CD* 与面外直线 *AB* 平行)，则直线 *AB* 与平面 *P* 平行。

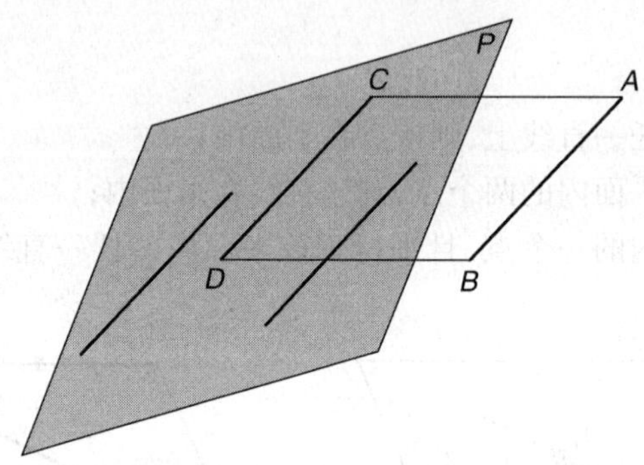

图 1-6-5　直线与平面平行

【例题 1.6.2】　如图 1-6-6(a)所示，判断直线 *AB* 是否与△*CDE* 平行。

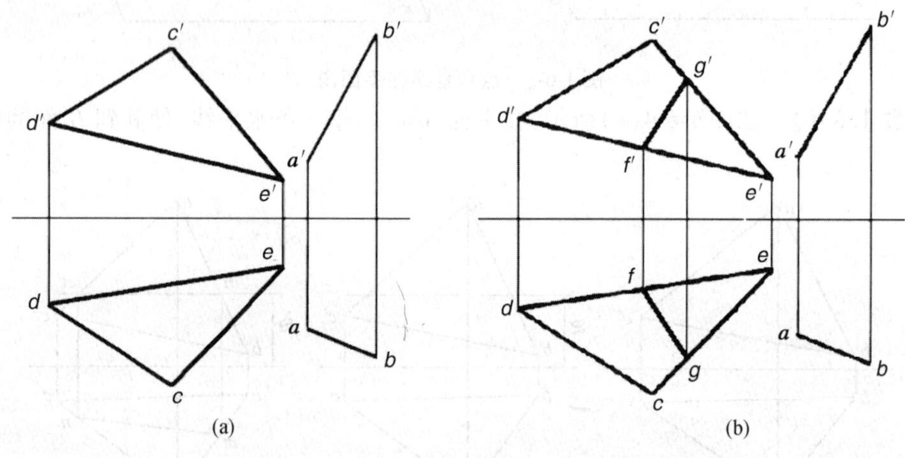

图 1-6-6　直线与平面是否平行的判定

作图步骤为：

①在△*CDE* 内，作直线 *FG* 的正面投影 $f'g'$ 平行于直线 *AB* 的正面 $a'b'$，如图 1-6-6(b)所示；

②作出 *FG* 的水平投影 *fg*，如图 1-6-6(b)所示。由于 *fg* 与 *AB* 的水平投影 *ab* 不平行，所以得出的结论是：直线 *AB* 与△*CDE* 不平行。

(2)直线与平面相交

当直线与平面相交时，一定会有交点存在，该交点是直线与平面的共有点，交点既在直线上又在平面内。讨论直线与平面相交，需解决两个问题：①求出直线和平面的交点；②判别两

者之间的相互遮挡关系，即判别可见性问题。

【例题 1.6.3】 如图 1-6-7(a)所示，求直线 *MN* 与平面 *ABC* 的交点 *K* 并判别可见性。

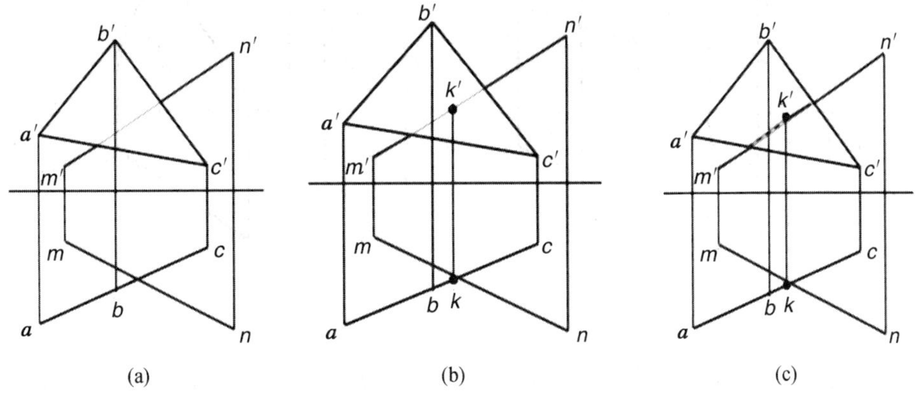

图 1-6-7 直线与平面的交点

作图分两步：

第一步，求交点。

分析：平面 *ABC* 为铅垂面，其水平投影积聚成直线，该积聚直线与 *mn* 的交点即为交点 *K* 的水平投影 *k*，再依据交点为公共点的投影特性，作出 *K* 点的正面投影 *k*′，作图过程如图 1-6-7(b)所示。

第二步，判别可见性。

分析：该题的遮挡问题出现在正面投影，即前后发生遮挡。而前后的遮挡的判断，需要分析水平投影，方可得出前后方位的论断。由于直线 *MN* 与平面 *ABC* 相交，直线 *MN* 被交点 *K* 一分为二，为 *NK* 和 *MK*。分析水平投影可知；线段 *nk* 在平面 *abc* 之前，线段 *mk* 在平面 *abc* 之后。故正面投影 *m*′*k*′被平面投影 *a*′*b*′*c*′所遮挡，用虚线表示其的不可见，而线段 *n*′*k*′没有被遮挡，用粗实线表示其可见。作图过程如图 1-6-7(c)所示。

知识点 3 平面与平面的关系

平面与平面的关系主要有两种，即平面与平面平行、平面与平面相交。

【中阶】

1. 平面与平面平行

平面与平面是否平行的判定依据是：

(1)若一平面上的两相交直线分别平行于另一平面上的两相交直线，则这两平面相互平行。如图 1-6-8(a)所示，若 *AB* 与 *DE* 平行，*AC* 与 *DF* 平行，则由两组相交直线组成的两平面必平行。

(2)若两投影面垂直面相互平行，则它们具有积聚性的那组投影必相互平行。如图 1-6-8(b)所示，平行线 *AB*、*CD* 组成的平面与△*EFG* 平行，由于它们都属于铅垂面，则水平面上积聚成线的投影也必平行。

【例题 1.6.4】 如图 1-6-9(a)所示，一平面由两平行线 *AB*、*CD* 组成，试过点 *K* 作一平面平行于已知平面。

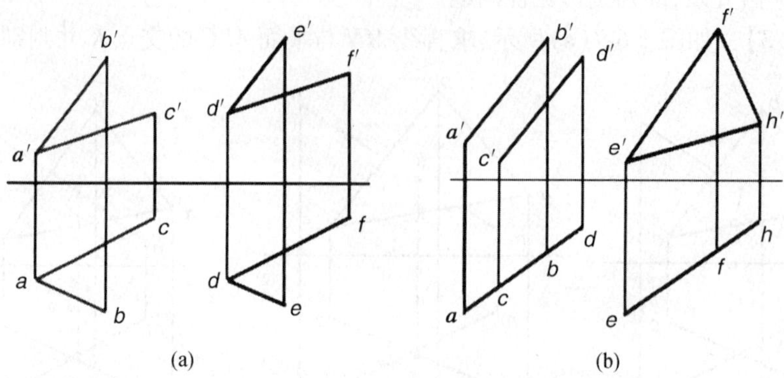

(a) (b)

图 1-6-8 平面与平面平行

在已知平面上作直线 *MN*,过点 *K* 作直线 *EF* 平行 *MN*,过点 *K* 作直线 *SR* 平行 *AB*,两相交直线 *EF*、*SR* 组成的平面与已知平面必平行。作图过程如图 1-6-9(b)所示。

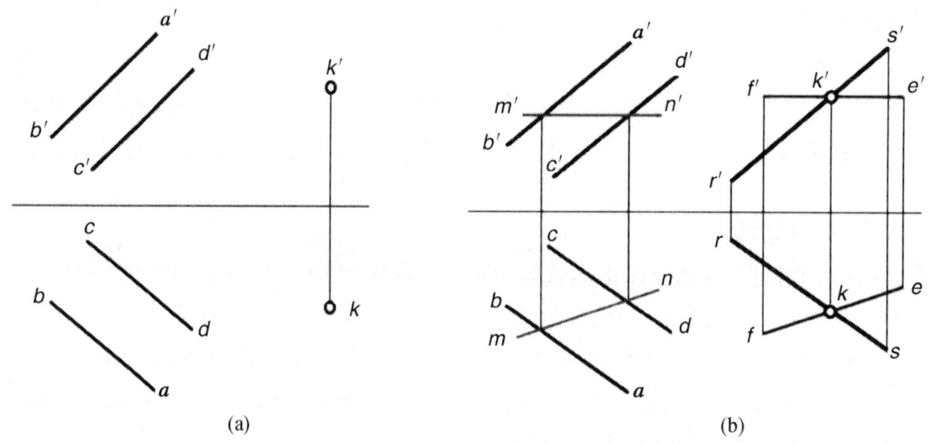

(a) (b)

图 1-6-9 过点 *K* 作已知平面的平行面

【高阶】

2. 平面与平面相交

两平面相交,其交线为直线,且属于两平面的共有线,同时交线上的所有点都是两平面的共有点。讨论平面与平面相交,需要解决:(1)求出平面与平面的交线;(2)判别两平面之间的相互遮挡关系,即判别可见性问题。

【例题 1.6.5】 如图 1-6-10(a)所示,求两平面(△*ABC* 与△*DEF*)的交线 *MN* 并判别可见性。

第一步:求交线。

平面 *ABC* 与 *DEF* 都为正垂面(正面投影均积聚成线),两平面的交线 *MN* 应为正垂线,交线的正面投影积聚成点,水平投影垂直于 *OX* 轴。

作图步骤为:

①在正面投影找出两积聚面的交点,即为交线 $m'n'$的积聚点,如图 1-6-10(b)所示。

②由正面投影 $m'n'$,在水平投影作直线垂直于 *OX* 轴线,根据两平面交线的共有性,得出

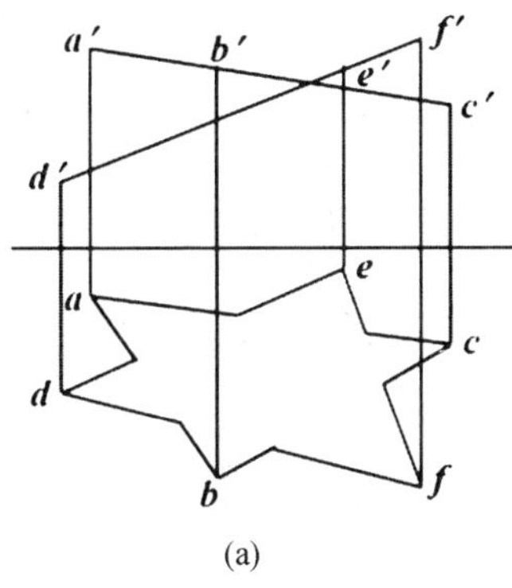

(a)

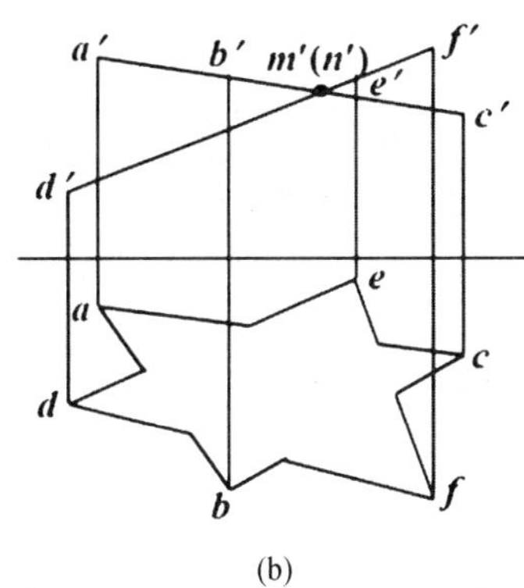

(b)

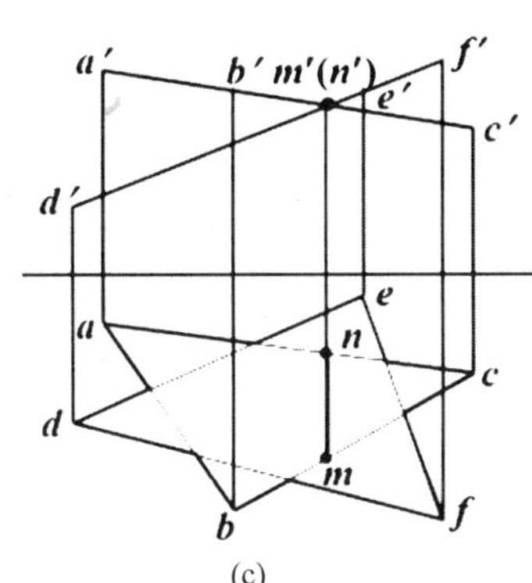

(c)

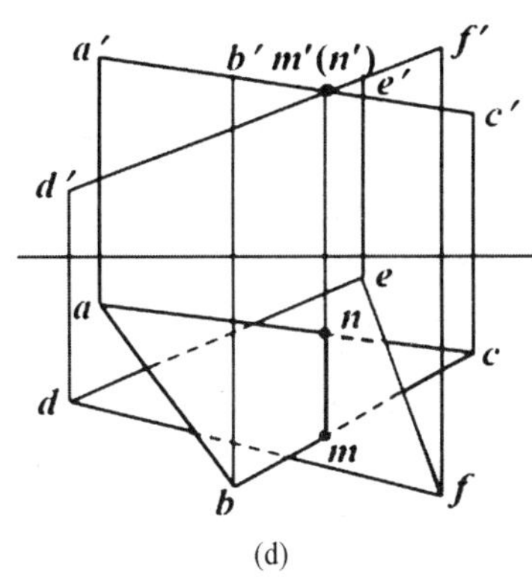

(d)

图 1-6-10　求作两平面交线并判别可见性

交线的水平投影范围为 mn，如图 1-6-10(c)所示。

第二步：判断可见性。

由于两平面为正垂面，其正面投影均已积聚成直线，无须判断可见性。水平投影存在的遮挡问题，需要通过分析正面投影，方可得出高低方位的判断。

以两平面交线的正面投影 $m'n'$ 为界；

左方：△ABC 的正面投影 $a'b'c'$ 高于△DEF 的正面投影 $d'e'f'$；

右方：△ABC 的正面投影 $a'b'c'$ 低于△DEF 的正面投影 $d'e'f'$。

以此得出：水平投影面上，以 mn 为界，△ABC 位于交线左方的投影线段 $mban$ 方位在上，用粗实线绘制，表示其为可见。而△DEF 位于交线左边与△ABC 重影的部分，应用细虚线绘制，表示其不可见。同理，△ABC 位于交线右边的轮廓线被遮挡部分不可见(细虚线绘制)，而△DEF 位于交线右边的轮廓线均可见(粗实线绘制)，作图步骤如图 1-6-10(d)所示。

知识点 4　换面法求直线的实长

【高阶】

1. 换面法

对于一般位置直线，由于其不平行也不垂直于任何一个投影面，求解其实际长度时有较大困难。我们可以把三面投影体系中的一个基本投影面替换为与该直线平行的投影面，以得到直线的实形投影。

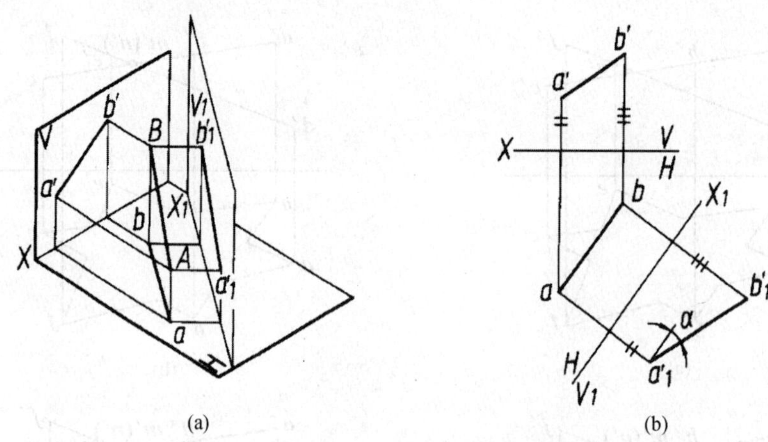

图 1-6-11　将一般位置直线变化为投影面平行线

如图 1-6-11(a)所示,在投影面体系 V/H 中有一般位置直线 AB,需求作其实长和对 H 面倾角 α。设一个新投影面 V_1 平行于平面 $ABba$,由于 $ABba \perp H$,则 $V_1 \perp H$。于是用 V_1 代替 V 面,AB 在 V_1、H 新投影面体系 V_1/H 中就成为正平线,作出它的 V_1 面投影 $a_1'b_1'$,就反映出 AB 的实长和倾角 α。具体的作图过程如图 1-6-11(b)所示。

用换面法必须遵循两条原则:①新投影面应选择在使几何元素处于有利解题的位置;②新投影面必须垂直于原投影面体系中的一个投影面,并与它组成新投影面体系,必要时可连续变换。

2. 直线的投影变换

(1)一次换面可将一般位置直线变换为投影面平行线

如图 1-6-11 所示,为了使 AB 在 V_1/H 中成为 V_1 面平行线,可以用一个既垂直于 H 面、又平行于 AB 的 V_1 面替换 V 面,通过一次换面即可达到目的。

(2)一次换面可以将投影面平行线变换为投影面垂直线

如图 1-6-12(a)所示,在 V/H 中有正平线 AB,因为垂直于 AB 的平面也垂直于 V 面,故可用 H_1 面来替换 H 面,使 AB 成为 V/H_1 中的铅垂线。在 V/H_1 中,新投影轴 X_1 应垂直于 $a_1'b_1'$。作图过程如图 1-6-12(b)所示。

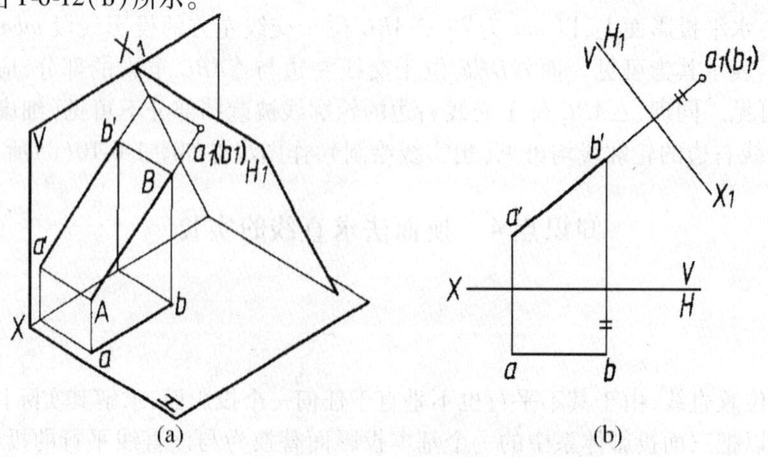

图 1-6-12　将投影面平行线变换为投影面垂直线

(3)两次换面可将一般位置直线变换为投影面垂直线

可先将一般位置直线变换为投影面平行线,再将投影面平行线变换为投影面垂直线。如图 1-6-13(a)所示,由于与 *AB* 相互垂直的平面是一般位置平面,与 *H*、*V* 面都不垂直,所以不能用一次换面达到这个要求。可先将 *AB* 变换为 V_1/H 中的正平线,再将 V_1/H 中的正平线 *AB* 变换为 V_1/H_2 中的铅垂线,作图过程如图 1-6-13(b)所示。

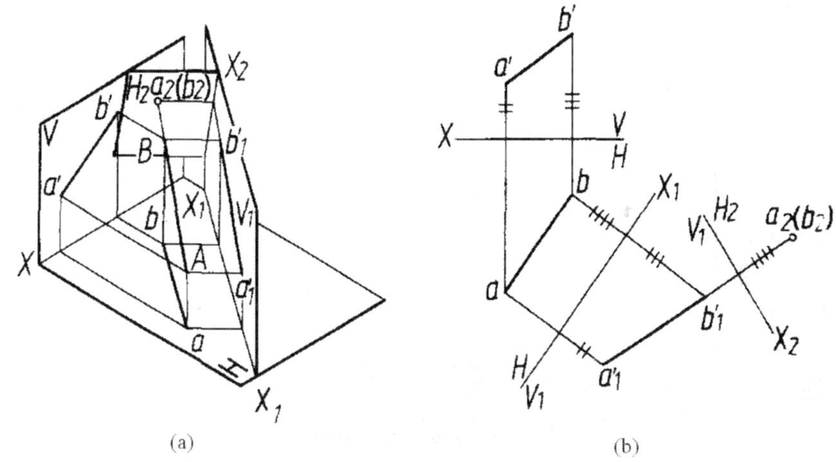

图 1-6-13　将一般位置直线变换为投影面垂直线

项目二 基本体视图的识读与绘制

通过本项目的训练，学生应能掌握基本体的投影特征及画法，了解截交线和相贯线的特征及画法，掌握组合体三视图的识读和绘制方法，能正确识读和绘制基本体三视图，能正确识读和绘制组合体三视图。

任务一 平面体投影的识读与绘制

- **能力目标**

能正确绘制平面体表面点的投影。

- **知识目标**

(1) 了解平面体表面各点的投影特征；

(2) 掌握平面体表面点的投影绘制方法。

- **情感目标**

(1) 培养独立思考的能力；

(2)养成多思勤练的学习作风;
(3)培养良好的沟通能力。

任务引入

(1)什么是平面体?
(2)平面体的投影有什么特点?

任务解析

工程上所采用的立体,根据其功能的不同,在形体和结构上有着千差万别,但按照立体各组成部分的几何性质的不同,可分为平面立体与曲面立体两大类。

由平面围成的立体称为平面立体,如棱柱、棱锥等。部分或全部表面为曲面的立体则称为曲面立体。这些棱柱、棱锥、圆柱体、圆锥体、圆球体、圆环体等单一立体,常被称为基本立体,简称为基本体。它们是构成工程形体的基本要素,也是绘图、读图时进行形体分析的基本单元。

平面体的投影,实质上是构成该平面体所有表面的投影总和。

相关知识

知识点1 平面体投影的识读

【初阶】

1. 棱柱的投影

棱柱由两个底面和若干侧棱面组成。侧棱面与侧棱面的交线为侧棱线,侧棱线之间相互平行。图2-1-1所示为六棱柱,六棱柱的两底面为水平面,在水平投影图中反映实形。前后两侧棱面是正平面,其余四个侧棱面是铅垂面,它们的水平投影都积聚成直线,与两底面六边形的边重合。

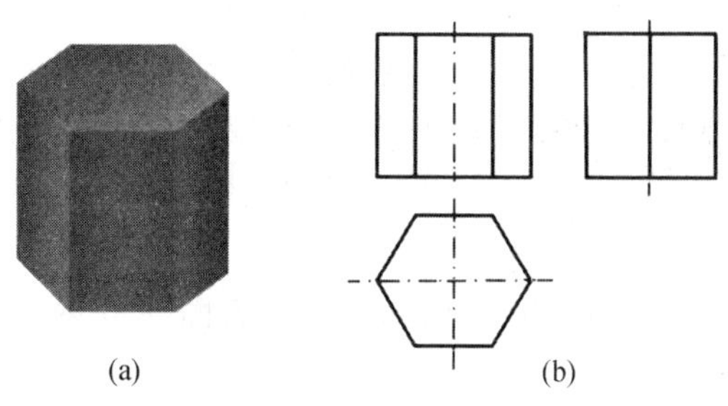

图2-1-1 六棱柱的投影

2. 棱锥的投影

棱锥由一个底面和若干侧棱面组成。侧棱线交于有限远的一点——锥顶。图2-1-2所示为三棱锥，棱锥处于图示位置时，其底面 ABC 是水平面，在俯视图上反映实形。侧棱面 SAC 为侧垂面，在侧面投影积聚成直线。另两个侧棱面为一般位置平面。

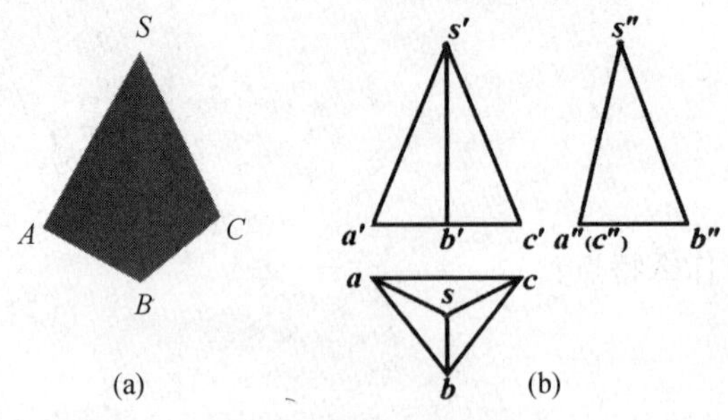

图 2-1-2　三棱锥的投影

3. 棱台的投影

棱台是由两个底面和若干侧面组成，侧棱线本身不相交，其延长线交于一点。图 2-1-3 所示为四棱台，棱台的上、下底面的投影为长方形，在俯视图上反映实形。其余两个正垂面和两个侧垂面在 V、W 面的投影积聚成直线。

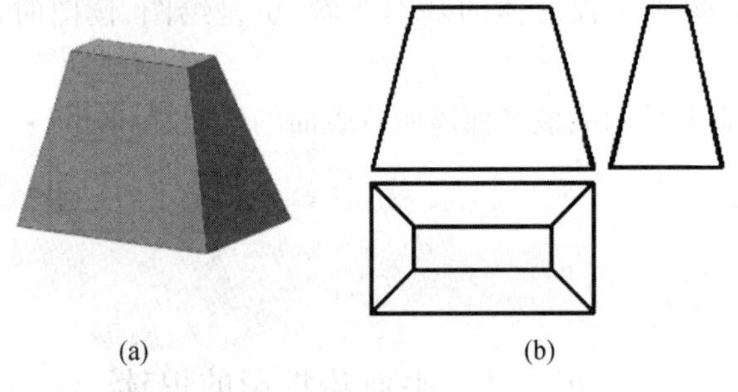

图 2-1-3　四棱台的投影

知识点 2　平面体的表面取点

【中阶】

1. 棱柱的表面取点

由于棱柱的表面都是平面，所以在棱柱的表面上取点与在平面上取点的方法相同。但是由于是立体表面的点，其投影会出现遮挡问题，即点的投影有可能被其他的平面遮挡，出现投影点不可见的现象。因此，在立体表面作出点的投影之后，需要对其做可见性的判断。

判断依据：若点所在平面的投影可见，该平面上点的投影也可见；反之，若点所在平面的投影不可见，该平面上点的投影也不可见。若平面的投影积聚成直线，点的投影一般作为可见处理。

【例题 2.1.1】　如图 2-1-4(a)所示，已知六棱柱表面 A、B 两点的正面投影，作出其 H、W 两面的投影。

由正面投影的可见性分析，A 点落在左前位的侧棱面上，B 点落在最后的侧棱面上，由点的投影特性，首先作出 A、B 两点的水平投影（水平投影面上所有的侧棱面均积聚成直线），最后作出侧面投影，作图过程如图 2-1-4(b)所示。

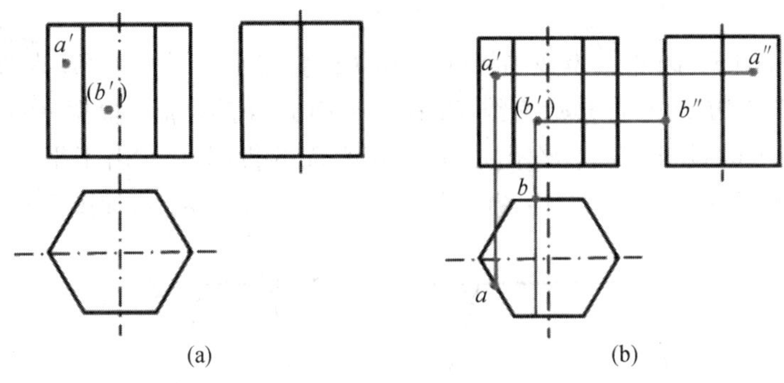

图 2-1-4 棱柱的表面取点

2. 棱锥的表面取点

首先确定点所在的平面，再分析平面的投影特性，可按“面上取线，线上取点”的方法作出点的各面投影。

【例题 2.1.2】 如图 2-1-5 所示，已知正三棱锥表面上点 M 的正面投影 m'，求作点 M 的其他两面投影。

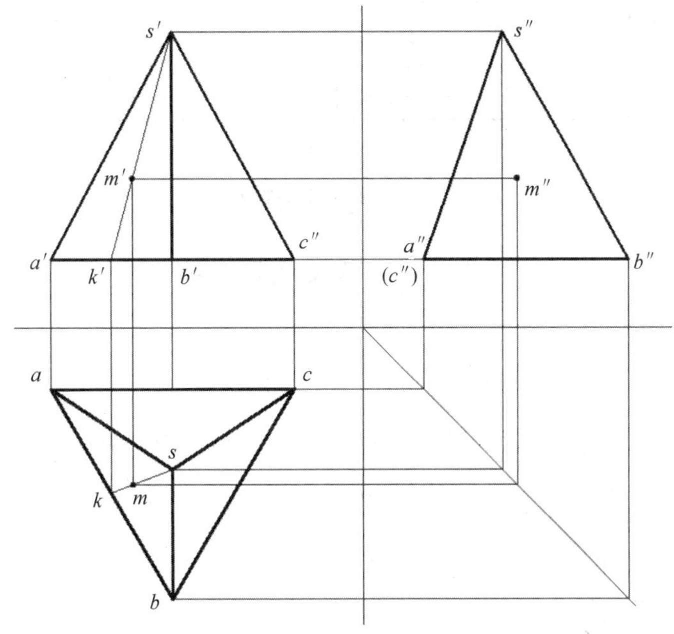

图 2-1-5 棱锥的表面取点

因为 m' 可见，因此点 M 必定在棱面△SAB 上。△SAB 是一般位置平面，过点 M 及锥顶 S 作一条辅助线 SK，与底边 AB 交于点 K，作出直线 SK 的三面投影。因为点 M 在直线 SK 上，故 M 在水平面上的投影 m 必定在直线 SK 的同面投影 sk 上。再根据 M 的两面投影作出 M 在侧面的投影 m''，如图 2-1-5 所示。

3. 棱台的表面取点

棱台的表面取点方法主要有两种，可以把棱台假想延伸成棱锥再进行表面取点，也可利用与底边平行直线的投影特性来进行表面取点。

【例题 2.1.3】 如图 2-1-6 所示，已知四棱台表面上点 M 的水平面投影 m，求作点 M 的其他两面投影。

因为投影点 m 可见，因此点 M 必在平面▱$DCFE$ 上。在平面▱$DCFE$ 内过 m 作一条平行于 CD 的直线交于棱 DE、CF 于 J、K，直线 JK 在水平面的投影为 jk。根据平行线的投影特性，作出 JK 在正平面上的投影 $j'k'$，再作出点 M 在正平面的投影 m'。由于平面▱$DCFE$ 为侧垂面，故直线 JK 在侧面投影反映积聚性，并判断 m'' 不可见，用 m'' 表示，如图 2-1-6 所示。

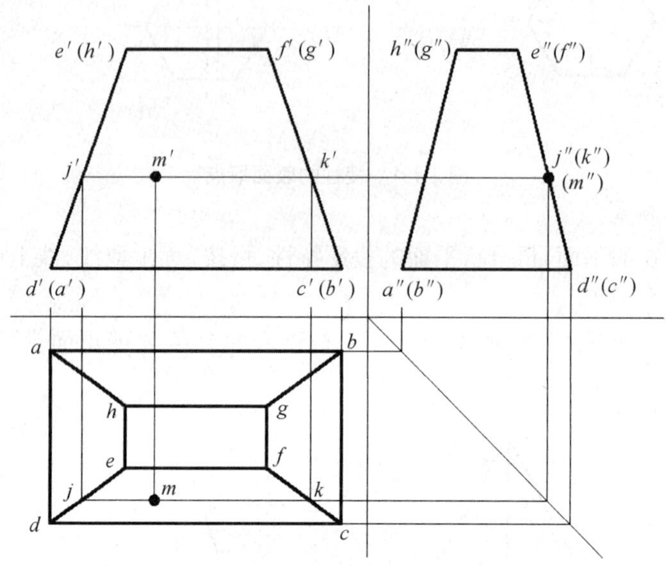

图 2-1-6　棱台的表面取点

知识点 3　截交线的绘制

【初阶】

1. 截交线的概念

平面与立体表面相交，可以认为是立体被平面截切，该平面称为截平面，截平面与立体表面的交线称为截交线。截交线围成的平面图形称为截断面，如图 2-1-7 所示。

截交线具有以下性质：

(1) 截交线是一封闭的平面多边形。

(2) 截交线的每条边是截平面与棱面的交线。

(3) 截交线是截平面与立体表面的共有线，截交线上的点既在截平面上，又在立体表面上，是截平面与立体表面的共有点。

(4) 截交线的形状取决于立体的形状和立体与截平面的相对位置。

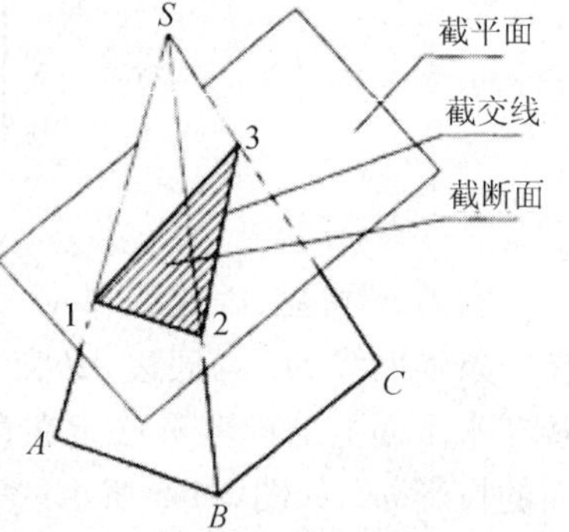

图 2-1-7　截交线与截断面

【中阶】

2. 棱柱的截交线

【例题 2.1.4】　求八棱柱被平面 P 截切后的水平投影，如图 2-1-8(a) 所示。

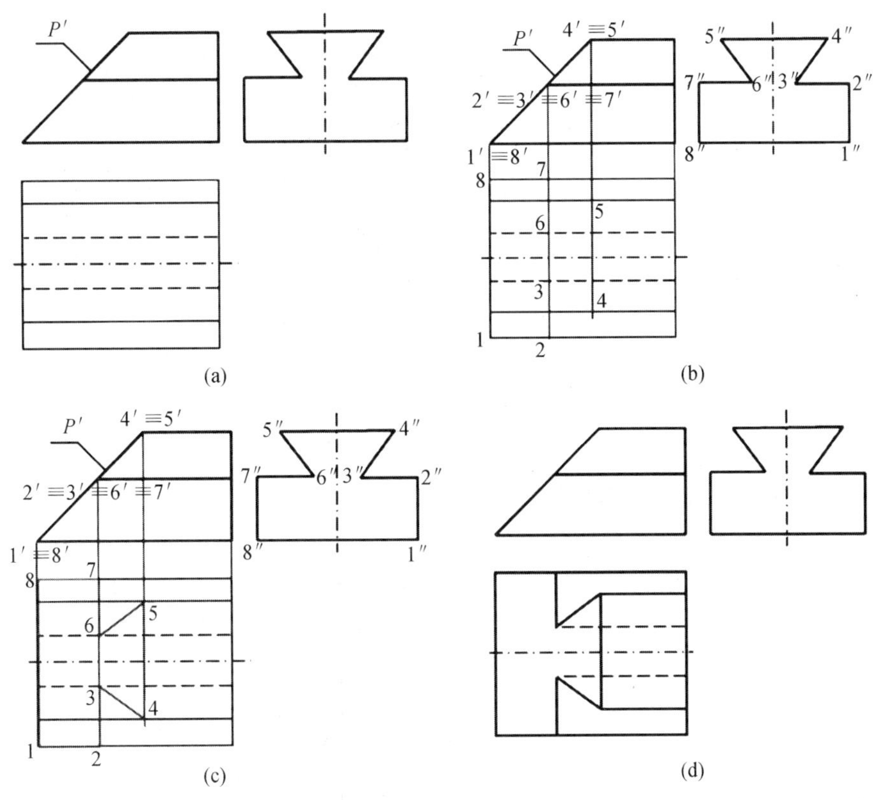

图 2-1-8 棱柱的截交线

【高阶】

3. 棱锥的截交线

【例题 2.1.5】 如图 2-1-9(a)所示,求四棱锥被截切后的水平投影和侧面投影。

分析:由于截平面的正面投影具有积聚性,截交线也积聚在该正垂面上,用棱线法求出截平面与四条棱线的四个交点,作图步骤如下。

①求出截平面与四条棱线的四个交点及其投影,如图 2-1-9(b)所示。

②将棱线上各交点连接,得到截交线的投影,如图 2-1-9(c)所示。

③分析并判断各棱线的可见性,水平投影四条棱线均可见,用粗实线绘制;侧面投影交点 1 所在的棱线不可见,用虚线绘制,如图 2-1-9(d)所示。

④检查截交线的水平投影与侧面投影是否相类似,最后加深轮廓线。

【例题 2.1.6】 图 2-1-10(a)所示为一带切口的正三棱锥的正面投影,已知切口的正面投影,求作三棱锥被截切后的水平投影和侧面投影。

分析:由于切口截平面由水平面和正垂面组成,故切口的正面投影具有积聚性。水平截面与三棱锥底面平行,因此它与△*SAB* 棱面的交线ⅠⅡ必平行于底边 *AB*,与△*SAC* 棱面的交线ⅠⅢ必平行于底边 *AC*,水平截面的侧面投影积聚成一条直线。正垂截面分别与△*SAB*、△*SAC* 棱面交于直线ⅠⅣ和ⅢⅣ。由于组成切口的两个截平面都垂直于正投影面,所以两截面的交线一定是正垂线,画出以上交线的投影即可完成所求的投影。

作图步骤如下:

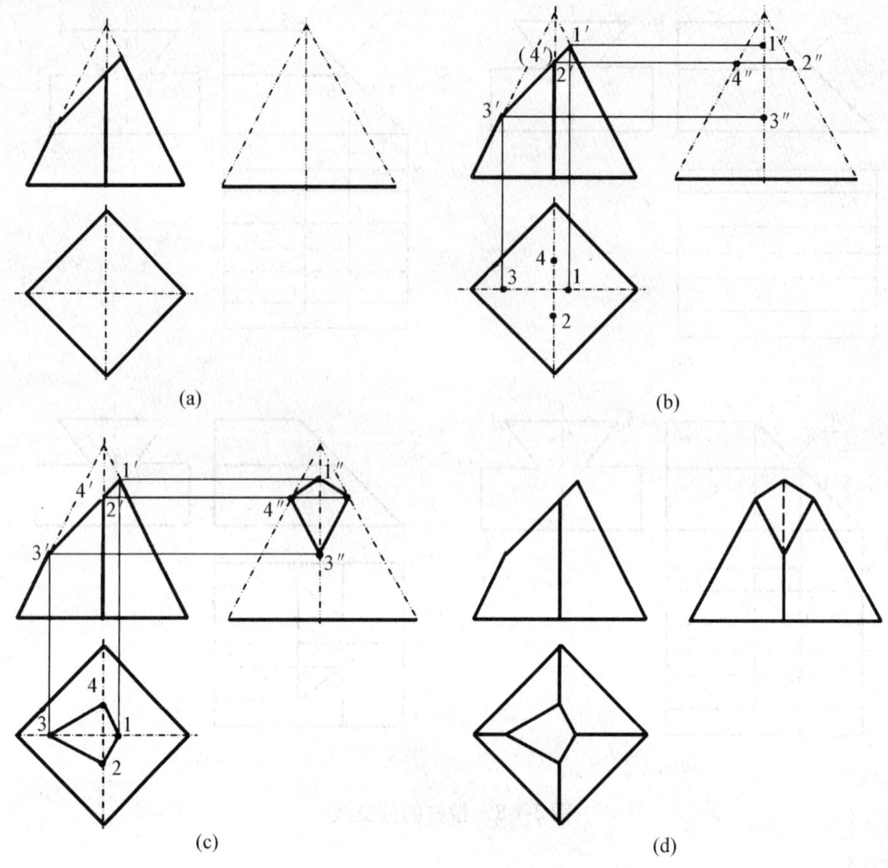

图 2-1-9　四棱锥的截交线

①由 1′在 as 上作出 1，过 1 作 12∥ab、13∥ac，再分别由 2′(3′)在 12 和 13 上作出 2 和 3。由 1′、2′、3′和 1、2、3 作出 1″、2″、3″。1″、2″、3″在水平截面的积聚投影上。

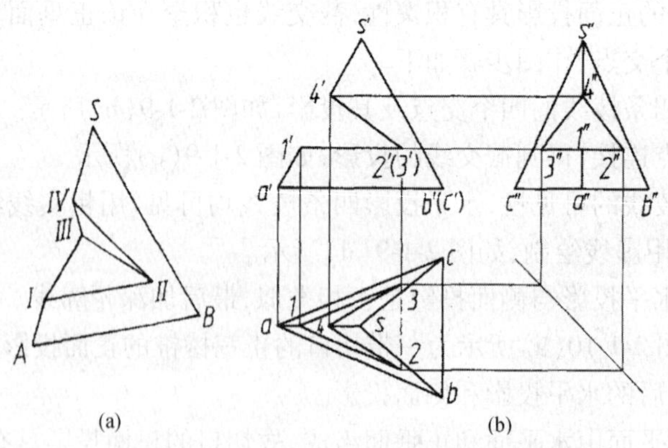

图 2-1-10　带切口三棱锥的截交线

②由 4′分别在 as 和 a″s″上作出 4 和 4″，然后再分别连接 42、43 和 4″2″、4″3″，即完成切口的水平投影和侧面投影。

③整理轮廓线，判别可见性。三棱锥被截切后，棱线 SA 中间ⅠⅣ段被截去，故投影中只保留 a1 和 4s，a″1″和 4″s″。切口两截面的交线ⅡⅢ的水平投影 23 不可见，应连成细虚线。

任务二
回转体投影的识读与绘制

● 能力目标

能正确绘制基本回转体表面点的投影。

● 知识目标

(1)了解基本回转体表面各点的投影特征;
(2)掌握基本回转体表面点的投影绘制方法。

● 情感目标

(1)养成多思勤练的学习作风;
(2)培养良好的沟通能力。

任务引入

(1)什么是基本回转体?
(2)基本回转体的投影有什么特点?

任务解析

部分或全部表面为曲面的立体称为曲面立体,根据其构成不同又可分为由回转曲面构成的回转体和含有非回转曲面的非回转体。圆柱、圆锥、圆台、球体、圆环等单一立体也被称为基本回转体。

回转曲面是由一线段(该线段称为回转曲面的母线)绕空间另一直线做定轴旋转运动而形成的光滑曲面,母线在回转面上任意位置均被称为素线。

回转体的投影,实质上是构成该回转体回转面和底面的投影总和。

相关知识

知识点1 回转体投影的识读

【初阶】

1. 圆柱的投影

圆柱体由圆柱面和两个底面组成。圆柱面是由直线 AA_1 绕着与它平行的轴线 OO_1 旋转而成,如图 2-2-1(a)所示。

该圆柱轴线为铅垂线,上、下底面为水平面,在水平投影上反映实形,正面投影和侧面投影分别积聚成一直线。圆柱面上所有素线都是铅垂线,在水平面的投影积聚为一个圆,如图 2-2-1(b)所示。圆柱的正面投影和侧面投影分别具有两条决定投影范围的素线,称为该面的转向轮廓线,如正面投影的最左、最右两条素线,侧面投影的最前、最后两条素线。

2. 圆锥的投影

圆锥表面由圆锥面和底面组成,圆锥面是一直线绕其轴线回转而成,如图 2-2-2(a)所示。该圆锥轴线为铅垂线。底面为水平面,其水平投影反映实形。圆锥的所有素线交于锥顶,其正面投影和侧面投影均为三角形。圆锥面的三个投影都没有积聚性,如图 2-2-2(b)所示。

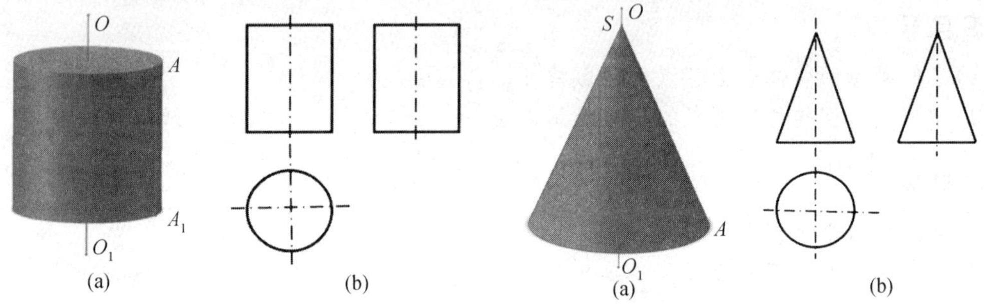

图 2-2-1　圆柱的投影　　图 2-2-2　圆锥的投影

3. 圆台的投影

圆台表面是由圆台面和上、下两个底面组成,圆台面是一直线绕轴线回转而成,如图 2-2-3(a)所示。该圆台轴线为铅垂线,上、下底面为水平面,在水平面的投影为两个圆。圆台正面投影和侧面投影均为等腰梯形,如图 2-2-3(b)所示。

4. 球的投影

球的表面是一半圆绕其半径回转而成,如图 2-2-4(a)所示。其投影特征是:三个投影面的投影均为圆,圆的直径与球的直径相等,如图 2-2-4(b)所示。但三个投影圆是不同的转向轮廓线的投影,球面的投影没有积聚性。

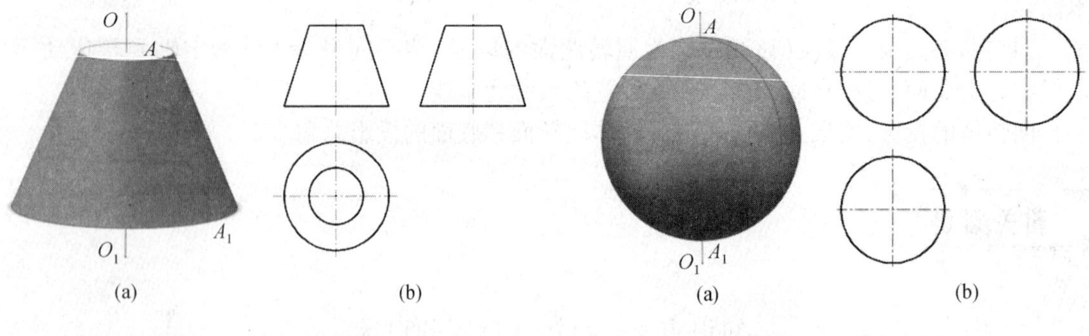

图 2-2-3　圆台的投影　　图 2-2-4　球的投影

【高阶】

5. 环的投影

环的表面是一圆绕圆外一直线回转而成,如图 2-2-5(a)所示。靠近回转轴的半个母线圆形成环面的内环面,远离回转轴的半个母线圆形成的环面为外环面。环在水平面投影为两同心圆,同心圆的圆心是回转轴在水平面的投影。正平面投影中左、右两个圆是环面上平行于 V 面的两个圆的投影,是前半个环面和后半个环面的分界线。

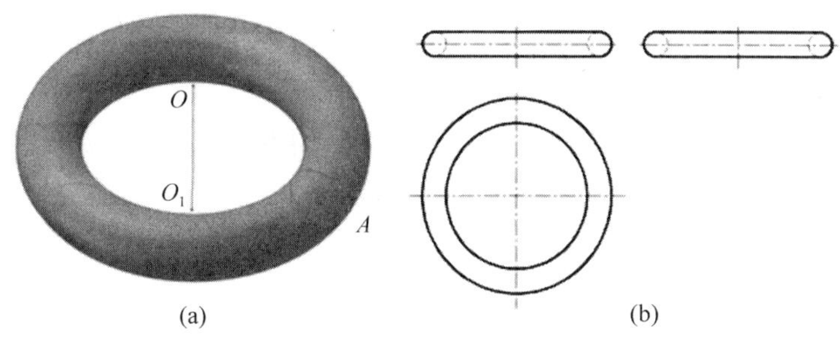

图 2-2-5 环的投影

知识点 2 回转体的表面取点

【初阶】

1. 圆柱的表面取点

圆柱的表面取点,常利用其投影圆中的积聚性来进行。

【例题 2.2.1】 如图 2-2-6 所示,已知圆柱表面上的点 M 的正面投影 m',求作点的其他两面投影。

分析:利用投影圆的积聚性,先根据投影可见性判断其与转向轮廓线之间的位置关系,进而求出其水平投影,再利用两面投影求出第三面投影。

①过 m' 作水平面垂线与投影圆相交,因为 m' 可见,说明点 M 在前半圆柱面上,其在水平面的投影应在投影圆的左下四分之一圆弧上;

②根据两面投影,作出其在侧面投影面上的投影,如图 2-2-6 所示。

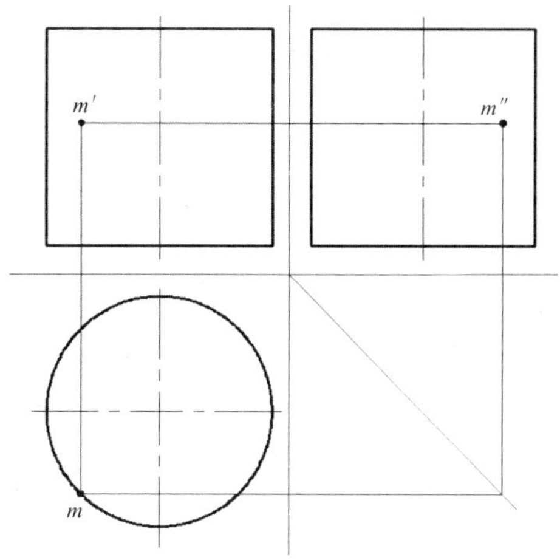

图 2-2-6 圆柱的表面取点

2. 圆锥的表面取点

由于圆锥表面的投影无积聚性,圆锥的表面取点需采用“面上取线、线上取点”的方法,有辅助线和辅助圆两种办法，本部分讲述辅助线法，辅助圆法放在圆台的表面取点中讲解。

【例题 2.2.2】 如图 2-2-7 所示，已知圆锥表面上点 M 的正面投影 m'，求作点 M 的其他两面投影。

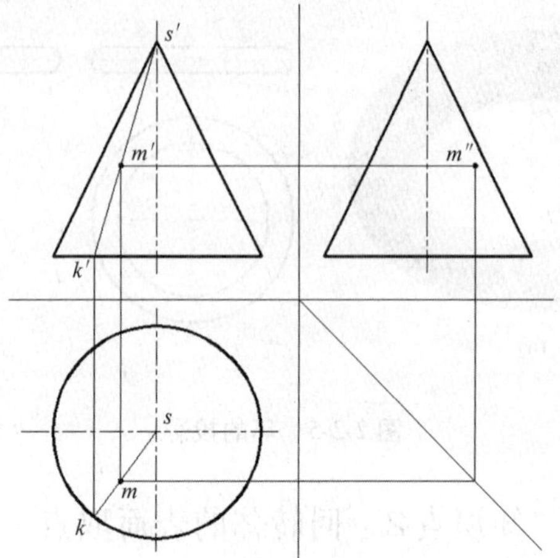

图 2-2-7 圆锥的表面取点

分析：先根据投影可见性判断其在投影为圆的视图上的区域关系，过圆锥顶点和点 M 作素线与圆锥底面相交，求出交点的投影，进而求出点 M 的侧面投影。

①过圆锥顶点 S 和点 M 作圆锥素线 SK 交圆锥底面圆于 K 点。因为 m' 可见，说明点 M、K 在前半圆锥面上，其在水平面的投影应在投影圆的左下四分之一圆弧上。作出 SK 在水平面的投影 sk。

②因 M 在直线 SK 上，故 M 在水平面的投影 m 在 sk 上。作出 M 在水平面上的投影 m。

③根据两面投影，作出其在侧面投影面上的投影 m''，如图 2-2-7 所示。

3. 圆台的表面取点

因圆台可看成圆锥被平面截切去锥顶后得到的立体结构，可把其假想复原成圆锥，再进行表面取点。

【例题 2.2.3】 如图 2-2-8 所示，已知圆台表面上点 M 的正面投影 m'，求作点 M 的其他两面投影。

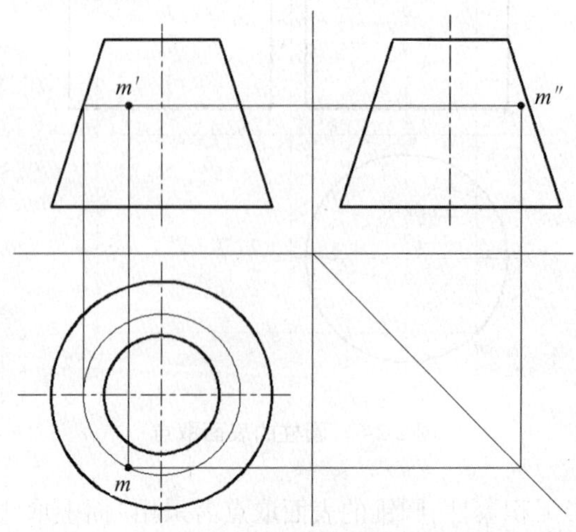

图 2-2-8 圆台的表面取点

分析:先根据投影可见性判断其在投影为圆的视图上的区域关系,过点 M 在圆台表面作一平行于上下底面的圆,作该圆的水平投影。点在辅助圆上,求出点在辅助圆上的投影,进而求出点 M 的侧面投影。

①过点 M 作一垂直于回转轴线的辅助圆,并作出该辅助圆在水平面上的投影。

②因 M 在辅助圆上,故 M 在水平面的投影 m 在辅助圆的水平面投影上。作出 M 在水平面上的投影 m。

③根据两面投影,作出其在侧面投影面上的投影 m'',如图 2-2-8 所示。

【中阶】

4. 球的表面取点

球的投影无积聚性,球面上不存在任何直线,所以必须采用辅助圆法求作其表面上点的投影。

【例题 2.2.4】 如图 2-2-9 所示,已知球面上点 M 的正面投影 m',求作点 M 的其他两面投影。

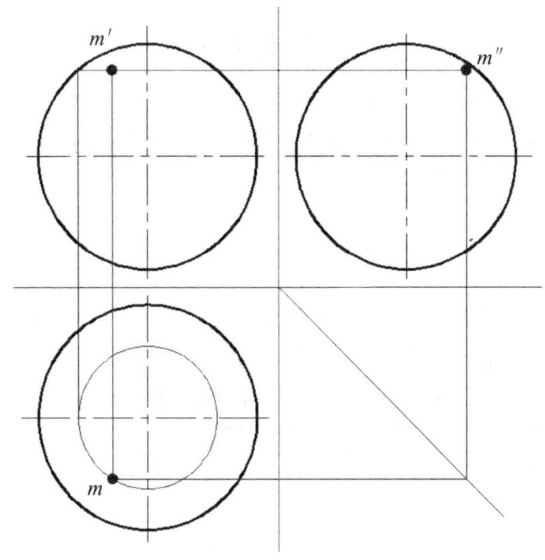

图 2-2-9 球的表面取点

①过点 M 作一水平位置的辅助圆,并作出其在水平面的投影;

②在辅助圆水平面投影上,作出点 M 的水平面投影 m。

③根据两面投影 m、m',作出侧面投影 m'',如图 2-2-9 所示。

【高阶】

5. 环的表面取点

环的投影只在局部投影呈现积聚性,环面上也不存在任何直线,所以必须采用辅助圆法求作其表面上点的投影。

【例题 2.2.5】 如图 2-2-10 所示,已知环表面点 M 的正面投影 m',求作其他两面的投影。

①过点 M 作一水平面,交环于两处于水平位置的圆。由于 m' 可见,故点 M 应在外环面

上。作出此辅助圆的水平面投影。

②在辅助圆水平面投影上，作出点 M 的水平面投影 m。

③根据两面投影 m、m'，作出侧面投影 m''，如图 2-2-10 所示。

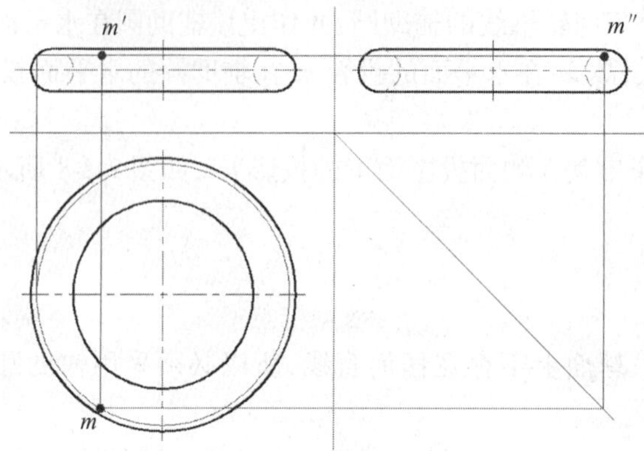

图 2-2-10　环的表面取点

知识点 3　回转体的截交线

回转体与截平面相交时，截交线一般是封闭的平面曲线，有时为曲线与直线围成的平面图形，其形状取决于回转体表面形状及截平面与回转体轴线的相对位置。

【初阶】

1. 圆柱的截交线

由于截平面与圆柱的相对位置不同，截交线的形状也不相同，可分为三种情况，如表 2-2-1 所示。

表 2-2-1　截平面与圆柱的截交线

立体图	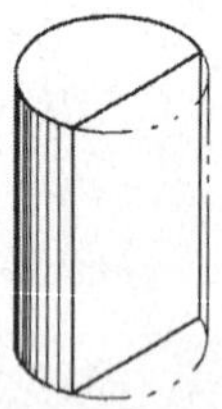	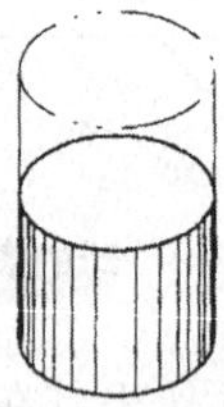	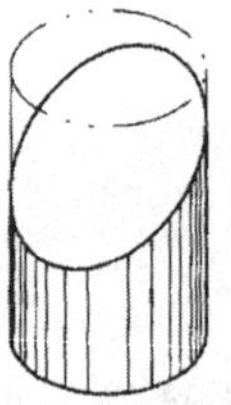
投影图	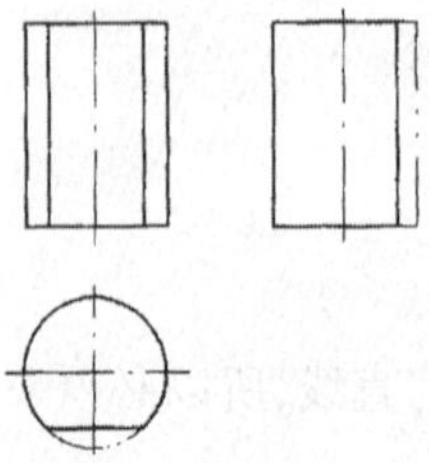	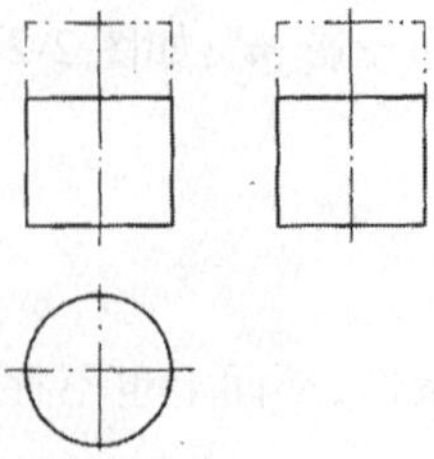	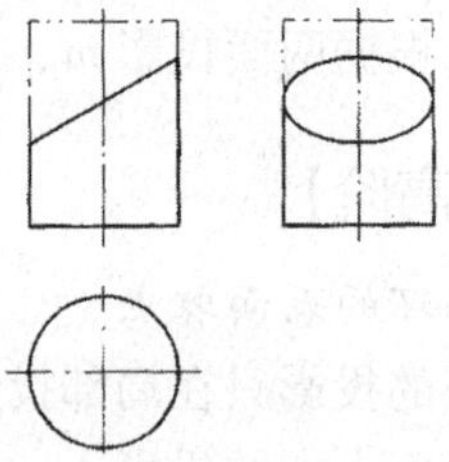
说明	截交线为矩形	截交线为圆	截交线为椭圆，椭圆的形状取决于截平面与轴线的夹角

【例题 2.2.6】 如图 2-2-11(a)所示,已知被截切圆柱体的正面投影,求作其投影图。

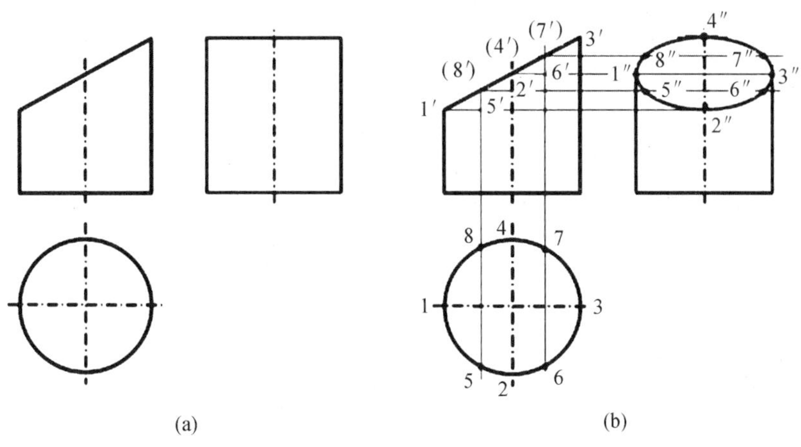

图 2-2-11 圆柱的截交线 1

分析:截交线的正面投影积聚在截平面上,而截交线的水平投影与积聚圆重影,唯一需要求解的是侧面投影。分析截平面与圆柱轴线的相对位置为倾斜,由表 2-2-1 得知其截交线为椭圆。

①找特殊点(极限位置点、轮廓素线上的点)。此题可以找出最高 3、最低 1、最前 2、最后 4 四个点。

②补充中间点。所谓补充,是因为仅有四个特殊点连接成椭圆还远远不够,补充四个一般位置点 5、6、7、8。

③光滑连接各点,如图 2-2-11(b)所示。

【例题 2.2.7】 如图 2-2-12 所示,已知圆柱被截切,求其侧面投影。

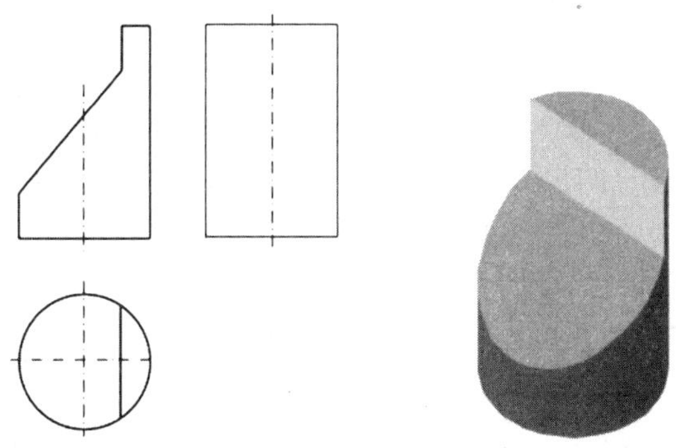

图 2-2-12 圆柱的截交线 2

分析:当某个立体被多次截切,要逐个截平面分析和绘制截交线。先假想为完整的截切,求出完整的截交线后再取局部。题中的两个截平面与圆柱中心轴线的相对位置为:平行和倾斜,因此本题求解需分两步作图。

第一步平行截切,其截交线为两平行线。第二步倾斜截切,其截交线为椭圆局部。

作图步骤如下:

①作出平行截切部分的投影。截交线为两平行线,其端点 1、2 位于两个截平面相交处及圆柱表面上,如图 2-2-13(a)所示。

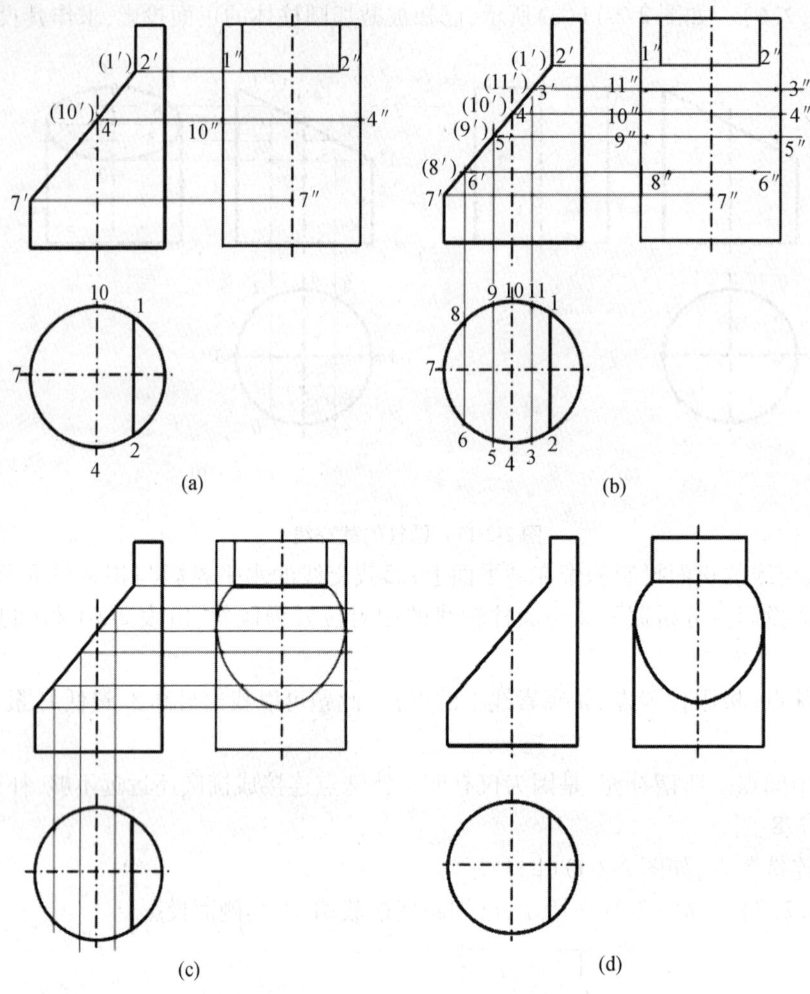

图 2-2-13　圆柱截交线 2 的解题示意图

②作出特殊点(4、7、10)的投影,如图 2-2-13(a)所示。

③补充六个一般点(3、5、6、8、9、11),如图 2-2-13(b)所示。

④将求出的各点光滑连接,如图 2-2-13(c)所示。

⑤分析轮廓素线,并判断其可见性,如图 2-2-13(d)所示。

【中阶】

2. 圆锥的截交线

由于截平面与圆锥的相对位置不同,截交线的形状也不相同,可分为五种情况,如表 2-2-2 所示。

表 2-2-2 截平面与圆锥的截交线

立体图	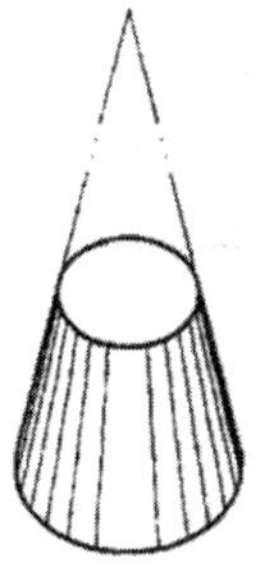	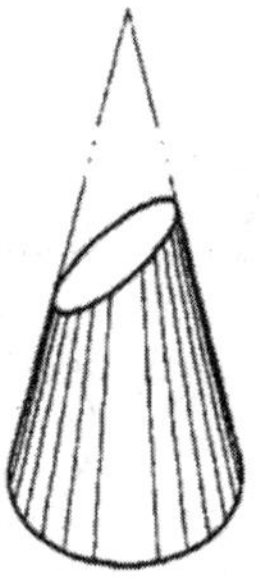		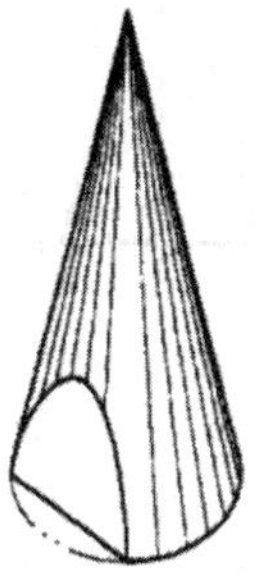	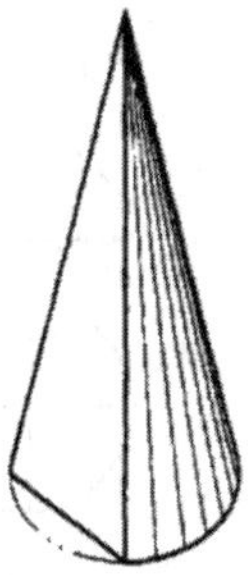
投影图	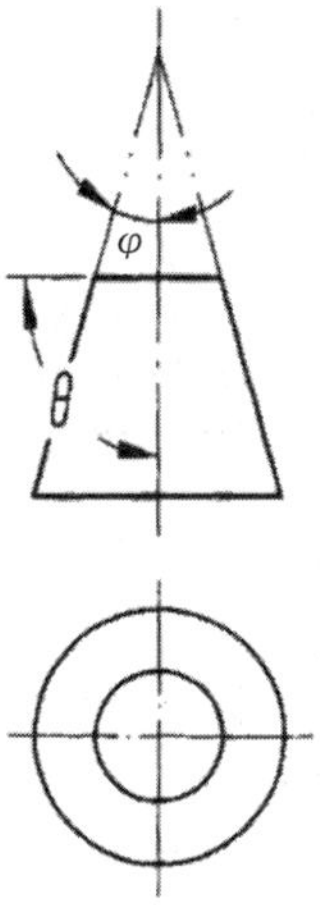	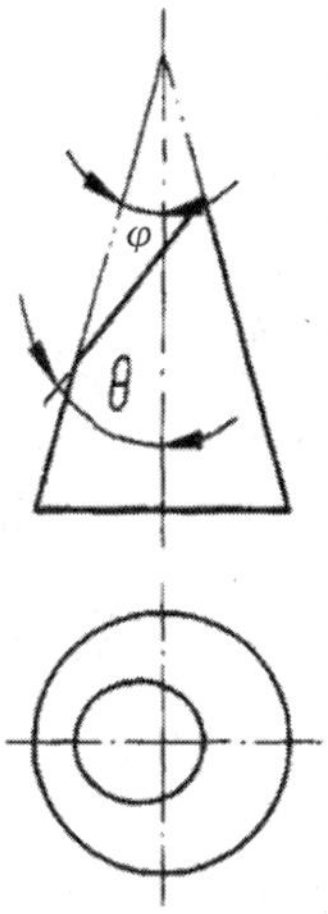	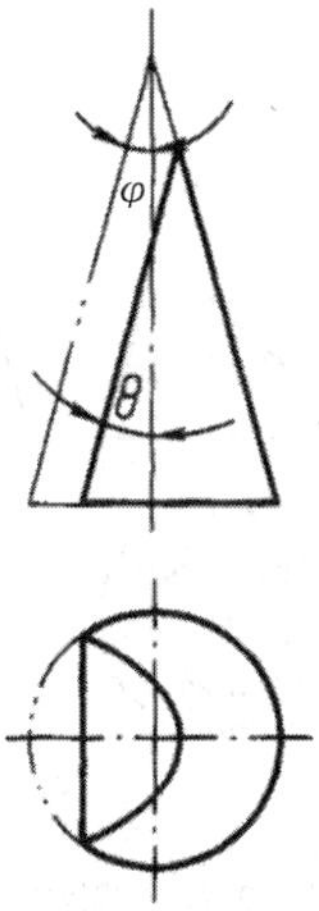	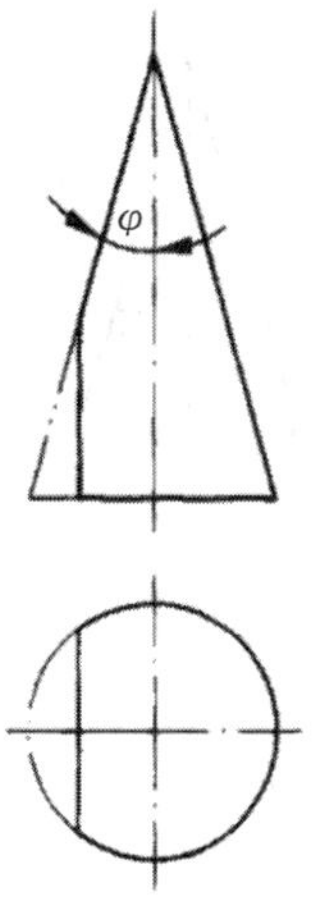	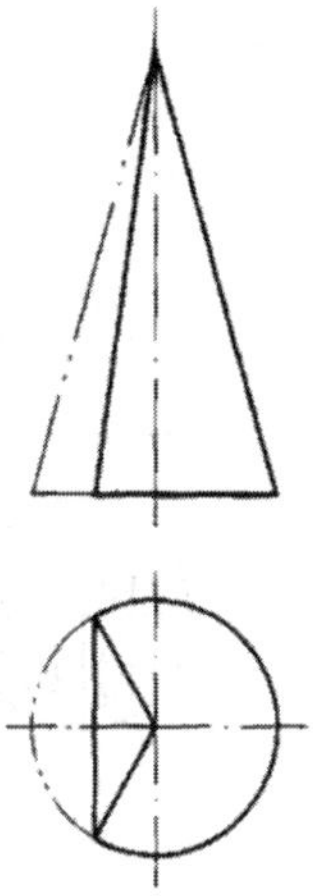
说明	$\theta=90°$ 截交线为圆	$\theta>\varphi$ 截交线为椭圆	$\theta=\varphi$ 截交线为抛物线	$\theta<\varphi$ 截交线为双曲线	截平面过锥顶 截交线为素线

【例题 2.2.8】 如图 2-2-14(a)所示,已知圆锥体被正垂面截切,求作截交线的三面投影。

分析:由于截平面与圆锥中心轴线倾斜,截交线为椭圆。仍然采用表面取点法,即找出特殊点,补充中间点来完成作图。

作图步骤如下:

①找出四个特殊点,即截交线与圆锥四条轮廓素线的四个交点,其中最左、最右两点也是截交线上最低、最高点(两点连线为椭圆的轴线),而另两个点并非截交线上的最前、最后点(也并非椭圆的另一条轴线),如图 2-2-14(b)所示。

②寻找截交线上最前、最后点(正面投影中,积聚成直线的截平面上的中间点),用辅助圆作出该两点(两点连线即为椭圆的另一条轴线),如图 2-2-14(c)所示。

③用辅助圆法补充六个一般点,如图 2-2-14(d)所示。

④分别将水平投影和侧面投影上的各点光滑连接,如图 2-2-14(e)所示。

⑤分析轮廓素线,注意侧面投影中的两条轮廓线也不再完整,即被截断的部分应擦去,如图 2-2-14(f)所示。

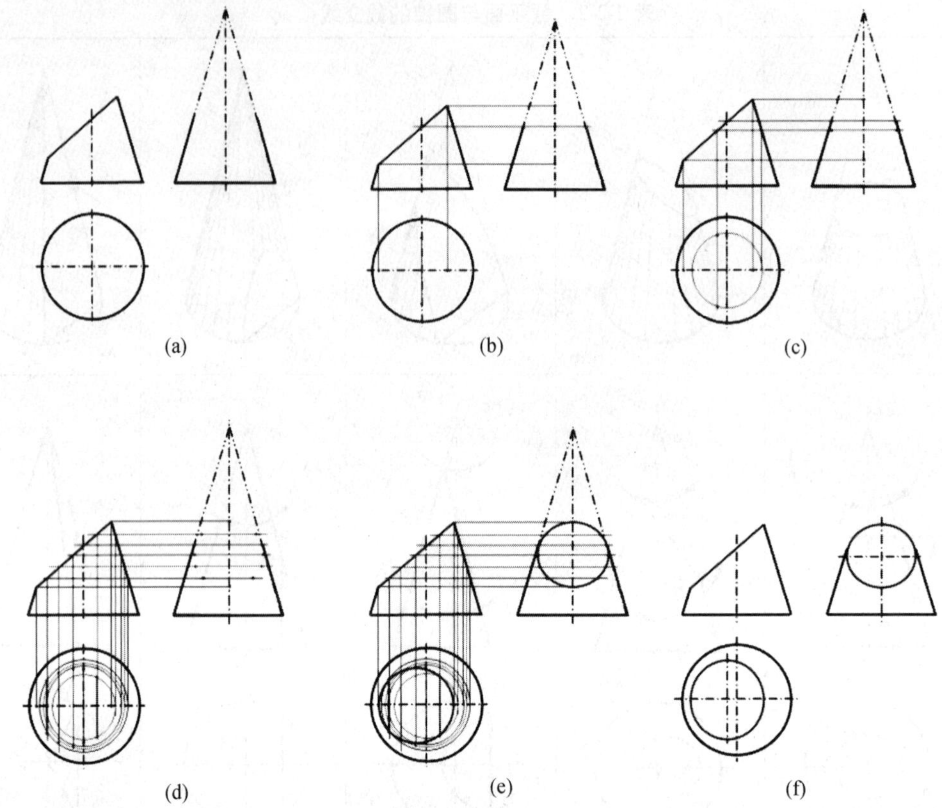

图 2-2-14 圆锥的截交线

【高阶】

3. 球体的截交线

球体被截切,所得截交线的形状都是圆。根据截平面与投影面的位置关系的不同,在各面的投影可能为圆、直线或椭圆。

【例题 2.2.9】 如图 2-2-15(a)所示,补全开槽半球的水平投影和侧面投影。

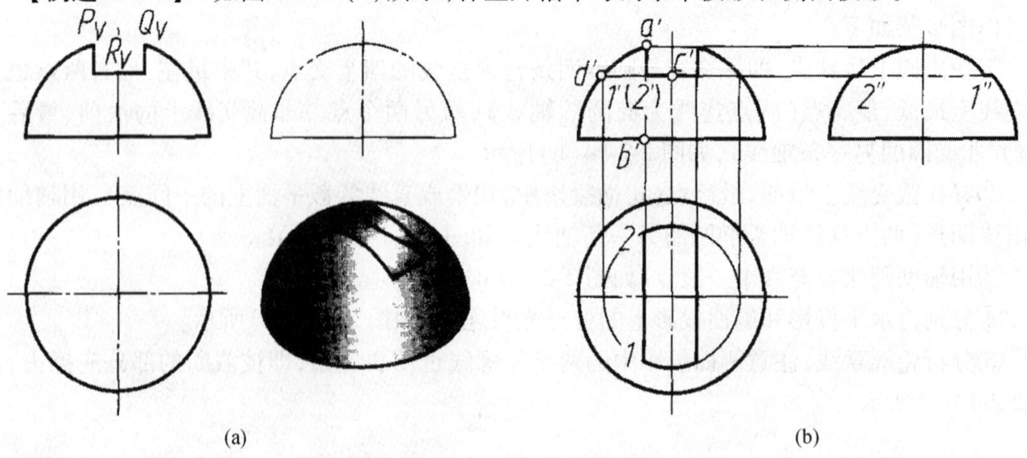

图 2-2-15 球体的截交线

分析:球表面的凹槽由两个侧平面 P、Q 和一个水平面 R 切割而成,截平面 P、Q 各截得一段平行于侧面的圆弧,截平面 R 截得前、后各一段水平的圆弧。

①以 $a'b'$ 为半径作出截平面 P、Q 的截交线圆弧的侧面投影(两平面重合),它与截平面 R 的侧面投影交于 1″、2″,根据 1′、2′ 和 1″、2″作出 1、2,直线 12 即为截平面 P 的水平积聚投影。同理作出截平面 Q 的水平投影。

②以 $c'd'$ 为半径作出截平面 R 的截交线圆弧的水平投影。

③整理轮廓,判别可见性。球体侧面投影的转向轮廓线在截平面 R 以上的部分被截切,不应画出。截平面 R 的侧面投影在 1″2″之间的部分被左半部分球面遮挡,故画虚线,如图 2-2-15(b)所示。

知识点 4　回转体的相贯线

回转体与回转体相交时,交线称为相贯线。由于相贯线是两回转体表面的共有线,因此相贯线上所有点都是两回转体的共有点。相贯线一般情况下是封闭曲线,受回转体形状、大小和相对位置的影响,也可能是平面曲线或直线。

求作两回转体相贯线投影时,应先作出相贯线上一些特殊点的投影,如回转体投影的转向轮廓线上的点、对称相贯线中对称面上的点以及最高、最低等六个极限位置点,然后再求作一般点,从而作出相贯线的投影。一般情况下可采取表面取点法和辅助平面法求作相贯线。

【中阶】

1. *表面取点法*

两回转体相贯,如果其中有一个是轴线垂直于投影面的圆柱,则相贯线在该平面上的投影就积聚在圆柱面的积聚投影圆周上。这样就可以在相贯线上取一些点,按回转体表面取点的方法作出相贯线的其他投影。

【例题 2.2.10】　如图 2-2-16(a)所示,已知两圆柱的三面投影,求作它们的相贯线。

分析:由于两圆柱的轴线分别为铅垂线和侧垂线,两轴线垂直相交,其相贯线的水平投影就积聚在铅垂圆柱的水平投影圆上,侧面投影积聚在侧垂圆柱的侧面投影上。已知相贯线的两个投影即可求出其正面投影。

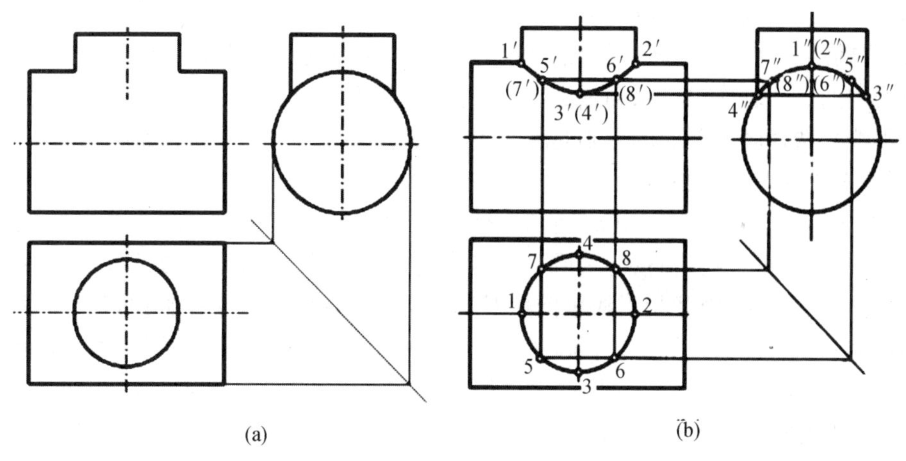

图 2-2-16　圆柱的相贯线

①求特殊点。先在相贯线的水平投影上定出1、2、3、4点，它们是铅垂圆柱最左、最右、最前、最后素线上的点的水平投影，再在相贯线的侧面投影上相应地作出1″、2″、3″、4″。由这四点的两面投影，求出正面投影1′、2′、3′、4′，可以看出，它们也是相贯线上的最高、最低点。

②求一般点。在相贯线的水平投影上定出左右、前后对称的四点5、6、7、8，求出它们的侧面投影5″、6″、7″、8″，由这四点的两面投影，求出对应的正面投影5′、6′、7′、8′。

③连接各点的正面投影，即得相贯线的正面投影。由于前半相贯线在两个圆柱的前半个圆柱面上，所以其正面投影1′5′3′6′2′可见，而后半相贯线的正面投影1′7′4′8′2′不可见，但与前半相贯线重合。

两轴线垂直相交的圆柱，在零件上是最常见的，它们的相贯线一般有如图2-2-17所示的三种形式。

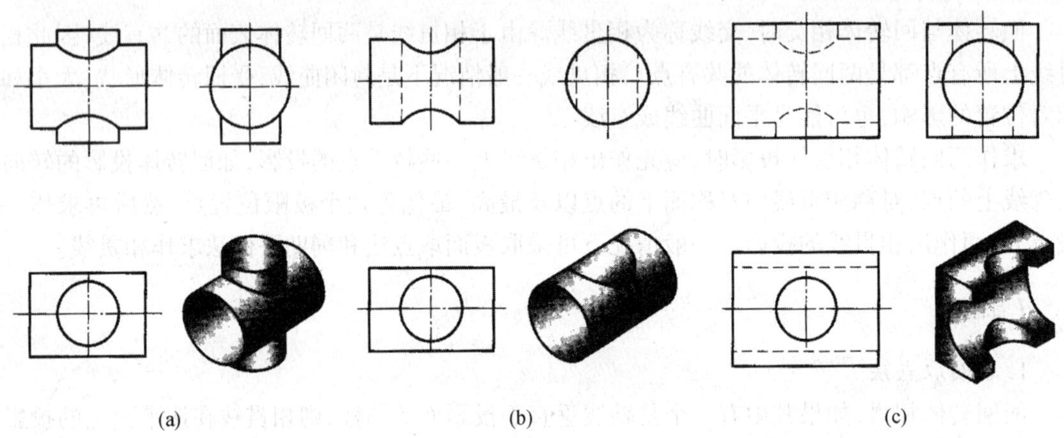

图2-2-17　两圆柱相贯线的常见情况

【高阶】

2. 辅助平面法

求两回转体相贯线比较普遍的方法是辅助平面法。即作一辅助平面与相贯的两回转体相交，分别作出辅助平面与两回转体的截交线，这两条截交线的交点必为两立体表面的共有点，即为相贯线上的点。若作出一系列辅助平面，即可得相贯线上的若干个点。依次连接各点，就可得到相贯线。选择辅助平面的原则是使辅助平面与两回转面的交线及投影为最简单的图形（圆或直线），这样可以使作图简便。

【例题2.2.11】　如图2-2-18(a)所示，求圆柱与圆锥的相贯线。

分析：圆柱与圆锥轴线垂直相交，圆柱全部穿进左半圆锥，相贯线为封闭的空间曲线。由于这两个立体前后对称，因此相贯线也前后对称。又由于圆柱的侧面投影积聚成圆，相贯线的侧面投影也必然重合在这个圆上。需求的是相贯线的正面投影和水平投影。可选择水平面作辅助平面，它与圆锥面的截交线的水平投影为圆，与圆柱面截交的水平投影线为两条平行的素线，圆与直线的交点即为相贯线上的点。

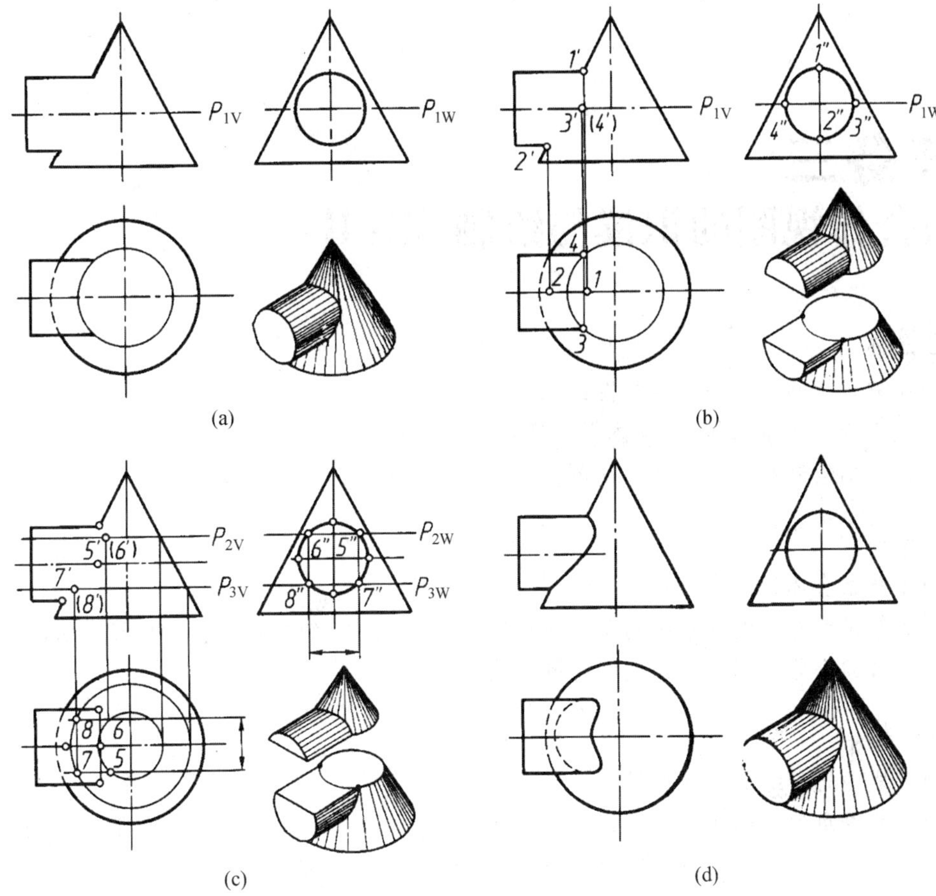

图 2-2-18　圆柱与圆锥的相贯线

①求特殊位置点,如图 2-2-18(b)所示。在侧面投影圆上确定 1″、2″,它们是相贯线上的最高点和最低点的侧面投影,可直接求出 1′、2′,再根据投影规律求出 1、2。

过圆柱轴线作水平面 P,它与圆柱相交于最前、最后两条素线;与圆锥相交为一圆,它们的水平投影的交点即为相贯线上最前点Ⅲ和最后点Ⅳ的水平投影 3、4,由 3、4 和 3″、4″可求出正面投影 3′、4′,这是一对重影点的投影。

②求一般位置点,如图 2-2-18(c)所示。作水平面 P_2,求得Ⅴ、Ⅵ两点的投影。需要时还可以在适当位置再作水平辅助面求出相贯线上的点(如作水平面 P_3,求出Ⅶ、Ⅷ两点的投影)。

③依次连接各点的同面投影,根据可见性判别原则可知:水平投影中 3、7、2、8、4 点在下半个圆柱面上不可见,故画细虚线,其余画粗实线,如图 2-2-18(d)所示。

任务三 组合体视图的识读与绘制

能力目标

(1)能够正确阅读组合体的视图;
(2)能正确标注基本体、组合体视图尺寸;
(3)能正确绘制简单组合体的视图。

知识目标

(1)了解组合体的组成形式;
(2)了解尺寸标注的基本原则及标注规定,掌握基本体、组合体的尺寸标注方法;
(3)掌握组合体三视图的识读和绘制方法。

情感目标

(1)养成多思勤练的学习作风;
(2)培养尊重他人的职业素养;
(3)培养认真分析问题、解决问题的职业素养。

任务引入

(1)什么是组合体?组合体的组成形式如何?
(2)组合体的三视图如何识读?
(3)尺寸标注都要考虑哪些因素?
(4)组合体三视图的绘制步骤是怎样的?

任务解析

任何复杂的形体都可以看成是由一些基本的形体按照一定的连接方式组合而成,这些基本形体包括棱柱、棱锥、圆柱、圆锥、球和圆环等。由基本体组成的复杂形体称为组合体。组合体的组成主要是通过叠加、切割而成。

组合体视图的阅读和绘制主要通过形体分析法和线面分析法来完成。组合体的形状可以通过三视图表示,但其尺寸大小只能通过相应的符号和尺寸标注来表示,尺寸标注应符合相应的规定。

相关知识

知识点1 组合体的组成形式

【初阶】

1. 叠加与切割

某些组合体可看成由若干基本体通过叠加的方式而成，如图2-3-1(a)所示。某些组合体可看成由若干基本体通过切割部分基本体而成，如图2-3-1(b)所示。但更多的组合体是通过叠加和切割同时作用而成，如图2-3-1(c)所示。

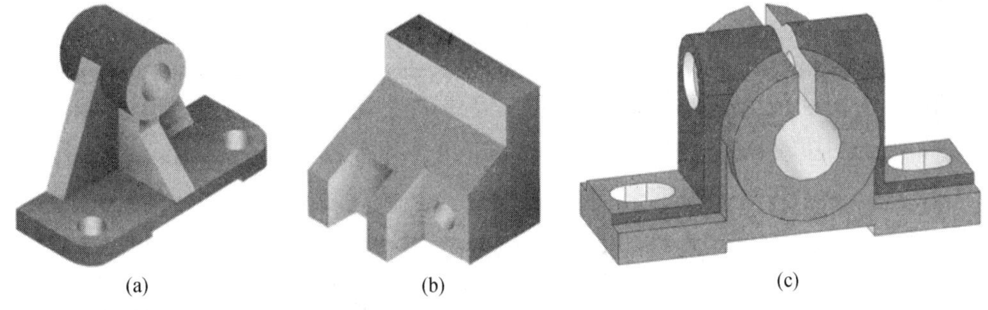

图2-3-1 组合体的组成形式

2. 基本体相邻表面的相互关系

在组合成组合体时，各基本体的相邻表面都存在一定的相互关系，可分为平行、相切、相交等情况。

(1)平行

所谓平行是指两基本体表面间同方向的相互关系。当两基本体平面平齐时，两表面共面，视图上无分界线；当两基本体表面不平齐时，必须画出其分界线，如图2-3-2所示。

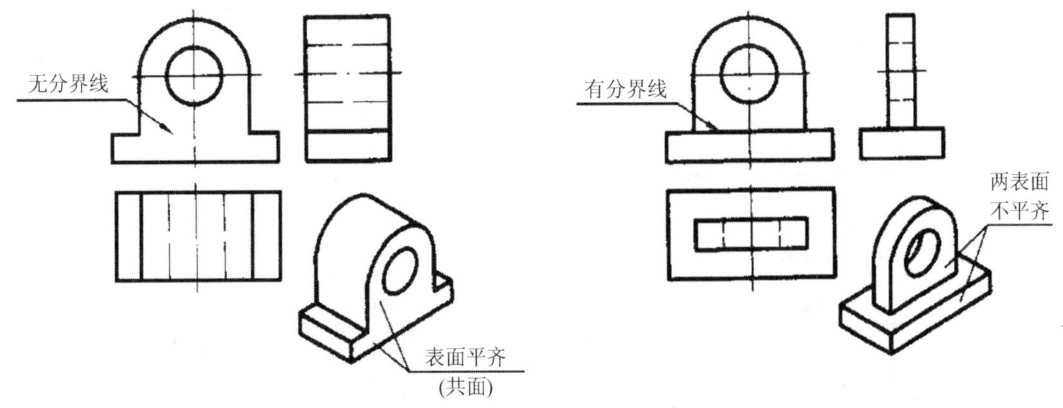

图2-3-2 组合体两相邻表面平行

(2)相切

当两基本体的表面相切时,两表面在相切处光滑过渡,不应画出切线,如图 2-3-3 所示。

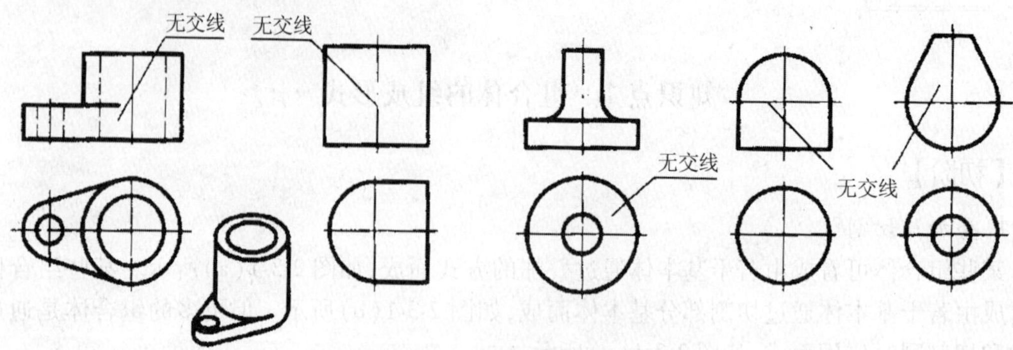

图 2-3-3　组合体两相邻表面相切

当两曲面相切时,则要看两曲面的公切面是否垂直于投影面。如果公切面垂直于投影面,则在该投影面上相切处要画线,否则不画线,如图 2-3-4 所示。

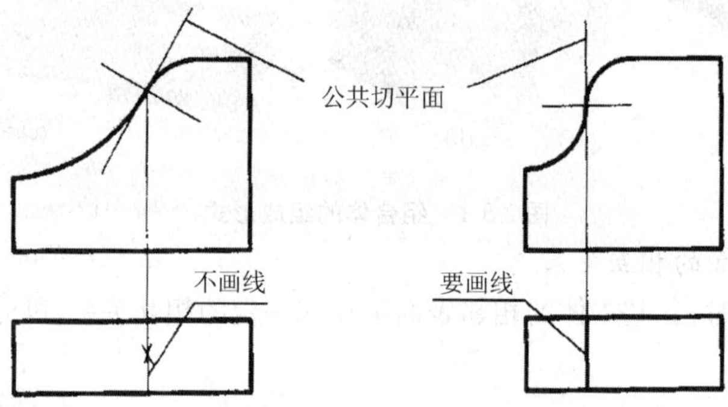

图 2-3-4　组合体两相邻曲面相切

(3)相交

当两基本体的表面相交时,相交处会产生不同形式的交线,在视图中应画出这些交线的投影,如图 2-3-5 所示。

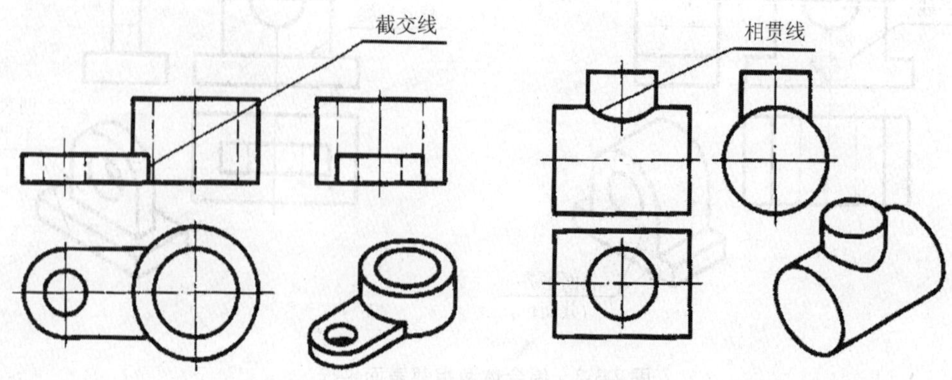

图 2-3-5　组合体两相邻表面相交

知识点2 组合体三视图的识读

【初阶】

识图和绘图是本课程的主要任务,绘图是把空间形体用投影方法表达在平面上,识图则是运用投影方法根据视图想象出空间形体的结构形状。

1. 识图的基本知识

(1) 了解视图中线框和图线的含义

弄清视图中线框和图线的含义,是看图的基础。如图2-3-6所示,线框 *A*、*B*、*D* 为平面的投影,线框 *C* 为曲面的投影。直线1为圆柱的转向轮廓线,线2为平面与平面的交线,线3为平面与曲面的交线,线4则是一个平面的积聚性投影。任何相邻的两个封闭线框,应是物体上相交的两个面的投影,或是同向错位的两个面的投影。如 *A* 和 *B*、*B* 和 *C* 都是两相交表面的投影,*B* 和 *D* 则是前后平行两表面的投影。

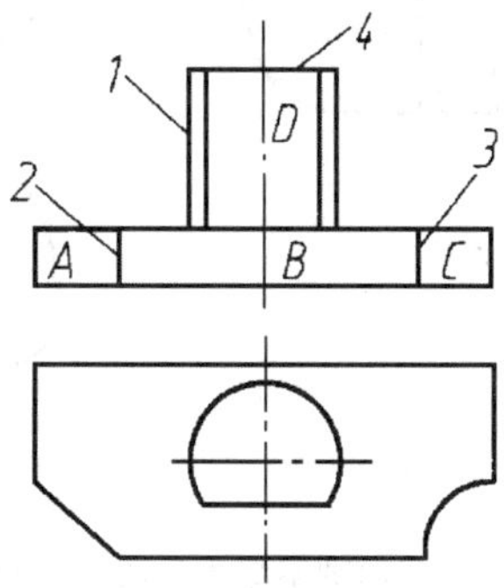

图2-3-6 线框和图线的含义

(2) 寻找特征视图

所谓特征视图,就是把物体的形状特征及相对位置反映得最充分的那个视图。例如图2-3-7中俯视图及图2-3-8中的左视图。找到这个视图,再配合其他视图,就能较快地认清物体了。

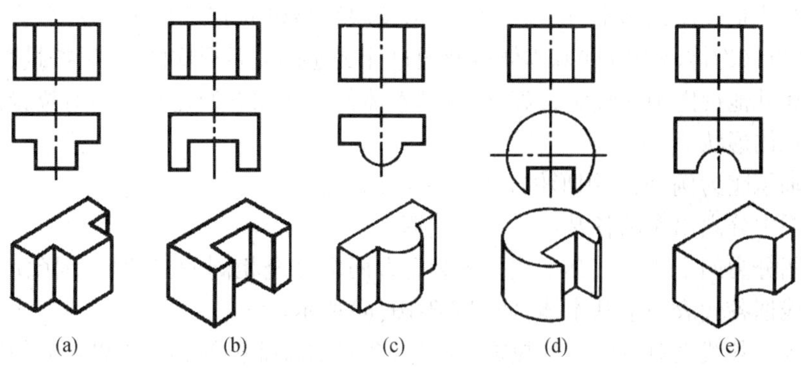

图2-3-7 特征视图反映在俯视图

但是,由于组合体的组成方式不同,物体的形状特征与相对位置并非总是集中在一个视图上,有时是分散在各个视图上。例如图2-3-9中的支架就是由四个基本形体叠加构成的。主

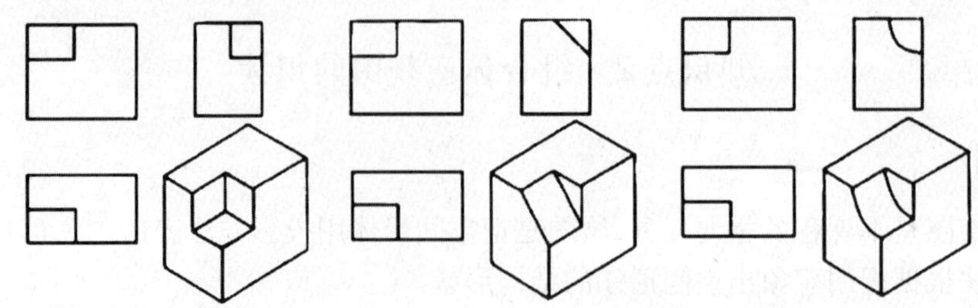

图 2-3-8　特征视图反映在左视图

视图反映物体 A、B 的特征，俯视图反映 D 的特征。所以在读图时，要抓住反映特征较多的视图。

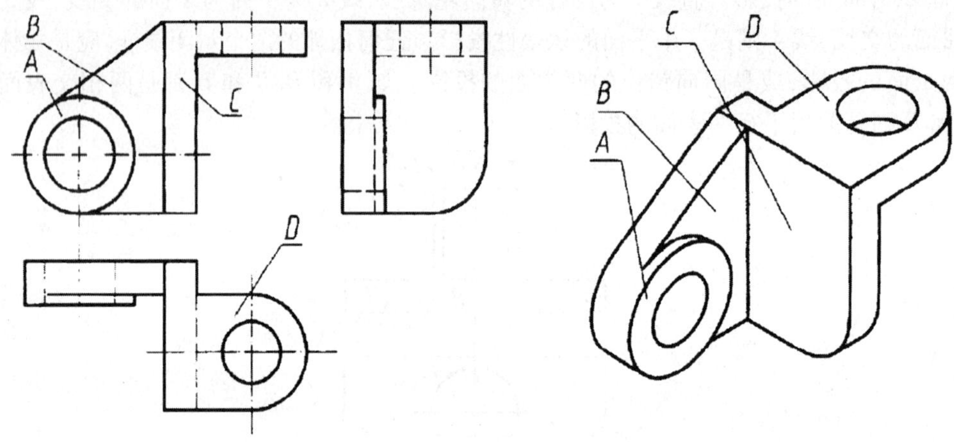

图 2-3-9　特征视图不集中反映在一个视图上

(3)几个视图对照分析

一般情况下，一个视图不能完全确定物体的形状，如图 2-3-7 所示。读图时，一般要将几个视图联系起来阅读、分析和构思，才能弄清物体的形状，如图 2-3-9 所示。

2. 识图的基本方法

(1)形体分析法

形体分析法是读图的基本方法。一般先从反映物体形状特征的主视图着手，对照其他视图，初步分析出该物体是由哪些基本体以及通过什么连接关系形成的；然后按投影特性逐个找出各基本体在其他视图中的投影，以确定各基本体的形状和它们之间的相对位置；最后综合想象出物体的总体形状。

下面以轴承座为例，说明用形体分析法读图的方法。

①从视图中分离出表示各基本形体的线框。

将主视图分为四个线框。其中线框 3 为左右两个完全相同的三角形，因此可归纳为三个线框。每个线框各代表一个基本体，如图 2-3-10(a)所示。

②分别找出各线框对应的其他投影，并结合各自的特征视图逐一构思它们的形状。

如图 2-3-10(b)所示，线框 1 的主俯两视图是矩形，左视图是 L 形，可以想象出该形体是一块直角弯板，板上钻了两个圆孔。

如图 2-3-10(c)所示，线框 2 的俯视图是一个中间带有两条直线的矩形，左视图是一个中间有一条虚线矩形，可以想象出它的形状是在一个长方体的中部挖了一个半圆槽。

如图 2-3-10(d)所示，线框 3 的俯、左两视图都是矩形。因此，它们是两块三角形板对称地分布在轴承座的左、右两侧。

③根据各部分的形状和它们的相对位置综合想象出其整体形状，如图 2-3-10(e)、(f)所示。

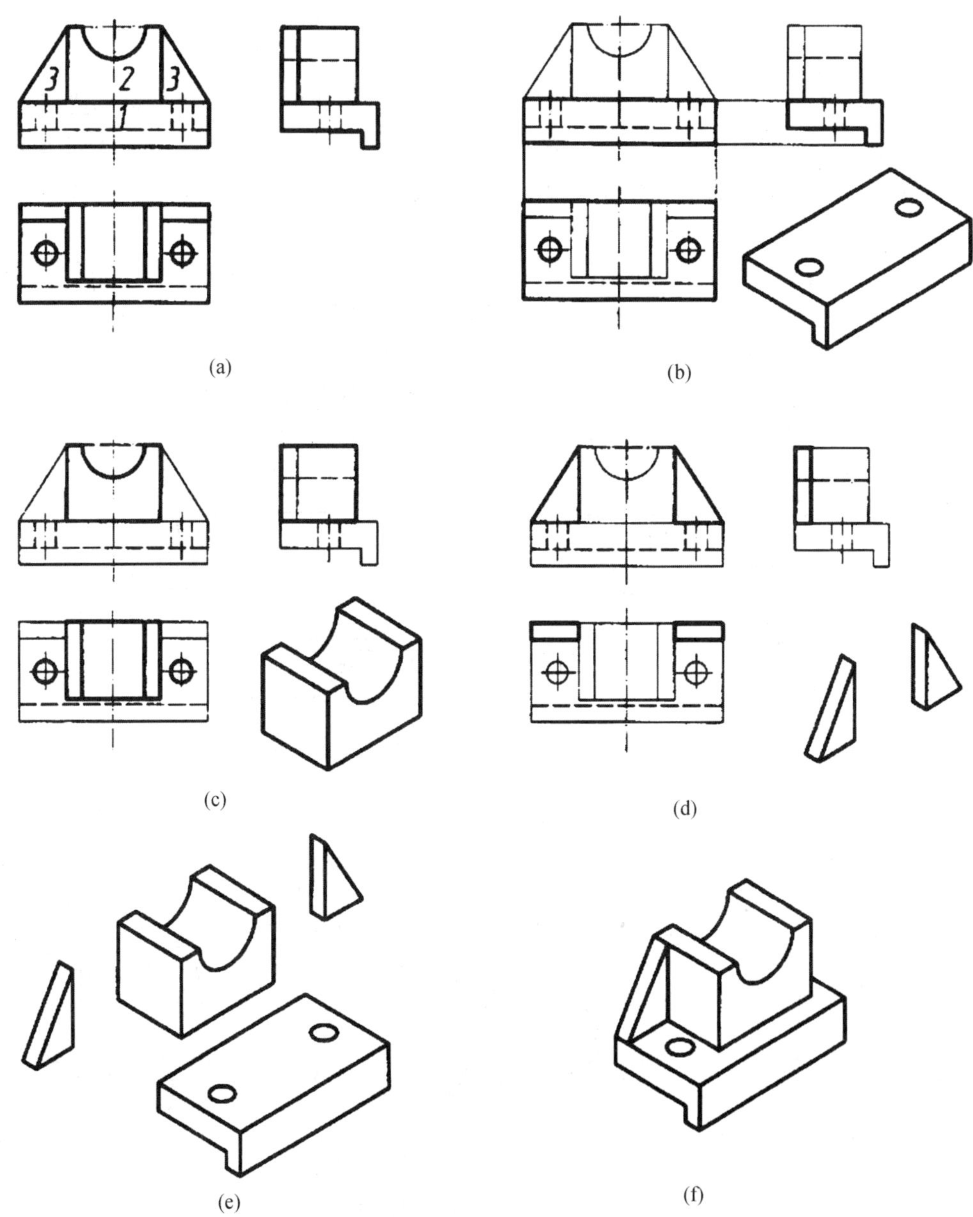

图 2-3-10　轴承座的识图方法

(2)线面分析法

当形体被多个平面切割，形体形状不规则或在某视图中形体结构的投影关系重叠时，应用形体分析法往往难以读懂。这时，需要运用线、面投影理论来分析物体的表面形状、面与面的相对位置以及面与面之间的表面交线,并借助立体的概念来想象物体的形状。这种方法称为线面分析法。

下面以图 2-3-11 所示压块为例,说明线面分析的读图方法。

①确定物体的整体形状

根据图 2-3-11(a),压块三视图的外形均是有缺角和缺口的矩形,可初步认定该物体是由长方体切割而成且中间有一个阶梯圆柱孔。

②确定切割面的位置和面的形状

由图 2-3-11(b)可知,主视图中的斜线 a',在俯视图中可找出与它对应的梯形线框 a,由此可见 A 面是垂直于 V 面的梯形平面。长方体的左上角是由 A 面切割而成,平面 A 对 W 面和 H 面都处于倾斜位置,所以它们的侧面投影 a''和水平投影 a 是类似图形,不反映 A 面的真实形状。

由图 2-3-11(c)可知,俯视图中的斜线 b,在主视图中可找出与它对应的七边形线框 b',由此可见 B 面是铅垂面。长方体的左端就是由这样的两个平面切割而成的。平面 B 对 V 面和 W 面都处于倾斜位置,因而侧面投影 b''也是类似的七边形线框。

由图 2-3-11(d)可知,左视图的前后各有一个缺口,对照主、俯视图进行分析,可看出 C 面为水平面,D 面为正平面。长方体的前后两边就是由这样两个平面切割而成的。

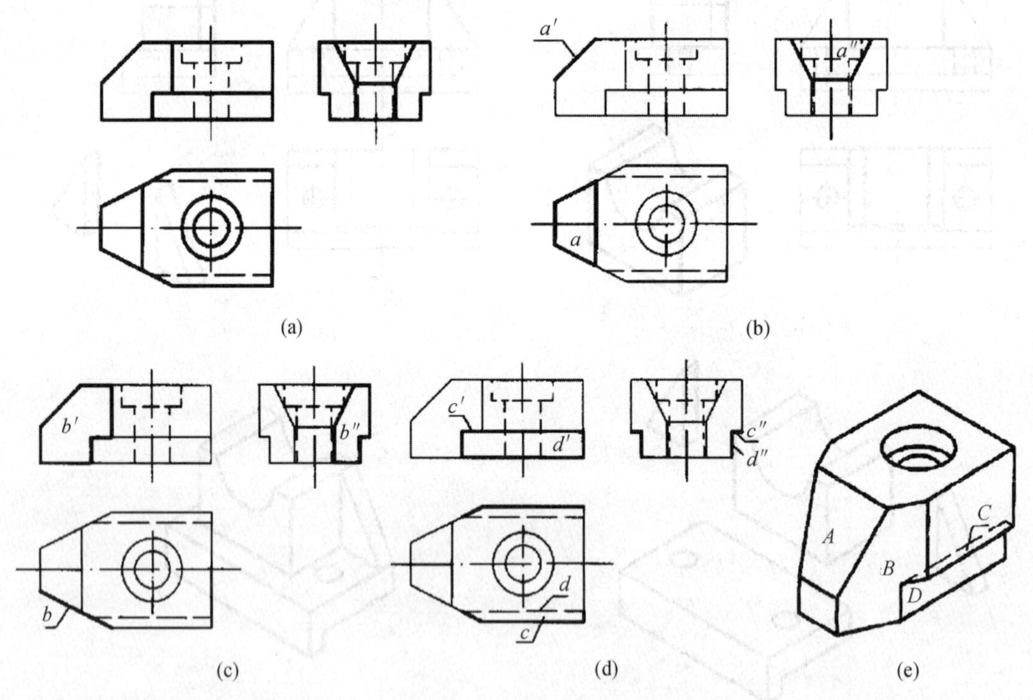

图 2-3-11　压块的识图方法

③综合想象其整体形状

搞清楚各截切面的空间位置和形状后,根据基本体形状、各截切面与基本体的相对位置,并进一步分析视图中线和线框的含义,可以综合想象出整体形状,如图 2-3-11(e)所示。

知识点3 组合体的尺寸标注

【初阶】

1. 尺寸标注基本规则

(1)基本规则

①图样中的尺寸,以毫米(mm)为单位。在标注尺寸数值时,不需再注明。但如采用其他单位时,则必须另加注明。

②图样中所注尺寸的数值为机件的真实大小,与绘图比例及绘图的准确度无关。

③每个尺寸一般只标注一次,并应标注在最能清晰地反映该结构特征的视图上。

④图中所注尺寸为零件完工后的尺寸,否则应另加说明。

(2)尺寸的要素

完整的尺寸,应包括尺寸界线、尺寸线、尺寸线终端和尺寸数字四个要素。

①尺寸界线,用来表示尺寸的范围,用细实线画出,一般由轮廓线、轴线或对称中心线引出,必要时也可用这些线代替。尺寸界线一般超出尺寸线 2 ~ 3 mm,如图 2-3-12 所示。

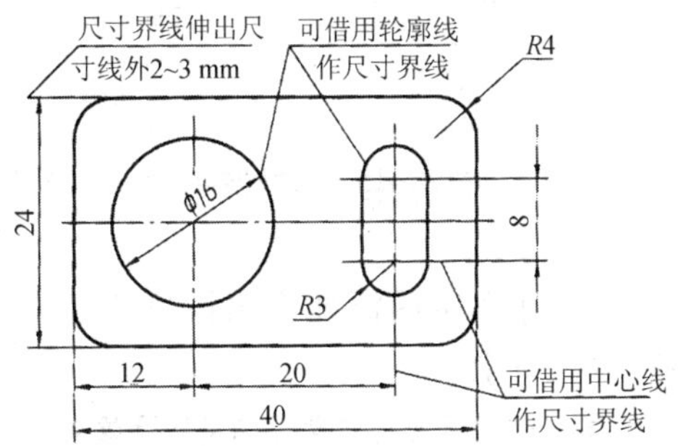

图 2-3-12 尺寸界线

②尺寸线,位于尺寸界线之间,必须单独用细实线绘制,不能与其他图线重合或在其延长线上,如图 2-3-13 所示。标注线性尺寸时,尺寸线必须与所标注的线段平行,相同方向的各尺寸线间距要均匀,间隔范围 5 ~ 10 mm,以便注写尺寸数字和相关符号。

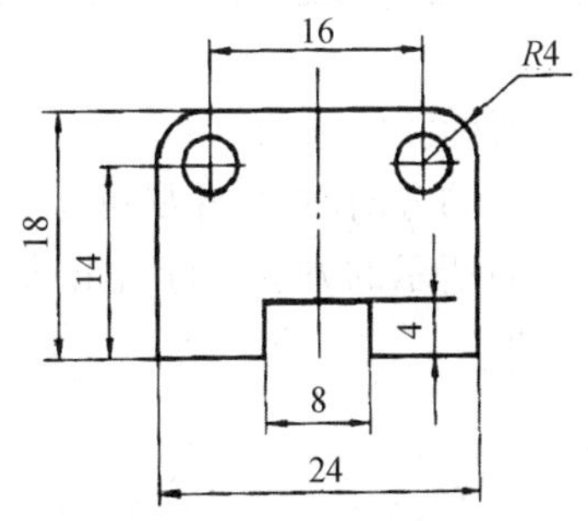

图 2-3-13 尺寸线

③尺寸线终端,位于尺寸线的一端或两端。其形式有两种,箭头或细斜线。机械图纸通常采用箭头表示,箭头尖端必须与尺寸界线接触,不得超出也不得有空隙,如图 2-3-14(a)所示。当尺寸线太短没有足够的位置画箭头时,允许将箭头画在尺寸线外边;标注连续小尺寸时,可

用圆点或斜线代替箭头,如图 2-3-14(b)所示。

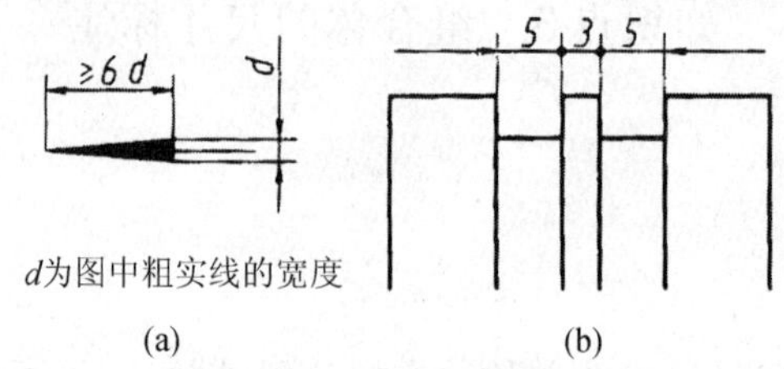

(a) (b)

图 2-3-14 尺寸线终端

④尺寸数字,应按国家标准的要求认真书写。对于水平方向的尺寸,尺寸数字应标注在尺寸线的上方或中间。对于垂直方向的尺寸,尺寸数字应标注在尺寸线的左方。尺寸数字不能与视图上任何图线重叠,否则必须将图线断开,写在中断处,如图 2-3-15 所示。

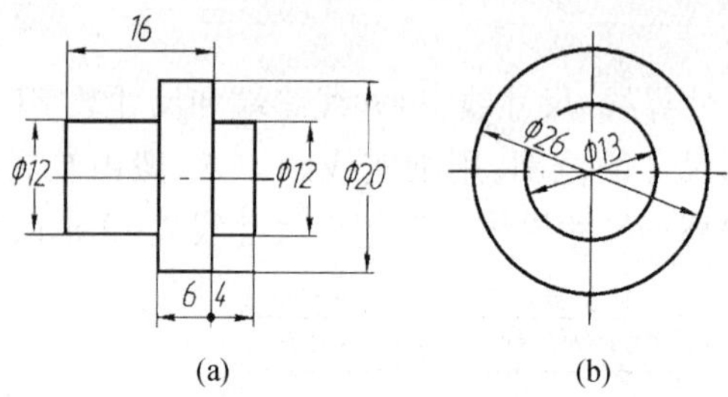

(a) (b)

图 2-3-15 尺寸数字

(3)常用尺寸注法示例

有些尺寸在标注时,需要在尺寸数字前添加常用符号和缩写词,以便区分不同的尺寸类型。常见符号及其意义见表 2-3-1 所示。

表 2-3-1 尺寸标注常见的符号及意义

符号	意义	符号	意义	符号	意义
ϕ	直径	□	正方形	*C*	45°倒角
R	半径	⌒	弧长	( )	参考尺寸
Sϕ	球直径	t	厚度	◁	锥度
SR	球半径	EQS	均匀分布	∠	斜度

①线性尺寸注法

标注线性尺寸时,尺寸线必须与所标注的线段平行。尺寸界线一般应与尺寸线垂直。线性尺寸的数字应按图 2-3-16(a)中所示的方向注写,并尽可能避免在图示 30°的范围内标注尺寸,无法避免时,可采用如图 2-3-16(b)所示的方法进行引出标注。

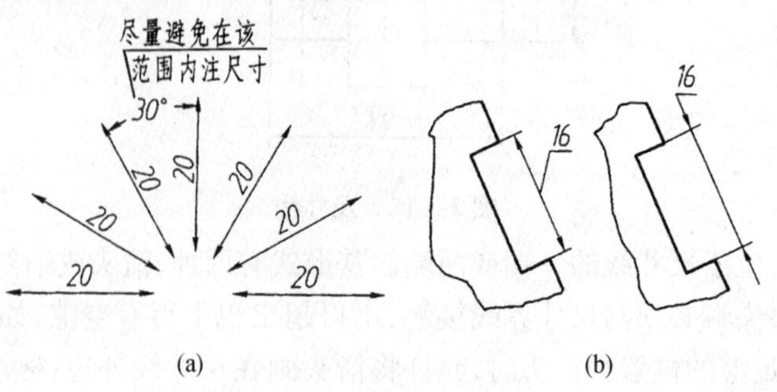

(a) (b)

图 2-3-16 线性尺寸注法

②角度尺寸注法

角度的尺寸数字一律水平书写，而且必须注明单位。标注角度时，尺寸界线应沿径向引出，尺寸线画成圆弧，其圆心是该角的顶点。尺寸数字通常写在尺寸线的中断处，必要时允许写在尺寸线的外面，或引出标注，如图 2-3-17 所示。

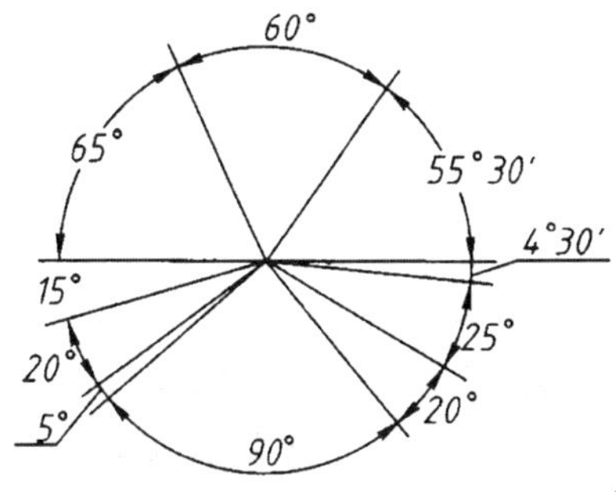

图 2-3-17　角度尺寸注法

③圆弧尺寸的标注

当圆弧为优弧时，标注其直径尺寸；圆弧为劣弧时，标注其半径尺寸。当圆弧半径过大或在图纸范围内无法标注圆心时，可用如图 2-3-18 所示方法标注。

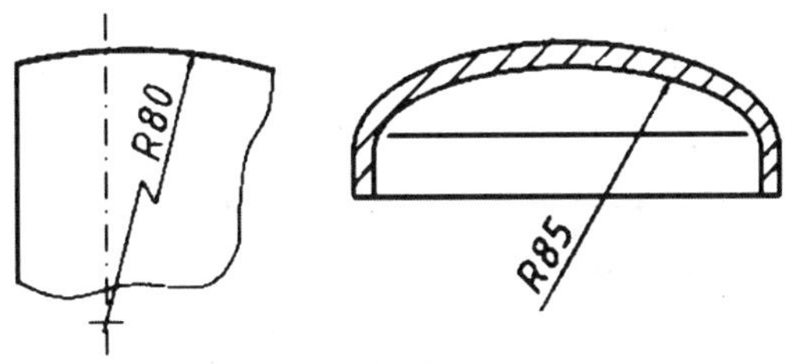

图 2-3-18　大圆弧尺寸的标注

④均匀分布的孔的标注

沿直线均匀分布的孔的尺寸标注，如图 2-3-19(a)所示；沿圆周均匀分布的孔的标注，如图 2-3-19(b)所示。

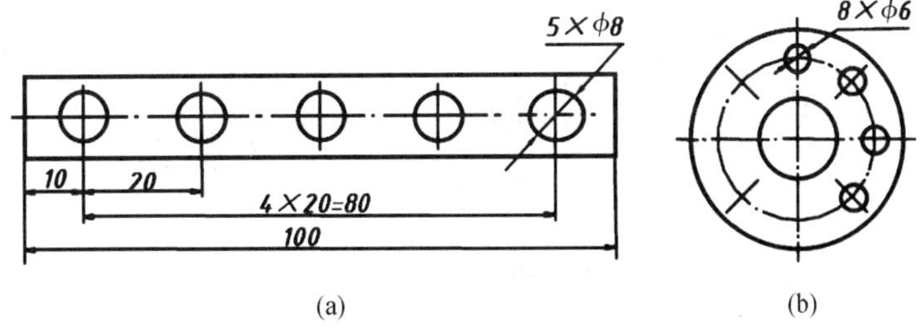

图 2-3-19　均匀分布的孔的标注

【中阶】

2. 组合体的尺寸标注

组合体各形体的真实大小及相对位置，必须通过尺寸标注来确定。工业生产中的零件加工、零件大小尺寸的依据，就是来自零件图样上所注的尺寸。对于零件的检测、装配等过程，尺寸标注同样起着重要作用。

标注尺寸必须做到：

正确性——尺寸注写要符合国家标准中有关规定；

完整性——尺寸必须注写齐全，不遗漏，不重复；

清晰性——尺寸的注写布局要整齐、清晰，便于读图；

合理性——尺寸既能保证设计要求，又能适合加工、检验、装配等生产工艺要求。

(1)基本体的尺寸标注

标注基本体的尺寸时，要注意定出长、宽、高三个方向的大小。常见基本体的尺寸注法，如图 2-3-20 所示。

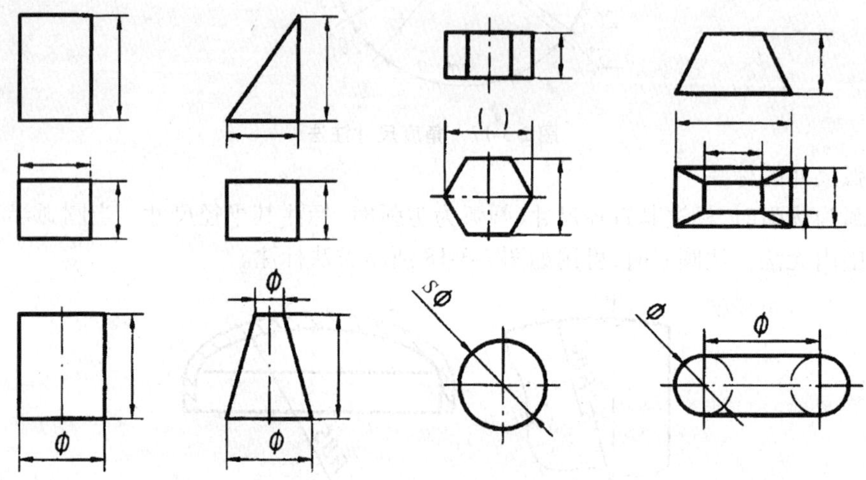

图 2-3-20　基本体的尺寸标注

(2)切割体的尺寸标注

基本体上的切口、开槽或穿孔等，一般只标注截切平面的定位尺寸和开槽或穿孔的定形尺寸，而不标注截交线的尺寸，如图 2-3-21 所示。图中打“×”号的尺寸是错误的。

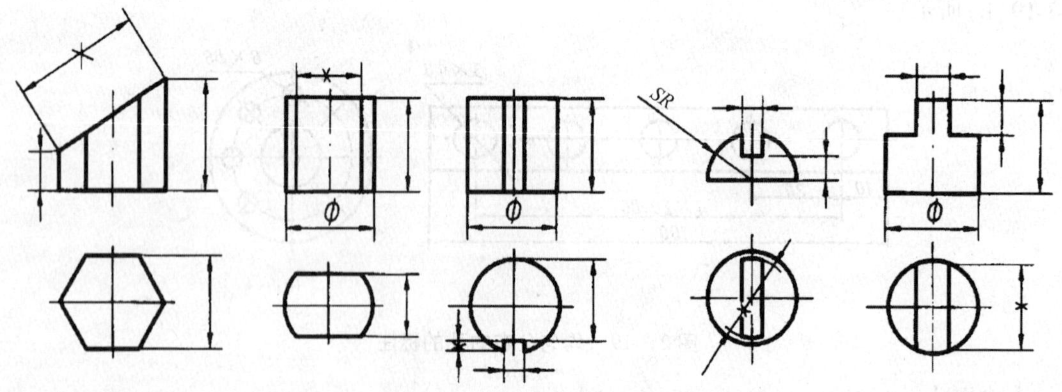

图 2-3-21　切割体的尺寸标注

(3)相贯体的尺寸标注

两基本体相贯时，应标注两立体的定形尺寸和表示相对位置的定位尺寸，而不应标注相贯线的尺寸，如图 2-3-22 所示。

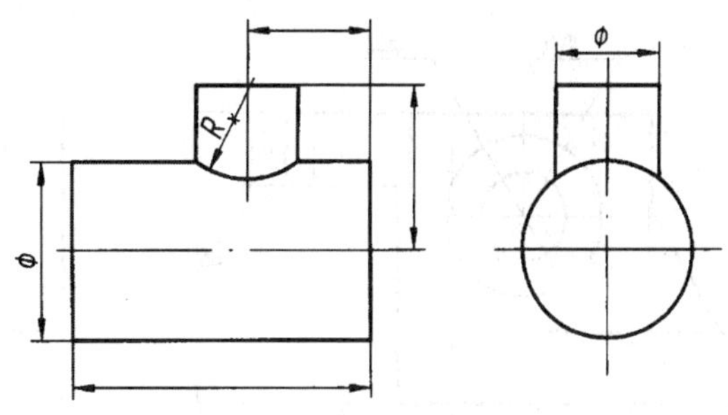

图 2-3-22 相贯体的尺寸标注

(4)组合体的尺寸标注

组合体尺寸的标注主要考虑完整、清晰等因素。在标注的完整性方面,首先按形体分析法将组合体分解为若干基本体,再注出表示各个基本体大小的尺寸及确定这些基本体间相对位置的尺寸。前者称为定形尺寸,后者称为定位尺寸。按照这样的分析方法去标注尺寸,就比较容易做到既不漏标尺寸,也不会重复标注尺寸。下面以图 2-3-23(a)所示的支架为例说明在尺寸标注过程中的分析方法。

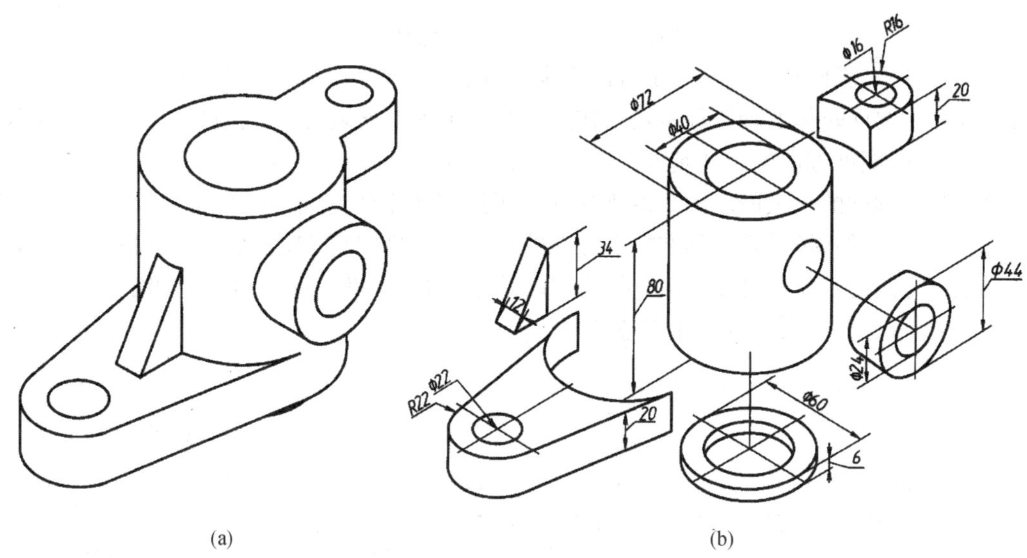

图 2-3-23 支架及其定形尺寸分析

①逐个注出各基本体的定形尺寸

如图 2-3-22(b)所示,将支架分解成六个基本体后,分别注出其定形尺寸。由于每个基本体的尺寸一般只有少数几个,因而比较容易考虑,如直立空心圆柱的定形尺寸 $\phi72$、$\phi40$、80,底板的定形尺寸 $R22$、$\phi22$、20,肋板的定形尺寸 34、12 等。至于这些尺寸标注在哪一个视图上,则要根据具体情况而定。如直立空心圆柱的尺寸 $\phi40$ 和 80 可注在主视图上,但 $\phi72$ 在主视图上标注比较困难,故将它注在左视图上。搭子的尺寸 $\phi16$、$R16$ 注在俯视图上最为适宜,而厚度尺寸 20 只能标注在主视图上。其余各形体的定形尺寸如图 2-3-24 所示。

②标注出确定各基本体之间相对位置的定位尺寸

组合体各组成部分之间的相对位置必须从长、宽、高三个方向来确定。标注定位尺寸的起

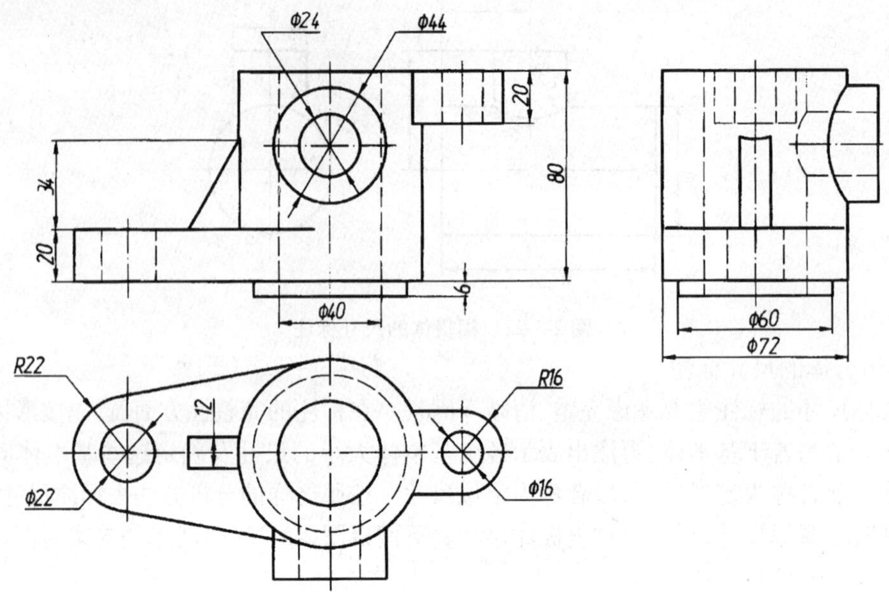

图 2-3-24　支架定形尺寸的标注

点称为尺寸基准，因此长、宽、高三个方向至少要各有一个尺寸基准。组合体的对称面、底面、主要端面和主要回转体的轴线经常被选作尺寸基准。图中支架长度方向的尺寸基准为直立空心圆柱的轴线；宽度方向的尺寸基准为底板及直立空心圆柱的前后对称面；高度方向的尺寸基准为直立空心圆柱的上表面。图 2-3-25 中表示了这些基本体之间的五个定位尺寸，如直立空心圆柱与底板孔、肋、搭子孔之间在左右方向的定位尺寸 80、56、52，水平空心圆柱与直立空心圆柱在上下方向的定位尺寸 28 以及前后方向的定位尺寸 48。将定形尺寸和定位尺寸合起来，则支架上所必需的尺寸就标注完整了。

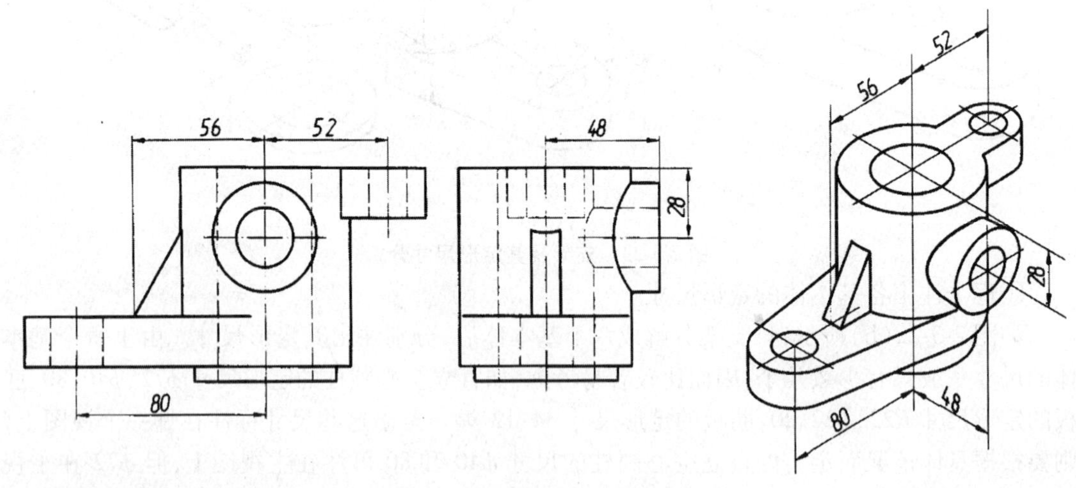

图 2-3-25　支架定位尺寸的标注

③标注组合体的总长、总宽、总高

按上述分析，尺寸虽然已经标注完整，但考虑总体尺寸后，为了避免重复，还应做适当调整。如图 2-3-26 所示，尺寸 86 为总体尺寸。注上这个尺寸后会与直立空心同柱的高度尺寸

80、扁空心圆柱的高度尺寸 6 重复，因此应将尺寸 6 省略。当物体的端部为同轴线的圆柱和圆孔（如图中底板的左端、直立空心圆柱的后端等）时，一般不再标注总体尺寸。如图 2-3-26 所示，标注了定位尺寸 48 及圆柱直径 $\phi72$ 后，就不再需要注总宽尺寸。

在组合体尺寸标注时，除了要求完整外，为了便于读图，还要求标注得清晰。现以图 2-3-26为例说明主要考虑的几个因素。

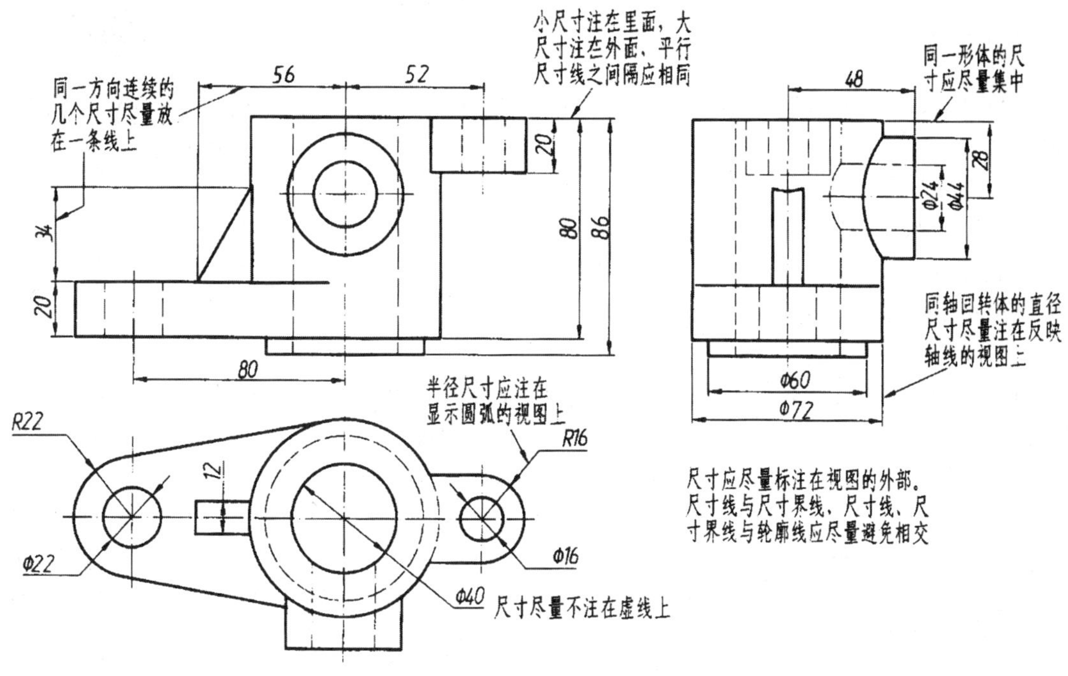

图 2-3-26　支架的尺寸标注

①尺寸应尽量标注在表示形体特征最明显的视图上。如图中肋的高度尺寸 34，注在主视图上比注在左视图上好；水平空心圆柱的定位尺寸 28，注在左视图上比注在主视图上好；而底板的定形尺寸 $R22$ 和 $\phi22$ 则应注在表示该部分形状最明显的俯视图上。

②同一基本体的定形尺寸以及相关联的定位尺寸要尽量集中标注。如图 2-3-26 中将水平空心圆柱的定形尺寸 $\phi24$、$\phi44$ 从原来的主视图上移到左视图上，这样便和它的定位尺寸 28、48 全部集中在一起，因而比较清晰，也便于寻找尺寸。

③尺寸应尽量注在视图的外侧，以保持图形的清晰。同一方向几个连续尺寸应尽量放在同一条线上。如图 2-3-26 中将肋板的定位尺寸 56、搭子的定位尺寸 52 和水平空心圆柱的定位尺寸 48 排在一条线上，使尺寸标注显得较为清晰。

④同心圆柱的直径尺寸尽量注在非圆视图上，而圆弧的半径尺寸则必须注在投影为圆弧的视图上。如图 2-3-26 中直立空心圆柱的直径 $\phi60$、$\phi72$ 均注在左视图上，而底板及搭子上的圆弧半径 $R22$、$R16$ 则必须注在俯视图上。

⑤尽量避免在虚线上标注尺寸。如图中直立空心圆柱的孔径 $\phi40$，若标注在主、左视图上将从细虚线引出，因此便注在俯视图上。

⑥尺寸线与尺寸界线，尺寸线、尺寸界线与轮廓线都应避免相交。相互平行的尺寸应按“小尺寸在内，大尺寸在外”的原则排列。

⑦内形尺寸与外形尺寸最好分别注在视图的两侧。

在标注尺寸时,有时会出现不能兼顾以上各点的情况,这时必须在保证尺寸标注正确、完整的前提下,灵活掌握,力求清晰。

知识点4　组合体三视图的绘制

【中阶】

下面以图 2-3-27 所示轴承座为例,介绍组合体三视图绘制的一般步骤和方法。

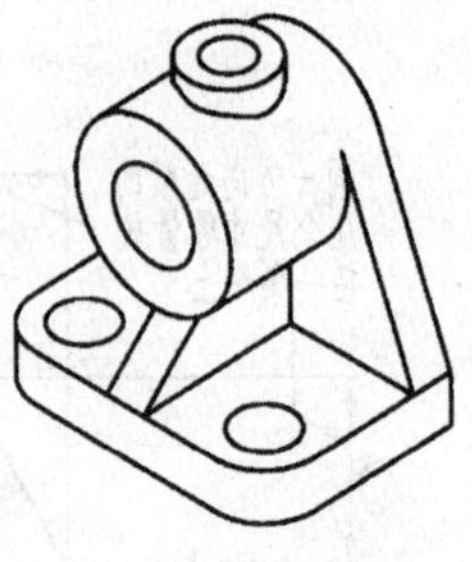

图 2-3-27　轴承座

1. 形体分析

画图之前,首先应对组合体进行形体分析。分析组合体由哪几部分组成,各部分之间的相对位置,相邻两基本体的组合形式,是否产生交线等。图中轴承座由上部的凸台 1、轴承 2、支承板 3、底板 4 及肋板 5 组成,如图 2-3-28 所示。

凸台与轴承是两个垂直相交的空心圆柱体,在外表面和内表面上都有相贯线。支承板、肋板和底板分别是不同形状的平板。支承板的左、右侧面都与轴承的外圆柱面相切,肋板的左、右侧面与轴承的外圆柱面相交,底板的顶面与支承板、肋板的底面相互重合。

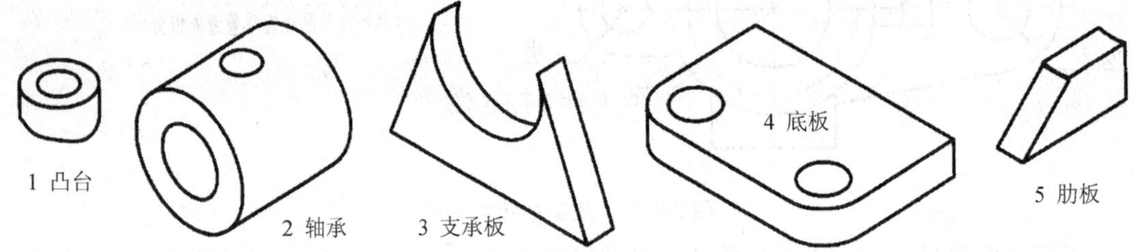

图 2-3-28　轴承座形体分析

2. 选择视图

选择视图首先要确定主视图。一般是将组合体的主要表面或主要轴线放置在与投影面平行或垂直位置,并以最能反映该组合体各部分形状和位置特征的一个视图作为主视图。同时还应考虑到:①尽量减少其他两个视图上的细虚线;②尽量使画出的三视图长大于宽。后两点不能兼顾时,以前面所讲主视图的选择原则为准。

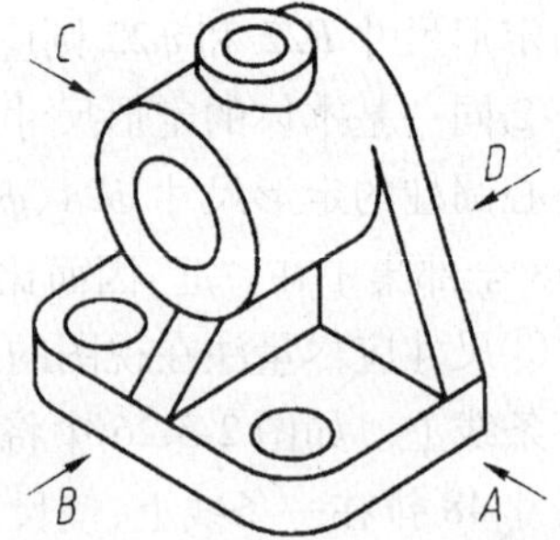

图 2-3-29　轴承座的视图选择

图 2-3-29 中沿 B 向观察,所得视图满足上述要求,可以作为主视图。主视图方向确定后,其他视图的方向则随之确定。

3. 选择图纸幅面和比例

根据组合体的复杂程度和尺寸大小,应选择国家标准规定的图幅和比例。在选择时,应充分考虑到视图、尺寸标注、技术要求及标题栏的大小和位置等。

4. 布置视图，画作图基准线

根据组合体的总体尺寸，通过简单计算，将各视图均匀地布置在图框内，视图间应预留尺寸标注位置。各视图位置确定后，用细点画线或细实线画出作图基准线。作图基准线一般为底面、对称面、主要端面、主要轴线等，如图 2-3-30(a)所示。

5. 绘制底稿

依次画出每个简单形体的三视图，如图 2-3-30(b)～(e)所示。

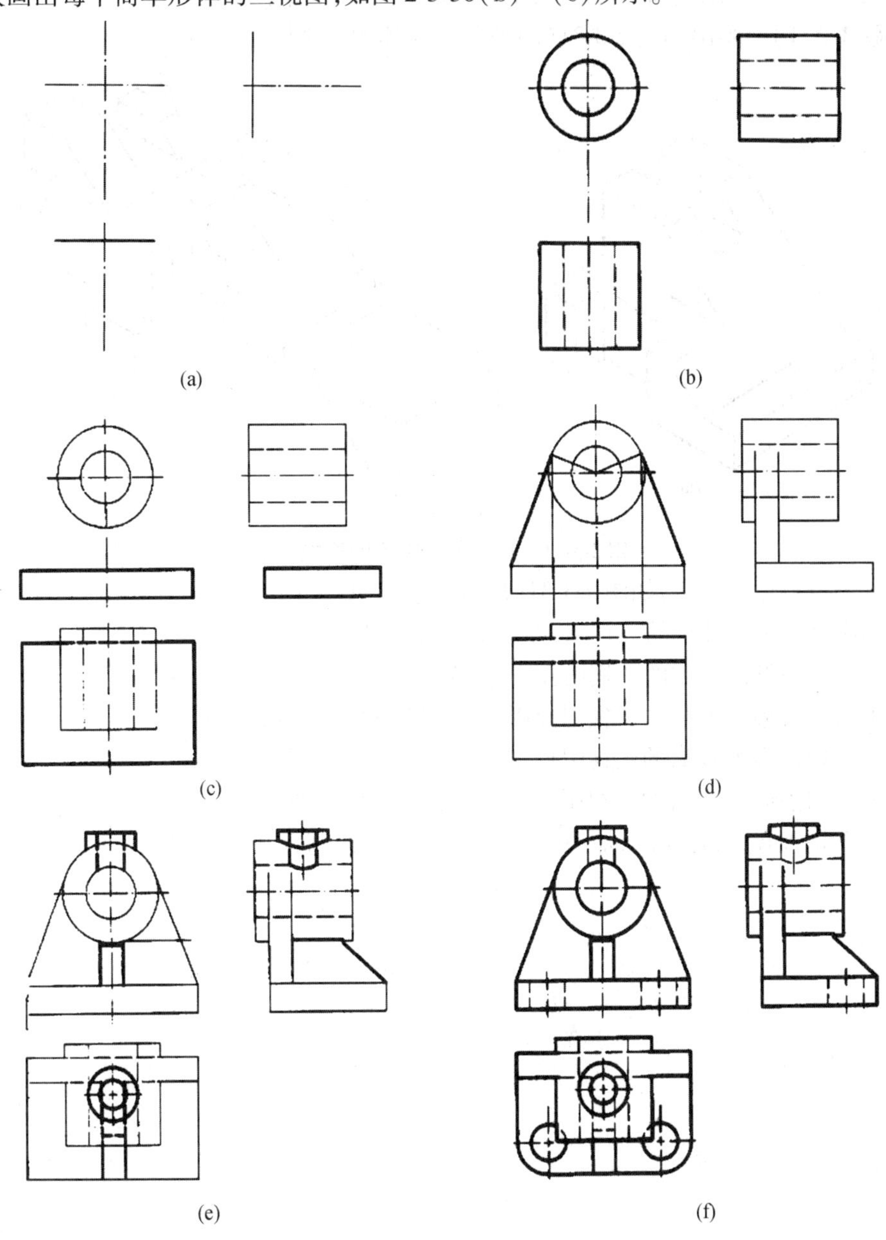

图 2-3-30 轴承座三视图的绘制步骤

画底稿时应注意：

①在画各基本体的视图时，应先画主要形体，后画次要形体，先画可见的部分，后画不可见的部分。如图中先画底板和轴承，后画支承板和肋板。

②画每一个基本体时，一般应该三个视图对应着一起画。先画反映实形或有特征的视图，再按投影关系画其他视图（如图中轴承先画主视图、凸台先画俯视图、支承板先画主视图等），尤其要注意必须按投影关系正确地画出平行、相切和相交处的投影。如轴承与支承板相切，俯、左视图中支承板要画到切点位置，又如肋板与轴承相交，左视图上要画出交线的投影。

6. 检查、描深

检查底稿，改正错误，然后再描深，结果如图 2-3-30（f）所示。

【例题 2.3.1】 画出如图 2-3-31（a）所示组合体的三视图。

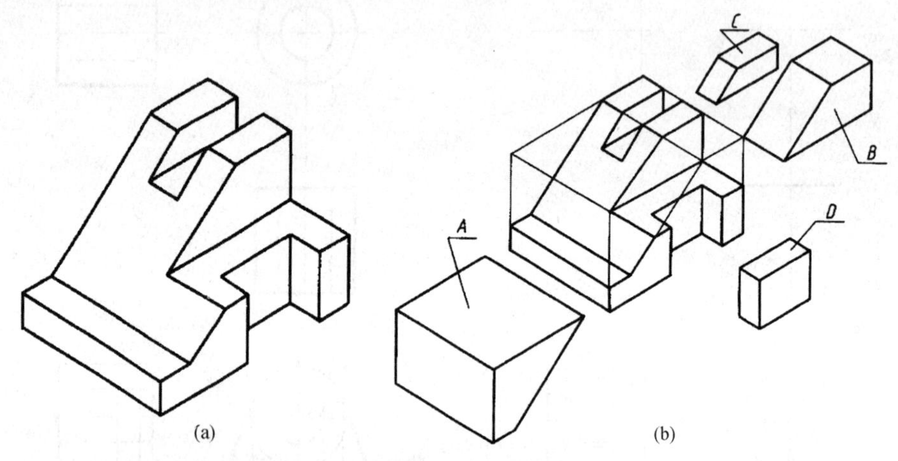

图 2-3-31　切割组合体及其形体分析

（1）首先进行形体分析，如图 2-3-31（b）所示。

（2）画出基本体四棱柱的三视图，如图 2-3-32（a）所示。

（3）画出切去形体 *A* 后的三视图投影，如图 2-3-32（b）所示。

（4）画出切去形体 *B* 后的三视图投影，如图 2-3-32（c）所示。

（5）画出切去形体 *C* 后的三视图投影，如图 2-3-32（d）所示。

（6）画出切去形体 *D* 后的三视图投影，如图 2-3-32（e）所示。

（7）检查是否有误，无误后，加深图线，完成图纸的绘制，如图 2-3-32（f）所示。

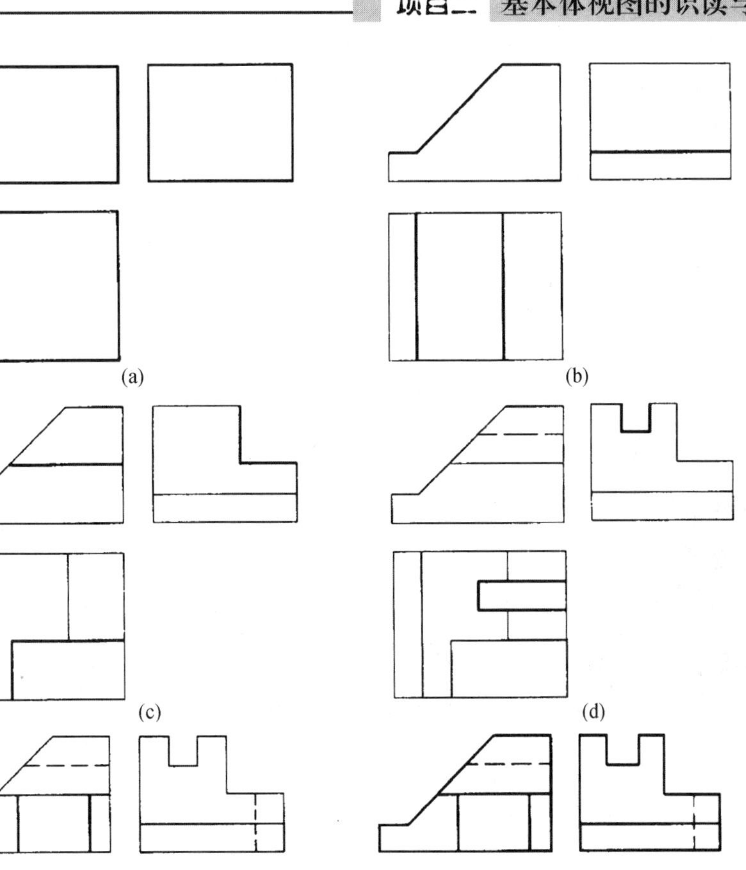

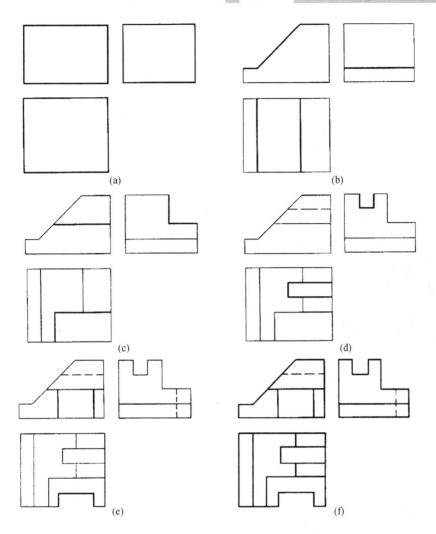

图 2-3-32 切割组合体三视图的绘制步骤

项目三 船机零件图的识读与绘制

通过本项目的训练,学生应掌握剖视图和剖面图识读方法,能正确识读视图、剖视图和剖面图;了解螺纹、键、销等标准件的分类和规定画法,能正确识读各类标准件图纸;了解尺寸公差、配合、表面粗糙度等概念及标记方法,了解船机零件图和装配图的内容,掌握它们的识读方法,能正确识读零件图和装配图。

任务一 各类视图的识读与绘制

● 能力目标

(1)能正确识读视图;

(2)能正确识读各类剖视图;

(3)能正确识读剖面图。

● 知识目标

(1)掌握剖视图的识读方法;

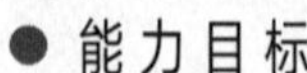

(2)掌握剖面图的识读方法;
(3)了解部分简化画法的表达方法。

● 情感目标

(1)养成多思勤练的学习作风;
(2)培养相互沟通的能力。

任务引入

(1)三视图能完整表达物体结构,但能否清晰、简单地表达物体结构?
(2)需要表达物体内部结构或者需要表达局部结构怎么办?

任务解析

当物体结构较为复杂时,虽然三视图仍可以完整地表达物体的结构形状,但不利于工程人员快速阅读图纸、想象物体的具体结构。此时,我们需要一些视图,用来表达物体的某个局部或者合理布局图纸。

三视图表达物体的复杂内部结构时,常用虚线来表示看不见的轮廓线。当表达内部结构的虚线与表达外部轮廓线的粗实线重合时,只能按照优先等级绘制粗实线,这样会影响内部结构的阅读。此时,需要采用剖视图来进行内部结构的表达。

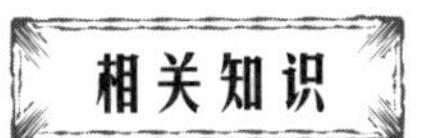

知识点1 视 图

【初阶】

1. 基本视图

根据国家标准规定,在原有的三个投影面的基础上再增设三个投影面,组成一个正六面体,这六个投影面称为基本投影面,机件向基本投影面投射所生成的六个视图称为基本视图。分别是主视图、俯视图、左视图、后视图、仰视图和右视图,它们在平面内的布置位置关系如图3-1-1所示。

2. 向视图

在实际绘制时,由于考虑到各视图在图纸中的合理布局问题,如不能按视图位置关系配置基本视图或各视图不画在同一张图纸上时,应在视图的上方标出视图的名称“×”(这里“×”为大写拉丁字母),并在相应的视图附近用箭头指明投射方向,并注上同样的字母,这种视图称为向视图。向视图是可以自由配置的视图,如图3-1-2所示。

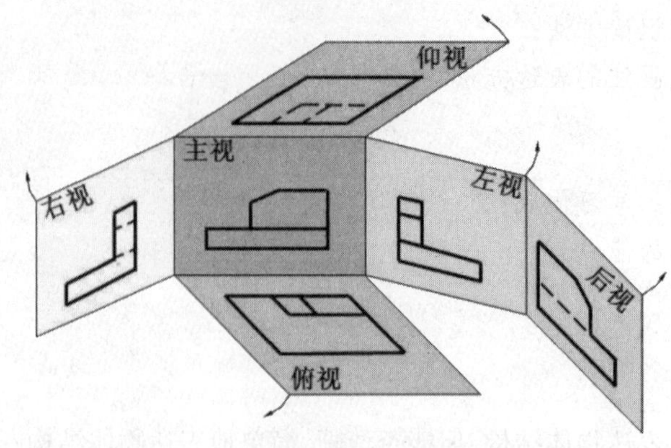

图 3-1-1　基本投影面的展开方式

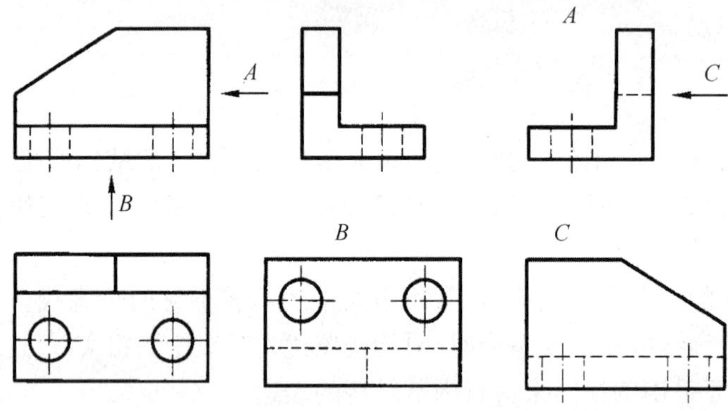

图 3-1-2　向视图的布置

【中阶】

3. 局部视图

将机件的某一部分向基本投影面投射，所获得的视图称为局部视图。如图 3-1-3 所示，视图上方标有“A”、“B”字符的即为局部视图。局部视图的优势在于简化了视图、突出了重点、避免了细节重复，用局部视图表达局部结构。

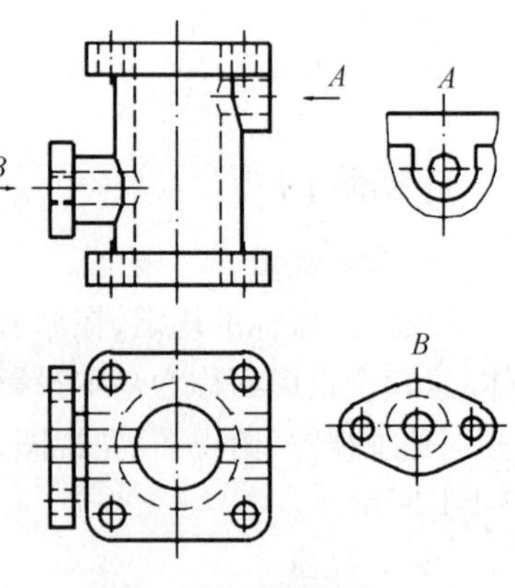

图 3-1-3　局部视图

局部视图可按基本视图的形式配置，也可按向视图的形式自由配置，如图中所示为自由配置的局部向视图。视图中采用带有大写字母的箭头，指明要表达的部位和投射方向，并用相同的字母注明对应的视图名称。局部视图的范围用波浪线或双折线表示，如 *A* 视图。当表示的局部结构是完整的且外轮廓封闭时，波浪线可省略，如 *B* 视图。

4. 斜视图

斜视图是机件向不平行于基本投影面的平面投射所得的视图。当物体的表面与投影面呈倾斜位置时，其投影将不反映实形。增设一个与倾斜表面平行的辅助投影面，将倾斜部分向辅助投影面投射，倾斜投影面上的视图即为斜视图，如图 3-1-4(a)所示。

画斜视图时应注意：

(1)必须在视图的上方标出视图的名称"×",在相应的视图附近用箭头指明投射方向,并注上同样的大写拉丁字母"×",如图 3-1-4(b)所示的"*A*"。

(2)斜视图一般按投影关系配置,如图 3-1-4(b)所示,必要时也可配置在其他适当的位置,如图 3-1-4(c)所示。

(3)在不致引起误解时,允许将斜视图旋转配置,旋转符号的箭头指向应与旋转方向一致,标注形式为"×↶",表示该斜视图名称的大写拉丁字母应靠近旋转符号的箭头端,如图 3-1-4(c)所示,必要时也允许将旋转角度标注在字母之后。

(4)画出倾斜结构的斜视图后,用波浪线或双折线断开,不画其他视图中已表达清楚的部分。

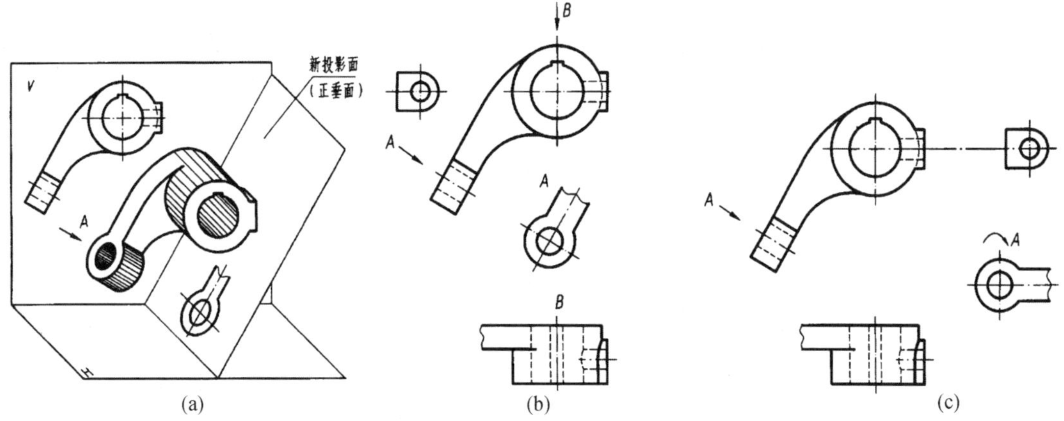

(a) (b) (c)

图 3-1-4 压紧杆的斜视图和局部视图

知识点 2 剖视图

【初阶】

1. 剖视图的形成

用视图表达机件的结构形状时,机件内部不可见的部分可用细虚线来表示。当机件内部结构复杂时,视图上会出现许多细虚线,使图形不清晰,给看图和标注尺寸带来困难。为了将内部结构表达清楚,同时又避免出现过多细虚线,可采用剖视图的方法来表达。如图 3-1-5 所示,用假想的剖切面将机件剖开,将处在观察者与剖切面之间的部分移去,而将其余部分向投影面投射所得到的图形,称为剖视图,简称剖视。

2. 剖视图的画法

(1)确定剖切面的位置。剖视图是为了清除地表示机件的内部结构形状,因此剖切面位置的选择至关重要,应尽量选择通过较多的内部结构(孔、槽等)的轴线或对称中心线、对称面等,且必须与投影面平行。

(2)移除剖切面和观察者之间的部分,将剩余部分向基本投影面投影,画出剖面区域形状。

(3)画出剖切面后方能够看到的结构,在剖视图的剖面区域内画上剖面线,剖面线符号如表 3-1-1 所示。剖面线一般与主要轮廓线的对称线成 45°角。对于同一零件来说,同一张图纸

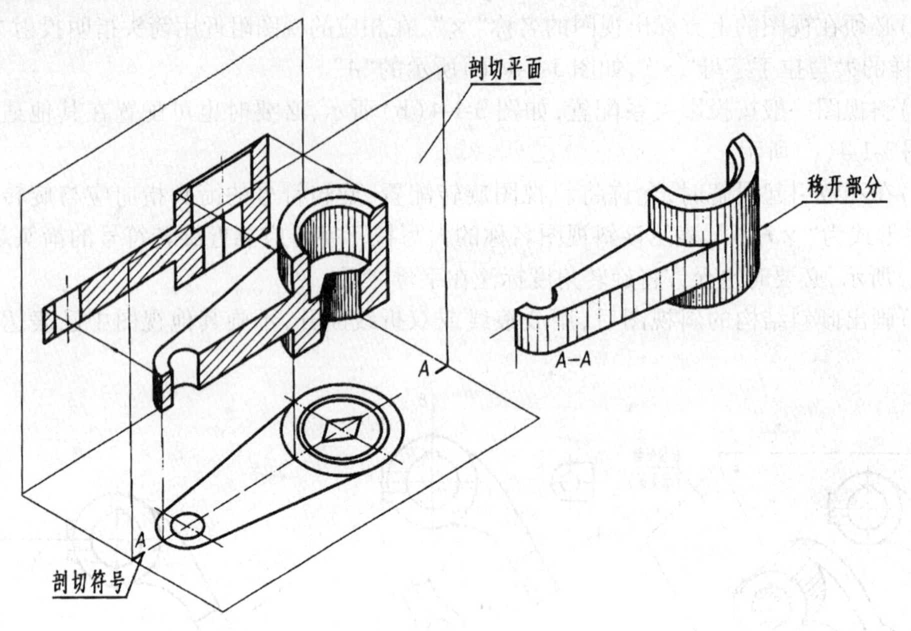

图 3-1-5 剖视图的形成

各视图中，剖面线倾斜方向和角度要一致，间隔相同。

表 3-1-1 常用剖面符号

金属材料（已有规定的剖面符号者除外）		非金属材料（已有规定的剖面符号者除外）	
线圈绕组元件		玻璃及供观察用的其他透明材料	
砖		型砂、粉末冶金、砂轮、硬质合金刀片等	

(4)按照规定对剖切平面进行标注。剖视图的标注内容包括以下三个要素：

①剖切线

部切线用于指示剖切面的所在位置，用细点画线表示。由于剖切面的位置通常选择通过回转体轴线、对称中心线、对称面等，而这些图线往往在原视图中已经绘制，因此，剖切线一般情况下可以省略。

②剖切符号

部切符号用于表示剖切面的起始、终止、转折及投射方向，用一段粗短实线和指明投射方向的箭头表示，注意该粗短实线必须独立，不能与其他图线相交，如图 3-1-6 所示。

③剖视图名称

剖视图名称用于注明剖视图的名称。两对大写字母分别标注在剖切符号的两旁和剖视图上方，如图 3-1-6 所示。如果剖切符号所指明的投射方向与原视图基本配置的投影方向一致时，可省略投射箭头和标示名称，如果机件对于剖切面对称，以上三项均可省略。

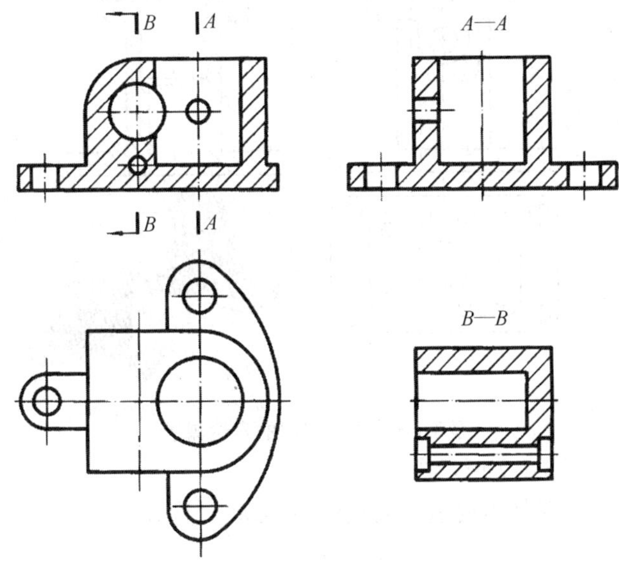

图 3-1-6 剖视图的标注

【中阶】

3. 剖视图的种类

按机件被剖开的范围来看，剖视图可分为全剖视图、半剖视图和局部剖视图三种。按剖切平面的位置和数量，又有阶梯剖视图、旋转剖视图等几种。

(1) 全剖视图

用剖切面将机件完全剖切所得的剖视图称为全剖视图，如图 3-1-7 所示。

适用范围：外形较简单，内部形状较复杂，而图形相对剖切面两边为对称的机件。

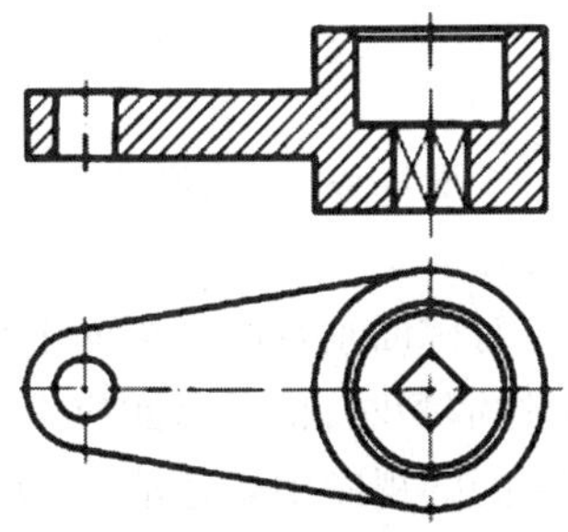

图 3-1-7 全剖视图

(2) 半剖视图

当机件的外形复杂，内部结构也不简单时，如何在视图中既保留外部形状又显示内部结构为可见？如图 3-1-8 所示的两张主视图，左边的视图对机件外形有表达但内部结构只能用虚线表示，右边的剖视图虽然用实线表达出内部结构，但外形特征被丢失。显然这两张主视图的表达方法都不能做到两全其美。

此时，我们可以采取半剖视图的方法来表达物体的结构。以对称中心线为界，一半画视

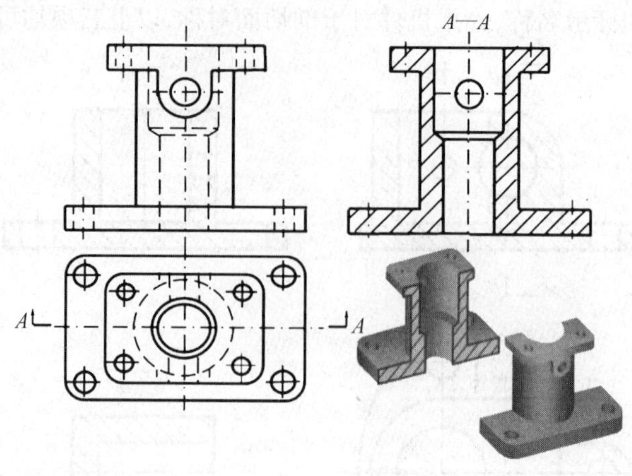

图 3-1-8　半剖视图的表达需求

图,另一半画剖视图,如图 3-1-9 所示。

适用范围:适合内、外形都需要表达的机件,其形状对称或基本对称的机件。

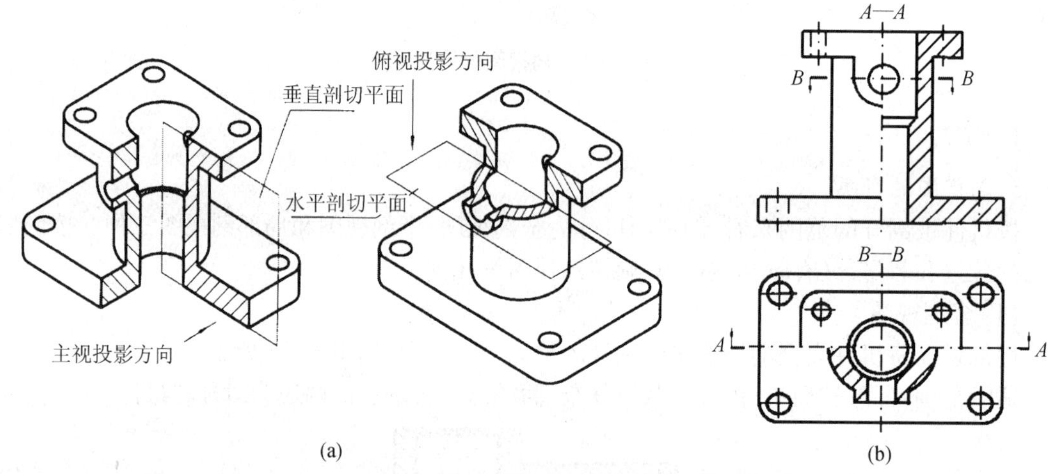

(a)　　(b)

图 3-1-9　半剖视图

绘制半剖视图时,应注意以下几点:

①只有当物体对称时,才能在与对称面垂直的投影面上作半剖视图。但当物体基本对称,且不对称的部分已在其他视图中表达清楚时,也可以面成半剖视图。

②半剖视图中,内部结构已在半剖的视图中表达清楚,另一半的视图中表达内部结构的虚线不再画出,避免细节的重复。

③半个剖视图和半个视图必须以细点画线分界。如果机件的轮廓线恰好和细点画线重合,则不能采用半剖视图,此时应采用局部剖视图。

半剖视图的标注,仍符合剖视图的标注规定。

(3)局部剖视图

用剖切面局部地剖开机件所得的剖视图,称为局部剖视图。局部剖视图的局部范围用波浪线或双折线表示,如图 3-1-10 所示。

适用范围:①当不对称机件的内、外形都需要表达时;②只有局部内形需要剖切,而又不宜

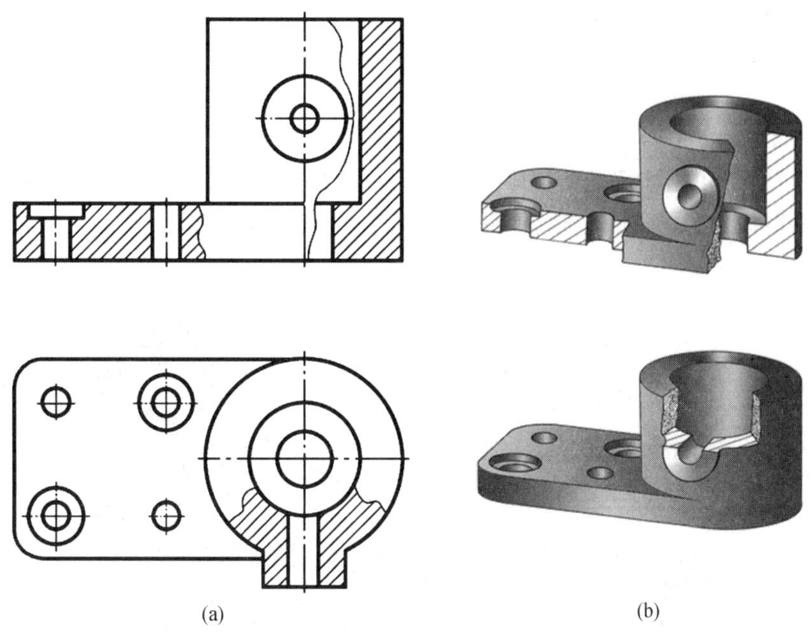
(a) (b)

图 3-1-10 局部剖视图

采用全剖视图时;③当对称机件的轮廓线与中心线重合,不宜采用半剖视图时;④实心杆上有孔、槽时。

绘制局部剖视图时,应注意以下几点:

①局部剖视图中,可用波浪线或双折线作为剖开部分和未剖部分的分界线。画波浪线时,不应与其他图线重合。若遇到可见的孔、槽等空洞结构,则不应使波浪线穿空而过,也不允许画到外轮廓线之外,如图 3-1-11(a)所示。

②当被剖切的局部结构为回转体时,允许将该结构的中心线作为局部剖视与视图的分界线,如图 3-1-11(b)所示。

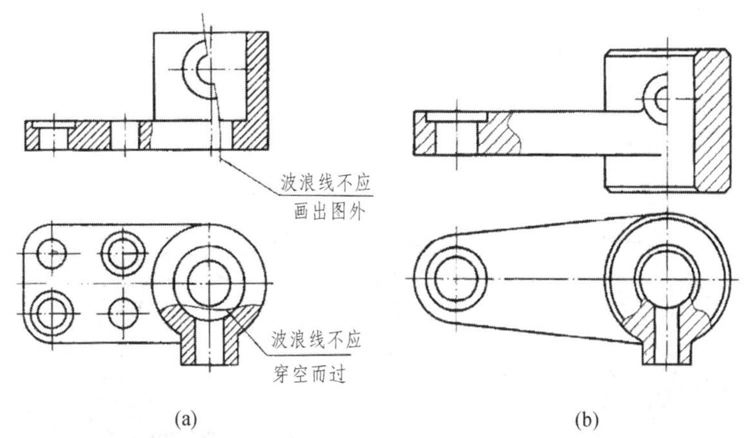

(a) (b)

图 3-1-11 波浪线的错误画法和回转结构局部剖视图的画法

③局部剖视图是一种比较灵活的表达方法,但在一个视图中,局部剖视图的数量不宜过多,以免使图形过于破碎。

④局部剖视图的标注,符合剖视图的标注规定。

【高阶】

(4)阶梯剖视图

用一组相互平行的剖切面去剖切机件,然后向基本投影面投影得到的视图称为阶梯剖视图。主要用于机件上的槽、孔及空腔等不同要素的中心线排列在相互平行的平面内,如图 3-1-12 所示。

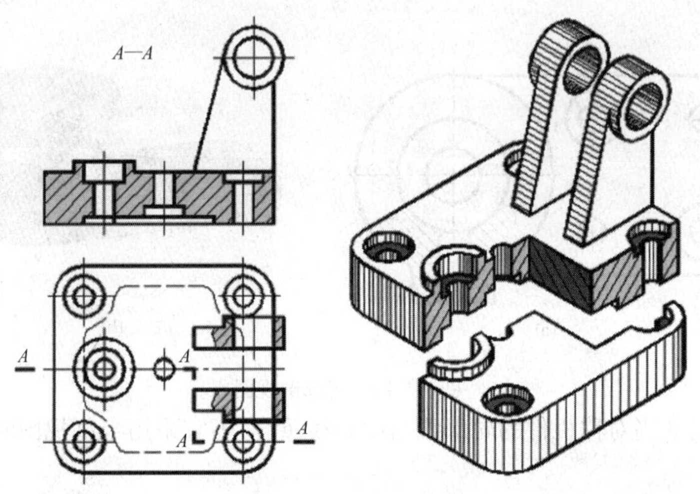

图 3-1-12　阶梯剖视图

绘制阶梯剖视图过程中,应注意以下几点:

①两剖切平面的转折处不应与图上的轮廓线重合,剖视图上不应在转折处画线。

②当两个要素在图形上有公共对称中心线或轴线时,可以对称中心线或轴线为界,各画一半。

③在剖视图内不能出现不完整要素。

(5)旋转剖视图

用两相交的剖切平面(交线垂直于某一基本投影)剖切机件获得的剖视图称为旋转剖视图,如图 3-1-13 所示。

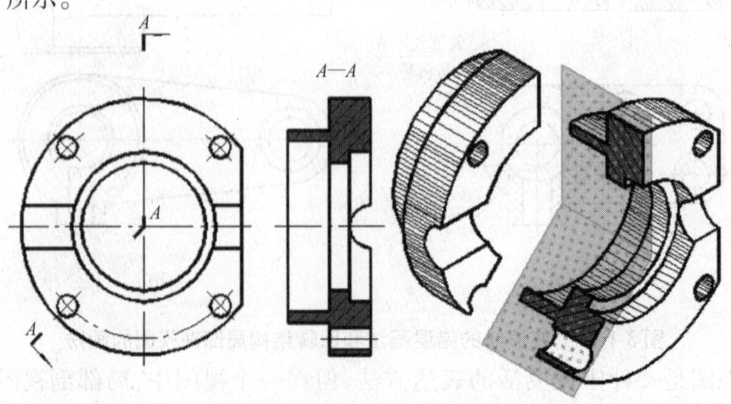

图 3-1-13　旋转剖视图

适用范围:机件或其内部结构具有回转轴,用单一剖切平面剖切不能表达完全时。

绘制旋转剖视图过程中,应注意以下几点:

①两相交截面中应有一个截面平行于某一个投影面。

②剖视图中不画两截面的交线,但必须另有视图标注两截面的确切位置,两截面的交线处必须标注标示符号。

③应按“先剖切、后旋转、再投影”的方法绘制剖视图。

④位于剖切平面后方且与所表达的结构关系不甚密切的元素,或一起旋转容易引起误解的元素,一般仍按原来的位置投射。

⑤位于剖切平面后方,与被切结构有直接联系且密切相关的元素,或不一起旋转难以表达的元素,应跟随剖切面同时完成“先旋转后投射”的过程。

⑥当剖切后产生不完整要素时,该部分按不剖绘制。

知识点3 断面图

【初阶】

用剖切面假想地将机件的某处断开,仅画出该剖切面与机件接触部分的图形称为断面图,简称断面,如图 3-1-14 所示。

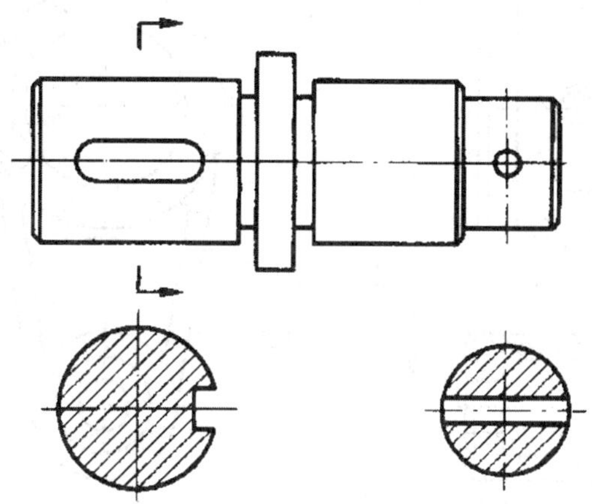

图 3-1-14 断面图

断面图分为移出断面图和重合断面图两类。

1. 移出断面图

画在视图之外的断面图,称为移出断面图,如图 3-1-14 所示。

绘制移出断面图时,应注意以下几点:

(1)移出断面图的轮廓线用粗实线绘制;

(2)为了读图的方便,移出断面图应尽可能绘在剖切线的延长线上。必要时,也可绘制在其他适当地方,但需标注清楚,如图 3-1-15(a)、(d)所示。

(3)当剖切平面通过由回转面形成的孔或凹坑等的轴线时,这些结构应按照剖视图绘制,如图 3-1-15(a)、(b)所示。

(4)剖切平面一般应垂直于被剖切部分的主要轮廓线。当遇到如图 3-1-16 所示的肋板结

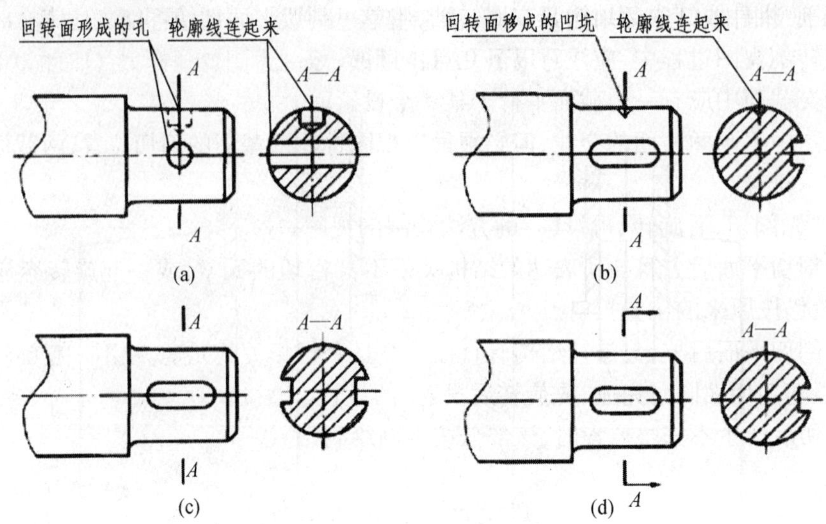

图 3-1-15　移出断面图的画法

构时,可用两相交的剖切平面,分别垂直于左、右肋板进行剖切。这时,所绘的断面图,中间一般应断开。

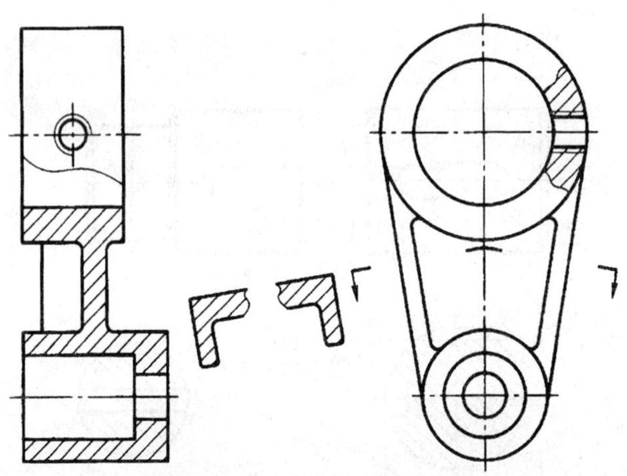

图 3-1-16　用两相交的剖切平面剖切出的断面图

移出断面图的标注,应掌握以下要点:

①当断面图配置在剖切线的延长线上时,如果断面图是对称图形,则不必标注剖切符号和字母,如图 3-1-14 右部所示;若断面图图形不对称,则需用剖切符号表示剖切位置和投射方向,不标字母,如图 3-1-14 左部所示。

②当断面图按投影关系配置,无论断面图对称与否,均不必标注箭头,如图 3-1-15(a)、(b)所示。

③当断面图配置在其他位置时,若断面图形对称,则不必标注箭头;若断面图形不对称时,应画出剖切符号(包括箭头),并用大写字母标注断面图名称,如图 3-1-15(c)、(d)所示。

④配置在视图中断处的对称断面图,不必标注,如图 3-1-17 所示。

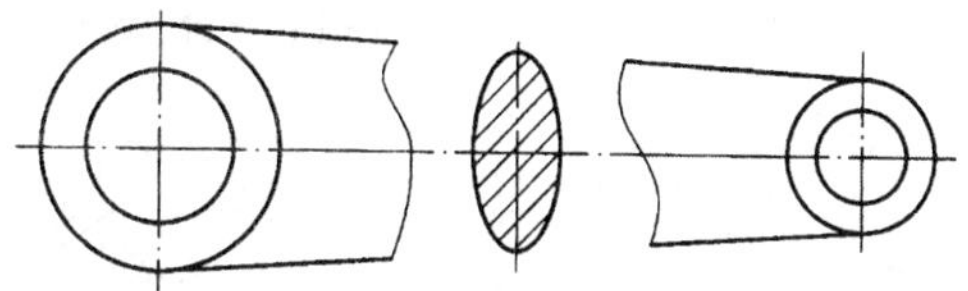

图 3-1-17 配置在视图中断处的对称断面图

2. 重合断面图

剖切后将断面图形重叠在其上，这样得到的断面图，称为重合断面图，如图 3-1-18 所示。

重合断面图的轮廓线规定用细实线绘制。当视图中的轮廓线与重合断面图形重叠时，视图中的轮廓线仍应连续画出，不可间断，如图 3-1-18(a)所示。重合断面图若为对称图形，不必标注，如图 3-1-18(b)所示。若图形不对称，当不致引起误解时，也可省略标注，如图 3-1-18(a)所示。

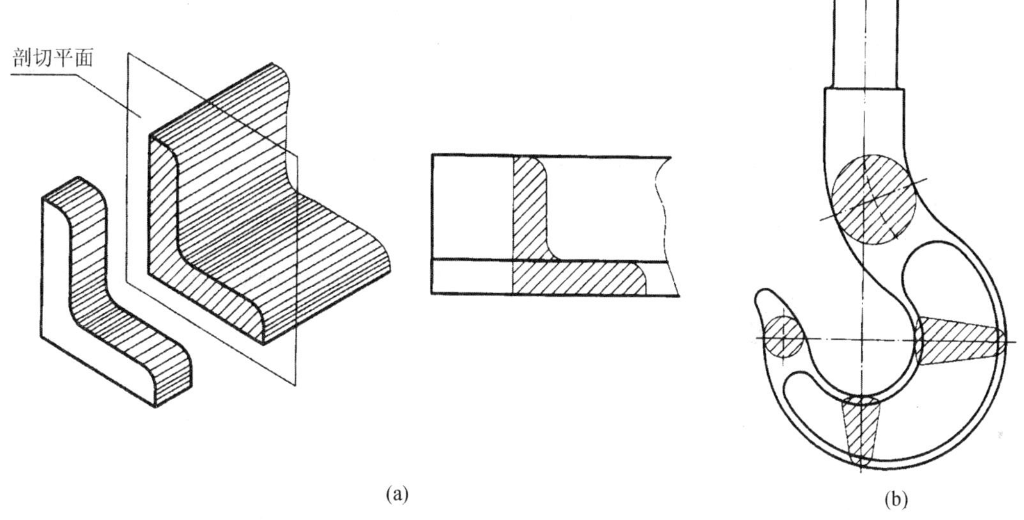

图 3-1-18 重合断面图

重合断面图是重叠画在视图上的，为了重叠后不至影响图形的清晰程度，一般多用在断面形状较简单的情况下。

知识点 4 局部放大图

【初阶】

机件上有些结构太细小，在视图中表达不够清晰，同时也不便于标注尺寸。对这种细小结构，可用大于原图形所采用的比例画出，并将它们配置在图纸的适当位置，这种图称为局部放大图，如图 3-1-19 所示。

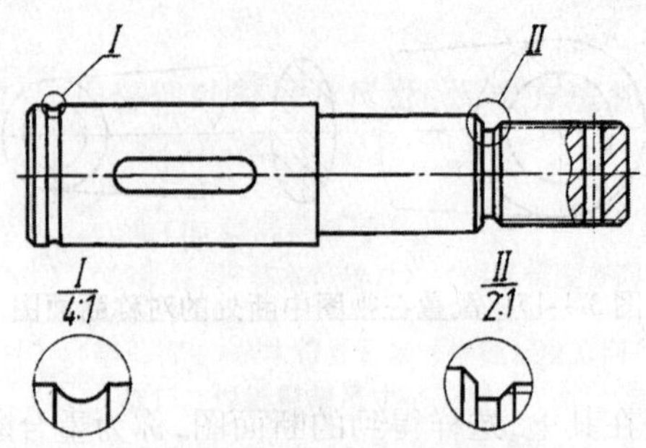

图 3-1-19 局部放大图

局部放大图可画成视图、剖视图或断面图。它与被放大部分的表示法无关。

局部放大图必须标注，其方法是：在视图中，将需要放大的部位画上细实线圆，然后在局部放大图的上方注写绘图比例。当需要放大的部位不止一处时，应在视图中对这些部位用罗马数字编号，并在局部放大图的上方注写相应编号，如图 3-1-19 所示。

同一机件上不同部位的局部放大图，当图形相同或对称时只需画出一个，必要时可用几个图形表达同一被放大部分结构，如图 3-1-20 所示。

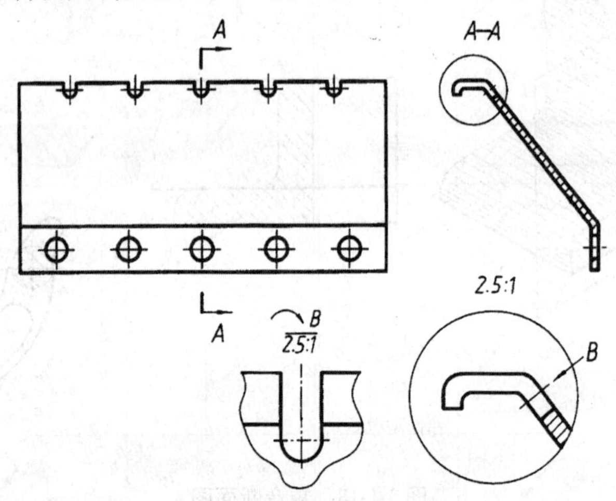

图 3-1-20 几个局部放大图表达一个结构

知识点 5 简化画法

【中阶】

1. 均匀分布的肋板及孔的画法

均匀分布的肋板，不对称时可画成对称，被纵向剖切的肋板不画剖面符号，仅用粗实线将它们与相邻部分分开，如图 3-1-21 所示。

若干直径相同且成规律分布的孔，可以仅画出一个或几个，其余只需用细点画线表示其中心位置，如图 3-1-21 所示。

对于机件的肋、轮辐及薄壁等，如按纵向剖切，这些结构都不画剖面符号，而用粗实线将它们与邻接部分分开。但剖切平面横向剖切这些结构时，则应画出剖面符号，如图 3-1-22 所示。

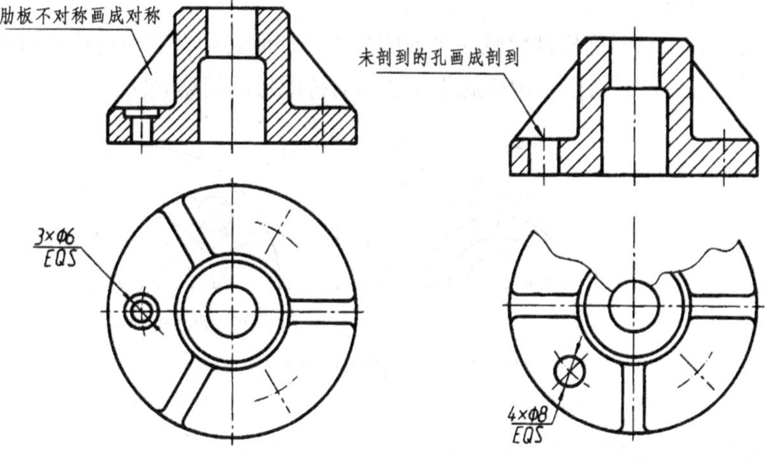

图 3-1-21　均布孔、肋的简化画法

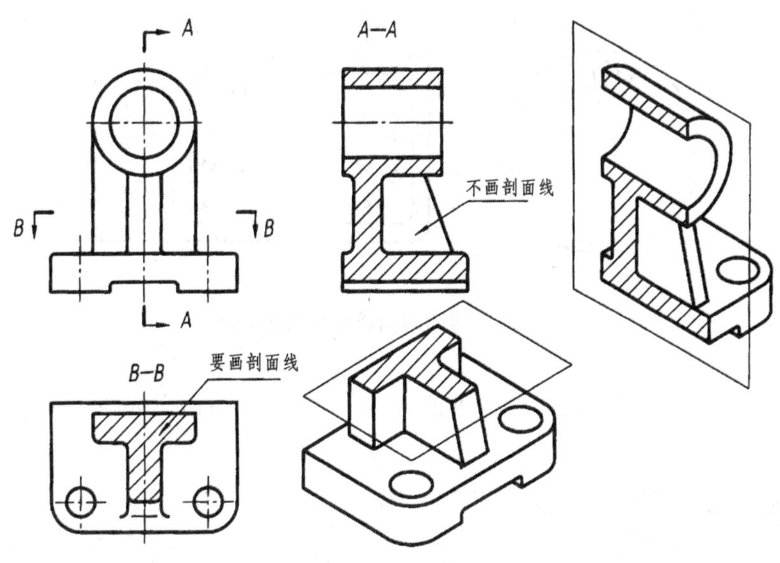

图 3-1-22　肋的规定画法

2. 断开画法

较长的机件(轴、杆、型材、连杆等)沿长度方向的形状一致或按一定规律变化时,可断开后缩短绘制,如图 3-1-23 所示。

这种画法使得细长的机件可采用较大的比例绘制,图面较为紧凑。采用断开画法后,尺寸仍应按照机件的实际长度标注。

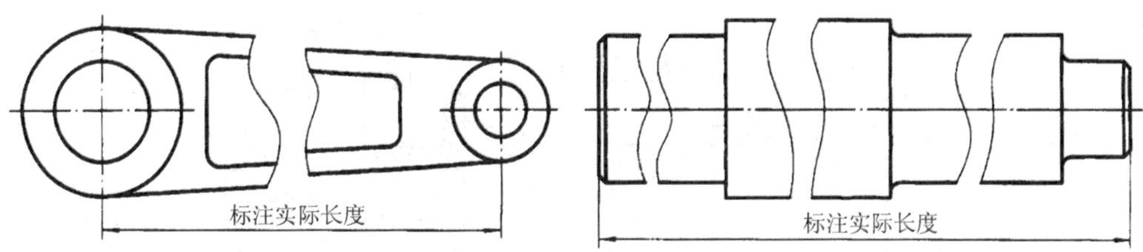

图 3-1-23　断开画法

3. 对称图形的画法

在不致引起误解时，将对称机件仅画一半或四分之一。但必须在其对称中心线的两端，画出两条与中心线垂直的平行细实线，以示说明此类画法为对称图形的简略画法，如图 3-1-24 所示。

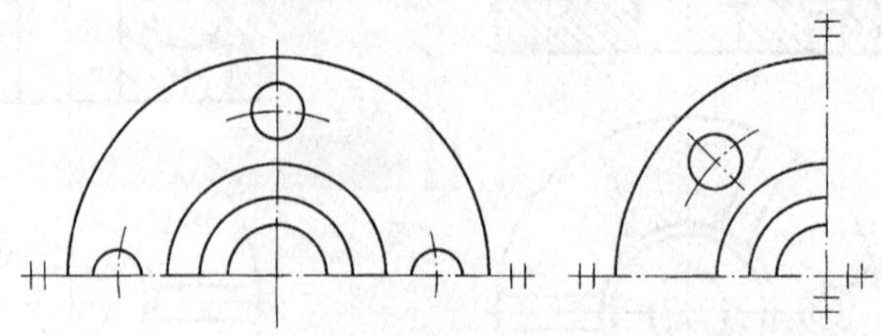

图 3-1-24 对称图形的画法

4. 机件上若干相同要素的画法

当机件上有若干相同的结构要素，且按一定的规律分布时，只需画出几个完整的结构要素即可，其余的用细实线连接或画出其中心位置，并标注总个数，如图 3-1-25 所示。

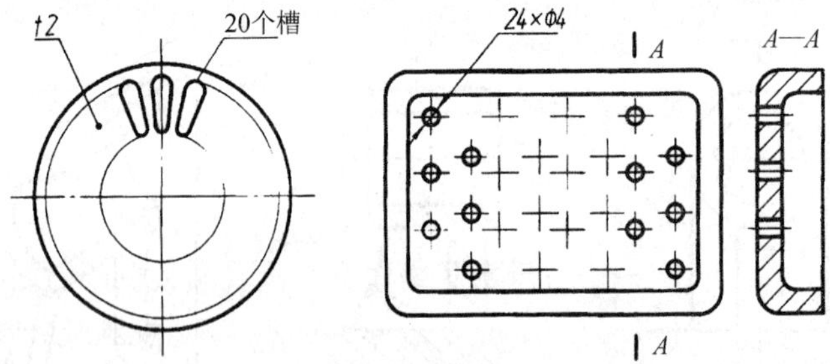

图 3-1-25 相同结构要素的简化画法

5. 机件上小平面的画法

当回转体机件上的小平面在图形中不能充分表现时，可用相交的两条细实线表达，如图 3-1-26 所示。

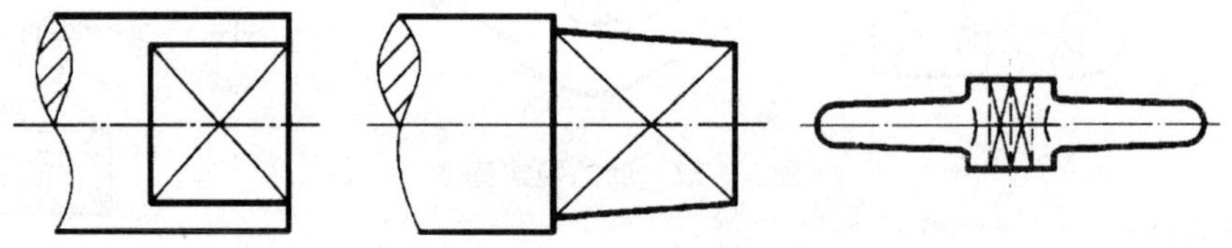

图 3-1-26 小平面的画法

6. 过渡线、相贯线的简化画法

在不致引起误解时，过渡线、相贯线允许简化，其投影可用圆弧、直线代替非圆曲线，也可采用模糊画法表示相贯线，如图 3-1-27 所示。

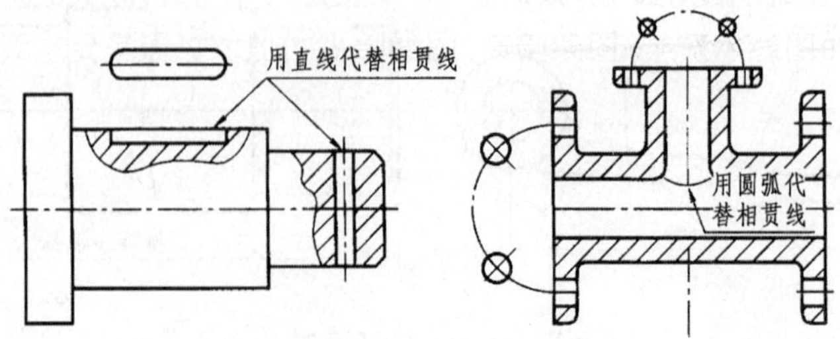

图 3-1-27 相贯线的简化画法

任务二
标准件的识读与绘制 

能力目标

(1)能正确识读螺纹、键、销等标准件的图纸;

(2)能简单绘制螺纹。

知识目标

(1)了解螺纹、键、销等标准件的分类和规定画法;

(2)了解常用标准件的标注方法。

情感目标

(1)养成多观察、多思考的学习作风;

(2)培养合理借助实物学习的能力;

(3)培养客观科学、认真负责的职业态度。

任务引入

(1)绝大部分机件中都含有的要素,如何简化其绘制过程?

(2)标准件的规定画法都是怎样的?

任务解析

机器或部件中,除了一般的零件外,还广泛使用螺栓、螺钉、螺母、垫圈、键、销和滚动轴承等零件,这些零件中有的个头极小,但再小的螺母也是零件。这类零件的结构和尺寸等全部要素都由国家标准做了严格的标准化规范,所以被称为标准件。

标准件由于被标准化了,这些零件由专业化工厂根据标准化的参数大批量生产,成为标准化、系列化的零件。集中生产的优势在于提高了生产效率和获得了质优价廉的产品。在产品的设计、装配、维修过程中,按规格选用和更换。

标准件有其特定的规定画法和简化画法,且有自己的标记方法。

知识点1 螺 纹

【初阶】

1. 螺纹的基本要素

螺纹分为内螺纹和外螺纹两大类，制在零件外表面的螺纹称为外螺纹，制在零件孔腔内表面上的螺纹称为内螺纹。螺纹的基本要素包括牙型、公称直径、线数、螺距和旋向等。只有这五个要素都相同的内、外螺纹才能相互旋合。

(1)牙型

在通过螺纹轴线的剖面上，螺纹的轮廓形状称为螺纹的牙型，相邻两牙侧面间的夹角称为牙型角。常用的牙型有三角形、梯形、锯齿形，如图 3-2-1 所示，常见的牙型角有 60°、55°两种。

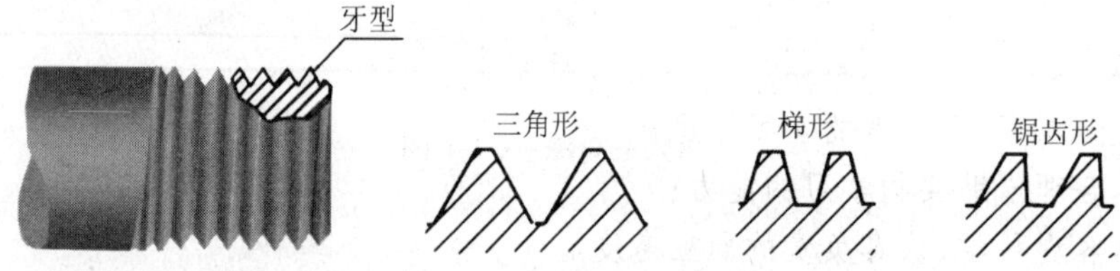

图 3-2-1 螺纹的牙型

(2)公称直径

公称直径是代表螺纹尺寸的直径，指螺纹大径的基本尺寸。螺纹除了大径，还有小径和中径，如图 3-2-2 所示。大径是指与外螺纹牙顶或内螺纹牙底相切的假想圆柱面的直径，分别用 d、D 表示。小径是指与外螺纹牙底或内螺纹牙顶相切的假想圆柱面的直径，分别用 d_1、D_1 表示。中径是指一个假想圆柱的直径，该圆柱的母线通过牙型上沟槽和凸起宽度相等的地方，内、外螺纹的中径分别用 D_2、d_2 表示。

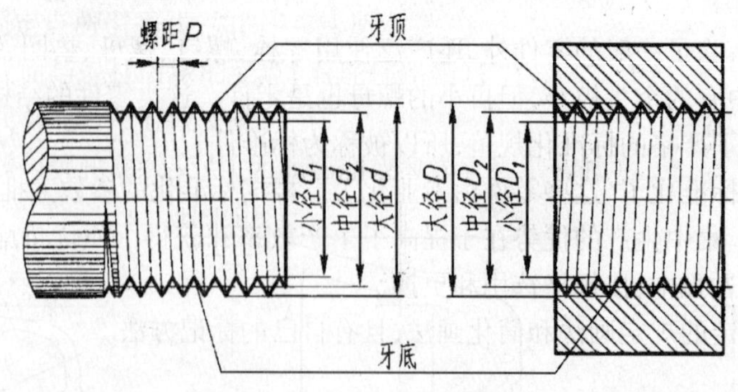

图 3-2-2 螺纹的公称直径

(3)线数

形成螺纹时，螺旋线的条数称为螺纹线数，用 n 表示。沿一条螺旋线形成的螺纹叫作单线螺纹;沿两条或两条以上在轴向等距分布的螺旋线所形成的螺纹叫作多线螺纹,如图 3-2-3 所示。

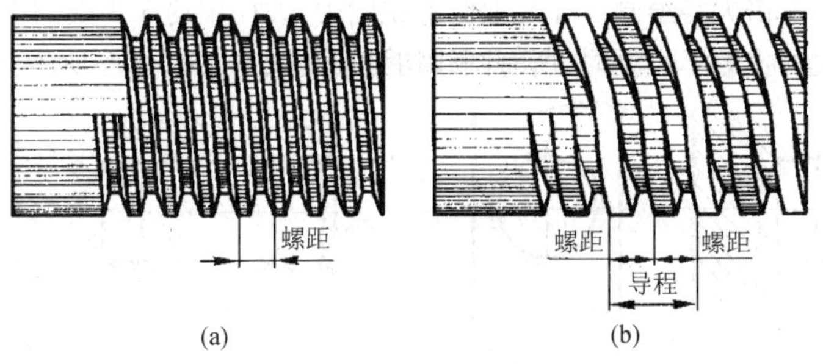

图 3-2-3 螺纹的线数、螺距和导程

(4)螺距

螺纹上相邻两牙在中径线上对应两点之间的轴向距离 P 称为螺距。同一条螺纹上相邻两牙在中径线上对应两点之间的轴向距离 P_h 称为导程。对于单线螺纹 $P = P_h$,对于多线螺纹 $P = P_h/n$,如图 3-2-3 所示。

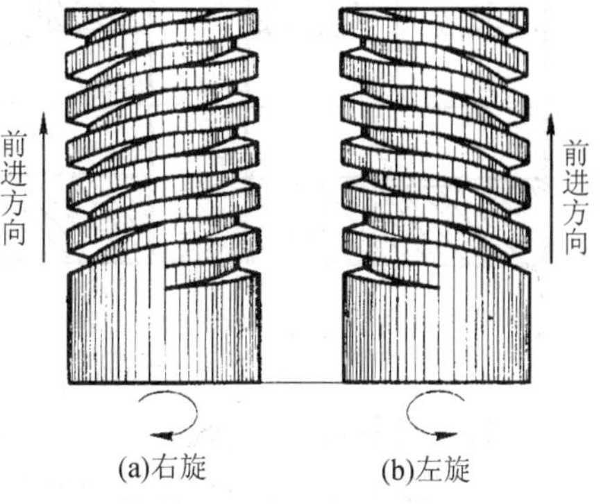

图 3-2-4 螺纹的旋向

(5)旋向

螺纹的旋向分左旋和右旋。顺时针旋入的螺纹称为右旋螺纹,右旋螺纹为日常生活中常用螺纹;逆时针旋入的螺纹称为左旋螺纹,也称为反牙螺纹,如图 3-2-4 所示。

2. 螺纹的规定画法

(1)外螺纹的画法

不论螺纹的牙型如何,外螺纹的牙顶用粗实线表示,牙底用细实线表示。在不反映圆的视图上,牙底的细实线应画入倒角,螺纹终止线用粗实线表示。在比例画法中,螺纹小径可按大径的 0.85 倍绘制。螺尾部分一般不必画出,当需要表示时,该部分用与轴线成 30°的细实线画出。在反映圆的视图上,小径用大约 3/4 圈的细实线圆弧表示,倒角圆不画,如图 3-2-5 所示。在剖视图中,螺纹终止线画至牙底线,剖面线画至粗实线。

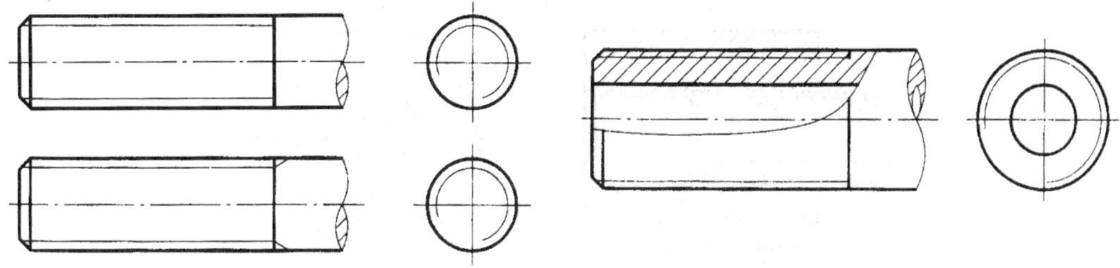

图 3-2-5 外螺纹的画法

(2)内螺纹的画法

在不反映圆的视图中,当采用剖视图时,内螺纹的牙顶用粗实线表示,牙底用细实线表示。

采用比例画法时,小径可按大径的0.85倍绘制。需要注意的是,内螺纹的公称直径也是大径。剖面线应画到粗实线,螺纹终止线用粗实线绘制。若为盲孔,采用比例画法时,终止线到孔的末端的距离可按0.5倍大径绘制。在反映圆的视图中,大径用约3/4圈的细实线圆弧绘制,倒角圆不画。当螺纹的投影不可见时,所有图线均为细虚线,如图3-2-6所示。

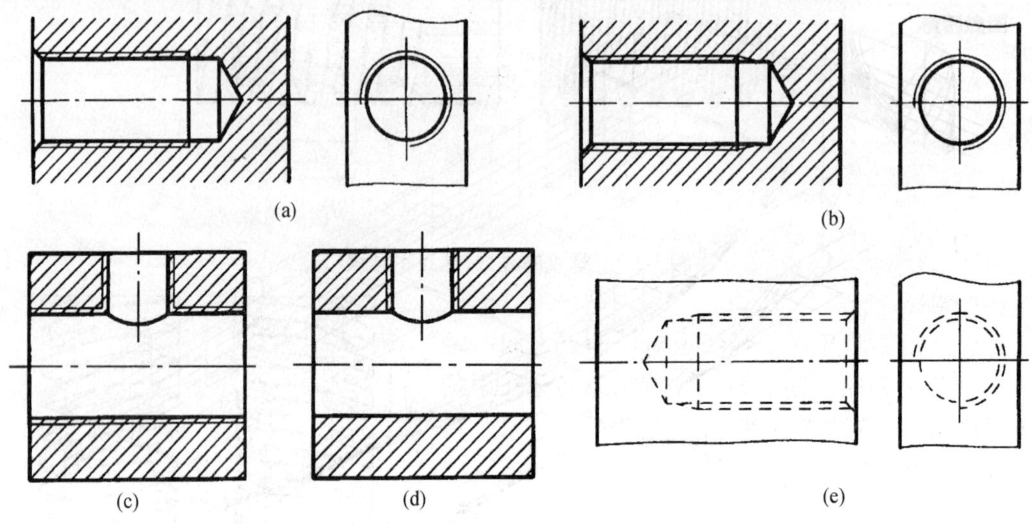

图3-2-6 内螺纹的画法

(3)内、外螺纹旋合画法

在剖视图中,内、外螺纹的旋合部分应按外螺纹的画法绘制,其余不旋合部分按各自原有的画法绘制。必须注意,表示内、外螺纹大径的细实线和粗实线,以及表示内、外螺纹小径的粗实线和细实线应分别对齐。在剖切平面通过螺纹轴线的剖视图中,实心螺杆按不剖绘制,如图3-2-7所示。

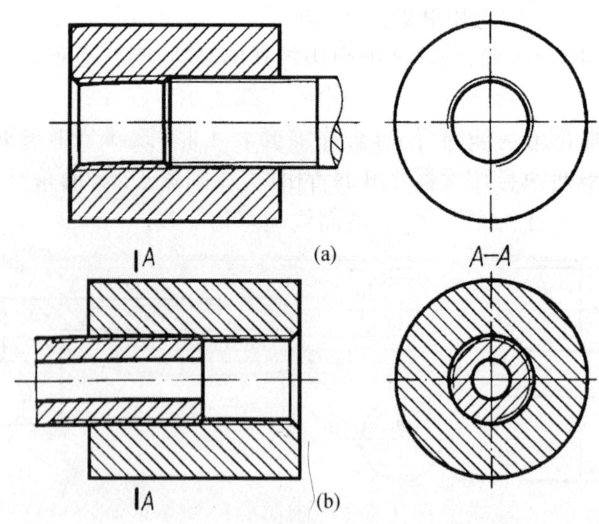

图3-2-7 内、外螺纹的旋合画法

【中阶】

3. 螺纹的标注

螺纹的标注包括螺纹的标记、长度、工艺结构尺寸等。

(1)标注的基本格式

特征代号 公称直径×导程(P 螺距) 旋向—公差带代号—旋合长度

①特征代号:表示螺纹牙型的代号,见表 3-2-1 所示。

表 3-2-1 常用几种螺纹的特征代号及用途

螺纹种类			特征代号	外形图	用途
联接螺纹	普通螺纹	粗牙	M		最常用的联接螺纹
		细牙			用于细小的精密或薄壁零件
	管螺纹		G		用于水管、油管、气管等薄壁管子上,用于管路的连接
传动螺纹	梯形螺纹		Tr	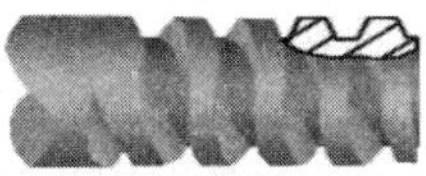	用于各种机床的丝杠,作传动用
	锯齿形螺纹		B	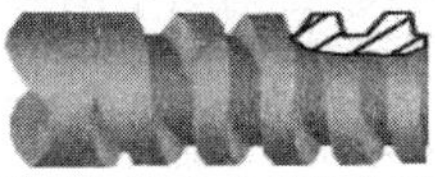	只能传递单方向的动力

②公称直径:螺纹的大、小径,通过查表获取其标准值。

③导程(P 螺距):单线螺纹只需标注螺距即可,对于普通粗牙螺纹来说,螺距可以不标注,普通细牙螺纹必须标注螺距;多线螺纹两者都要标注,线数隐含其中。

④旋向:右旋螺纹省略标注,左旋螺纹标注“LH”。

⑤公差带代号:按顺序标注中径、顶径公差带代号。如果中径公差带代号和顶径公差带代号相同,则只标注一个即可;表示内、外螺纹旋合时,内螺纹公差带代号在前,外螺纹公差带代号在后,中间用斜线分开。

⑥旋合长度:对短旋合长度组和长旋合长度组的螺纹,应注出“S”、“L”代号,为中等旋合长度时,其代号“N”可省略不标注。

(2)标记示例

【例题 3-2-1】 有一螺纹的标记为 M20×2LH—5g6g—S,分析其含义。

分析:M——普通螺纹;

20——螺纹大径;

2——螺纹螺距,细牙螺纹;

LH——左旋螺纹;

5g——中径公差带代号;

6g——顶径公差带代号;

S——短旋合长度。

【例题 3-2-2】 有一螺纹的标记为 Tr40×14(P7)LH—8e—L,分析其含义。

分析:Tr——梯形螺纹;

40——螺纹大径；

14(P7)——导程 14，螺距 7，线数 2；

LH——左旋螺纹；

8e——中径公差带代号、顶径公差带代号；

L——长旋合长度。

【例题 3-2-3】 有一螺纹的标记为 G3/4B，分析其含义。

分析：G——55°非密封管螺纹；

3/4——螺纹尺寸代号；

B——B 级圆柱外螺纹。

(3)螺纹的标注

螺纹标注的方法如同尺寸标注，作为尺寸数字部分标注在尺寸线上。当螺纹的标记符号过长时，用引线引出标注。无论内螺纹、外螺纹，尺寸界线必须从大径线引出，如图 3-2-8 所示。

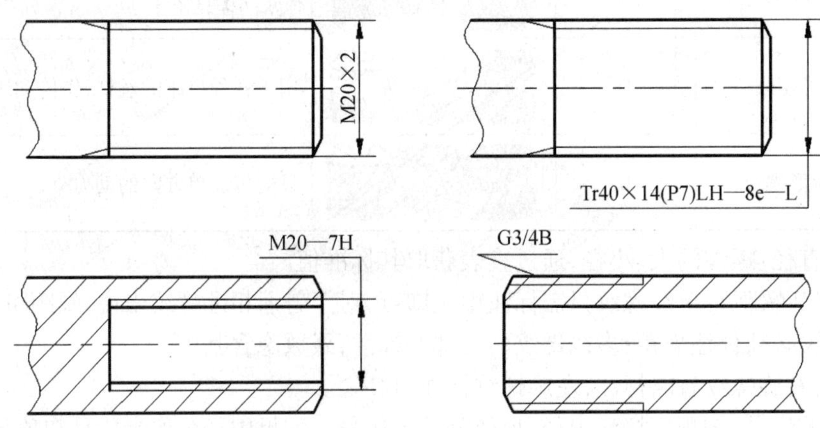

图 3-2-8 螺纹的标注

4. 螺纹的结构

(1)螺纹的末端

为了便于装配和防止螺纹的起始圈损坏，常在螺纹的起始处加工成一定的形式，如倒角、倒圆等，如图 3-2-9 所示。

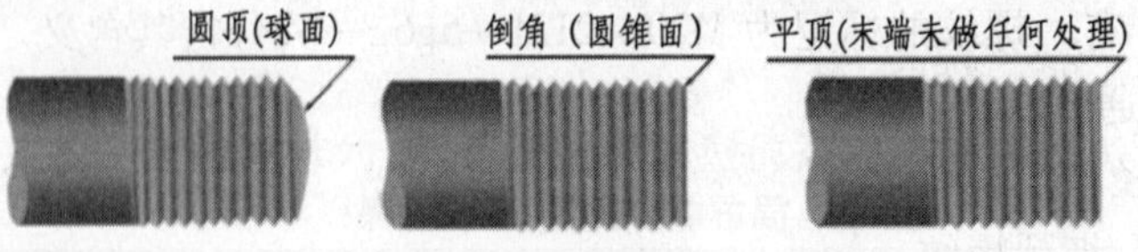

图 3-2-9 螺纹的末端结构

(2)螺纹的收尾和退刀槽

螺纹在加工切削过程中，刀具接近螺纹末尾时，需要退刀逐渐离开工件，如图 3-2-10(a)所示。由此，螺纹收尾部分的牙型是不完整的，螺纹的这一段残缺的牙型收尾部分称为螺尾。带有螺尾的螺纹在使用过程中，会对零件造成损伤。为了避免螺尾的产生，通常先在螺纹末尾处加工出退刀槽，然后再车削螺纹。如图 3-2-10(b)所示的为外螺纹退刀槽，图 3-2-10(c)所示的为内螺纹退刀槽。

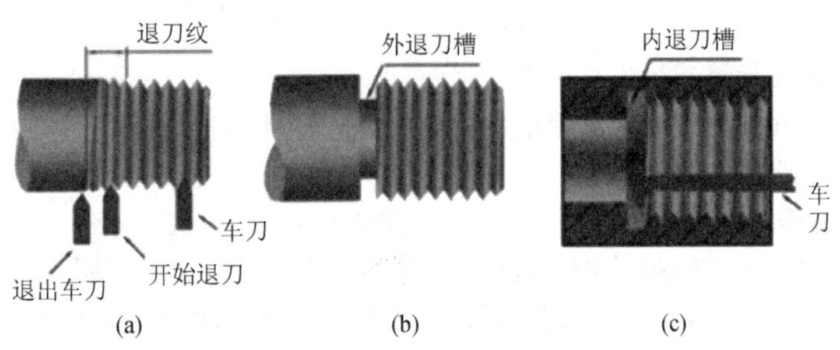

图 3-2-10　螺尾与退刀槽

(3)螺纹退刀槽的标注

螺纹退刀槽一般情况下标注为“槽宽×槽深”或者“槽宽×直径”,此处的直径是指退刀槽部位的杆件直径,如图 3-2-11 所示。

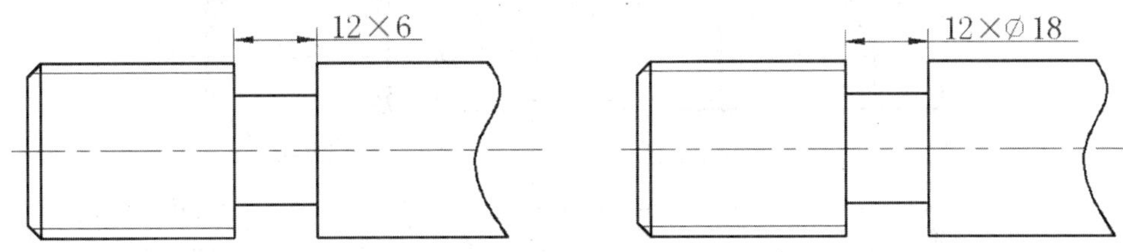

图 3-2-11　退刀槽的标注

知识点 2　螺纹紧固件

【初阶】

1. 螺纹紧固件的类别

螺纹紧固件指的是通过螺纹旋合起到紧固、连接作用的主要零件和辅助零件。常用的螺纹紧固件有螺钉、螺柱、螺栓、螺母、垫圈等,如表 3-2-2 所示。它们的结构与尺寸均已标准化,称为标准件。这些标准件已由专业化工厂大批量的生产和供应,不需要单独绘制它们的图样,而是根据设计需要按相应的国家标准进行选取和注明所需标准件的标记。这就要求熟悉它们的结构型式并掌握其简化画法和标记方法,以便在部件的装配图中准确表达它们的作用。

表 3-2-2　常用螺纹紧固件

名称	外观图	名称	外观图	名称	外观图
六角螺母		圆螺母		六角开槽螺母	
六角头螺栓		双头螺柱		开槽沉头螺钉	
半圆头螺钉		内六角圆柱头螺钉		开槽圆柱头螺钉	
紧定螺钉		平垫圈		弹簧垫圈	

【中阶】

2. 螺纹紧固件的标记及简化画法

标准的螺纹紧固件都有规定的标记,内容有名称、标准编号、螺纹规格、公称长度等,详见相关的国家标准手册。

(1)六角头螺栓

标记示例:螺栓 GB/T5780　M12 ×80

标记中的 12 表示大径,80 表示螺栓长度。螺栓的比例画法如图 3-2-12 所示,简化画法如图 3-2-13 所示。

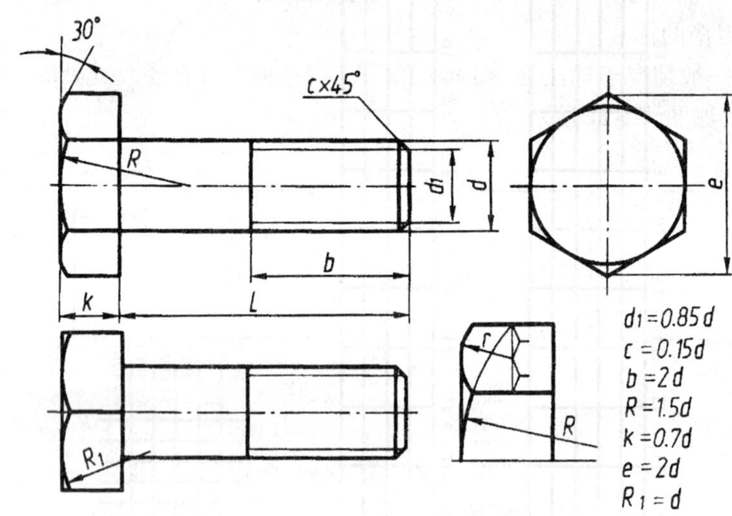

图 3-2-12　六角头螺栓的比例画法

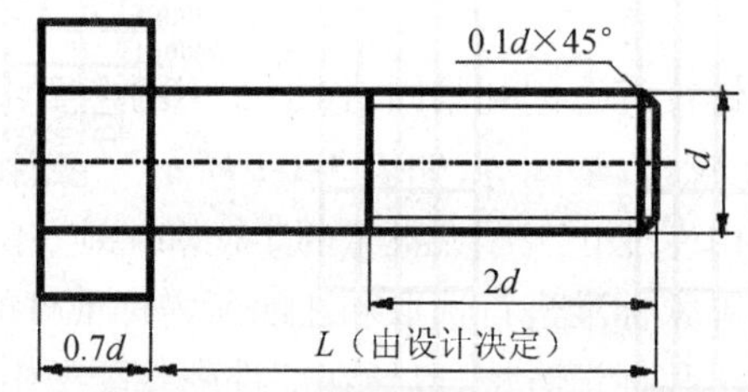

图 3-2-13　六角头螺栓的简化画法

(2)六角螺母

标记示例:螺母 GB/T6170　M12

六角螺母的比例画法如图 3-2-14(a)所示,简化画法如图 3-2-14(b)所示。

(3)垫圈

标记示例:垫圈 GB/T97.1　12

标记中的 12 表示与公称直径为 12 的螺纹紧固件配套使用的垫圈,其比例画法如图 3-2-15(a)所示,简化画法如图 3-2-15(b)所示。

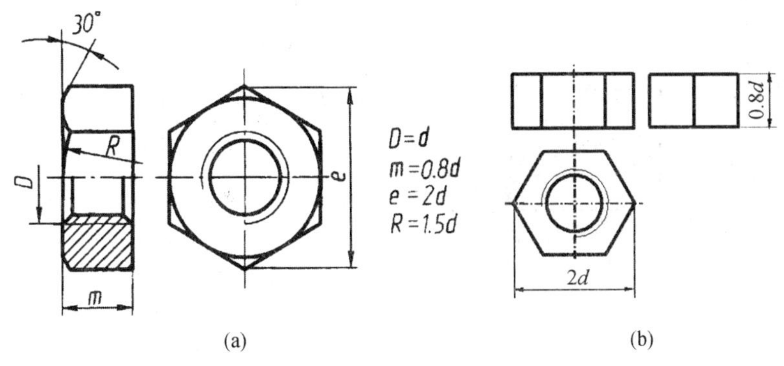

(a) (b)

图 3-2-14 六角螺母的比例画法和简化画法

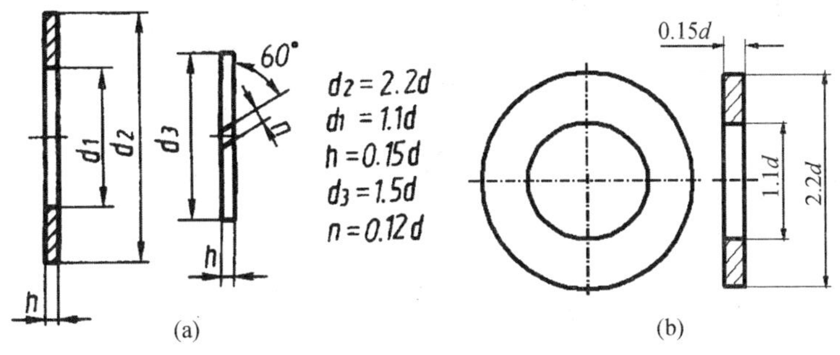

(a) (b)

图 3-2-15 垫圈的比例画法和简化画法

【高阶】

3. 螺栓连接的画法

(1)示意图

螺栓的装配通常由螺栓、垫圈、螺母三种标准件构成。两个被连接件被钻出通孔,通孔直径为1.1d(d为螺栓大径),然后螺栓从孔中穿出,套上垫圈、拧紧螺母即实现了连接,如图3-2-16所示。

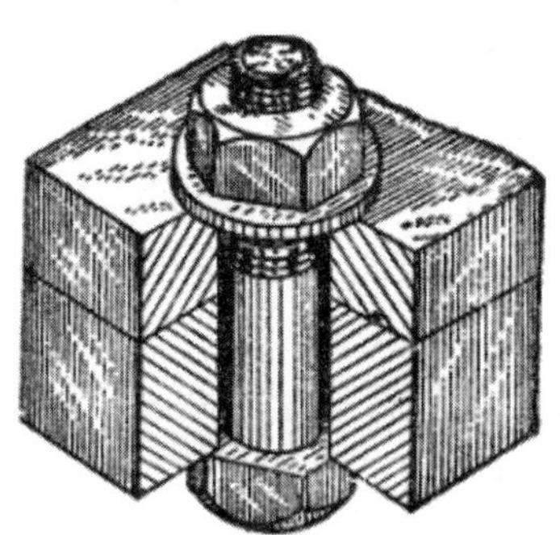

图 3-2-16 螺栓连接的示意图

(2)绘图步骤

螺栓连接的绘图步骤如图3-2-17所示。

(3)规定画法及其长度选择

①主视图采用全剖视,而标准件在被纵向剖切的剖视图中均按不剖画图。

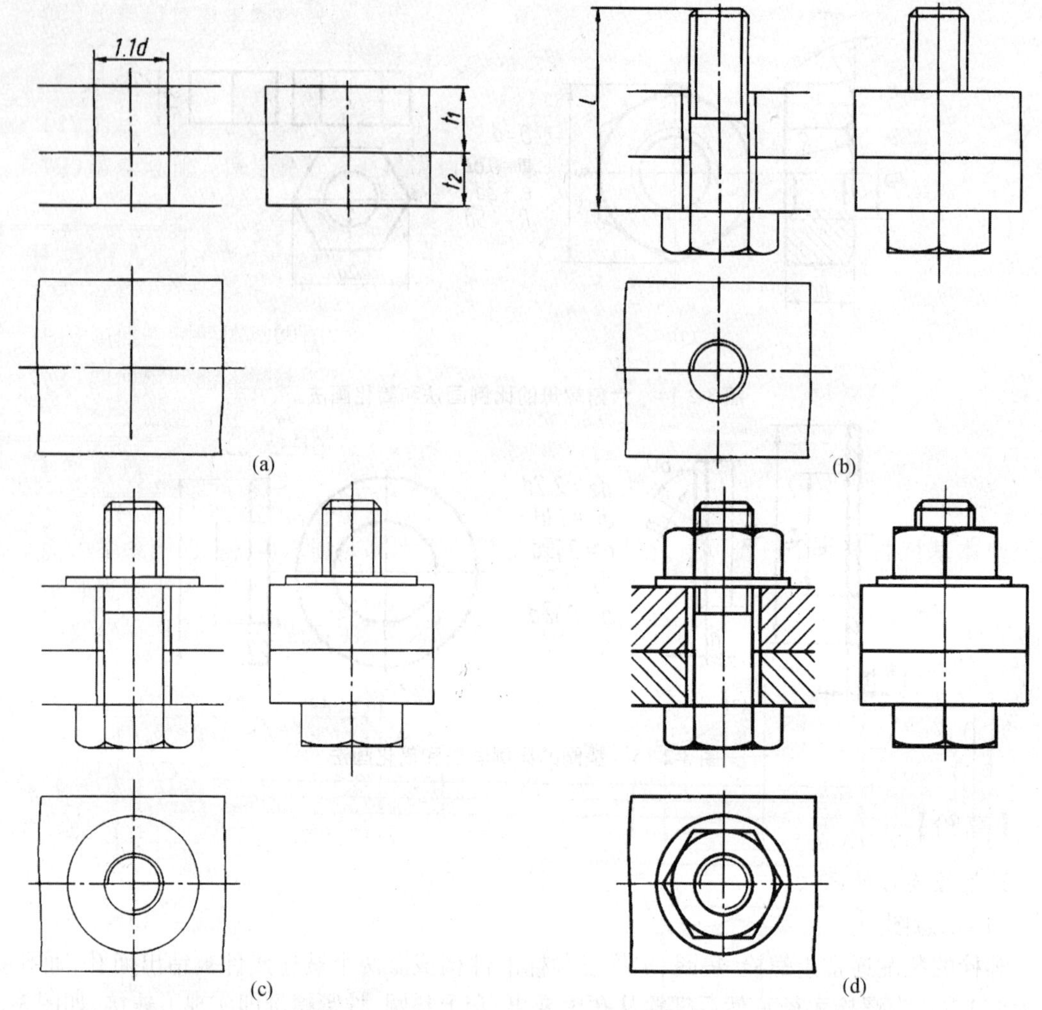

图 3-2-17　螺栓连接的绘图步骤

②两零件接触表面画一条线，如垫圈与螺母的上下接触。不接触表面画两条线，如两块被连接件的通孔与螺栓大径线，应画两条线。

③两块相邻的被连接件的剖面线应不一致，表示其为两个零件。剖面线的不一致性表现在方向相反。也可表现为方向一致，但间距不一致。

④螺栓大径 d 的选用由连接强度要求或结构要求确定；螺栓的有效长度 L 则由下式估算：

$$L = t_1 + t_2 + 0.15d(\text{垫圈厚度}) + 0.8d(\text{螺母厚度}) + 0.3d$$

其中：t_1、t_2 为两连接件的厚度，L 计算后查表取标准值。

4. 螺柱连接的画法

(1)示意图

当两块被连接件，有一块较厚或不宜用螺栓连接时，常采用双头螺栓连接。与螺柱连接配合使用的常有垫圈、螺母。先在较厚的被连接件上加工出不穿通的螺纹孔（盲孔），另一块较薄的连接件上加工出通孔（1.1d）。连接时，将螺柱的旋入端全部旋入较厚的被连接件的螺纹盲孔内，再套上另一块较薄的连接件，最后放上垫圈，拧紧螺母，完成螺柱连接，如图 3-2-18(a)

所示。

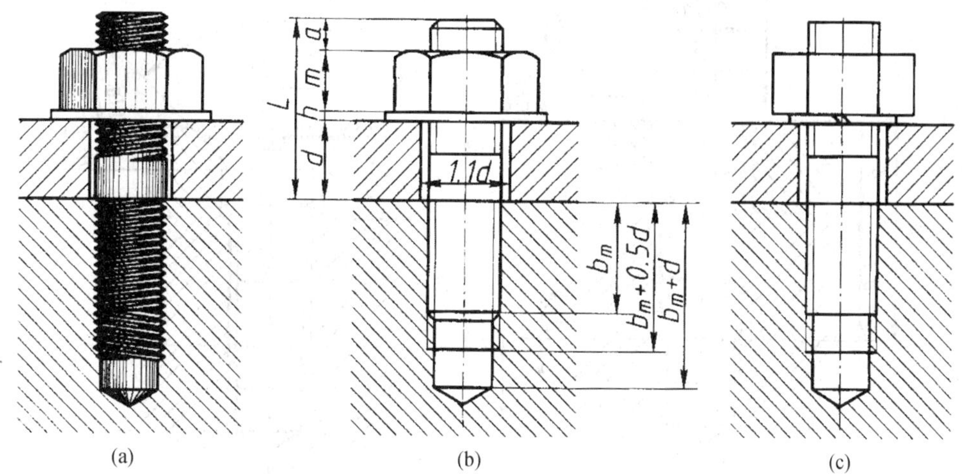

图 3-2-18 双头螺柱连接的画法

(2)画法及其长度选择

①由于螺柱的旋入端必须全部旋入厚连接件的螺纹盲孔内,画图时要将该连接关系表达正确,螺栓旋入端的螺纹终止线必须与两被连接件的接触面平齐。

②螺柱连接画法中,螺柱、垫圈、螺母仍然按不剖画图。

③较薄的被连接件由于其通孔的孔径为 1.1d,在与大径为 d 的螺柱连接端配合时,为表示两者尺寸不同,两条轮廓线之间留有间隙。

④螺柱的总长度为 $L+b_m$

其中:$L=t+0.15d$(垫圈厚度)$+0.8d$(螺母厚度)$+0.3d$

b_m为螺柱旋入端的螺纹有效长度,该参数由带螺孔的厚连接件的材料决定。$b_m=d$(用于钢或青铜),$b_m=1.25d$(用于铸铁),$b_m=1.5d$(用于铸铁或铝合金),$b_m=2d$(用于铝合金)。

5. 螺钉连接的画法

(1)示意图

螺钉主要用于不经常拆卸、受力不大的连接场合。螺钉的头部有柱形、锥形和球形的,通常开有一字槽或十字槽,便于装配时工具的使用。两个被连接件一厚一薄,其中薄的连接件加工有通孔,孔径为 1.1d,厚的连接件加工有螺孔,连接时,将螺钉穿过薄连接件的通孔,旋入厚连接件的螺孔中,并依靠其圆柱形头部压紧被连接件而实现两者的连接,如图 3-2-19 所示。

(2)画法及其长度选择

①螺钉头部的一字槽在通过螺钉轴线剖切的视图上应按垂直于投影面的位置画出,而在垂直于螺钉轴线的投影面上的投影应按 45°画出。

②螺钉螺杆上的有效螺纹应大于旋入深度,即螺钉的螺纹终止线在图中应高于两被连接件接触面的投影。

③螺钉的末端与螺孔的螺纹终止线之间应保留空隙 0.5d。

④螺钉的总长度 $L=t+b_m$,其中 t 为通孔薄连接件的厚度,b_m为螺钉旋入深度,其长度仍然由带螺孔的厚连接件的材料决定,与螺柱连接时的四种材料规格相同。计算后从相应的螺钉标准长度系列中选取其标准值。

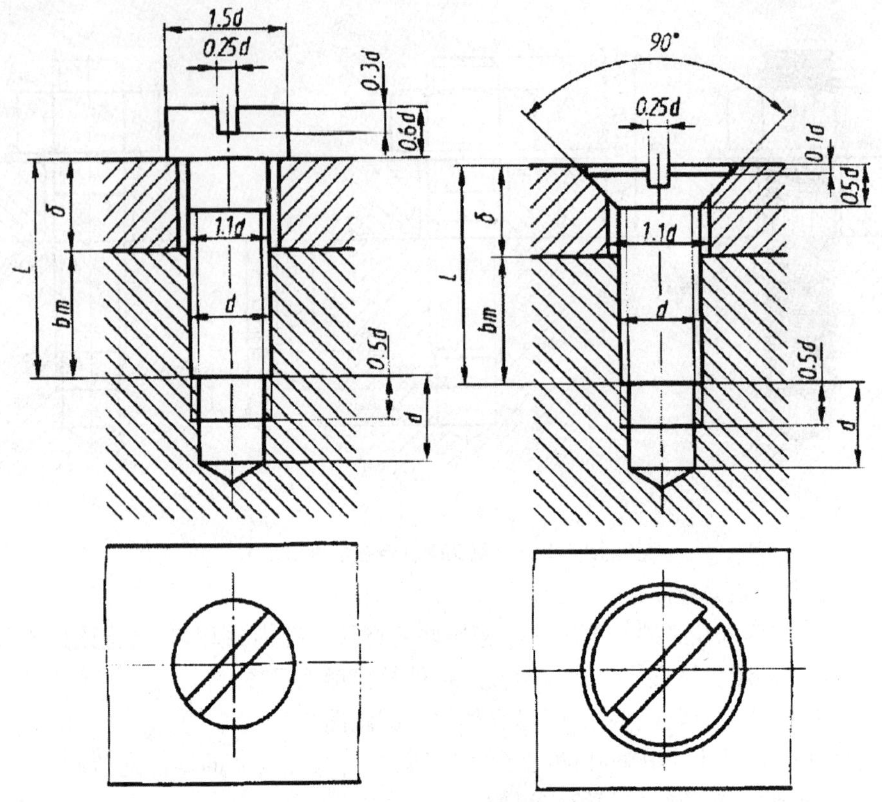

图 3-2-19 螺钉连接的画法

知识点 3 键

【初阶】

1. 键的种类

键通常用来连接轴和装在轴上的转动零件(如齿轮、带轮等),确保两者之间的同步旋转,并起到传递扭矩的作用,如图 3-2-20(a)所示。

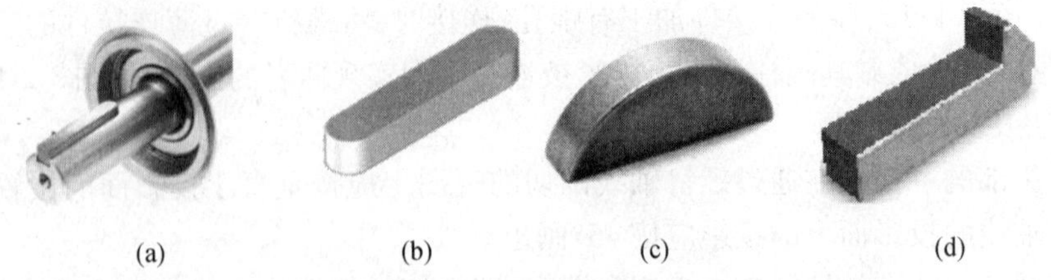

(a) (b) (c) (d)

图 3-2-20 键连接及其种类

常用的键可分为普通平键、半圆键和钩头楔键三类,如图 3-2-20(b)、(c)、(d)所示。普通平键又可分为 A 型、B 型、C 型三种结构形式,如图 3-2-21 所示。

2. 键的标记

普通平键的标记格式:名称 键的形式 键 $b \times h \times L$ GB1096 - 2003

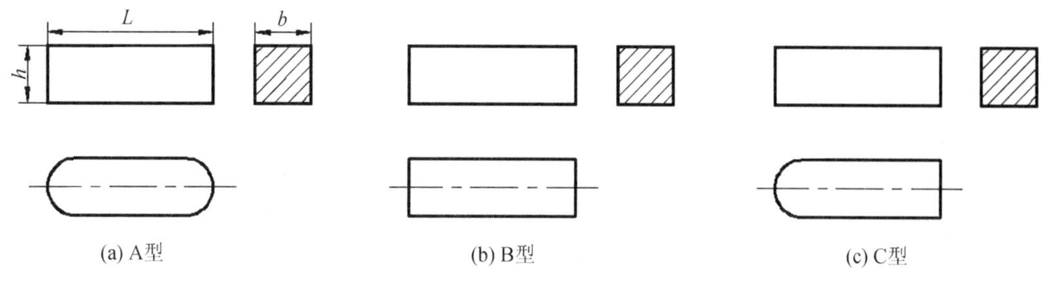

图 3-2-21 普通平键

例如:GB/T1096 键 B18×11×100 表示平头普通平键,B 型,$b=18$,$h=11$,$L=100$。

圆头普通平键在标记中可省略级别符号 A。键的选择,可根据轴的直径查表获取,在此不再赘述。

【中阶】

3. 普通平键的画法

当采用普通平键时,轴上键槽的表达方法及尺寸标注如图 3-2-22 所示,轮毂上键槽的表达方法及尺寸标注如图 3-2-23 所示。

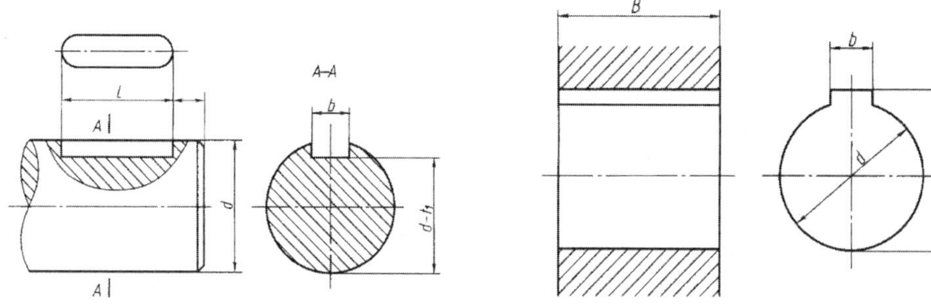

图 3-2-22 轴上键槽的画法及标注方法

图 3-2-23 轮毂上键槽的画法及标注方法

键连接装配图均采用剖视表达方法,键与轴的剖切有横向与纵向之分(类似于肋板的剖切),横向剖切按剖视画图,纵向剖切按不剖画图。键、轴、轮三者的剖面符号应不一致。如图 3-2-24 所示。

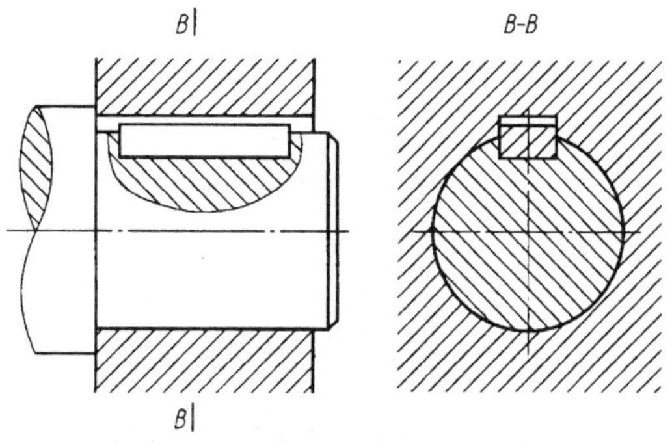

图 3-2-24 普通平键连接的画法

【高阶】

4. 半圆键的画法

半圆键连接常用于载荷不大的传动轴上,其装配图画法如图 3-2-25 所示。

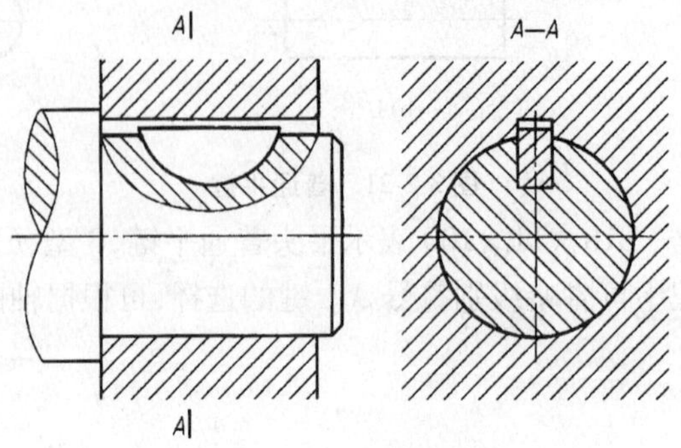

图 3-2-25　半圆键连接的画法

5. 钩头楔键的画法

钩头楔键的上顶面有 1∶100 的斜度,装配式将键沿轴向嵌入键槽内,靠键的上、下面将轴和轮连接在一起,其侧面为非工作面,如图 3-2-26 所示。

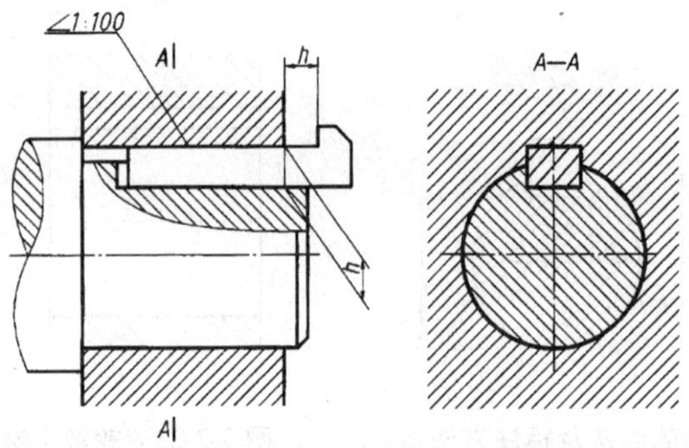

图 3-2-26　钩头楔键连接的画法

6. 花键的画法

当传递载荷较大时,需采用花键连接,多为矩形花键,其连接画法和代号标注如图 3-2-27 所示。

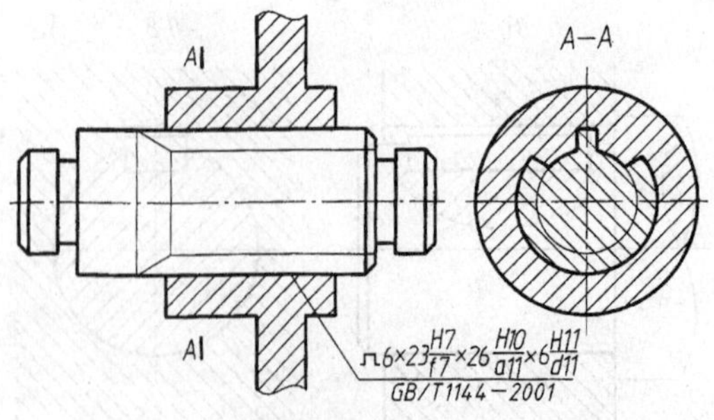

图 3-2-27　花键连接的画法和代号标注

知识点4　销

【初阶】

1. 销的分类

销主要用于零件之间的定位,也可用于零件之间的连接,但只能传递不大的扭矩。常用的销有圆柱销、圆锥销、开口销,其形状和尺寸均已标准化,表3-2-3列举了这三种销的图例和标记示例。

表3-2-3　常用销的图例和标记示例

名称及标准编号	图例	标记示例
圆柱销 GB/T119 - 2000		销 GB/T119.1　6m6×30 直径为6,公差为m6,长度为30,材料为钢,不经淬火、不经表面处理的圆柱销
圆锥销 GB/T117 - 2000		销 GB/T117　6×30 直径为6,长度为30,材料为35号钢,热处理硬度28~38HRC,表面氧化处理的A型圆锥销
开口销 GB/T91 - 2000		销 GB/T91　5×50 规格为5,长度为50,材料为低碳钢,不经表面处理的开口销

【高阶】

2. 销连接的画法

销连接的画法如图3-2-28所示。

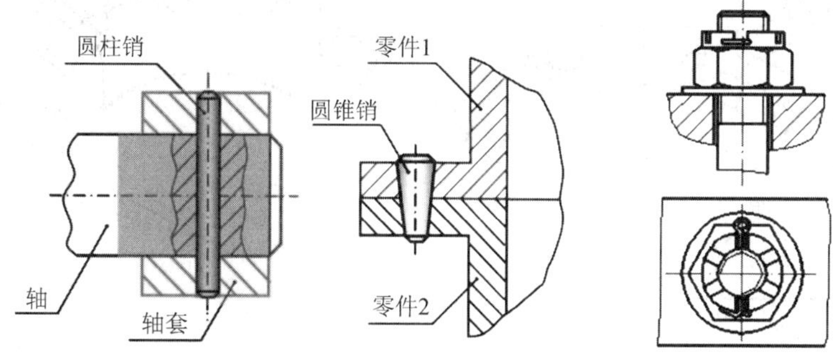

图3-2-28　销连接的画法

知识点5　齿　轮

【高阶】

1. 齿轮的分类

齿轮是广泛用于机械或部件中的传动零件。齿轮在工作中通常都是成对出现的,一组齿轮不仅可以用来传递动力,并且还能改变速度和回转的方向。齿轮并非标准件,只是齿轮的轮齿部分被标准化了,部分参数被标准化了的零件称为常用件。

齿轮按形状可分为圆柱齿轮、圆锥齿轮、蜗轮蜗杆三类，按轮齿形式可分为直齿、斜齿、曲面齿等几类。表 3-2-4 列举了几种常见的齿轮传动方式。

表 3-2-4　几种常见的齿轮传动方式

名称	图例	名称	图例	名称	图例
直齿外啮合齿轮传动		直齿内啮合齿轮传动		齿轮齿条传动	
斜齿轮传动		人字齿轮传动		直齿圆锥齿轮传动	
斜齿圆锥齿轮传动		弧齿圆锥齿轮传动		蜗轮蜗杆传动	

2. 齿轮的主要参数

直齿圆柱齿轮的主要参数有齿顶圆、齿根圆、分度圆、压力角、模数、齿厚、齿距等，其定义如图 3-2-29 所示，计算方法如表 3-2-5 所示。

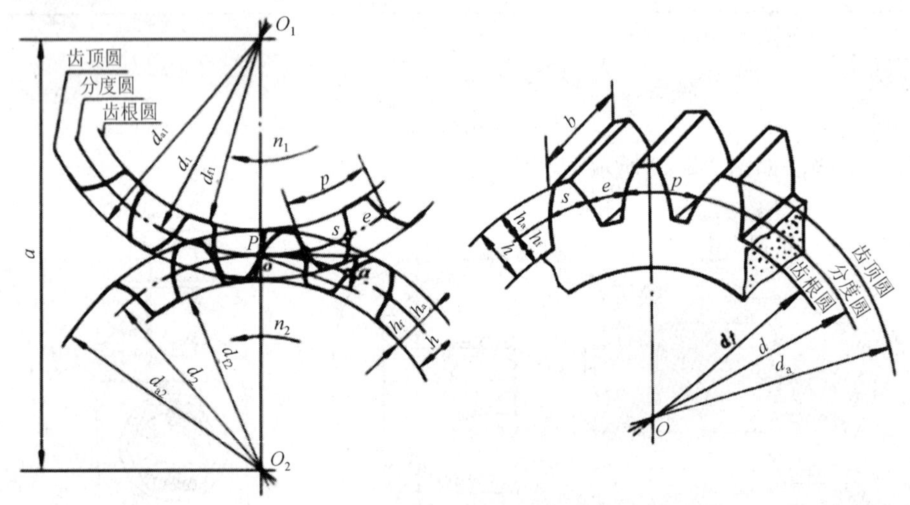

图 3-2-29　直齿圆柱齿轮

表 3-2-5　标准直齿圆柱齿轮基本尺寸的计算

名称	符号	计算公式	名称	符号	计算公式
齿距	p	$p=\pi m$	分度圆直径	d	$d=mz$
齿顶高	h_a	$h_a=m$	齿顶圆直径	d_a	$d_a=m(z+2)$
齿根高	h_f	$h_f=1.25m$	齿根圆直径	d_f	$d_f=m(z-2.5)$
全齿高	h	$h=2.25m$	中心距	a	$a=m(z_1+z_2)/2$

注：①m 为模数，z 为齿数；

②标准直齿圆柱齿轮的压力角为 20°。

其中齿轮的模数已经标准化，渐开线圆柱齿轮的模数如表 3-2-6 所示。

表 3-2-6 渐开线圆柱齿轮模数(GB/T1357－87)

第一系列	0.1、0.12、0.15、0.2、0.25、0.3、0.4、0.5、0.6、0.8、1、1.25、1.5、2、2.5、3、4、5、6、8、10、12、16、20、25、32、40、50
第二系列	0.35、0.7、0.9、1.75、2.25、2.75、(3.25)、3.5、(3.75)、4.5、5.5、(6.5)、7、9、(11)、14、18、22、28、36、45

注：优先选用第一系列，其次选用第二系列，括号内的数值尽可能不用。

3. 齿轮的画法

单个齿轮的画法如图 3-2-30 所示，齿顶圆和齿顶线用粗实线绘制，分度圆和分度线用细点画线表示，齿根圆和齿根线用细实线绘制(也可省略不画)。在剖视图中，齿根线用粗实线绘制。当剖切平面通过轮齿时，轮齿一律按不剖绘制。除轮齿部分外，齿轮的其他部分结构均按真实投影画出。

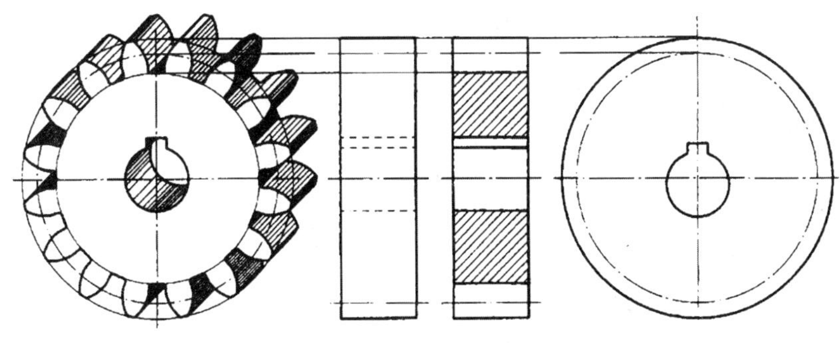

图 3-2-30 直齿圆柱齿轮的画法

一对齿轮啮合的画法如图 3-2-31 所示。在反映圆的视图上，齿顶圆用粗实线绘制，两齿轮的分度圆相切，齿根圆省略不画；在不反映圆的视图上，采用剖视图时，在啮合区域，一个齿轮的轮齿用粗实线绘制，另一个齿轮的轮齿按被遮挡处理，齿顶线用细虚线绘出；齿顶线和齿根线之间的缝隙(顶隙)为 0.25m(m 为模数)，如图 3-2-31(a)所示。

当不采用剖视绘制时，可采用图 3-2-31(b)的表达方法，即在不反映圆的视图上，啮合区的齿顶线和齿根线均不画，分度线用粗实线绘制。

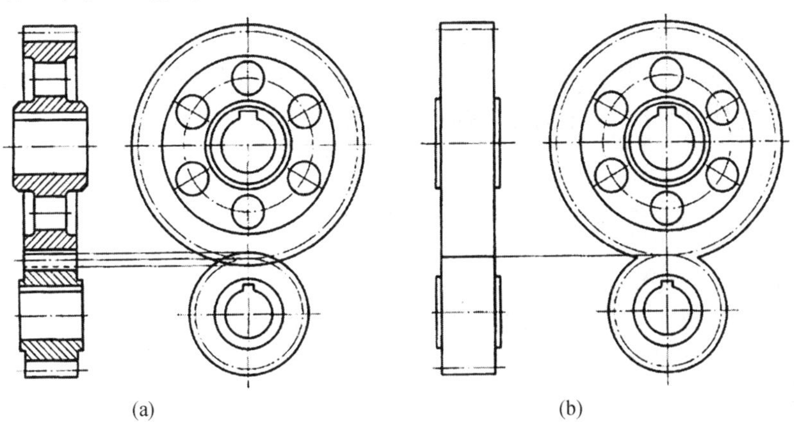

图 3-2-31 直齿圆柱齿轮的啮合画法

任务三 零件图的识读与绘制

● 能力目标

能正确识读零件图。

● 知识目标

(1)了解尺寸公差、配合、表面粗糙度等概念及标记方法;

(2)了解零件图的内容;

(3)掌握零件图的识读方法。

● 情感目标

(1)养成多思勤练的学习作风;

(2)培养良好的沟通能力;

(3)培养客观科学、认真负责的职业态度。

任务引入

(1)船机零件的零件图都包括哪些内容呢?

(2)如何识读零件图?

任务解析

零件图是设计部门提交给生产部门的重要技术文件。它不仅反映了设计者的设计意图,而且表达了零件的各种技术要求,如尺寸精度、表面粗糙度等。工艺部门要根据零件图进行毛坯制造、工艺规程、工艺装备等设计,所以零件图是制造和检验零件的重要依据。

阅读零件图的方法没有一个固定不变的程序,对于较简单的零件图,也许泛泛地阅读就能想象出物体的形状及明确其精度要求。对于较复杂的零件,则需要通过深入分析,由整体到局部,再由局部到整体反复推敲,最后才能搞清其结构和精度要求。

知识点1　零件图的内容

【初阶】

零件图不仅要表达出机器或部件对零件的结构要求,还需要考虑制造和检验该零件所需的必要信息，因此一张完整的零件图应具备如下内容：

1. 一组视图

用于正确、完整、清晰和简便地表达出零件内、外形状及功能结构的图形信息，其中包括机件的各种表达方法，如视图、剖视图、断面图、局部放大图、简化画法等。如图 3-3-1 所示。

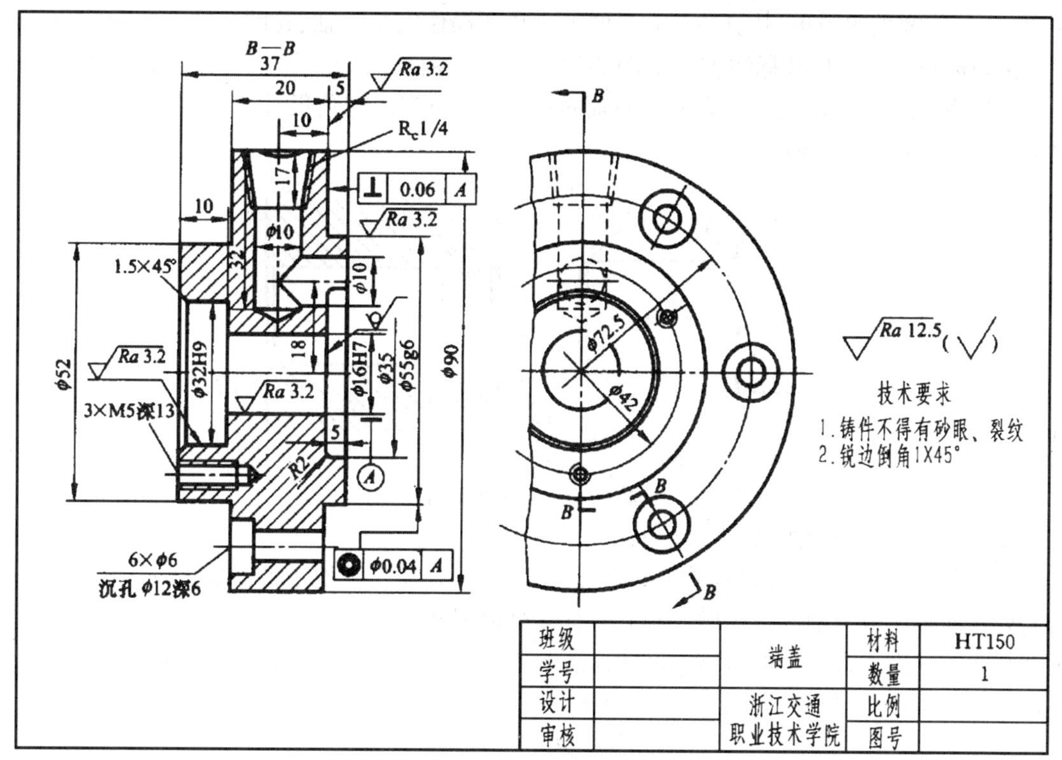

图 3-3-1 端盖

2. 完整的尺寸

用于确定零件各部分的大小和位置，为零件制造提供所需的尺寸信息。在标注过程中要做到正确、完整、清晰、合理。

3. 技术要求

零件在制造、加工、检验时需要达到的技术指标，必须用规定的代号、数字、字母和文字注解加以说明。如表面粗糙度、尺寸公差、形位公差、材料和热处理、检验方法以及其他特殊要求等。

4. 标题栏

零件名称、数量、材料、比例、图样代号以及设计、审核、批准者的必要签署等。标题栏的内容、尺寸和格式也都已经标准化了。

知识点 2 零件的工艺结构

【中阶】

零件的结构形状主要是根据它在机器（或部件）中的功能决定的，同时制造工艺对零件的结构也提出了要求。因此在设计零件时,零件图上应反映加工工艺对零件结构的各种要求。

1. 机械加工工艺结构

(1)圆角和倒角

阶梯的轴和孔,为了在轴肩、孔肩处避免应力集中,常以圆角过渡。轴和孔的端面上加工成45°或其他度数的倒角,其目的是为了便于安装和操作安全。轴、孔的标准倒角和圆角的尺寸可由国标查得。其尺寸标注方法如图3-3-2所示。零件上倒角尺寸全部相同时,可在图样右上角注明“全部倒角 C×(×为倒角的轴向尺寸)”;当零件倒角尺寸无一定要求时,则可在技术要求中注明“锐边倒钝”。

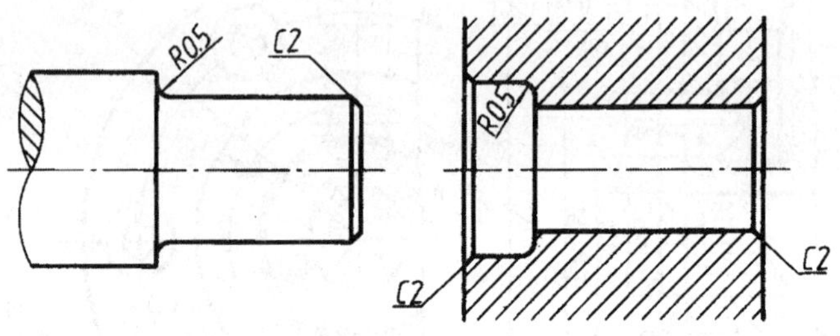

图3-3-2 圆角和倒角

(2)退刀槽和越程槽

在切削加工中,为了使刀具易于退出,并在装配时容易与其他零件靠紧,常在加工表面的台肩处先加工出退刀槽或越程槽。常见的有螺纹退刀槽、砂轮越程槽、刨削越程槽等,其数据可在相关的标准中查取。退刀槽的尺寸标注形式,一般可按“槽宽×直径”或“槽宽×槽深”标注。越程槽一般用局部放大图画出,如图3-3-3所示。

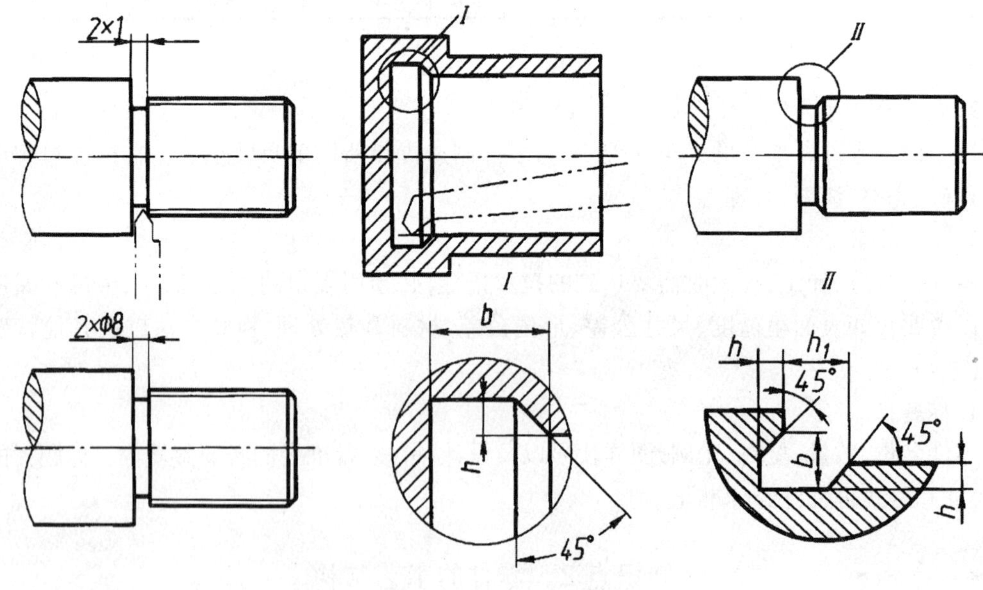

图3-3-3 退刀槽和越程槽

(3)钻孔结构

用钻头加工盲孔时,由于钻头尖部有120°的圆锥面,所以不通孔底部总有一个120°圆锥面。扩孔加工也将在直径不等的两柱面孔之间留下 120°的圆锥面。钻孔时，应尽量使钻头垂直于孔端面，否则易将孔钻偏或将钻头折断。当孔的端面是斜面或曲面时，应先把该面铣平或制作成凸台或凹坑等结构，如图 3-3-4 所示。

(4)凸台和凹坑

零件上的工作面一般都是加工面，如果加工面的面积范围较广，零件的加工成本就提高。为了能减少机械加工量，又能保证零件表面之间良好的接触性，通常在铸件上设计出凸台和凹坑，仅对这些凸台和凹坑做小面积的加工，以减少加工面积，降低加工成本，如图 3-3-5 所示。

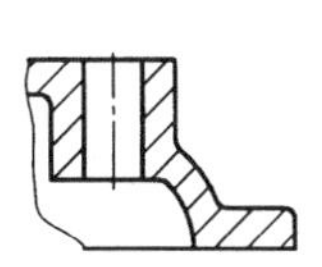
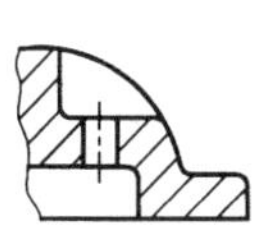
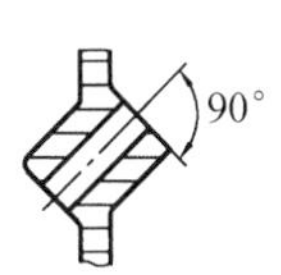

图 3-3-4　钻孔结构

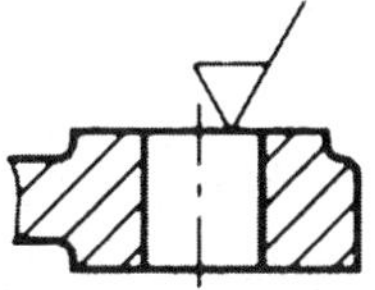
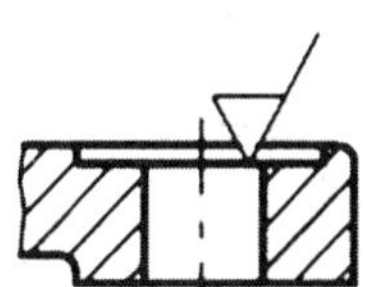

图 3-3-5　凸台和凹坑

2. 铸件工艺结构

(1)铸造圆角

当零件的毛坯为铸件时，因铸造工艺的要求，铸件各表面相交的转角处都应做成圆角，以免铸件冷却时产生缩孔或裂纹，同时防止脱模时砂型落砂，如图 3-3-6(a)所示。铸造圆角的半径一般取 $R=3\sim5$(mm)，通常在技术要求中统一注明。由于铸造圆角的存在，使得铸件表面的相贯线变得不明显，为了区分不同表面，以过渡线的形式画出，如图 3-3-6(b)所示。

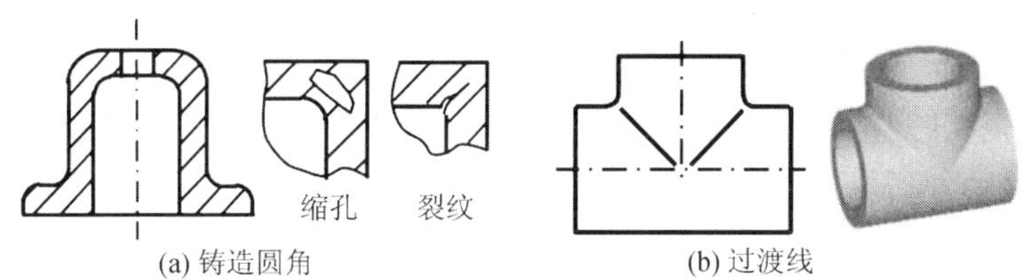

(a) 铸造圆角　(b) 过渡线

图 3-3-6　铸造圆角和过渡线

(2)壁厚

铸件各部分壁厚应尽量均匀，在不同壁厚处应使厚壁与薄壁逐渐过渡，以免铸件在冷却过程中，在较厚处形成热节，产生缩孔。铸件壁厚也应直接注出，如图 3-3-7 所示。

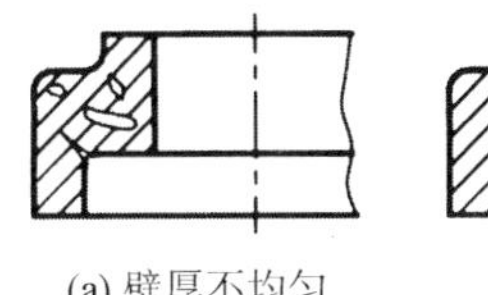
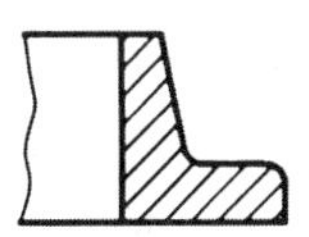

(a) 壁厚不均匀　(b) 壁厚均匀　(c) 壁厚逐渐过渡

图 3-3-7　铸件壁厚

(3)拔模斜度

铸件在拔模时，为了拔模顺利，在沿拔模方向的内外壁上应有适当斜度，称为拔模斜度，一般为 3°～5°，如图 3-3-8 所示。通常在图样上不画出，也不标注，可在技术要求或其他技术文件中统一规定。

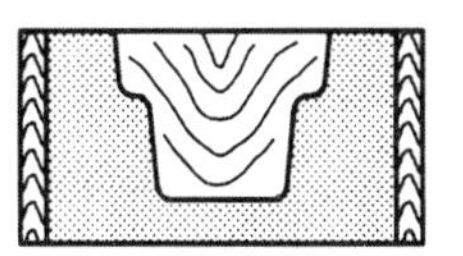
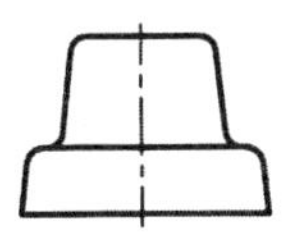

图 3-3-8　拔模斜度

知识点3 零件图的技术要求

【中阶】

零件图中除了图形和尺寸外,还有制造该零件时应满足的一些加工要求,通常称为"技术要求",如表面粗糙度、尺寸公差、形状和位置公差以及材料热处理等。技术要求一般采用符号、代号或标记标注在图形上,或者用文字注写在图样的适当位置。

1. 表面粗糙度

(1)基本概念

在零件加工时,由于切削变形和机床振动等因素,使得零件的实际加工表面存在着微观的高低不平,这种微观的高低不平程度称为表面粗糙度,如图 3-3-9 所示。

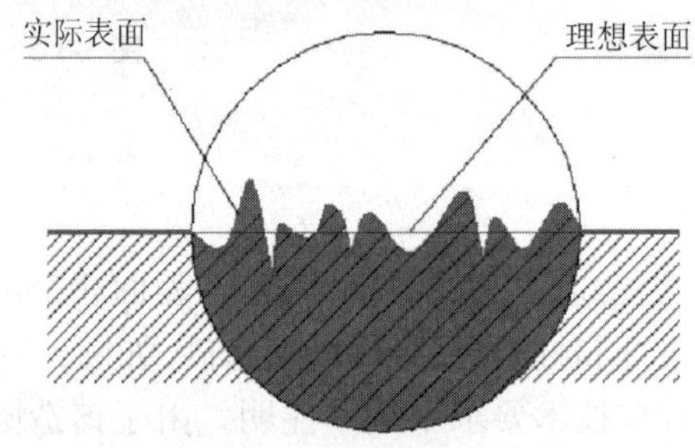

图 3-3-9 表面粗糙度的概念

表面粗糙度反映的是零件表面的光滑程度,是评定零件表面质量的一项技术指标。零件表面的粗糙度对零件的配合性质、工作精度、耐磨性、耐腐蚀性、密封性、外观等都有影响。通常,凡零件上有配合要求或有相对运动的表面,其粗糙度的要求精度较高。精度要求高意味着加工成本也相对提高。因此,在保证机器性能的前提下,根据零件的作用,尽量选用较大的粗糙度参数值,以降低生产成本。

(2)评定表面粗糙度的参数

评定零件表面粗糙度的参数主要有三种,即轮廓算术平均偏差(Ra)、微观不平十点高度(Rz)、轮廓最大高度(Ry)。一般常用轮廓算术平均偏差来表示零件表面的粗糙度。

轮廓算术平均偏差的定义为:在取样长度 L 内,轮廓偏距 y_i 绝对值的算术平均值,其几何意义如图 3-3-10 所示。

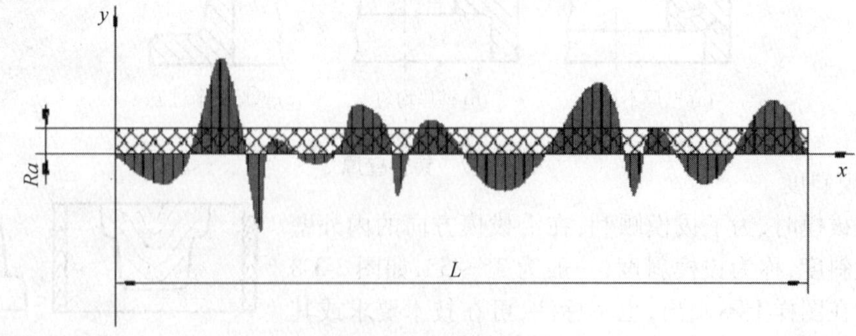

图 3-3-10 轮廓算术平均偏差

（3）表面粗糙度参数的选用

表面粗糙度对零件的配合性质、疲劳强度、抗腐蚀性、密封性等影响较大。因此，要根据零件表面的不同情况，合理选择其参数值。表 3-3-1 列出了国家标准推荐的 *Ra* 参数优先选用系列，一般接触面 *Ra* 值取 6.3 ~ 3.2，配合面 *Ra* 值取 0.8 ~ 1.6，钻孔表面 *Ra* 值取 12.5。

表 3-3-1 轮廓算术平均偏差 *Ra* 值（μm）

0.012	0.025	0.05	0.1	0.2	0.4	0.8
1.6	3.2	6.3	12.5	25	50	100

可以采用类比法选用零件表面的粗糙度，一般的原则为：

同一个零件上，工作表面的粗糙度参数值应小于非工作表面的粗糙度参数值；配合表面的粗糙度参数值应小于非配合表面的粗糙度参数值；运动速度高、单位压力大的摩擦表面的粗糙度参数值应小于运动速度低、单位压力小的摩擦表面的粗糙度参数值；要求密封、耐腐蚀或具有装饰性的表面的粗糙度参数值，应小于非要求密封、耐腐蚀或具有装饰性的表面的粗糙度参数值。

常用表面粗糙度 *Ra* 值与加工方法如表 3-3-2 所示。

表 3-3-2 常用表面粗糙度 *Ra* 值与加工方法

表面特征	表面粗糙度 *Ra* 值	常用加工方法
明显可见刀痕	100、50、25	粗车、粗刨、粗铣、钻孔
微见刀痕	12.5、6.3、3.2	精车、精刨、精铣、粗铰、粗磨
微辨加工方向	1.6、0.8、0.4	精车、精磨、精铰、研磨
暗光泽面	0.4、0.2、0.1	研磨、珩磨、超精磨

（4）表面粗糙度代号

GB/T131 - 1993 规定，表面粗糙度代号是由规定的符号和有关参数值组成，零件表面粗糙度符号的画法及意义如表 3-3-3 所示。

表 3-3-3 表面粗糙度的符号

符号	意义
	基本符号，表示表面可用任何方法获得。不加注粗糙度参数值或有关说明时，仅适用于简化代号标注
	表示表面是用去除材料的方法获得，如车、铣、刨、磨、钻、抛光、电火花加工等
	表示表面是用不去除材料的方法获得，如铸、锻、冲压、热轧、冷轧、粉末冶金等
	横线上用于标注有关参数和说明
	表示所有表面具有相同的表面粗糙度要求

表面粗糙度的参数标注方法及含义如表 3-3-4 所示。

表 3-3-4　表面粗糙度的参数标注方法及含义

标注代号	意义
Ra3.2	用不去除材料的方法获得的表面粗糙度，*Ra* 的上限值为 3.2 μm
Ra3.2 Ra1.6	用去除材料的方法获得的表面粗糙度，*Ra* 的上限值为 3.2 μm，*Ra* 的下限值为 1.6 μm
Ra3.2max Ra1.6min	用去除材料的方法获得的表面粗糙度，*Ra* 的最大值为 3.2 μm，*Ra* 的最小值为 1.6 μm

无特殊说明时，表面粗糙度的上限值允许有 16% 的测值超差；如不允许任何超差，则用最大值表示。

(5)表面结构要求的标注

①总的标注原则是根据 GB/T4458.4 的规定，使表面结构的注写和读取方向与尺寸的注写方向一致，如图 3-3-11(a)所示。

②表面结构要求可标注的轮廓线上，其符号应从材料外指向并接触表面，如图 3-3-11(b)所示。必要时，表面结构符号也可用带箭头或黑点的指引线引出标注，如图 3-3-11(c)所示。

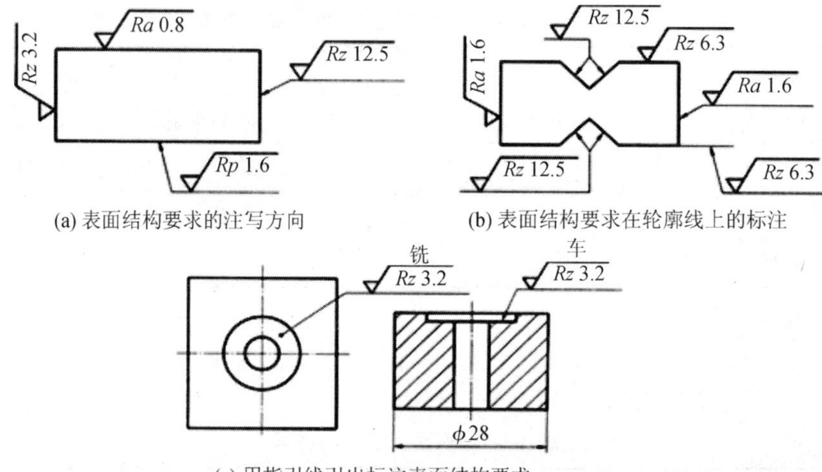

(a) 表面结构要求的注写方向

(b) 表面结构要求在轮廓线上的标注

(c) 用指引线引出标注表面结构要求

图 3-3-11　表面结构要求的标注示例 1

③在不致引起误解时，表面结构要求可以标注在给定的尺寸线上，如图 3-3-12(a)所示。

④表面结构要求可标注在形位公差框格的上方，如图 3-3-12(b)所示。

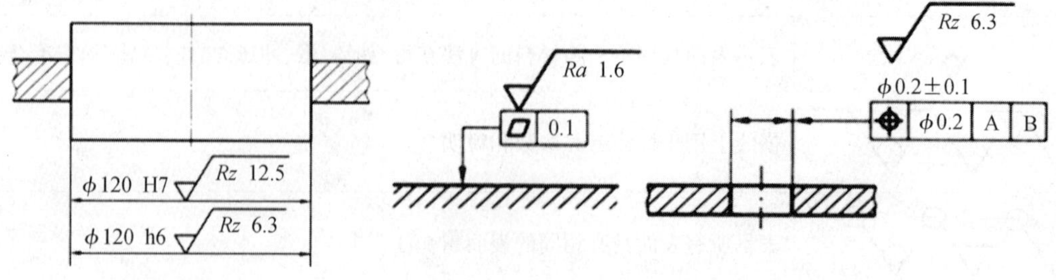

(a) 表面结构要求标注在尺寸线上

(b) 表面结构要求标注在形位公差框格上方

图 3-3-12　表面结构要求的标注示例 2

⑤表面结构要求可直接标注在延长线上，或用带箭头的指引线引出标注，如图 3-3-11（b）、图 3-3-13（a）所示。

⑥圆柱和棱柱表面的表面结构要求只标注一次，如图 3-3-13（a）所示。如果每个棱柱表面有不同的表面要求，则应分别单独标注，如图 3-3-13（b）所示。

⑦如果在工件的多数（包括全部）表面有相同的表面结构要求，则其表面结构要求可统一标注在图样的标题栏附近，如图 3-3-13（c）所示。

⑧当多个表面具有相同的表面结构要求或图纸空间有限时，可以采用简化注法，如图 3-3-13（d）所示。

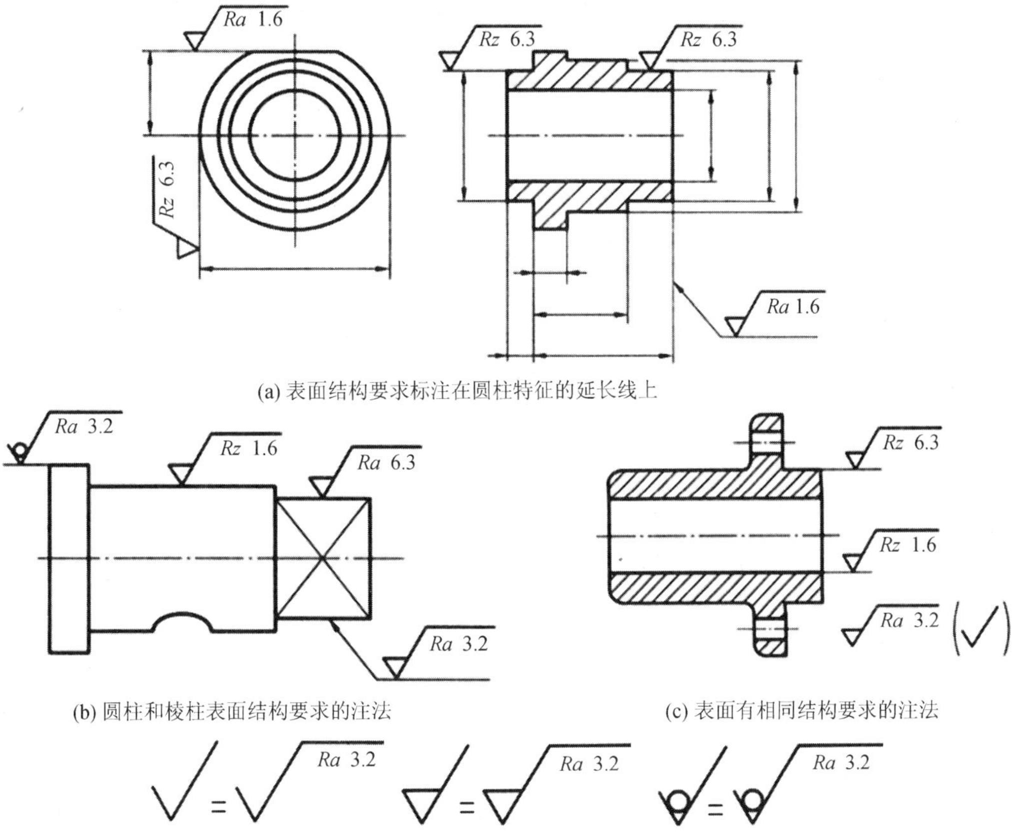

(a) 表面结构要求标注在圆柱特征的延长线上

(b) 圆柱和棱柱表面结构要求的注法

(c) 表面有相同结构要求的注法

(d) 多个表面结构要求的简化注法

图 3-3-13　表面结构要求的标注示例 3

2. 公差与配合

（1）基本概念

①互换性

在成批或大量生产中，一批零件在装配前不经过挑选，在装配过程中不经过修配，在装配后即可满足设计和使用性能要求。零件的这种在尺寸与功能上可以互相代替的性质称为互换性。公差与配合是保证零件具有互换性的重要标准。

②尺寸和极限尺寸

以图 3-3-14 所示的圆柱体为例，说明尺寸和极限尺寸的概念。

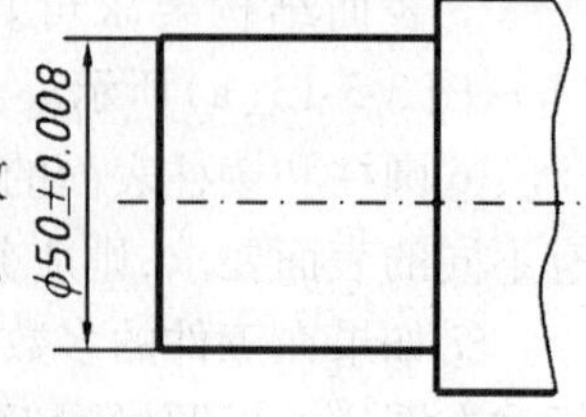

图 3-3-14　圆柱体的尺寸

基本尺寸——设计时确定的尺寸,如 φ50;

实际尺寸——零件加工完成后实际测得的尺寸;

极限尺寸——允许零件实际尺寸变化的两个界限值,最大的数值称为最大极限尺寸,如 φ50.008;最小的数值称为最小极限尺寸,如 φ49.992。

零件合格的条件是:最小极限尺寸≤实际尺寸≤最大极限尺寸。

③偏差和公差

偏差有上偏差和下偏差之分。最大极限尺寸与基本尺寸的代数差称为上偏差;最小极限尺寸与基本尺寸的代数差称为下偏差。孔的上偏差用 ES 表示,下偏差用 EI 表示;轴的上偏差用 es 表示,下偏差用 ei 表示。尺寸偏差可为正、负或零值。

公差,又称尺寸公差,是允许尺寸的变动量。尺寸公差等于最大极限尺寸减去最小极限尺寸,或上偏差减去下偏差。它是一个不为零、无正负号的数值。

即:公差 = |最大极限尺寸 - 最小极限尺寸| = |上偏差 - 下偏差|。

④公差带和公差带图

为了明显和方便起见,常用公差带图来分析问题。公差带图是以基本尺寸作为确定偏差的一条基准直线(水平线),称为零偏差线,简称零线。零线以上为正偏差,零线以下为负偏差。可根据需要,用放大的比例画出孔、轴的上、下偏差线,它们所限定的区域称为公差带,它们的宽窄(大小)代表了尺寸的变动量,即公差。这样的图称为公差带图,如图 3-3-15(a)所示。

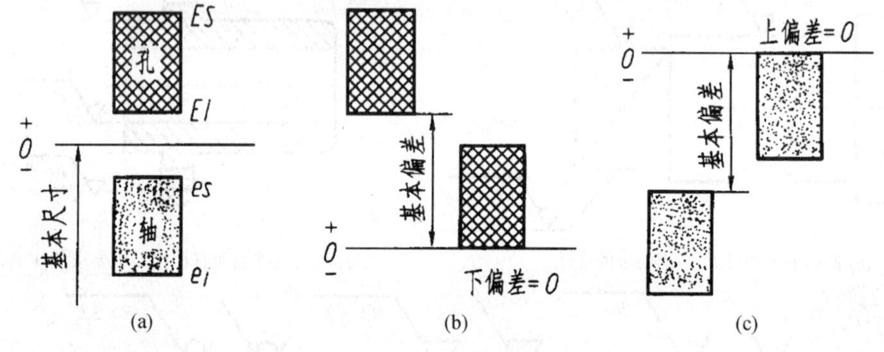

图 3-3-15　公差带图

(2)标准公差和基本偏差

国家标准 GB/T1800.2 - 1998 中规定,公差带是由标准公差和基本偏差组成的,标准公差决定公差带的高度,基本偏差确定公差带相对零线的位置。

标准公差是由国家标准规定的公差值。其大小由两个因素决定,一个是公差等级,另一个是基本尺寸。国家标准将公差划分为 20 个等级,分别为 IT01、IT0、IT1、IT2、…、IT18,其中 IT01 精度最高,IT18 精度最低。基本尺寸相同时,公差等级越高(数值越小),标准公差越小;公差等级相同时,基本尺寸越大,标准公差越大,如附表 2-3 所示。

基本偏差是用以确定公差带相对于零线位置的那个极限偏差,一般为靠近零线的那个偏差,如图 3-3-15(b)、(c)所示。当公差带在零线上方时,基本偏差为下偏差;当公差带在零线下方时,基本偏差为上偏差;当零线穿过公差带时,离零线近的偏差为基本偏差;当公差带关于零线对称时,基本偏差为上偏差,或下偏差,如 JS(js)。基本偏差有正号和负号。

孔和轴的基本偏差代号各有 28 种,用字母或字母组合表示,孔的基本偏差代号用大写字母表示,轴用小写字母表示。如图 3-3-16 所示。基本尺寸相同的轴和孔若基本偏差代号相同,则基本偏差值一般情况下互为相反数。此外,公差带不封口。这是因为基本偏差只决定公差带位置的原因。一个公差带的代号由表示公差带位置的基本偏差代号和表示公差带大小的公差等级和基本尺寸组成。

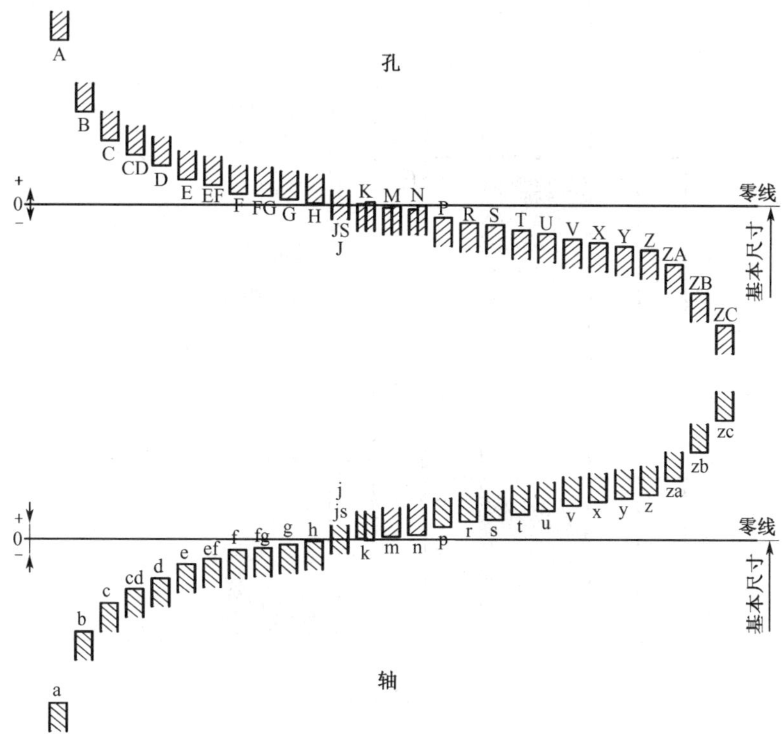

图 3-3-16 基本偏差系列

如 ϕ50H8,ϕ50 是基本尺寸,H 是基本偏差代号,大写表示孔,公差等级为 IT8。

(3)配合类别

基本尺寸相同的、相互结合的孔和轴的公差带之间的关系,称为配合。根据使用的要求不同,孔与轴的配合有松有紧,可分为三类:间隙配合、过盈配合和过渡配合,如图 3-3-17 所示。

(4)配合制

采用配合制是为了在基本偏差为一定的基准件的公差带与配合件相配时,只需改变配合件的不同基本偏差的公差带,便可获得不同松紧程度的配合,达到减少零件加工的定值刀具和量具的规格数量。国家标准规定了两种配合制,即基孔制和基轴制,如图 3-3-18 所示。

基孔制是基本偏差为 H 的孔的公差带,与不同基本偏差的轴的公差带形成各种配合的制度;基轴制是基本偏差为 h 的轴的公差带,与不同基本偏差的孔的公差带形成各种配合的制度。

3. 形位公差

(1)基本概念

零件经过加工后,不仅会产生尺寸误差和表面粗糙度,而且会产生形状和位置误差。形状

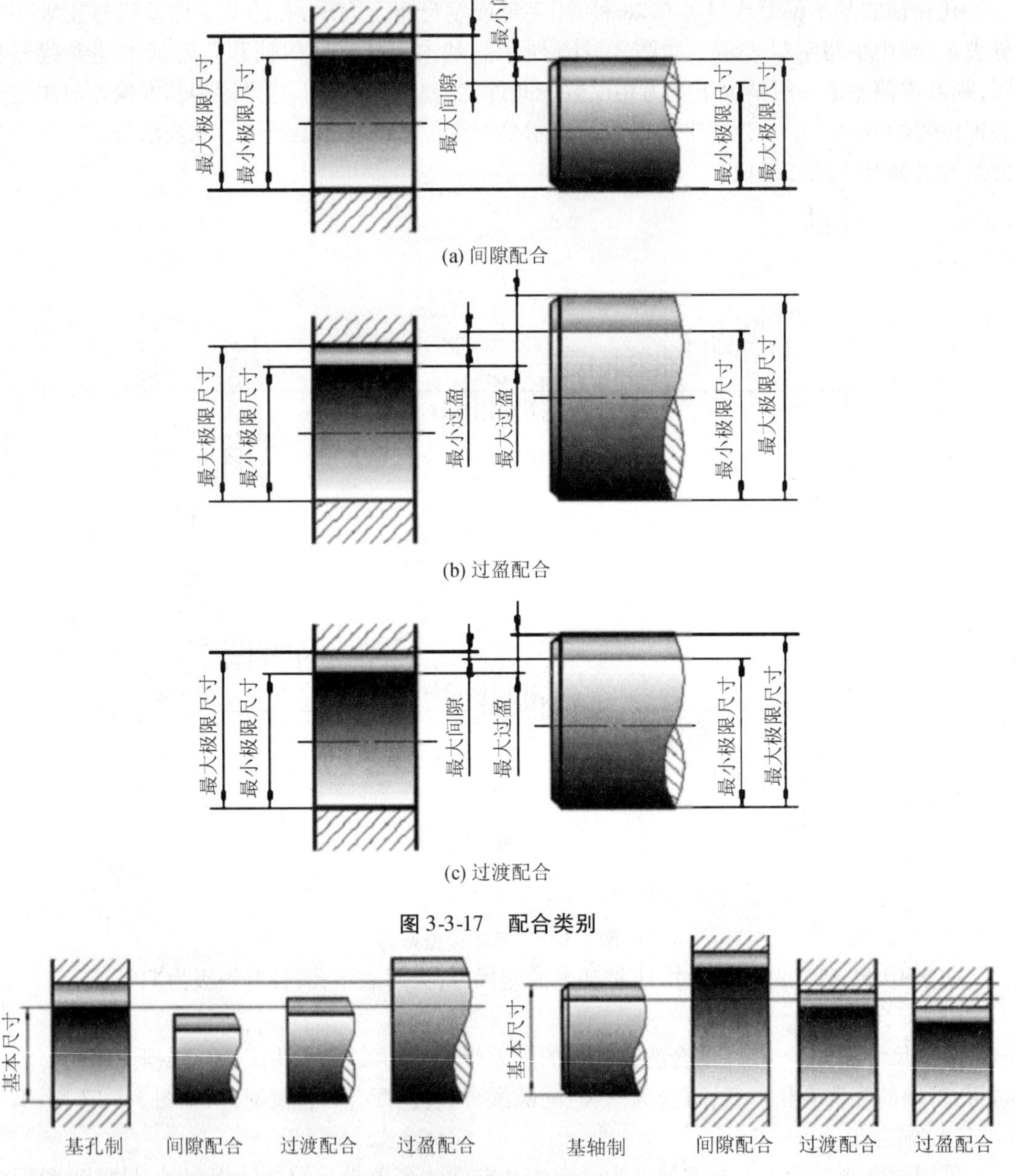

(a) 间隙配合

(b) 过盈配合

(c) 过渡配合

图 3-3-17　配合类别

图 3-3-18　基孔制和基轴制

误差是指实际要素和理想几何要素的差异；位置误差是指相关联的两个几何要素的实际位置相对于理想位置的差异。

形状误差和位置误差都会影响零件的使用性能，因此必须对一些零件的重要表面或轴线的形状和位置误差进行限制。形状和位置误差的允许变动量称为形状和位置公差（简称形位公差）。

表 3-3-5　基孔制的优先、常用配合

基准孔	轴																				
	a	b	c	d	e	f	g	h	js	k	m	n	p	r	s	t	u	v	x	y	z
	间隙配合								过渡配合			过盈配合									
H6						$\frac{H6}{f5}$	$\frac{H6}{g5}$	$\frac{H6}{h5}$	$\frac{H6}{js5}$	$\frac{H6}{k5}$	$\frac{H6}{m5}$	$\frac{H6}{n5}$	$\frac{H6}{p5}$	$\frac{H6}{r5}$	$\frac{H6}{s5}$	$\frac{H6}{t5}$					
H7						$\frac{H7}{f6}$	$\frac{H7}{g6}$▼	$\frac{H7}{h6}$▼	$\frac{H7}{js6}$	$\frac{H7}{k6}$▼	$\frac{H7}{m6}$	$\frac{H7}{n6}$▼	$\frac{H7}{p6}$▼	$\frac{H7}{r6}$	$\frac{H7}{s6}$▼	$\frac{H7}{t6}$	$\frac{H7}{u6}$▼	$\frac{H7}{v6}$	$\frac{H7}{x6}$	$\frac{H7}{y6}$	$\frac{H7}{z6}$
H8					$\frac{H8}{e7}$	$\frac{H8}{f7}$▼	$\frac{H8}{g7}$	$\frac{H8}{h7}$▼	$\frac{H8}{js7}$	$\frac{H8}{k7}$	$\frac{H8}{m7}$	$\frac{H8}{n7}$	$\frac{H8}{p7}$	$\frac{H8}{r7}$	$\frac{H8}{s7}$	$\frac{H8}{t7}$	$\frac{H8}{u7}$				
				$\frac{H8}{d8}$	$\frac{H8}{e8}$	$\frac{H8}{f8}$		$\frac{H8}{h8}$													
H9			$\frac{H9}{c9}$	$\frac{H9}{d9}$▼	$\frac{H9}{e9}$	$\frac{H9}{f9}$		$\frac{H9}{h9}$▼													
H10			$\frac{H10}{c10}$	$\frac{H10}{d10}$				$\frac{H10}{h10}$													
H11	$\frac{H11}{a11}$	$\frac{H11}{b11}$	$\frac{H11}{c11}$▼	$\frac{H11}{d11}$				$\frac{H11}{h11}$▼													
H12		$\frac{H12}{b12}$						$\frac{H12}{h12}$													

注：1. $\frac{H6}{n5}$、$\frac{H7}{p6}$在基本尺寸小于或等于 3 mm 和$\frac{H8}{r7}$在小于或等于 100 mm 时，为过渡配合。

2. 注有符号▼的配合为优先配合。

表 3-3-6　基轴制的优先、常用配合

基准轴	轴																				
	A	B	C	D	E	F	G	H	JS	K	M	N	P	R	S	T	U	V	X	Y	Z
	间隙配合								过渡配合			过盈配合									
h5						$\frac{F6}{h5}$	$\frac{G6}{h5}$	$\frac{H6}{h5}$	$\frac{JS6}{h5}$	$\frac{K6}{h5}$	$\frac{M6}{h5}$	$\frac{N6}{h5}$	$\frac{P6}{h5}$	$\frac{R6}{h5}$	$\frac{S6}{h5}$	$\frac{T6}{h5}$					
h6						$\frac{F7}{h6}$	$\frac{G7}{h6}$▼	$\frac{H7}{h6}$▼	$\frac{JS7}{h6}$	$\frac{K7}{h6}$▼	$\frac{M7}{h6}$	$\frac{N7}{h6}$▼	$\frac{P7}{h6}$▼	$\frac{R7}{h6}$	$\frac{S7}{h6}$▼	$\frac{T7}{h6}$	$\frac{U7}{h6}$▼				
h7					$\frac{E8}{h7}$	$\frac{F8}{h7}$▼		$\frac{H8}{h7}$▼	$\frac{JS8}{h7}$	$\frac{K8}{h7}$	$\frac{M8}{h7}$	$\frac{N8}{h7}$									
h8				$\frac{D8}{h8}$	$\frac{E8}{h8}$	$\frac{F8}{h8}$		$\frac{H8}{h8}$													
h9				$\frac{D9}{h9}$▼	$\frac{E9}{h9}$	$\frac{F9}{h9}$		$\frac{H9}{h9}$▼													
h10				$\frac{D10}{h10}$				$\frac{H10}{h10}$													
h11	$\frac{A11}{h11}$	$\frac{B11}{h11}$	$\frac{C11}{h11}$▼	$\frac{D11}{h11}$				$\frac{H11}{h11}$▼													
h12		$\frac{B12}{h12}$						$\frac{H12}{h12}$													

注：注有符号▼的配合为优先配合。

(2)形位公差的代号

在图纸中,形位公差应采用代号标注。代号由形位公差符号、框格、公差值、指引线、基准代号和其他有关符号组成。形位公差的分类、名称和符号如表 3-3-7 所示。

表 3-3-7　形位公差的名称和符号

分类	名称	符号	分类		名称	符号
形状公差	直线度	—	位置公差	定向	平行度	∥
	平面度	▱			垂直度	⊥
	圆度	○			倾斜度	∠
	圆柱度	⌭		定位	同轴度	◎
形状或位置公差	线轮廓度	⌒			对称度	⌯
	面轮廓度	⌓			位置度	⌖
				跳动	圆跳动	↗
					全跳动	⌰

形位公差的框格及基准代号画法如图 3-3-19 所示,指引线的箭头指向被测要素的表面或其延长线上,箭头方向一般为公差带的方向。框格中的字符高度与尺寸数字的高度相同,基准中的字母一律水平书写。

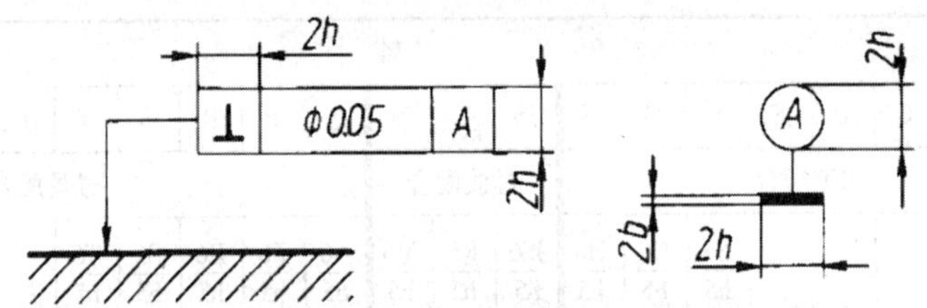

图 3-3-19　形位公差的框格及基准代号

知识点 4　零件图的识读

【中阶】

1. 零件图识读的目的

一张零件图的内容是相当丰富的,不同工作岗位上的人看图的目的也不同,通常读零件图的主要目的为:

①对零件有一个概括的了解,如名称、材料等。

②根据给出的视图,想象出零件的形状,进而明确零件在设备或部件中的作用及零件各部分的功能。

③通过阅读零件图的尺寸,对零件各部分的大小有一个概念,进一步分析出各方向尺寸的主要基准。

④明确制造零件的主要技术要求,如表面粗糙度、尺寸公差、形位公差、热处理及表面处理

等要求，以便确定正确的加工方法。

2. 零件图识读的方法

零件图的识读没有固定的程序，一般而言应按下述步骤去阅读。下面以图 3-3-20 为例，分析其阅读步骤。

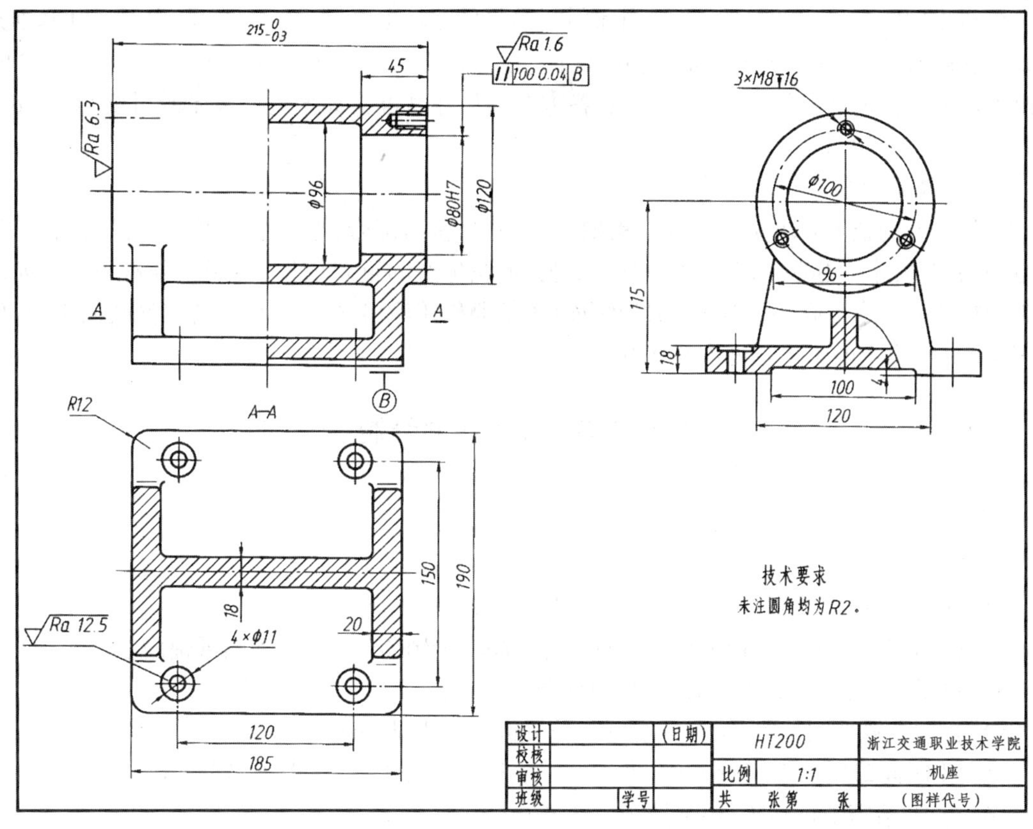

图 3-3-20 机座的零件图

(1)阅读标题栏

看一张图，首先从标题栏入手，标题栏内列出了零件的名称、材料、比例等信息，从标题栏可以得到一些有关零件的概括信息。如图 3-3-20 为机座的零件图，主要应起支承作用；材料为 HT200，其毛坯应采用铸造工艺而得，应具有铸造工艺要求的结构，如铸造圆角、拔模斜度、铸造壁厚均匀等。

(2)明确视图关系

所谓视图关系，即视图表达方法和各视图之间的投影联系。图中采用了主、俯、左三个基本视图，主视图采用半剖视，左视图采用局部剖视，俯视图采用全剖视。

(3)分析视图、想象零件结构形状

从学习识读机械图来说，分析视图、想象零件的结构形状是最关键的一步。看图时，仍采用前述组合体的看图方法，对零件进行形体分析、线面分析。由组成零件的基本形体入手，由大到小，从整体到局部，逐步想象出物体的结构形状。

从图中三个视图可以看出零件的基本结构形状。它的基本形体由三部分构成，上部是圆柱体，下部是长方形底板，底板和圆柱体之间用 H 形肋板连接。

想象出基本形体之后,再深入到细部。本图中圆柱体的内部由三段圆柱孔组成,两端的 ϕ80H7 是轴承孔,中间的 ϕ96 是毛坯面。柱面端面上各有 3 个 M8 的螺孔,底板上有 4 个 ϕ5 的地脚孔,H 形肋板和圆柱为相交关系。

(4)看尺寸,分析尺寸基准

分析零件图上尺寸的目的,是识别和判断哪些尺寸是主要尺寸,各方向的主要尺寸基准是什么,明确零件各组成部分的定形、定位尺寸。按上述形体分析的方法对机座进行形体分析,找出各部分形体的定形尺寸、定位尺寸和各方向的尺寸基准。如零件的外形尺寸分别为 185、190、175(115 +120/2)。

(5)看技术要求

零件图上的技术要求主要有表面粗糙度,尺寸公差与配合,形位公差及文字说明的加工、制造、检验等要求。这些要求是制订加工工艺、组织生产的重要依据,要深入分析理解。如图中表面粗糙的要求最高的面为 ϕ80H7 的轴承孔,其 Ra 值为 1.6 μm,且应与零件底面平行,任何 100 mm 长度上的不平行度应小于 0.04 mm。

知识点 5　零件图的绘制

【高阶】

1. 零件图的绘制步骤

(1)确定零件的视图表达方案,以清晰、完整为准。

(2)根据零件的视图布置情况和零件尺寸,选择适当的绘图比例和图纸幅面。

(3)根据零件名称、材料等信息,绘制标题栏。

(4)合理布置视图位置,确保各视图不偏置或集中于某一角。

(5)用 H 或 2H 铅笔尽量轻、细、准地绘好底稿。应分出线型,但不必分粗细。

(6)合理、清晰地标注零件尺寸,数字大小应统一。

(7)仔细检查全图,修正图中错误,擦去多余的图线,确认无误后加深线条。

(8)再次核查全图,确认无误后填写标题栏,完成图纸绘制。

2. 零件图的视图表达方法

零件的形状结构要用一组视图来表示,这一组视图并不只限于三个基本视图,可采用各种手段,以最简明的方法将零件的形状和结构表达清楚。为此在画图之前要详细考虑主视图的选择和视图配置等问题。

(1)主视图的选择

主视图是零件图中的核心,主视图的选择直接影响到其他视图的选择及读图的方便和图幅的利用。选择主视图就是要确定零件的摆放位置和主视图的投射方向。因此,在选择主视图时,要考虑以下原则:

①形状特征最明显

主视图要能将组成零件的各形体之间的相互位置和主要形体的形状、结构表达得最清楚。

②以加工位置为主视图

按照零件在主要加工工序中的装夹位置选取主视图,是为了加工制造者看图方便。

③以工作位置选取主视图

工作位置是指零件装配在机器或部件中工作时的位置。按工作位置选取主视图，容易想象零件在机器或部件中的作用。

(2)其他视图的选择

其他视图的选择原则是：配合主视图，在完整、清晰地表达出零件结构形状的前提下，视图数尽可能少。所以，配置其他视图时应注意以下几个问题：

①每个视图都有明确的表达重点，各个视图互相配合、互相补充，表达内容尽量不重复。

②根据零件的内部结构选择恰当的剖视图和断面图。选择剖视图和断面图时，一定要明确剖视或断面图的意义，使其发挥最大作用。

③对尚未表达清楚的局部形状和细小结构，补充必要的局部视图和局部放大图。

④能采用省略、简化画法表达的要尽量采用。

3. 轴盘类零件的表达方法

轴盘类零件的主要加工工序是车削和磨削。在车床或磨床上装夹时以轴线定位，三爪或四爪卡盘夹紧，所以该类零件的主视图常将轴线水平放置。因为轴类零件一般是实心的，所以主视图多采用不剖或局部剖视图，对轴上的沟槽、孔洞可采用移出断面或局部放大图，如图3-3-21所示。

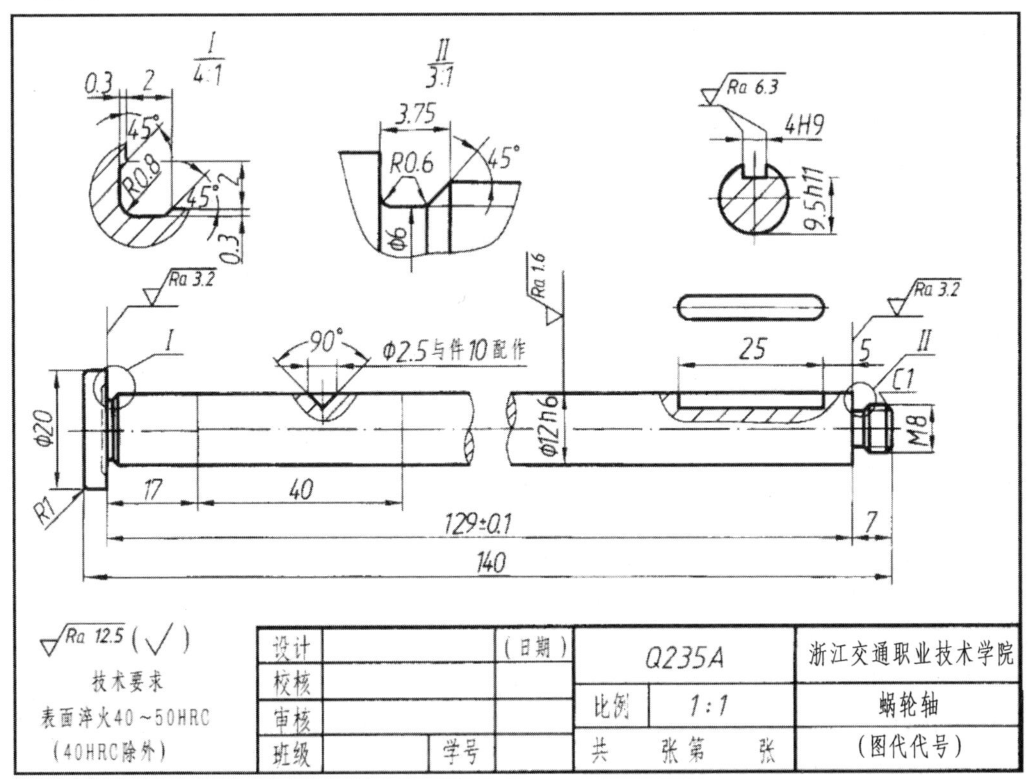

图3-3-21　蜗轮轴零件图

盘套类零件一般是空心的，所以主视图多采用全剖视图或半剖视图，并且绘出反映圆的视图，如图3-3-22所示。

4. 叉架类零件的表达方法

叉架类零件的结构形状一般比较复杂，主视图的选择要能够反映零件的形状特征，其他视

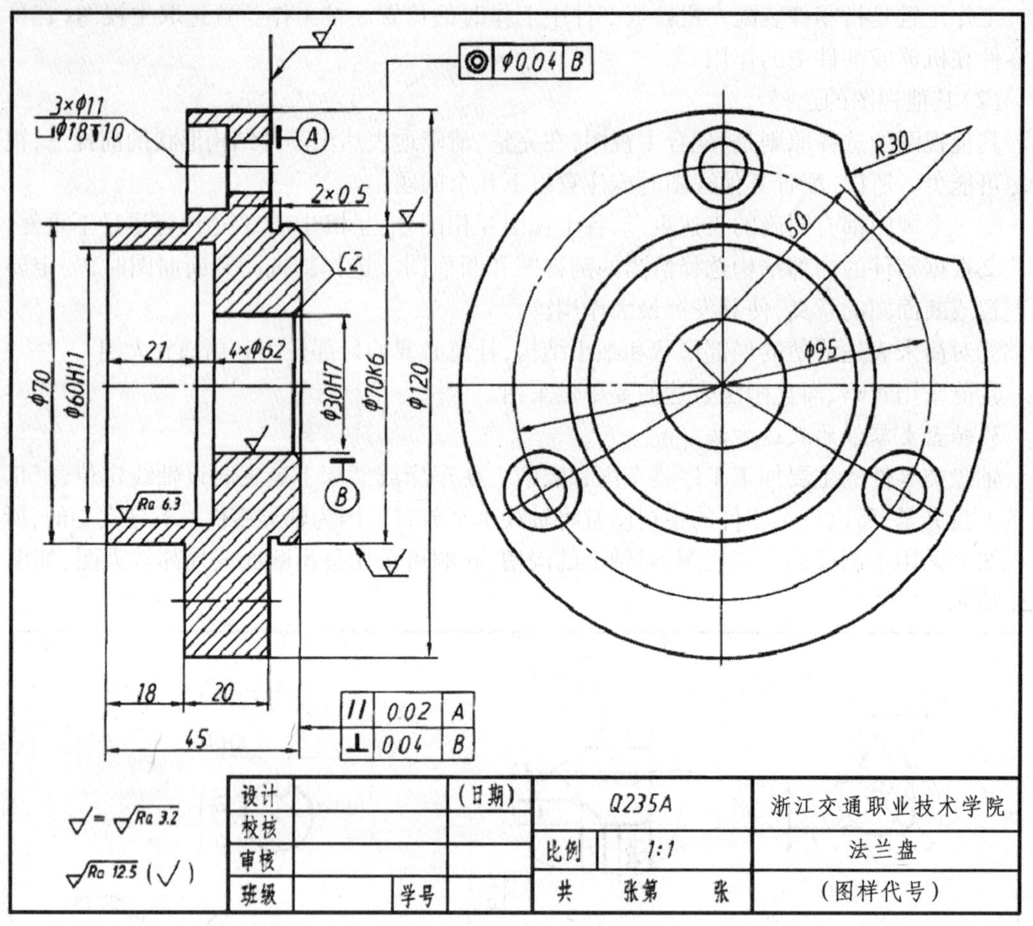

图 3-3-22　法兰盘零件图

图要配合主视图,在主视图没有表达清楚的结构上采用移出断面图、局部视图和斜视图等。图 3-3-23 所示为拨叉零件图,主视图采取旋转剖视图,左视图采用普通视图,此外采用了一个旋转剖视图和一个移出断面图来表达孔和肋板的形状。

5. 箱体类零件的表达方法

箱体类零件的结构一般均比较复杂,毛坯多采用铸件,工作表面采用铣削和刨削,箱体上的孔系多采用钻、扩、铰、镗。所以,主视图可采用工作位置或主要表面的加工位置,表达方法可采用全剖视图、局部剖视图等。

图 3-3-24 所示为蜗轮蜗杆减速器箱体,其零件图如图 3-3-25 所示,主视图采用工作位置,且采用全剖视图,主要表达了 ϕ52J7 和 ϕ40J7 蜗轮轴孔的结构形状以及各形体的相互位置;俯视图主要表达了箱壁的结构形状;左视图主要表达了蜗轮轴孔与蜗杆轴孔的相互位置;$C-C$ 剖视图主要表达了肋板的位置和底板的形状。几个视图配合起来,完整地表示了箱体的复杂结构。

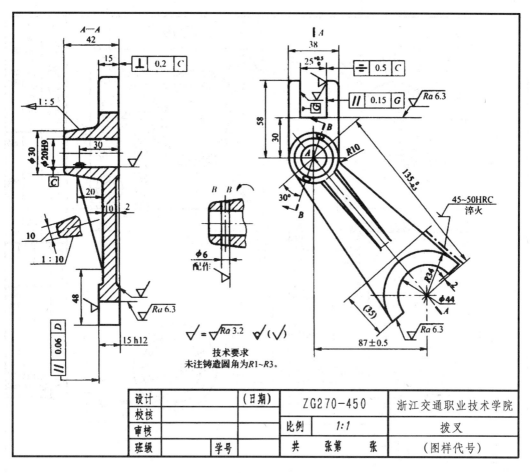

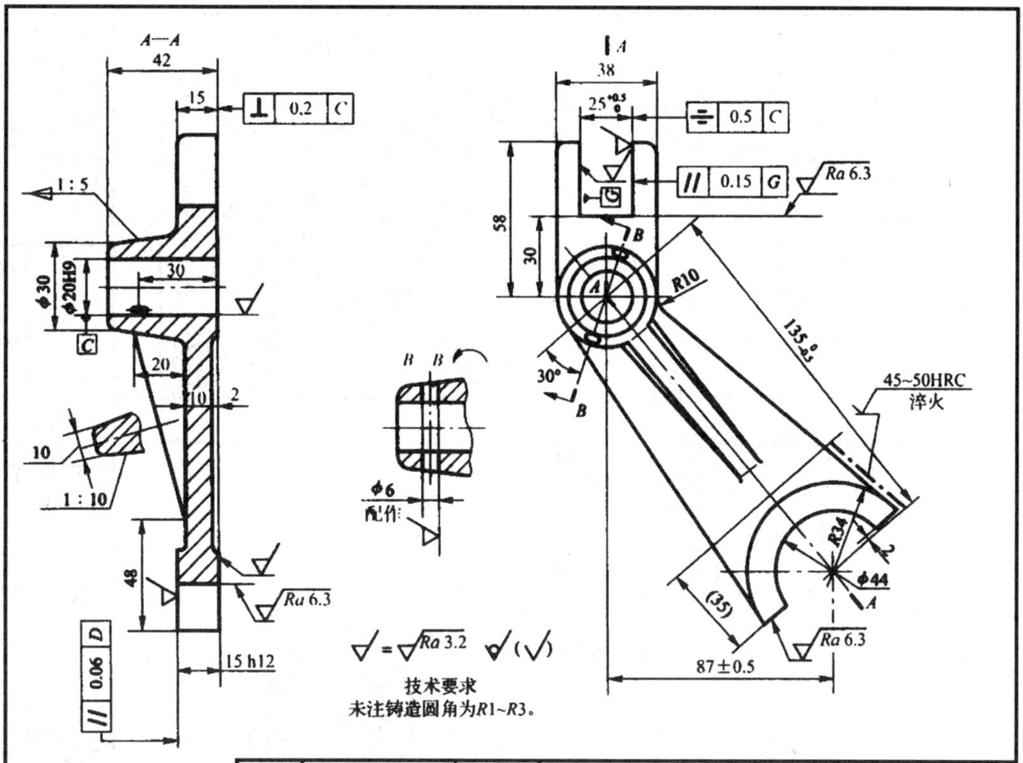

技术要求
未注铸造圆角为$R1 \sim R3$。

设计		(日期)	ZG270-450		浙江交通职业技术学院
校核			比例	1:1	拨叉
审核					
班级	学号		共 张第 张		(图样代号)

图 3-3-23 拨叉零件图

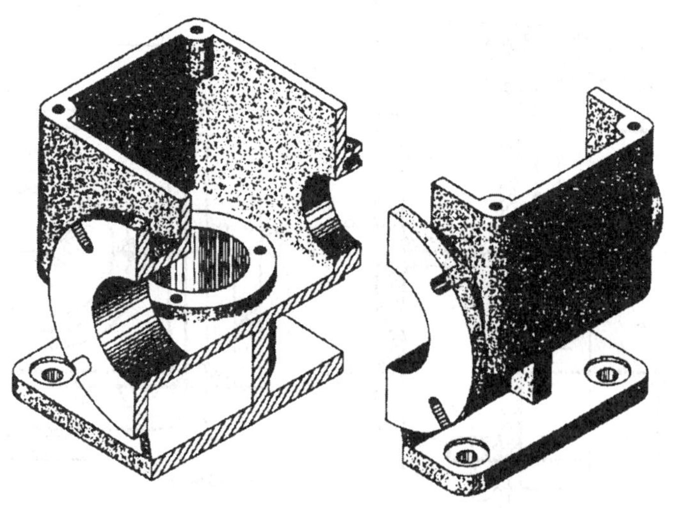

图 3-3-24 蜗轮蜗杆减速器箱体

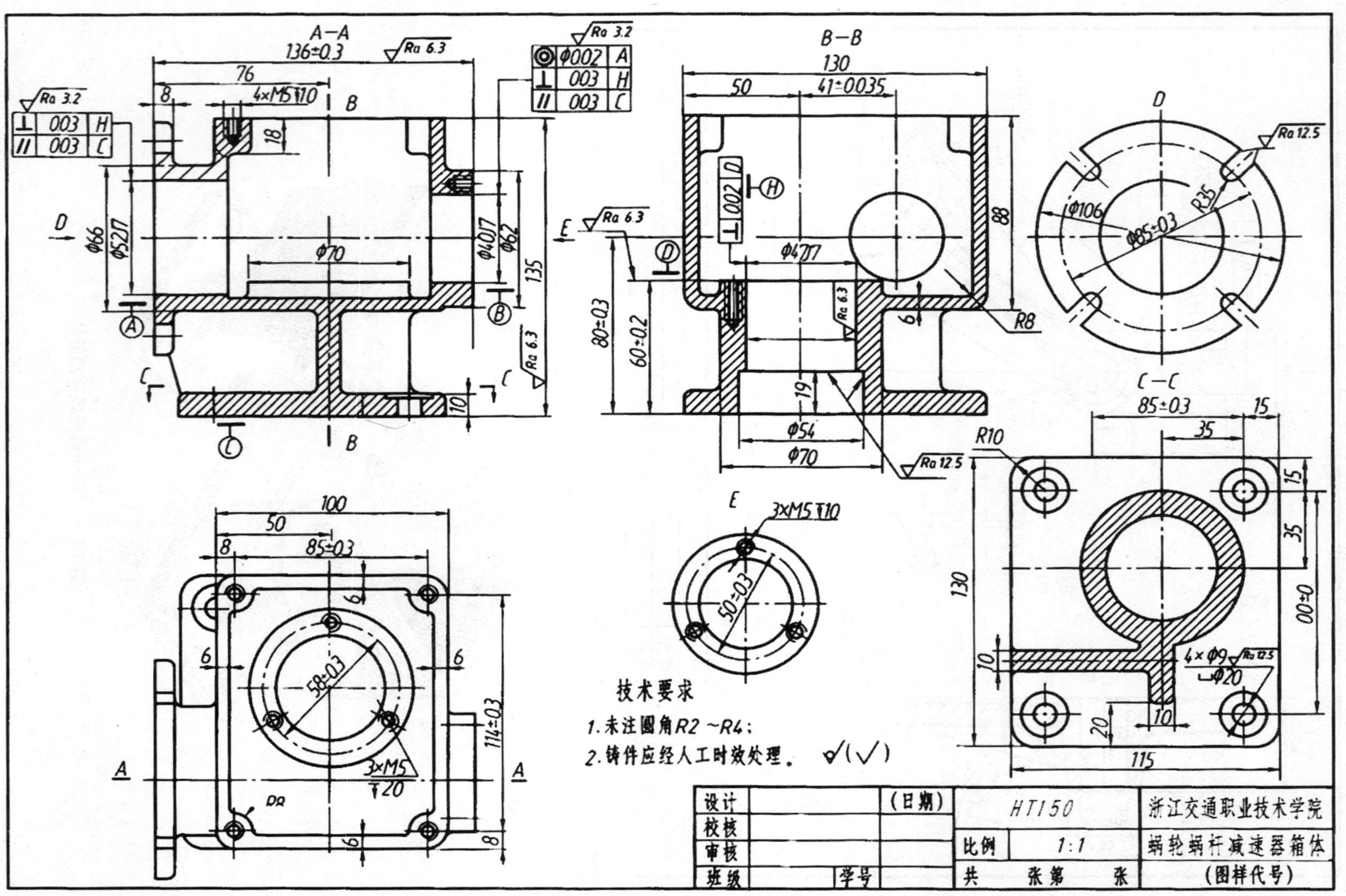

图 3-3-25　蜗轮蜗杆减速器箱体零件图

任务四
装配图的识读与绘制 

● 能力目标

能正确识读装配图。

● 知识目标

(1)了解装配图的内容和画法;
(2)掌握装配图的识读方法。

● 情感目标

(1)养成多思勤练的学习作风;
(2)培养良好的沟通能力;
(3)培养客观科学、认真负责的职业态度。

任务引入

(1)齿轮油泵等设备的拆检、装配的技术依据是什么?
(2)如何识读装配图?

任务解析

装配图是表达机器或部件的图样。通常用来表达机器或部件的工作原理以及零部件间的装配、连接关系,是机械设计和生产中的重要技术文件之一。在产品设计中,一般先根据产品的工作原理图画出装配草图,由装配草图整理成装配图,然后再根据装配图进行零件设计并画出零件图;在产品制造中,装配图是制订装配工艺规程,进行装配和检验的技术依据;在机器使用和维修时,也需要通过装配图来了解机器的工作原理和构造。

识读装配图应特别注意从机器或部件中分离出每一个零件,并分析其主要结构形状和作用,以及同其他零件的关系。然后再将各个零件合在一起,分析机器或部件的作用、工作原理及防松、润滑、密封等系统的原理和结构等。必要时还应查阅有关的专业资料。

知识点1　装配图的内容

【初阶】

图3-4-1所示为球阀及其组合零件的示意图,可见球阀由若干零件组成。各组件的相互位置关系如图3-4-2所示。

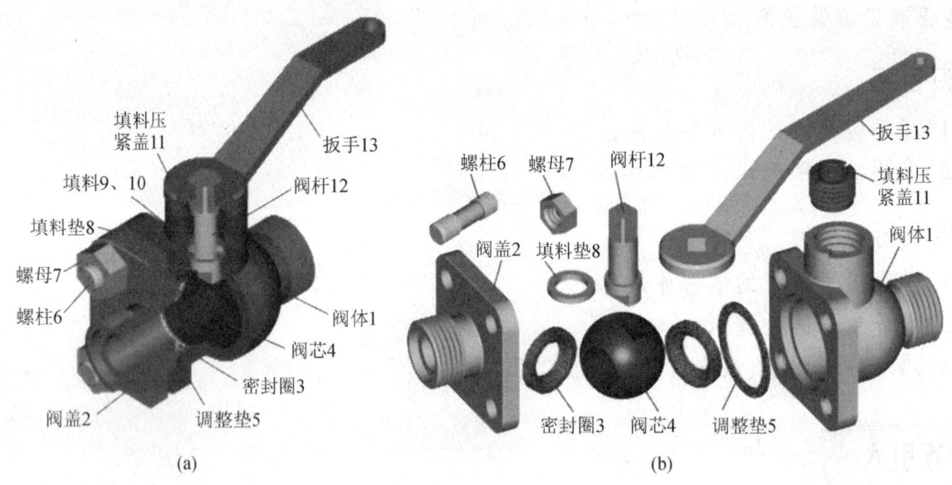

图3-4-1　球阀及其组合零件

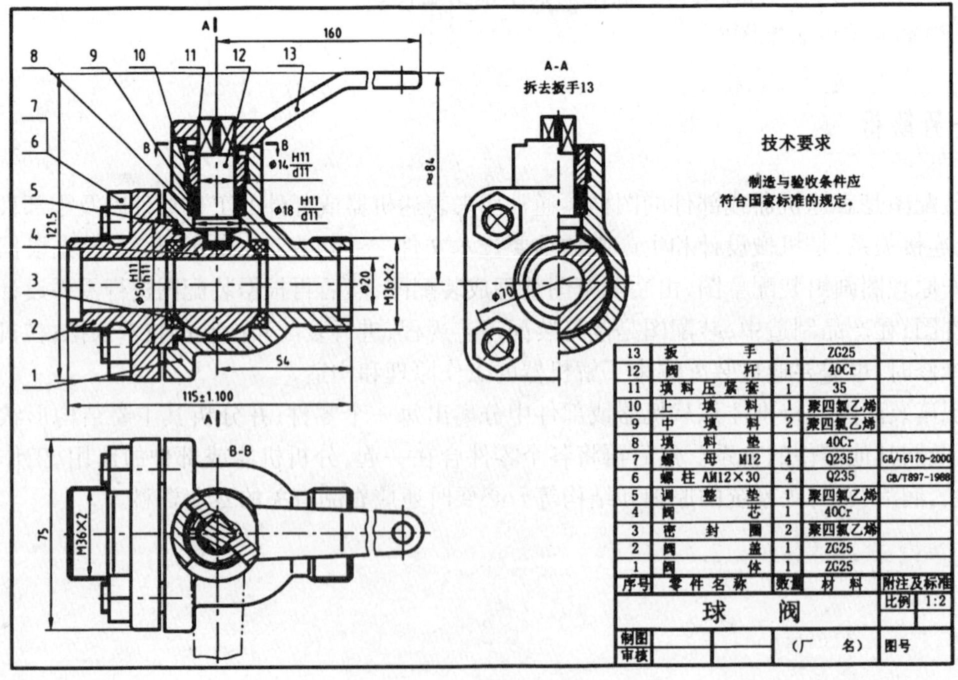

序号	零件名称	数量	材料	附注及标准
13	扳手	1	ZG25	
12	阀杆	1	40Cr	
11	填料压紧套	1	35	
10	上填料	1	聚四氟乙烯	
9	中填料	2	聚四氟乙烯	
8	填料垫	1	40Cr	
7	螺母 M12	4	Q235	GB/T6170-2000
6	螺柱 AM12×30	4	Q235	GB/T897-1988
5	调整垫	1	聚四氟乙烯	
4	阀芯	1	40Cr	
3	密封圈	2	聚四氟乙烯	
2	阀盖	1	ZG25	
1	阀体	1	ZG25	

球阀		比例	1:2
制图			
审核	（厂　名）	图号	

图3-4-2　球阀装配图

由此可见,一张完整的装配图必须具有下列内容:

①一组视图

用一组视图完整、清晰、准确地表达出机器的工作原理、各零件的相对位置及装配关系、连接方式和重要零件的形状结构。图 3-4-2 中采用三个视图来表达。

②必要的尺寸

装配图上需注有机器或部件的规格、装配、检验和安装时所需要的尺寸。图 3-4-2 中 54、84 等为安装尺寸,ϕ50H11/h11、ϕ18H11/d11、ϕ14H11/d11 等为装配尺寸,115 ±1.100、121.5、75 等为总体尺寸。

③技术要求

用文字和符号说明对部件质量、装配、检测、调整、安装、使用等方面的要求。

④零件序号、明细栏和标题栏

装配图中的零件序号、明细栏用于说明部件或机器的组成情况,每个零件的名称、代号、数量和材料等。标题栏包括零部件名称、比例、绘图及审核人员的签名等。

知识点 2 装配图视图的表达方法

【中阶】

装配图的表示法和零件图基本相同,都是通过各种视图、剖视图和断面图等来表示的,所以零件图中所应用的各种表示法都适用于装配图。此外,根据装配图的要求还有一些规定画法的特殊规定。

1. 规定画法

(1)两相邻零件的接触面和配合面只画一条线,但是如果两相邻零件的基本尺寸不相同,即使间隙很小,也必须画成两条线。如图 3-4-3(a)所示的轴承盖和轴承座的接触表面,86H9/f9 是配合尺寸,所以画成一条线;水平方向的表面为非接触表面,画成两条线。

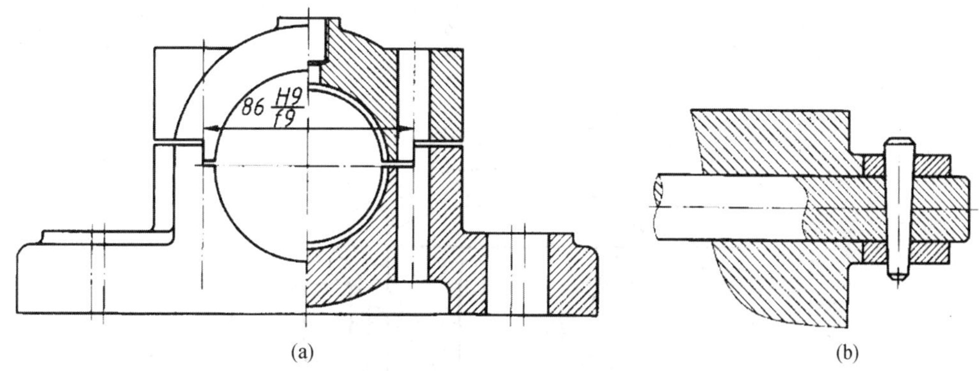

图 3-4-3 装配图规定画法示例

(2)相邻两个或多个零件的剖面线应有区别,或者方向相反,或者方向一致但间隔不等,相互错开,如图 3-4-3(b)所示。但必须特别注意,在装配图中,所有剖视图、剖面图中同一零件的剖面线方向和间隔必须一致。这样有利于找出同一零件的各个视图,想象其形状和装配关系。

(3)对于紧固件以及实心的球、手柄、键等零件,若剖切平面通过其对称平面或轴线时,则这些零件均按不剖绘制;如需表明零件的凹槽、键槽、销孔等构造,可用局部剖视表示。

2. 装配图画法的特殊规定

(1)拆卸画法

当某些零件的图形遮挡了其后面需要表达的零件,或在某一视图上不需要画出某些零件时,可拆去某些零件后再画;也可选择沿零件结合面进行剖切的画法。如图 3-4-2 中 A－A 视图就采用了拆卸画法。

(2)单独表达某零件的画法

如所选择的视图已将大部分零件的形状、结构表达清楚,但仍有少数零件的某些方面还未表达清楚时,可单独画出这些零件的视图或剖视图。如图 3-4-4 所示的转子油泵中泵盖的 *B* 向视图。

(3)假想画法

为表示部件或机器的作用、安装方法,可将其他相邻零件、部件的部分轮廓用细双点画线画出,如图 3-4-4 所示。假想轮廓的剖面区域内不画剖面线。

当需要表示运动零件的运动范围或运动极限位置时,可按其运动的一个极限位置绘制图形,再用细双点画线画出另一极限位置的图形,如图 3-4-5 所示。

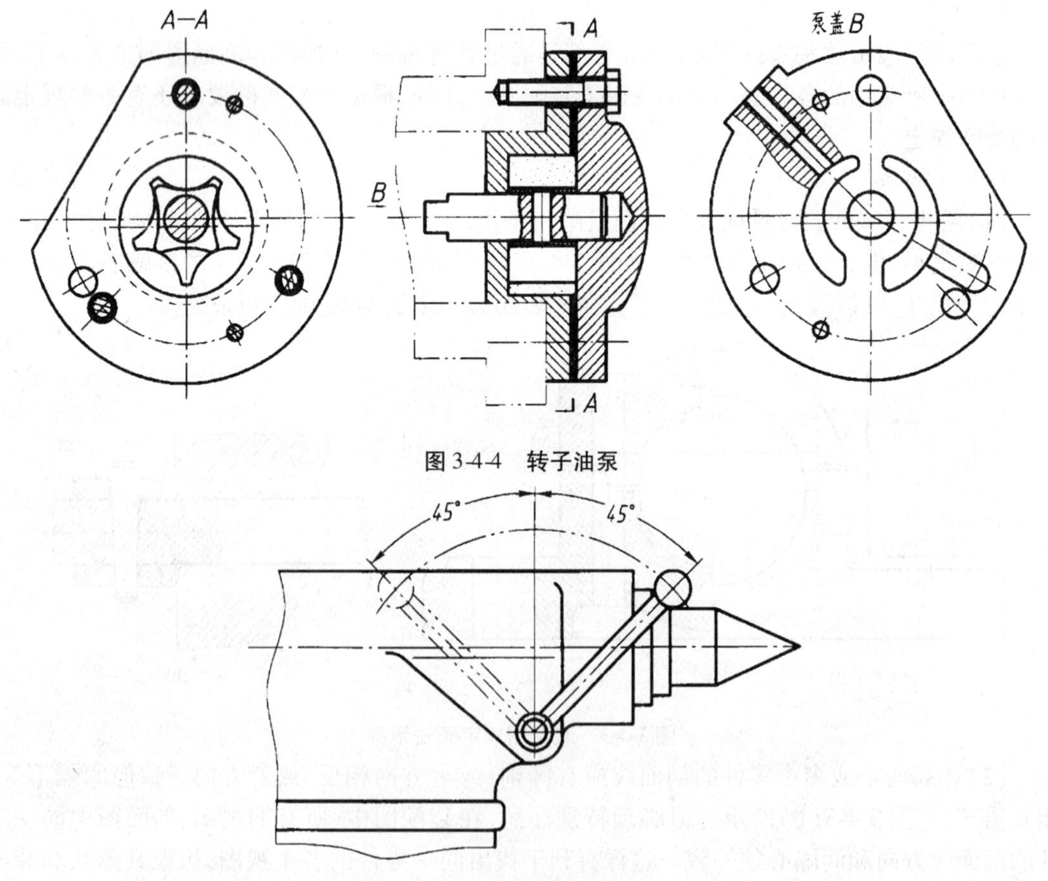

图 3-4-4　转子油泵

图 3-4-5　运动零件的极限位置

3. 装配图的简化画法

(1)对于装配图中若干相同的零部件,如螺栓连接等,可详细地画出一组,其余只需用细点画线表示其位置即可。

(2)在装配图中,对薄的垫片等不易画出的零件可涂黑。

(3)在装配图中,零件的工艺结构,如小圆角、倒角、退刀槽、拔模斜度等可不画出,如图3-4-6所示。

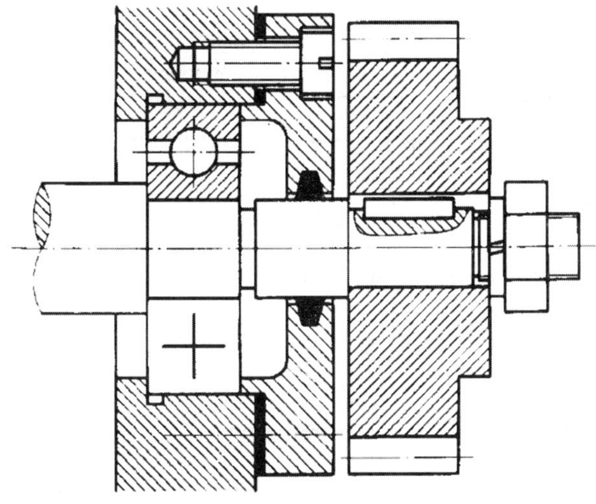

图3-4-6 装配图中的简化画法

4. 夸大画法

装配图中,某些零件或间隙按照比例画法无法绘制或者不易表达时,常采用夸大画法。即把薄垫圈、小间隙的数值夸大后画出,如图3-4-7所示。

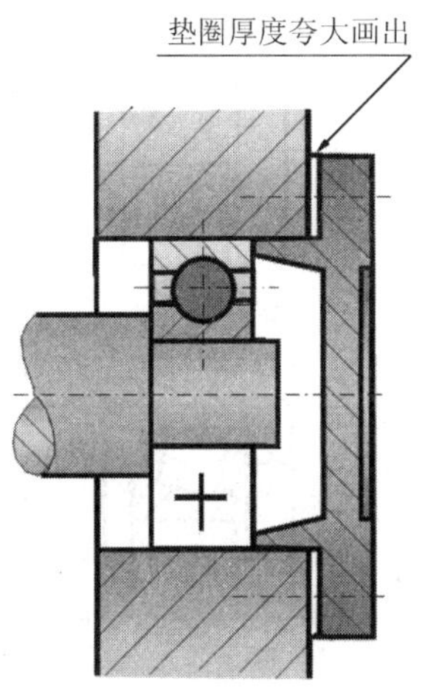

图3-4-7 装配图中的夸大画法

知识点3　常见的装配工艺结构

【高阶】

(1)为避免装配时表面互相发生干涉,两零件在同一方向上只应有一个接触面,如图3-4-8所示。

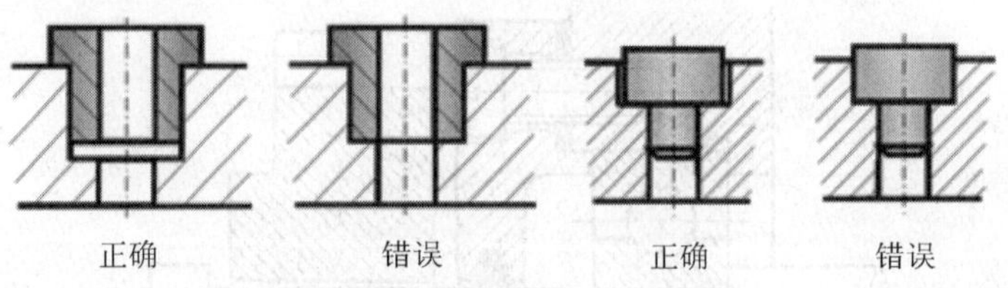

图3-4-8　两零件接触面处的结构

(2)两零件有一堆相交的表面接触时,在转角处应制出倒角、圆角、凹槽等,以保证表面接触良好,如图3-4-9所示。

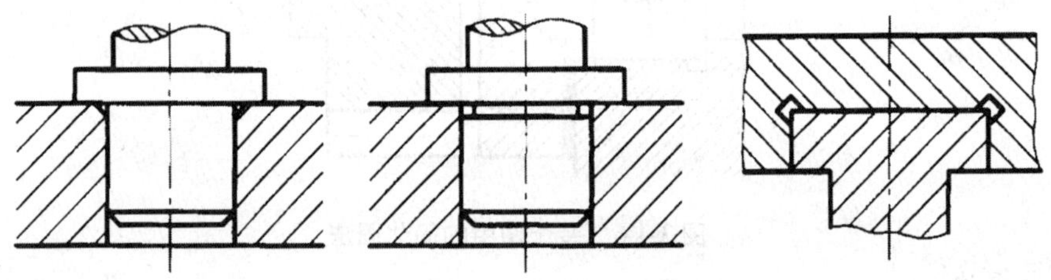

图3-4-9　直角接触面处的结构

(3)零件的结构设计要考虑维修时拆卸方便,如图3-4-10所示。

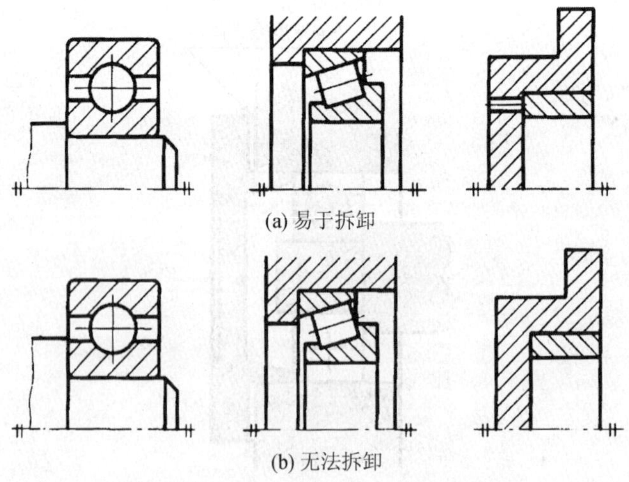

图3-4-10　装配结构应便于拆卸

(4)用螺纹联接的地方应留出拆装的空间,如图3-4-11所示。

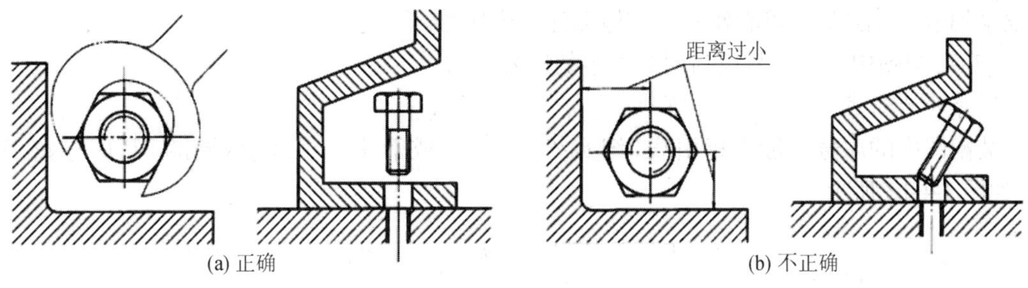

图 3-4-11 螺纹联接的装配结构

知识点 4 装配图的尺寸标注

【中阶】

装配图的作用是表达零部件的装配关系,因此其尺寸标注的要求不同于零件图。不需要注出每个零件的全部尺寸,一般只需标注规格尺寸、装配尺寸、安装尺寸、外形尺寸和其他重要尺寸五大类尺寸。

1. 规格尺寸

说明部件规格或性能的尺寸,它是设计和选用产品时的主要依据,如图 3-4-2 中的 M36 × 2 就是规格尺寸。

2. 装配尺寸

装配尺寸是保证部件正确装配,并说明配合性质及装配要求的尺寸,如图 3-4-2 中的 ϕ50H11/h11、ϕ18H11/d11、ϕ14H11/d11 等尺寸。

3. 安装尺寸

将部件安装到其他零部件或基础上所需要的尺寸,如图 3-4-2 中的 54、84 等尺寸。

4. 外形尺寸

机器或部件的总长、总宽和总高尺寸,它反映了机器或部件的体积大小,即机器在包装、运输、安装过程中所占空间的大小。如图 3-4-2 中的 115 ±1. 100、121. 5、75 等尺寸。

5. 其他重要尺寸

除了以上四类尺寸外,在装配或使用中必须说明的尺寸,如运动部件的位移尺寸等。

装配图上的某些尺寸有时兼有几种意义,而且每一张装配图上也不一定都具有以上五类尺寸。标注尺寸时,必须明确每个尺寸的作用,对装配图没有意义的结构尺寸无须注出。

知识点 5 装配图的零部件编号

【中阶】

在生产中,为便于图纸管理、生产准备、机器装配和看懂装配图,对装配图上各零部件都要编注序号和代号。序号是为了看图方便编制的,代号是该零件或部件的图号或国家标准代号。零部件图的序号和代号要和明细栏中的序号和代号相一致,不能产生差错。

1. 一般规定

(1)装配图中所有的零部件都必须编注序号,规格相同的零件只编一个序号,标准化组件如滚动轴承、电动机等,可看作一个整体编注一个序号。

(2)装配图中零件序号应与明细栏中的序号一致。

2. 序号的组成

装配图中的序号一般由指引线(细实线)、圆点(或箭头)、横线(或圆圈)和序号数字组成,如图 3-4-12 所示。

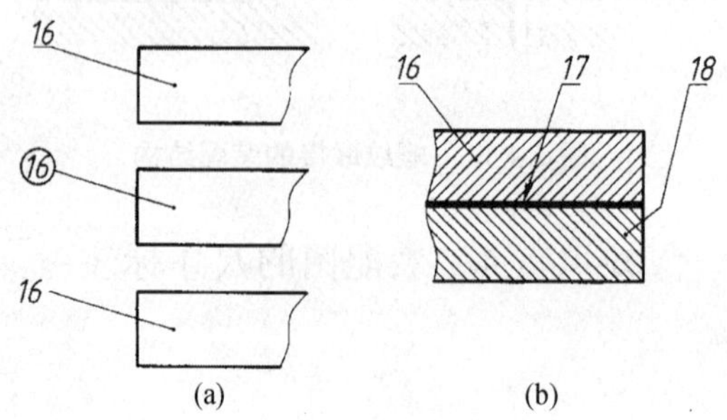

图 3-4-12　序号的组成

具体要求如下:

(1)指引线不要与轮廓线或剖面线等图线平行,指引线之间不允许相交,但指引线允许弯折一次。

(2)指引线末端不便画出圆点时,可在指引线末端画出箭头,箭头指向该零件的轮廓线,如图 3-4-12(b)所示。

(3)序号数字比装配图中的尺寸数字大一号或大两号。

3. 零件组序号

对紧固件组或装配关系清楚的零件组,允许采用公共指引线,如图 3-4-13 所示。

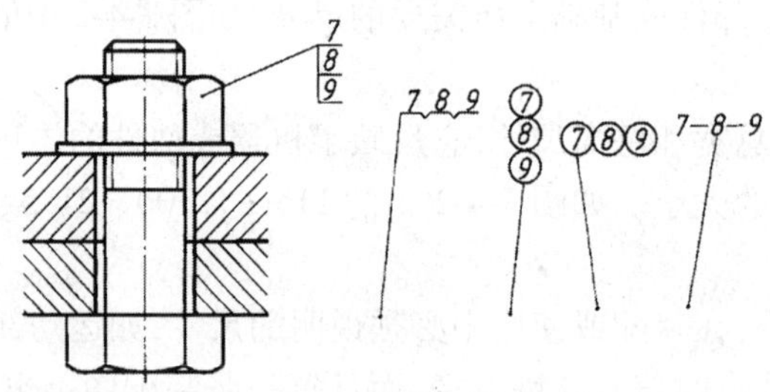

图 3-4-13　零件组的序号

4. 序号的排列

零件的序号应沿水平或垂直方向按顺时针或逆时针方向排列,并尽量使序号间隔相等,如图 3-4-2 所示。

知识点 6　装配图的识读

【中阶】

不同的工作岗位看图的目的是不同的,如有的仅需要了解机器或部件的用途和工作原理;有的要了解零件的连接方法和拆卸顺序;有的要拆画零件图等。一般说来,应按以下方法和步

骤识读装配图：

（1）概括了解

从标题栏和有关的说明书中了解机器或部件的名称和大致用途；从明细栏和图中的编号了解机器或部件的组成。

（2）对视图进行初步分析

明确装配图的表达方法、投影关系和剖切位置，并结合标注的尺寸，想象出主要零件的主要结构形状。

例如，图 3-4-14 所示为阀的装配图。该部件装配在液体管路中，用以控制管路的“通”与“不通”。该图采用了主（全剖视）、俯（全剖视）、左三个视图和一个“*B*”向局部视图的表达方法。有一条装配轴线，部件通过阀体上的 G1/2 螺纹孔、+ 12 的螺栓孔和管接头上的 G3/4 螺孔装入液体管路中。

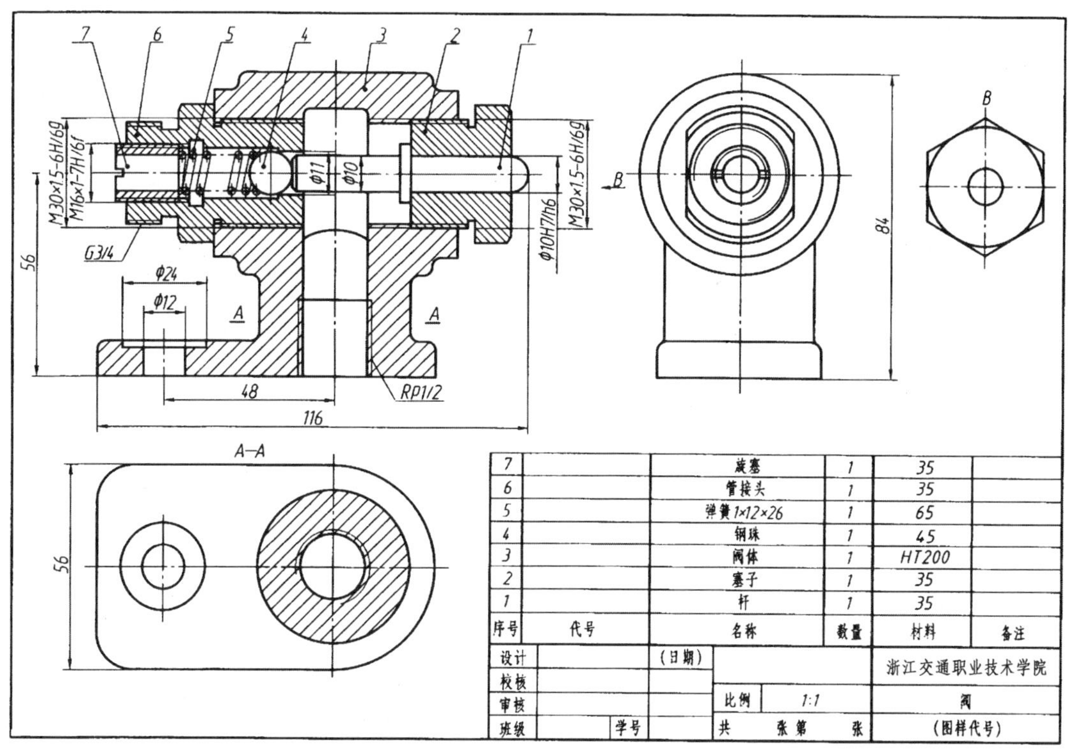

图 3-4-14　阀的装配图

（3）分析工作原理和装配关系

在概括了解的基础上，应对照各视图进一步研究机器或部件的工作原理、装配关系，这是看懂装配图的一个重要环节。看图时应先从反映工作原理的视图入手，分析机器或部件中零件的运动情况，从而了解工作原理。然后再根据投影规律，从反映装配关系的视图着手，分析各条装配轴线，弄清零件相互间的配合要求、定位和连接方式等。

图 3-4-14 所示阀的工作原理从主视图看最清楚。即当杆 1 受外力作用向左移动时，钢球 4 压缩弹簧 5，阀门被打开，当去掉外力时钢球在弹簧作用下将阀门关闭。旋塞 7 可以调整弹簧作用力的大小。

阀的装配关系也从主视图看最清楚。左侧将钢球 4、弹簧 5 依次装入管接头 6 中，然后将旋塞7拧入管接头,调整好弹簧压力,再将管接头拧入阀体左侧的 M30×1.5 螺孔中。右侧将杆1装入塞子2的孔中,再将塞子2拧入阀体右侧的 M30×1.5 螺孔中。杆1和管接头6径向有1 mm 的间隙,管路接通时,液体由此间隙流过。

(4)分析零件结构

对主要的复杂零件要进行投影分析,想象出其形状及结构,必要时可由装配图拆画零件图。

项目四 船体型线图、总布置图的识读

通过本项目的训练，学生应能掌握船体制图的有关规定，掌握有关船体图样的相关标准；了解焊缝代号的意义，能正确判断焊接符号的类别；能了解船体纵剖线、横剖线、水线等基本概念，了解船体型线图的作用，掌握船体型线图的读图方法，能正确识读船体型线图；了解船体总布置图的用途，掌握船体总布置图的识读方法，能正确识读船体总布置图。

任务一 船体制图有关规定的认知

● 能力目标

(1)能正确判断焊接符号的类别；

(2)能够辨别图线的类别。

● 知识目标

(1)了解船体图样的种类；

(2)掌握船舶焊接符号的意义；

(3)掌握船体构件理论线的相关规定。

● 情感目标

(1)养成多思勤练、相互比较、认真总结的学习作风；

(2)培养尊重他人的职业素养；

(3)培养查询相关标准、自我提高的学习态度。

任务引入

(1)船体图纸和机械图纸有什么区别？

(2)船体图纸包括哪些图纸？

任务解析

船体图纸主要是船舶建造中的主要技术文件，为了便于船舶设计、船舶建造和船舶维修，船体图样的表达方法、尺寸注法、图线以及船图中所用的符号均需做统一规定。部分规定和机械制图时一样需遵守国家标准（GB 和 GB/T），由于行业的特殊性，尚有船舶行业标准（CB 和 CB/T）、交通部标准（JT 和 JT/T）等。

船舶行业是一个综合性行业，船舶图纸涵盖船体、船舶机械、船舶电气及自动化、液压、装潢等。船体部分的图纸又包括合同设计图纸、技术设计和送审图纸、施工设计图纸、竣工设计图等，本部分只针对船体做简单介绍。

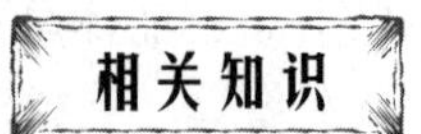

知识点1　船体图纸的类别和编号规则

【初阶】

1. 船体图纸的类别

船舶图纸包括船体、轮机和电气三大类，船体图纸是其中主要的组成部分。船体图纸的种类如表 4-1-1 所示。

表 4-1-1　船体图纸的种类

类型	名称	表达内容
总体图纸	型线图	描述船体的几何特征
	总布置图	全船总体布置

续表

类型	名称		表达内容
船体结构图	中横剖面图	全船总体结构	若干主要舱室横向构件的形式及连接方式
	基本结构图		船舶构件的形式及其连接方式
	肋骨型线图		肋骨形状、板缝布置、船体构件布置
	外板展开图		外板展开后的形状、纵向构件展开后的位置
	分段结构图	主体分段	主体各分段的立体或平面结构
		艏、艉分段	艏部和艉部的结构
		舱壁结构图	纵、横舱壁结构
		上层建筑结构图	上层建筑的甲板及围壁的结构
		艏、艉柱结构图	艏柱和艉柱的结构
船体工艺图	全船余量分布图		分段余量的布置及大小
	船台墩木分布图		船台上墩木的布置
	分段图	分段划分图	船体分段情况和工艺基准
		构件理论线图	金属船体构件定位理论线
		胎架结构图	船体胎架结构与尺寸
		分段装焊程序图	分段装配和焊接程序
船体舾装图	舾装布置	锚泊设备布置图	全船锚泊设备的布置和定位
		系泊设备布置图	全船系泊设备的布置和定位
		起货设备布置图	全船起货设备的布置和定位
		其他布置图	信号、消防、舱室属具等的布置
	舾装结构	桅结构图	船舶桅杆的结构与布置
		烟囱结构图	船舶烟囱的结构与布置
		舱口盖结构布置图	船舶舱口盖的结构与布置
		其他结构图	船舶其他结构与布置

2. 船体图纸的编号规则

(1)专用图纸编号

图 4-1-1 所示为某船专用图纸的编号。其由三部分组成，即产品代号、专用分类号和图纸序号。

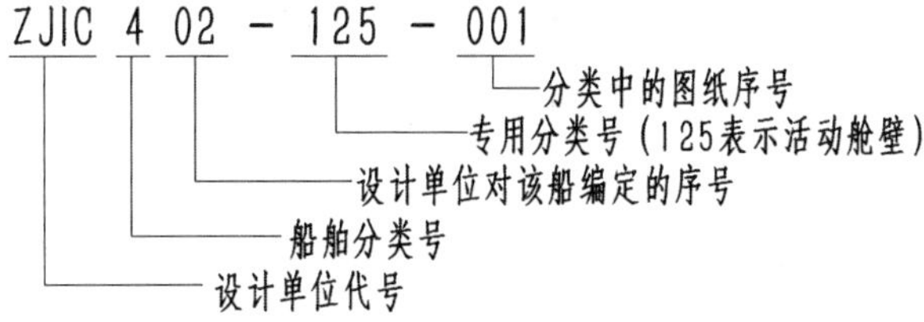

图 4-1-1　某船专用图纸编号

①产品代号

产品代号由设计单位代号、船舶分类号和船舶序号组成。设计单位代号由主管部门授予，具有唯一性；船舶分类号表示船舶类型，如表 4-1-2 所示；船舶序号表示该类产品的顺序，由设计单位给定。

表 4-1-2　船舶分类号

分类号	船舶类别	类别示例
1	战斗舰艇	驱逐舰、护卫舰、巡洋舰、突击舰、航空母舰
2	辅助舰船	登陆舰、侦察船、布雷舰、补给舰、消磁船、靶船、训练舰
3	海洋开发船	海上钻井装置、钻井驳船、铺管船、浮油回收船、海底采矿船
4	客船、货船、游艇	客船、客货船、旅游船、杂货船、散货船、矿砂船、运木船、冷藏运输船、集装箱船、滚装船、补给船、交通船、加油船、运水船、气垫船、水翼艇
5	油船、液货船、化学品船	成品油船、原油船、食用油船、沥青船、液化气船、矿油船
6	拖船、港作船、渡船、推船	港作拖船、海洋拖船、打捞救助船、工程拖船、引航船、消防船、污油回收船、污水回收船、汽车渡船、火车渡船、垃圾船
7	驳船、趸船、舟桥	干货驳、液货驳、甲板驳、泥驳、起重驳、趸船、浮舟桥
8	渔业船、农用船	渔业监督船、渔业救助船、渔业冷藏运输船、拖网渔船、围网渔船、钓鱼船、捕鲸船、渔业加工船、多用途水泥农用船
9	特种船舶	挖泥船、航标船、布缆船、浮船坞、测量船、破冰船、海洋地质勘探船、极地考察船、医疗船、打桩船、电站船
10	其他船舶	

②专用分类号

专用分类号表明产品的设计阶段、图纸的类别和性质，详见附录四。

③图纸序号

表示图纸在该类图纸中的顺序号，一般为三位数。

(2)技术文件编号

技术文件的编号方法和图纸的编号方法一致，需加尾注时按表 4-1-3 规定进行。

表 4-1-3　技术文件的尾注代号

文件名称	尾注代号	含义	文件名称	尾注代号	含义
计算书	JS	计算	技术规格书	JG	技规
技术条件	JT	技条	技术规格表	GB	技表
说明书	SM	说明	试验文件	SY	试验
图样(技术文件目录)	TM	图目	试验大纲	SG	试纲
总结	ZJ	总结	研制任务书	YR	研任
履历簿(表)	LL	履历	报告	BG	报告
明细表	MX	明细	标准化大纲	BD	标大
汇总表	HZ	汇总	标准化审核报告	BS	标审

续表

文件名称	尾注代号	含义	文件名称	尾注代号	含义
证明书	ZM	证明	可靠性大纲	KG	可纲
工艺文件	GY	工艺	经济成本核算	HS	核算
评审报告	PS	评审	清单	QD	清单
技术任务书	JR	技任			

知识点2 船体图纸的图线及图形符号

【初阶】

1. 船体图纸的图线

GB/T4476.1－2008《金属船体制图一般规定》中规定了各类图线的画法和应用，如表4-1-4 所示。

表 4-1-4 船体图线及其应用

图线名称	形式与规格	应用范围	示例
粗实线	b = 0.4 mm ~ 1.2 mm	①板材和骨材剖面简化线； ②设备、部件可见轮廓线（总布置图除外）； ③名称线	BL
细实线	线宽为 b/3	①可见轮廓线； ②尺寸线与尺寸界线； ③基线； ④型线； ⑤引出线或指引线； ⑥板缝线； ⑦剖面线； ⑧规格线	可见轮廓 尺寸界线 板缝线 ⊥ $\frac{6}{8\times80}$ 引出线 基线 尺寸线
粗虚线	l = 5 mm e = 1 mm ~ 2 mm	不可见板材简化线（除轨道线表达的情况外）	
细虚线	线宽为b/3	①不可见轮廓线； ②不可见次要构件（肋骨、横梁、纵骨、扶强材等）的简化线	

续表

图线名称	形式与规格	应用范围	示例
粗点画线	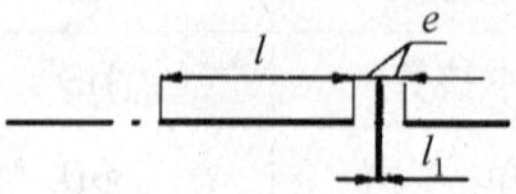 l = 20 mm e = 1 mm ~ 2 mm l_1 = 1 mm	①可见主要构件（强肋骨、舷侧纵桁、强横梁、甲板纵桁、舱壁桁材等）的简化线； ②钢索、绳索、链索等的简化线	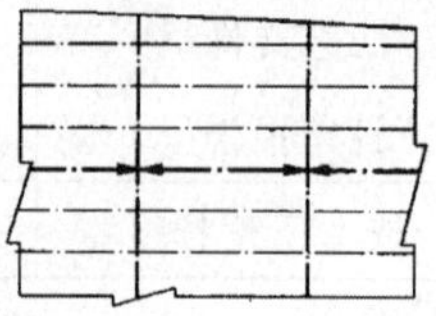
细点画线	线宽为$b/3$	①中心线； ②可见次要构件（肋骨、横梁、纵骨、扶强材等）的简化线； ③开口对角线； ④液舱范围线； ⑤转圆线； ⑥折角线	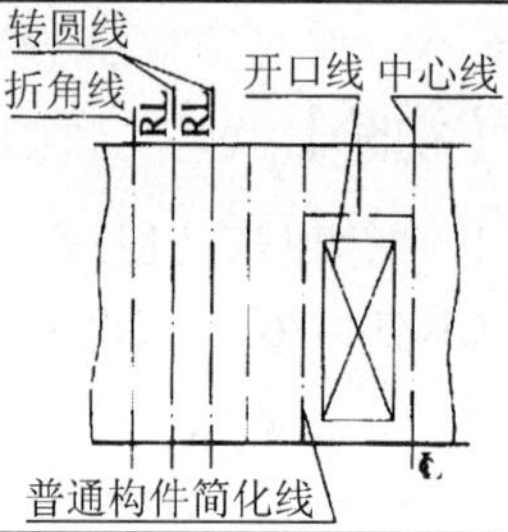 转圆线 折角线 开口线 中心线 普通构件简化线
粗双点画线	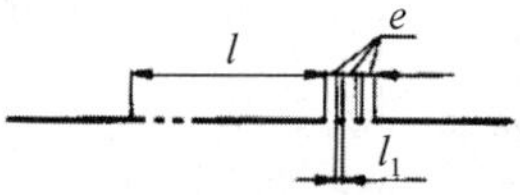 l = 20 mm e = 1 mm ~ 2 mm l_1 = 1 mm	不可见主要构件（强肋骨、舷侧纵桁、强横梁、甲板纵桁、舱壁桁材等）的简化线	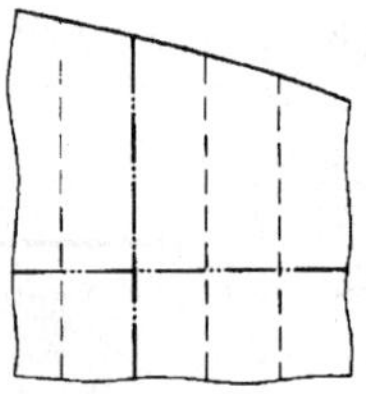 甲板以下的强构件简化线
细双点画线	线宽为$b/3$	①非本图构件的可见轮廓线； ②假想构件的可见轮廓线； ③肋板边线； ④工艺开口线	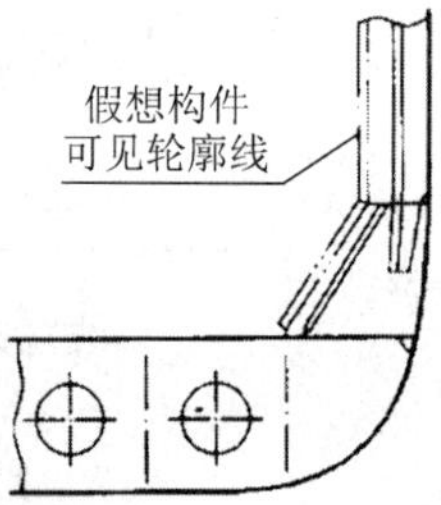 假想构件可见轮廓线
轨道线	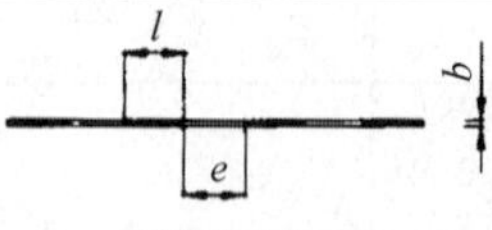 线宽为b，$l=e$	主体结构图内不可见水密板材交线（肋骨型线图、分段划分图除外）	
斜栅线	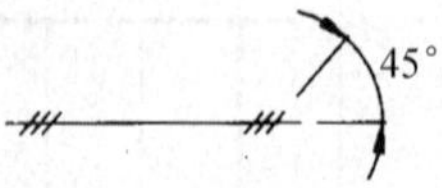 45° 线宽为$b/3$	分段界线（分段划分图除外）	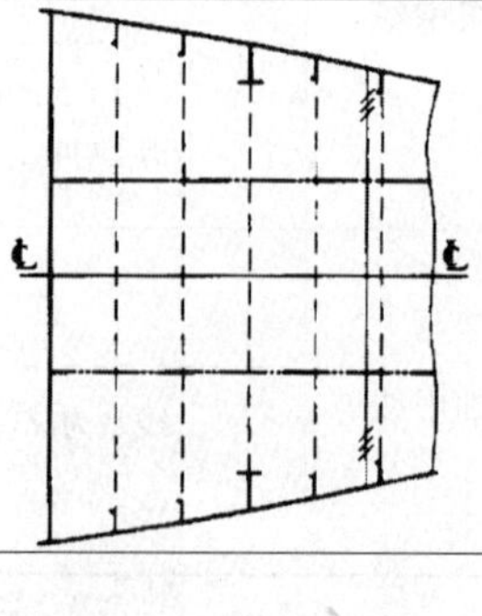

续表

图线名称	形式与规格	应用范围	示例
阴影线	线宽为$b/3$	复板、垫板的焊接轮廓线	
波浪线		构件断裂边界线	
折断线			

图 4-1-2 为各类图线在船体结构图中的实例。

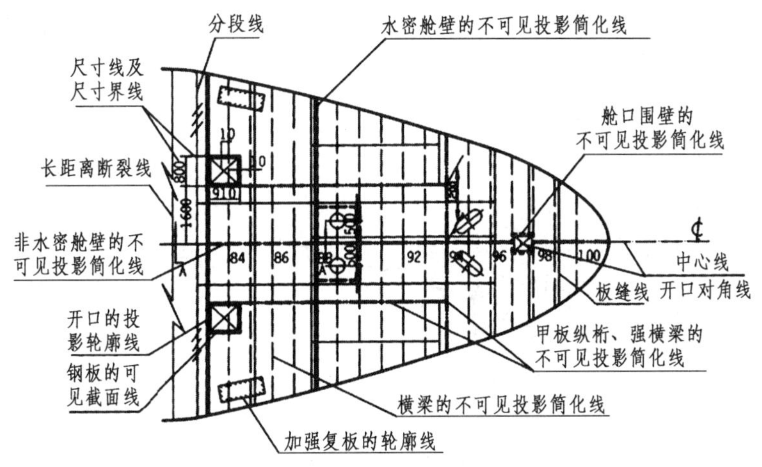

图 4-1-2 图线在结构图中示例

2. 船体图纸中的图形符号

GB4476.2－2008 标注中对船体图纸中的特殊图形符号做了规定，如表 4-1-5 所示。

表 4-1-5 金属船体制图图形符号

序号	名称	符号	序号	名称	符号
1	吃水符号	船体轮廓线	2	船中符号	
3	轴系剖面符号		4	一般焊缝符号	
5	分段焊缝符号	或	6	连续符号	
7	间断符号		8	肋位符号	FR 或 #

续表

序号	名称	符号	序号	名称	符号
9	小开口 剖面符号		10	理论线符号	
11	视向符号	l $l/4 \sim l/2$	12	剖切符号	

知识点3 船体图纸的表达方法

【中阶】

1. 剖视图

利用假想平面剖切船体，移除部分船体，将剩余所有部分向基本投影面投影所得的图形称为剖视图，如图4-1-3所示。

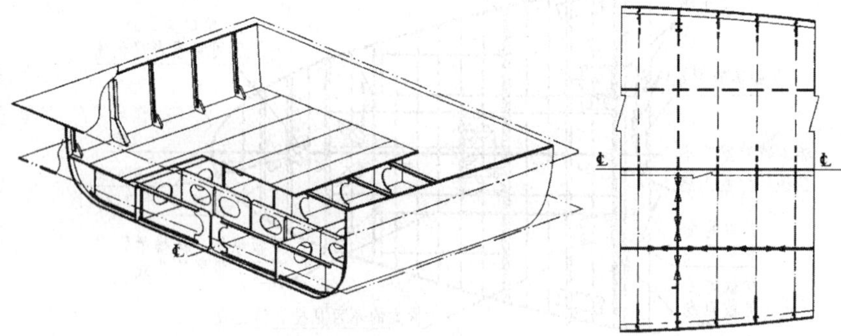

图4-1-3 采用阶梯剖的舱底剖视图

2. 剖面图

将船体构件与剖切平面的截交线以及与这些构件相关联的其他构件进行投影所得的图形称为剖面图，如图4-1-4所示。船体剖面图包括肋位剖面图、一般剖面图、分剖面图和局部剖面图等多种形式。

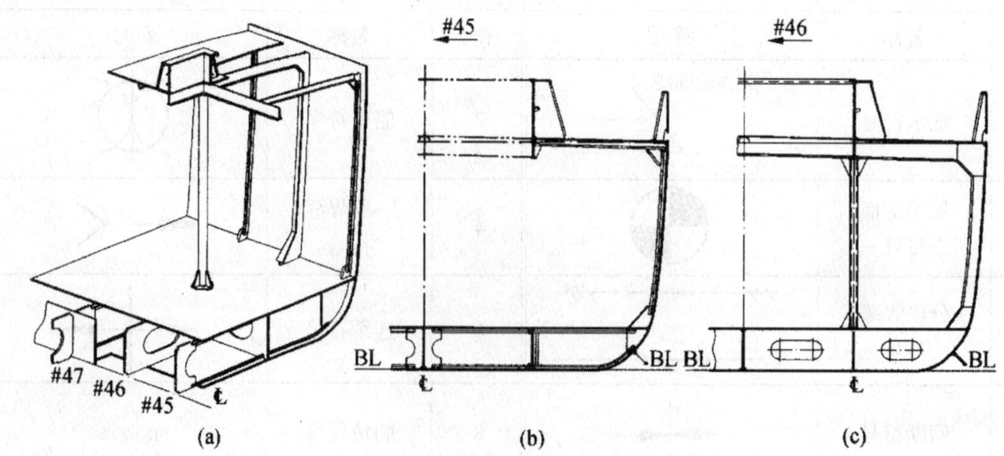

图4-1-4 货舱立体分段及其肋位剖面图

3. 展开画法

将曲面或不同平面的结构展开于同一平面，然后再进行投影的表达方式称为展开画法，其又可分为曲面展开和平面展开两种。图 4-1-5 所示为平面展开画法。

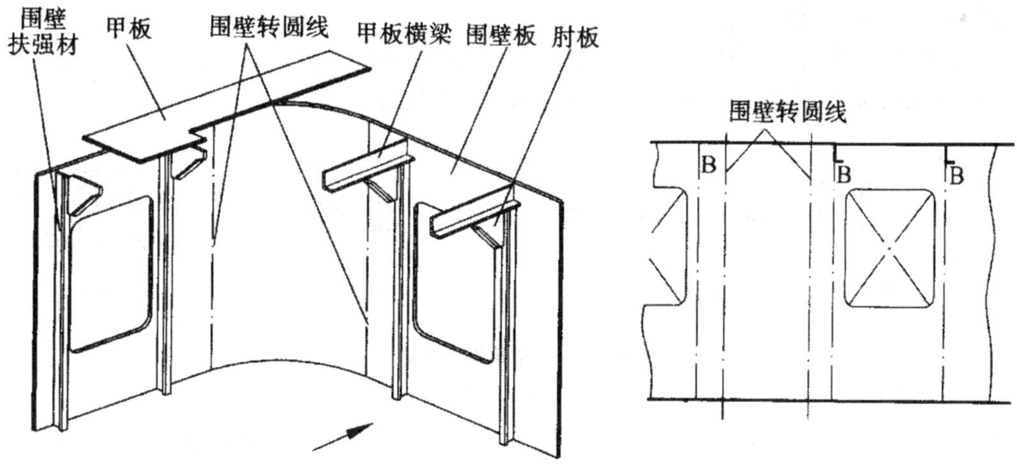

图 4-1-5 平面展开图

4. 重叠画法

为避免相同结构的重复表达，可以将不同剖面内的构建表示于同一剖面图中，这种方式称为重叠画法。不在表达剖面内的构件的可见轮廓线用细双点画线表示，不可见轮廓线用细虚线表示。图 4-1-6 所示即为图 4-1-4 中#45 和#46 的重叠画法。

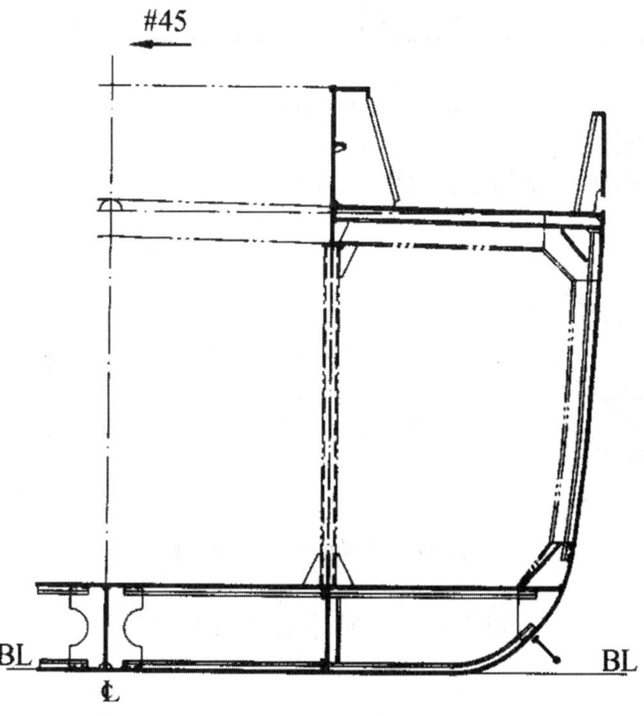

图 4-1-6 重叠画法

5. 简化画法

因船体结构图纸中表达的构件较为繁杂，为表达清晰，常采用简化画法。有图形符号简化表示法、简化符号表示法和型材符号标注法等几种。

(1)图形符号简化表示法

总布置图中，需表达各种设备和舱室属具，采用《金属船体制图图形符号》规定的简化图形符号，详见附录三。图 4-1-7 所示为部分常用的图形符号。

图 4-1-7 常用图形符号

(2)简化符号表示法

船体的某些构件也可用简化符号表示，如图 4-1-8 所示为各种槽型舱壁的简化画法。

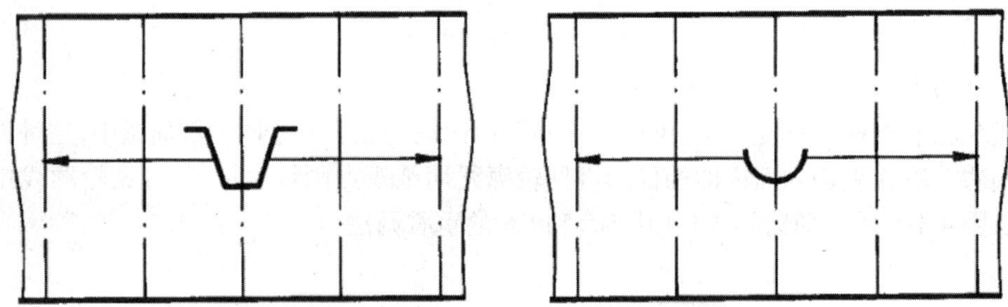

图 4-1-8 槽型舱壁简化画法

(3)型材符号标注法

船体骨架有各种型材，结构形式多样，可采取视图和尺寸相结合的表达方式，如图 4-1-9 所示为角钢的表示法。

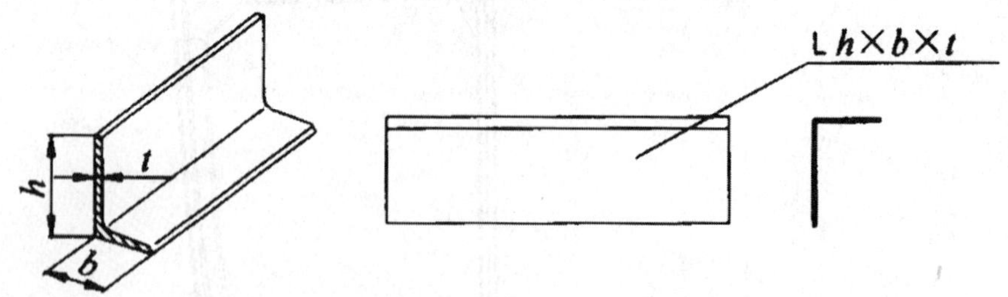

图 4-1-9 角钢的型材符号标注法

知识点 4 船体构件的理论线

【中阶】

船体结构图纸常采用小比例绘制，构件又通常用不同图线表示其投影，因此，图纸中构件的定位尺寸可能出现不同的理解，如图 4-1-10（a）中的舷侧纵桁距基线的距离为 3 100 mm，可能理解为图 4-1-10（b）所示的多种情况，其线在图中以 BL 表示。为了给予明确地表示，CB/T253－1999《金属船体构件理论线》规定了船图中定位尺寸的度量原则。

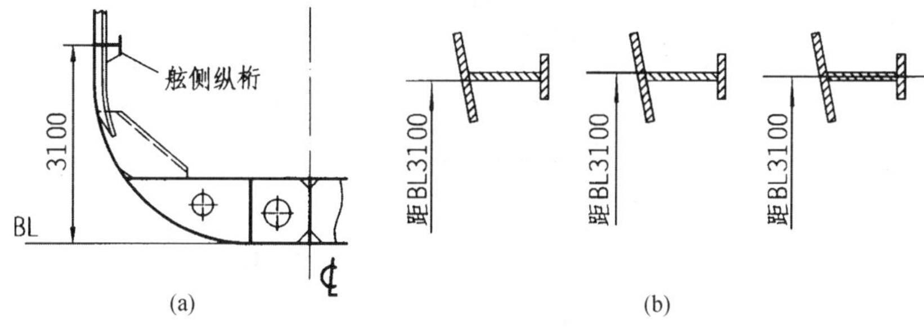

图 4-1-10 定位尺寸的度量

1. 确定理论线的基本规定

（1）沿高度方向定位的构件，以靠近基线一边为理论线，如图 4-1-11 所示。

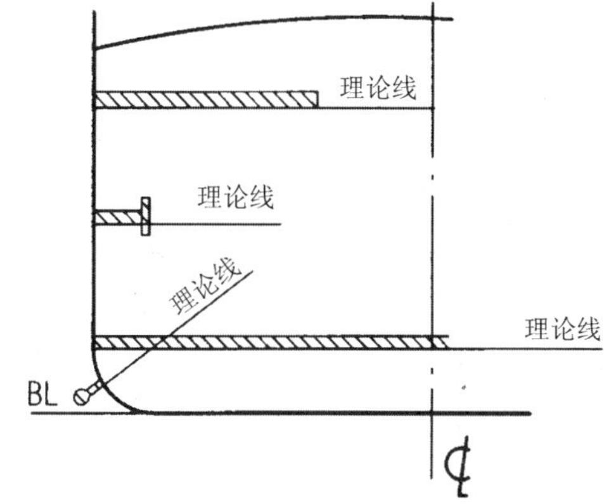

图 4-1-11 沿高度方向定位的构件理论线

（2）沿船长方向定位的构件，以靠近船中一边为理论线，如图 4-1-12 所示。

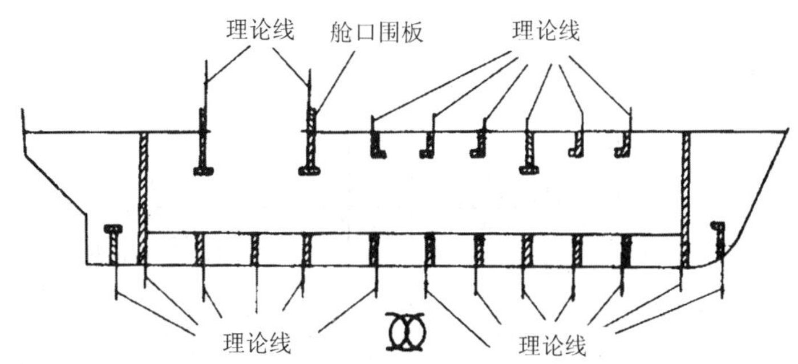

图 4-1-12 沿船长方向定位的构件理论线

（3）沿船宽方向定位的构件，以靠近船体中线一边为理论线，如图 4-1-13 所示。

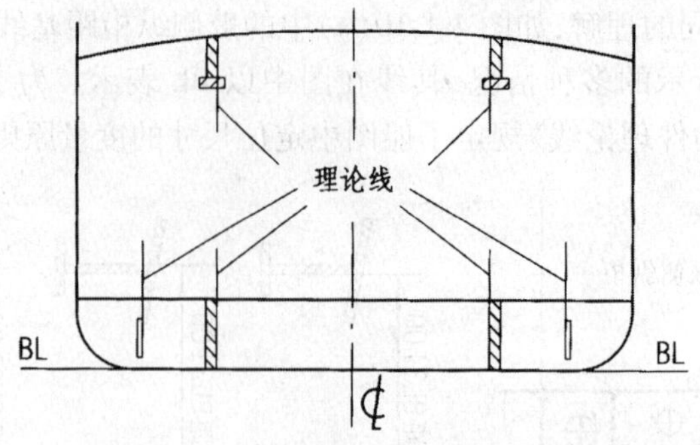

图 4-1-13　沿船宽方向定位的构件理论线

(4)位于船体中线的构件,取其厚度中线为理论线,如图 4-1-14 所示。

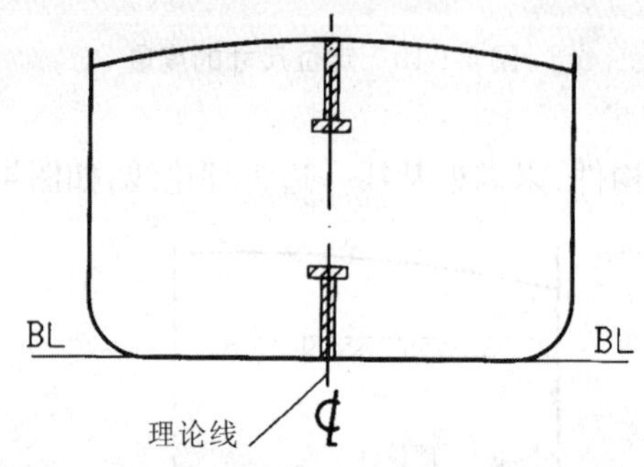

图 4-1-14　位于船体中线的构件理论线

2. 其他规定

(1)不对称型材和折边板材以其背面为理论线,如图 4-1-12 和图 4-1-15 所示。

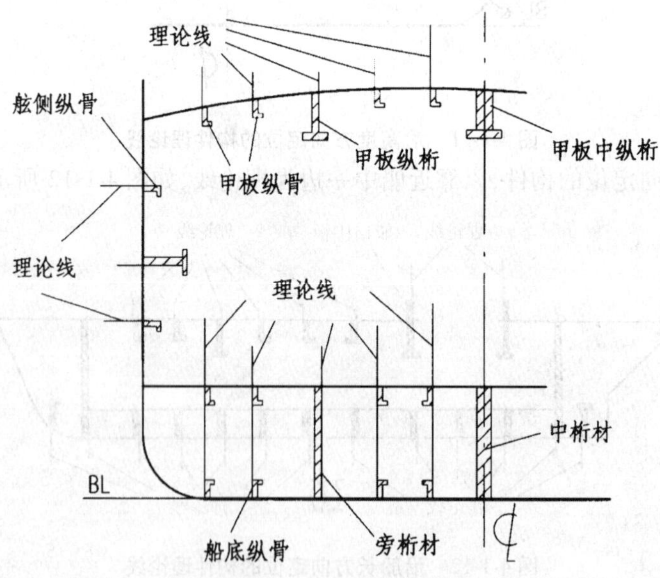

图 4-1-15　不对称型材的理论线

(2)封闭对称型材以其对称轴线为理论线,如图 4-1-16 所示。

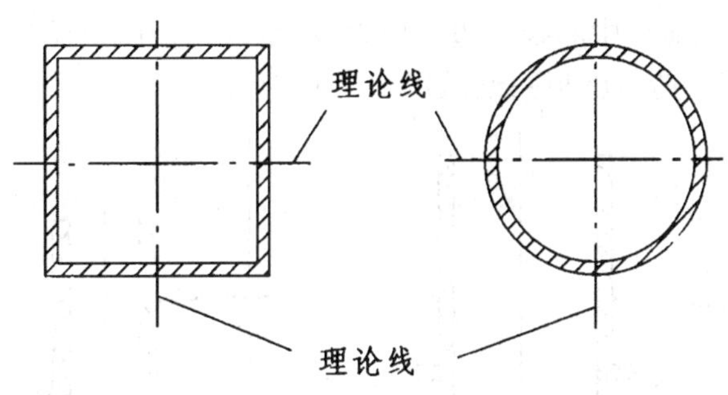

图 4-1-16 封闭对称型材的理论线

（3）外板、烟囱、轴隧等以板的内缘为理论线，锚链舱以其外缘为理论线，如图 4-1-17 所示。

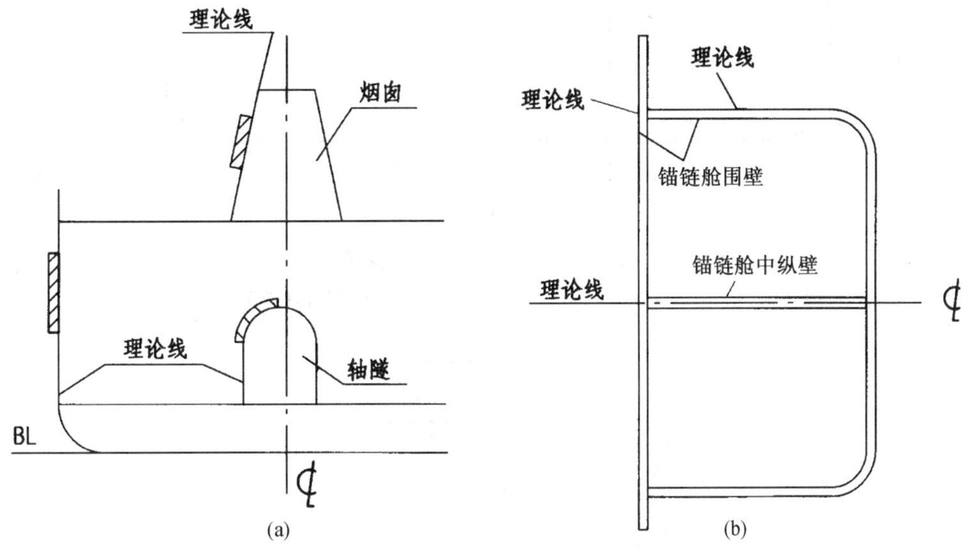

图 4-1-17 外板、烟囱等理论线和锚链舱理论线

（4）基座纵桁复板以靠近轴中心线一边为理论线，纵桁面板以面板下缘为理论线，与基座纵桁连接的旁桁材或旁内龙骨以及基座纵桁下的旁桁材的理论线同基座纵桁一致，如图 4-1-18 所示。

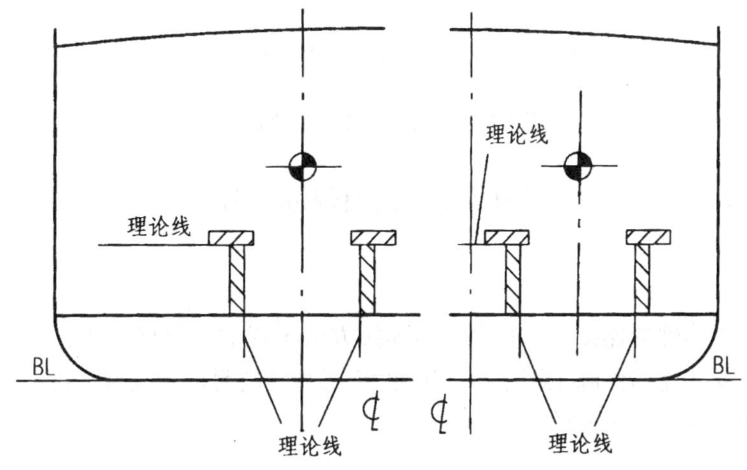

图 4-1-18 基座纵桁的理论线

(5)舱口围板以靠近舱口中心线一边为理论线,舱口纵桁以及舱口端围板所在肋位的横梁、肋骨、肋板的理论线与舱口围板一致,如图4-1-19所示。

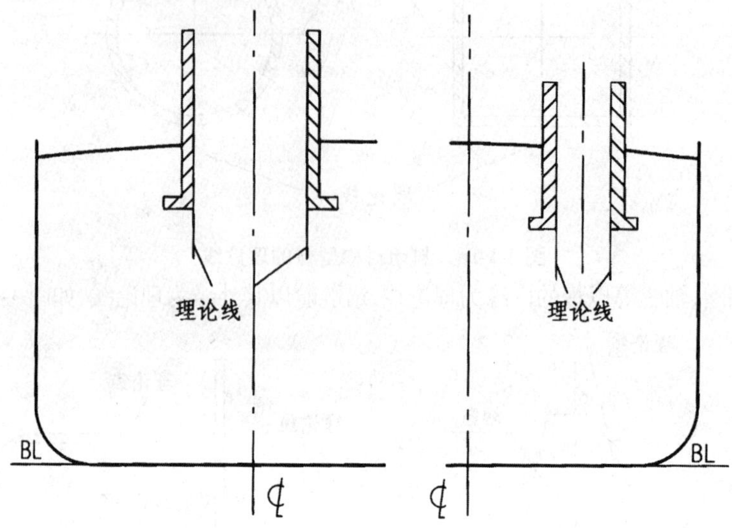

图4-1-19　舱口围板的理论线

(6)边水舱的纵舱壁以布置扶强材的一边为理论线,如图4-1-20所示。

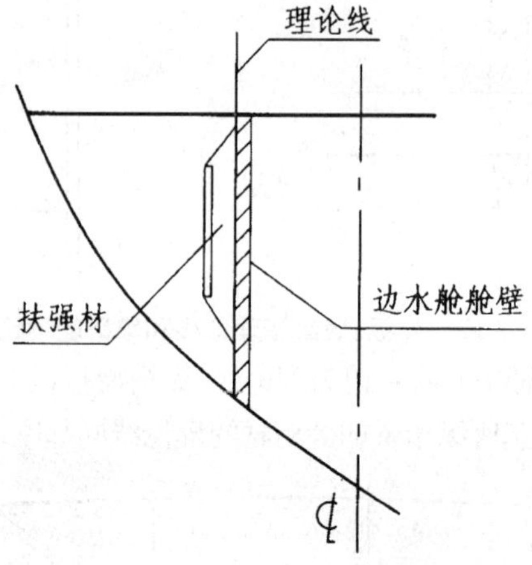

图4-1-20　边水舱舱壁的理论线

知识点5　船舶焊缝符号

【中阶】

现代钢质船体构件的连接几乎都是采用焊接方法实现的。焊接方法、焊缝形式及焊缝尺寸通过焊缝符号反映在船体施工图纸中。因此,熟悉焊缝符号的含义和标准方法,对于识读和绘制船体施工图样是十分重要的。

1. 焊缝形式

焊缝的形式主要取决于焊接接头的形式。焊接接头是指焊件相互连接需要焊接的部分。

船体焊接中常见的焊接接头形式有:对接接头、T 形接头、搭接接头、角接接头和塞焊接头等,如图 4-1-21 所示。

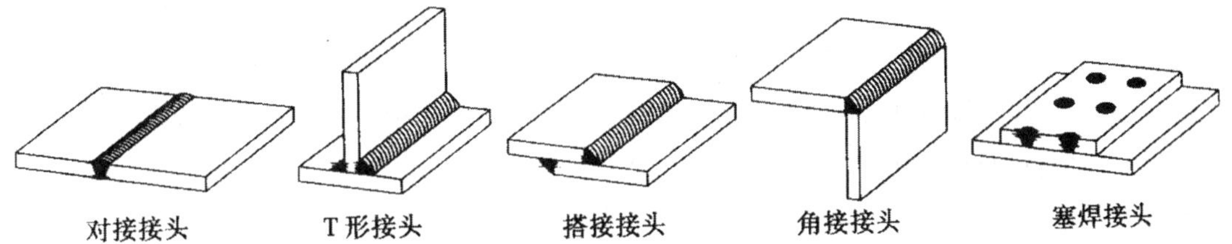

图 4-1-21 焊接接头形式

焊缝是焊接接头经施焊后形成的接缝。常见的焊缝形式有:

(1)对接焊缝

对接焊缝都是连续焊缝,必须保证焊透,常根据板厚及施工要求开坡口,坡口形式有卷边、U 形等各种形式,如图 4-1-22 所示。

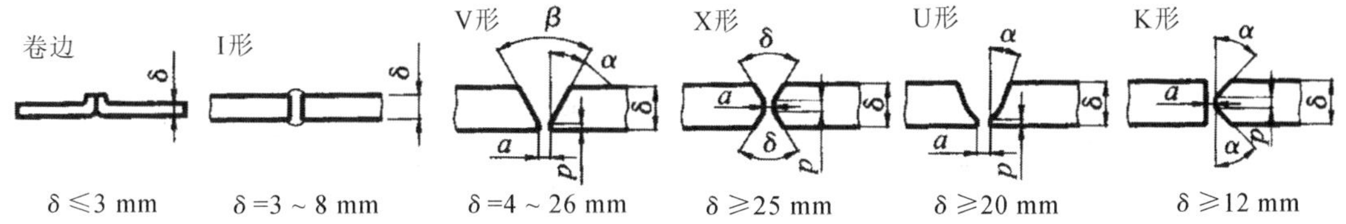

图 4-1-22 对接焊缝及坡口形式

(2)角焊缝

角焊缝可分为连续角焊缝和间断角焊缝两类,角焊缝有单面和双面之分,如图 4-1-23 所示。

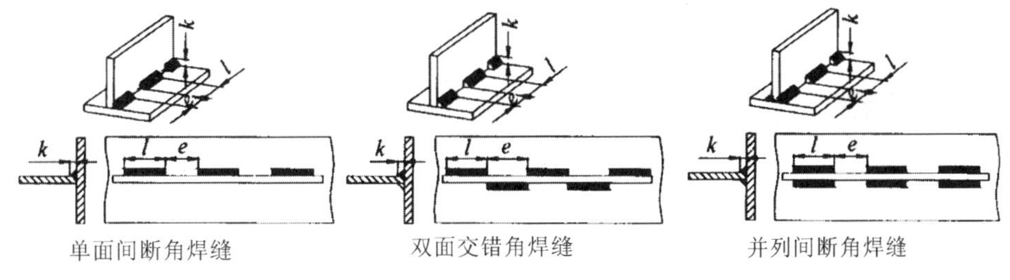

图 4-1-23 角焊缝

(3)塞焊缝

塞焊缝根据坡口形式和尺寸可分为圆孔塞焊与长孔塞焊,如图 4-1-24 所示。

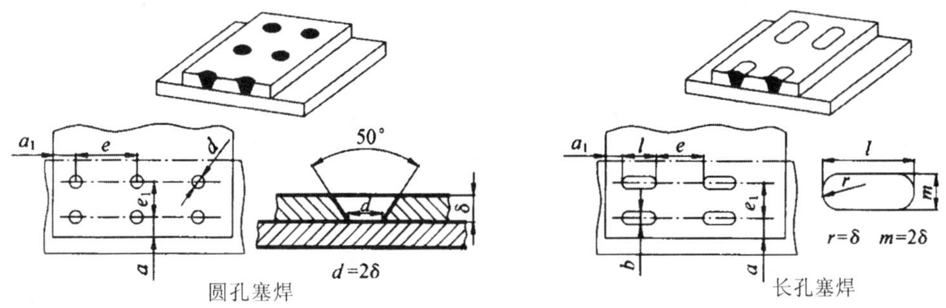

图 4-1-24 塞焊缝

2. 焊缝代号

焊缝代号由焊缝基本符号、焊缝辅助符号及尺寸、焊接方法和指引线四部分构成，如图 4-1-25 所示。

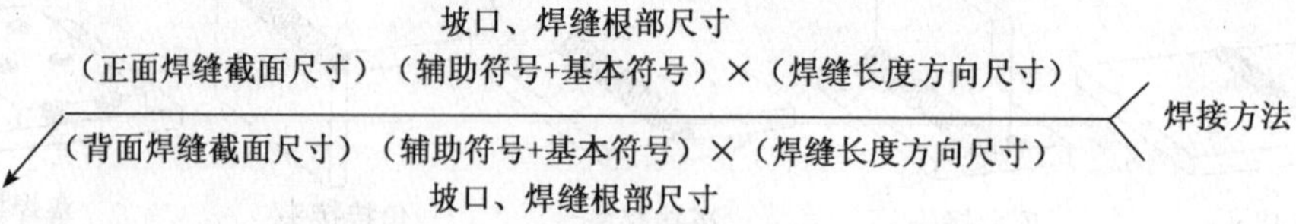

图 4-1-25　焊缝符号

(1)焊缝基本符号

焊缝基本符号表示焊缝的剖面形状，是焊缝代号中必须标注的符号。常用焊缝的基本符号如表 4-1-6 所示。

表 4-1-6　焊缝基本符号

名称	示意图	符号	名称	示意图	符号
I 形焊缝		‖	V 形焊缝		V
单边V 形焊缝		V	带钝边V 形焊缝		Y
带钝边单边V 形焊缝		Y	带钝边U 形焊缝		Y
带钝边J 形焊缝		Y	封底焊缝		◡
角焊缝		◺ 一般省略只注焊角高 *K*	塞焊缝		⊓

(2)焊缝辅助符号和补充符号

焊缝辅助符号是表示焊缝表面形状特征的符号，补充符号是补充说明焊缝某些特征的符号，不需确切说明焊缝形状或特征时，可以不用此类符号，符号详情见表 4-1-7。

(3)指引线

指引线由横线、引线和箭头组成，引出线允许双折，如图 4-1-26 所示。

3. 焊缝代号标注示例

如图 4-1-27 所示，(a)表示角焊缝尺寸同为 8 mm 的十字接头；(b)表示采用埋弧焊工艺

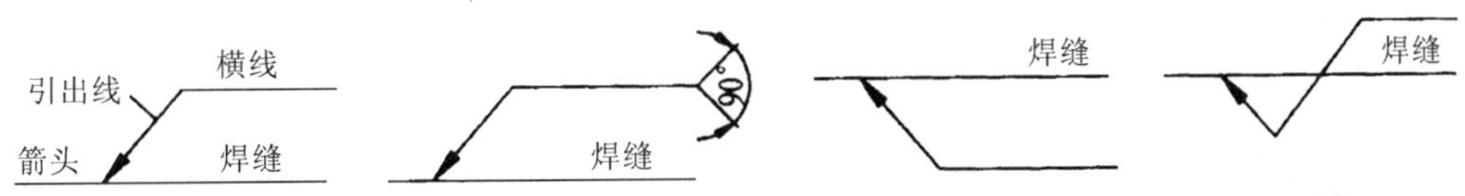

图 4-1-26 焊缝代号指引线

的焊缝；(c)表示双面自动焊的对接焊缝，焊角高度为 5 mm；(d)表示设置在交叉 T 型材上的支柱的各焊缝的焊接符号，平行于画面的 T 型材与底板之间采用连续双面焊，双面的角焊缝焊角高同为 6 mm。垂直于画面的 T 型材与底板之间采用间断双面焊，双面的角焊缝焊角高同为 5 mm，焊缝长度为 100 mm，间断距离为 150 mm。支柱下面的菱形垫板与 T 型材面板之间采用连续双面焊，双面的角焊缝焊角高同为 5 mm。支柱肘板与支柱及支柱肘板菱形板之间采用连续双面焊，双面的角焊缝焊角高同为 5 mm。

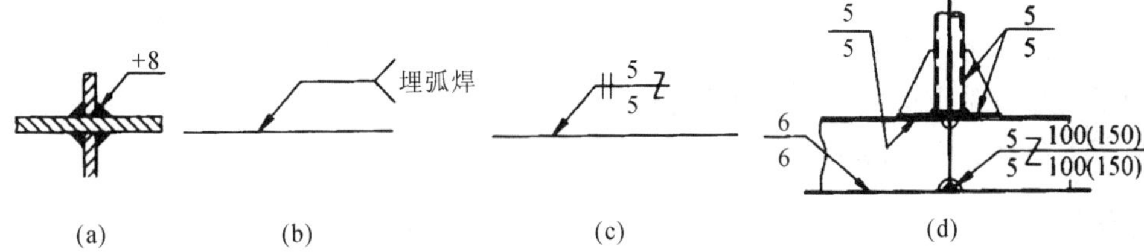

图 4-1-27 焊缝代号标注示例

表 4-1-7 焊缝辅助符号和补充符号

类别	名称	示意图	符号	说明
焊缝辅助符号	平面符号			焊缝表面磨平
	凹面符号			焊缝表面凹陷
补充符号	带垫板符号			焊缝底部有垫板
	三面焊缝符号			三面带有焊缝
	周围焊缝符号			环绕工件周围焊缝
	缓焊符号			不同时施焊的焊缝
	尾部符号		90°	当需要可标注焊接工艺方法

任务二
船体型线图的识读

● 能力目标

能正确识读船体型线图。

● 知识目标

(1)了解船体主尺度的类别和意义;
(2)了解船体型线图的基本视图的特点;
(3)掌握船体型线图的识读方法。

● 情感目标

(1)养成多思勤练的学习作风;
(2)培养课外查找资料、实施自我提高的学习意识;
(3)培养良好的沟通能力。

任务引入

(1)船体型线指的是什么?
(2)船体型线图都包括哪些内容?
(3)如何识读船体型线图?

任务解析

船体是由外板和甲板封闭形成的内空壳体,通常由形状复杂的曲面构成,船体各个部分的板厚也因为功能要求不同而不同。为了更加准确地描述船体的几何特征,消除因为板厚不同产生的差异,定义金属船体船壳内缘的表面(不包括壳板)或船体骨架的外缘表面为型表面。船体表面的所有几何信息都是以型表面为基础定义的,如型表面上的线称为型线。

船体型线主要包括艏艉轮廓线、甲板边线、舷墙顶线、外板顶线、水线、横剖线、纵剖线等,对船体型线图的识读主要是通过对船体纵剖线图、横剖线图、半宽水线图的识读来达到的。

相关知识

知识点1 船体型表面与主尺度

【初阶】

1. 船体型表面与主尺度

船体型表面由外板型表面和甲板型表面两部分组成，如图4-2-1所示。甲板型表面的边缘线称为甲板边线，根据甲板的位置不同，可分为上甲板边线、主甲板边线、艏楼甲板边线、艉楼甲板边线等，甲板边线的正面投影称为舷弧线。当外板超出甲板以上时，外板的顶端边线称为外板顶线；如果船舶设有舷墙，舷墙板顶端边线为舷墙顶线。

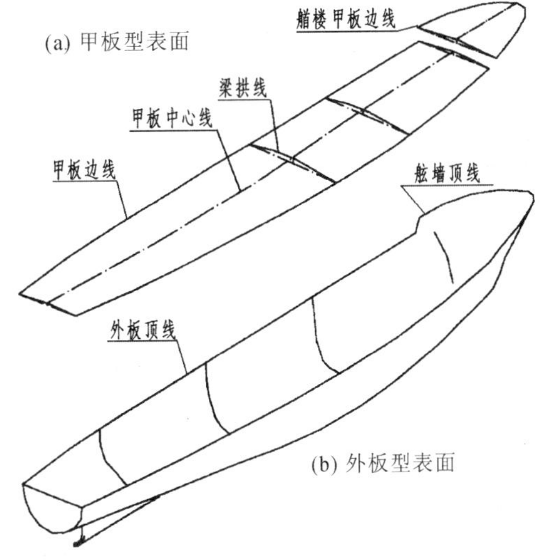

图4-2-1 船体型表面

用平行于基本投影面的平面平行截切船体型表面，将分别得到横剖线（侧平面截切而得）、纵剖线（正平面截切而得）、水线（水平面截切而得），如图4-2-2所示。

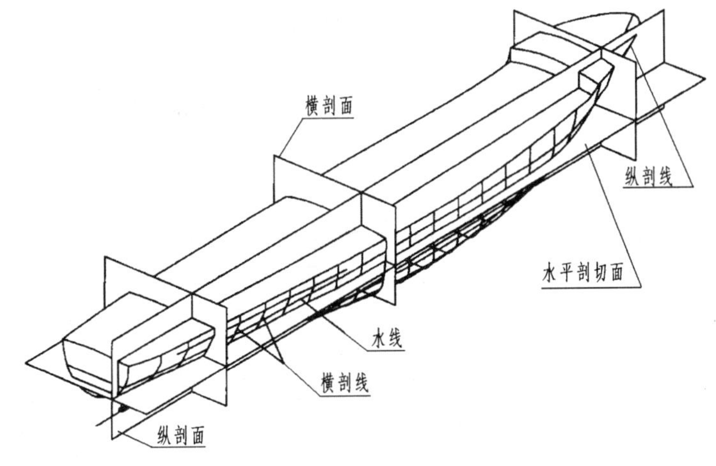

图4-2-2 船体型线的产生

2. 船体主尺度

根据《金属船体制图》规定，民用船舶图纸，一般将船舶置于和正立投影面平行的位置，船艏绘于图纸右侧，船艉绘于左侧。人站立于船上，面向船艏，人的左右手方向分别定义为船的左右两舷。

金属船体的主尺度是指船体型表面上量取的船体外形大小的基本度量，如图 4-2-3 所示。

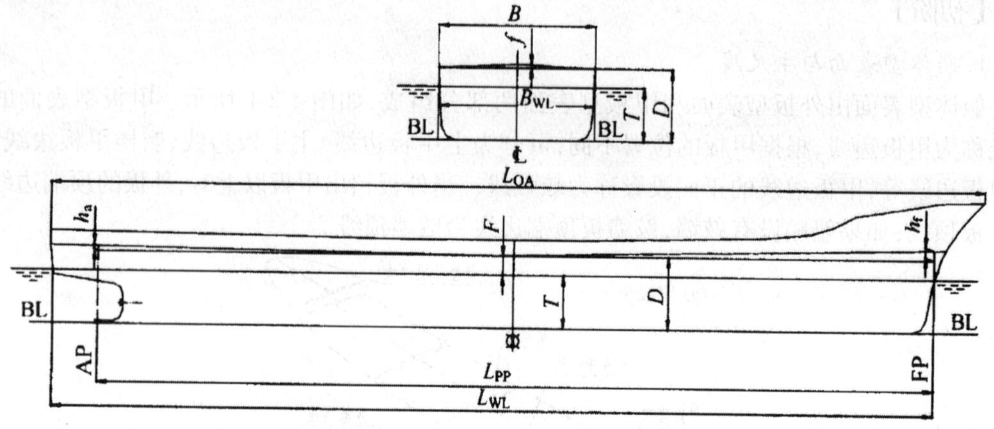

图 4-2-3　船体主尺度

(1) 长度

①总长

船体型表面（包括安装于船体艏艉的永久结构物）最前端和最末端之间的水平距离，记为 L_{OA}。

②设计水线长

设计水线长是指满载水线与船体型表面艏艉轮廓线交点之间的水平距离，记为 L_{WL}。设计水线面是指船舶满载状态下，船体型表面与水面的交线所形成的平面。

③垂线间长

通过设计水线与艏轮廓线交点所引的垂线称为艏垂线（FP）；根据船型不同，艉垂线（AP）是通过船尾某一固定点所引垂线，如图 4-2-4 所示。

（ⅰ）设计水线面与舵柱后缘的交点（有舵柱船舶）；

（ⅱ）设计水线与舵杆中心线交点；

（ⅲ）设计水线与艉轮廓线交点（无舵船舶或海洋工程结构物）。

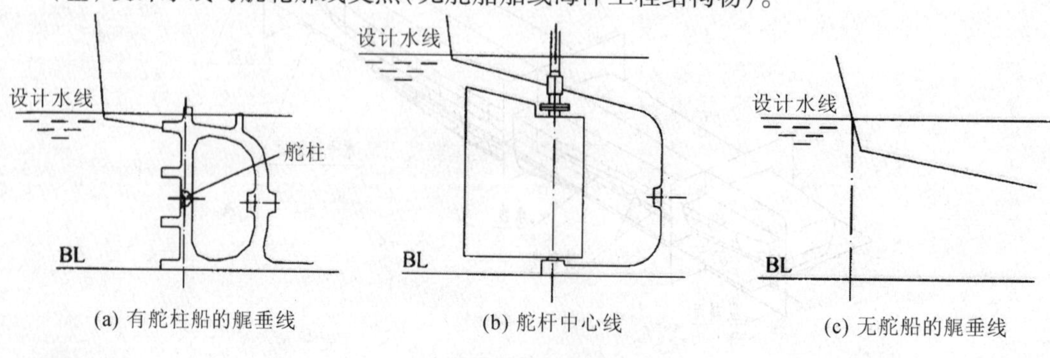

(a) 有舵柱船的艉垂线　　(b) 舵杆中心线　　(c) 无舵船的艉垂线

图 4-2-4　艉垂线

艏垂线与艉垂线之间的水平距离称为垂线间长，记为 L_{PP}。

(2)宽度

①型宽

船体型表面最大宽度处(多为中站面)的距离称为型宽，即船体两舷甲板边线上对应点之间的距离，记为 B。

②水线宽

设计水线上船体最大宽度处两舷对应点之间的距离，记为 B_{WL}。

③最大宽度

甲板最大宽度处两舷对应点之间的距离，记为 B_{max}。

(3)型深

船舶中站面(甲板最低点)处甲板边线至基面之间的垂直距离称为型深，记为 D。

(4)满载吃水

船舶中站面处，水线至基线的垂直距离称为吃水。其中满载水线至基线的垂直距离称为满载吃水或设计吃水，简称吃水，记为 T。

(5)干舷

船舶中站面处，设计水线至甲板边线的垂直距离称为干舷，记为 F。

(6)舷弧

甲板边线的纵向曲度称为舷弧，其值为各站处舷弧线与型深的高度差。

(7)梁拱

甲板的横向曲度称为梁拱，其值为各肋位处甲板中线与甲板边线之间垂直高度的差值，记为 f。

(8)底升高

某些船舶为改善性能，船底由船中向两舷抬升起一定高度，如图 4-2-5 所示。底升线与舷侧线的交点至 BL 之间的高度差值称为底升高。

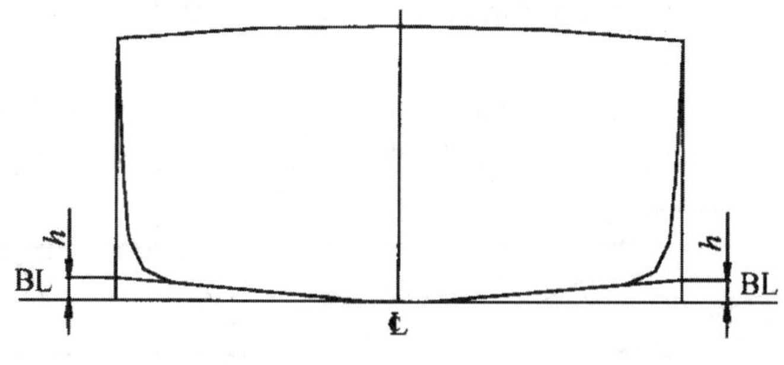

图 4-2-5 底升高

知识点 2 型线图的基本视图

【初阶】

将船体型线(艏艉轮廓线、甲板边线、舷墙顶线、外板顶线、水线、横剖线、纵剖线)分别向三个投影面上投影，得到三面投影图即为型线图的三视图。其中正面投影图称为纵剖线图；侧面投影图称为横剖线图；水平投影图，因为多数船体具有横向对称性，在绘图时，习惯上只绘出船体左舷这一半，所以型线图的水平投影称为半宽水线图，如图 4-2-6 所示（图 4-2-6 中，因为控制幅面的原因，半宽水线图表达的是右舷）。附图 1 为某 6 800DWT 多用途船的型线图。

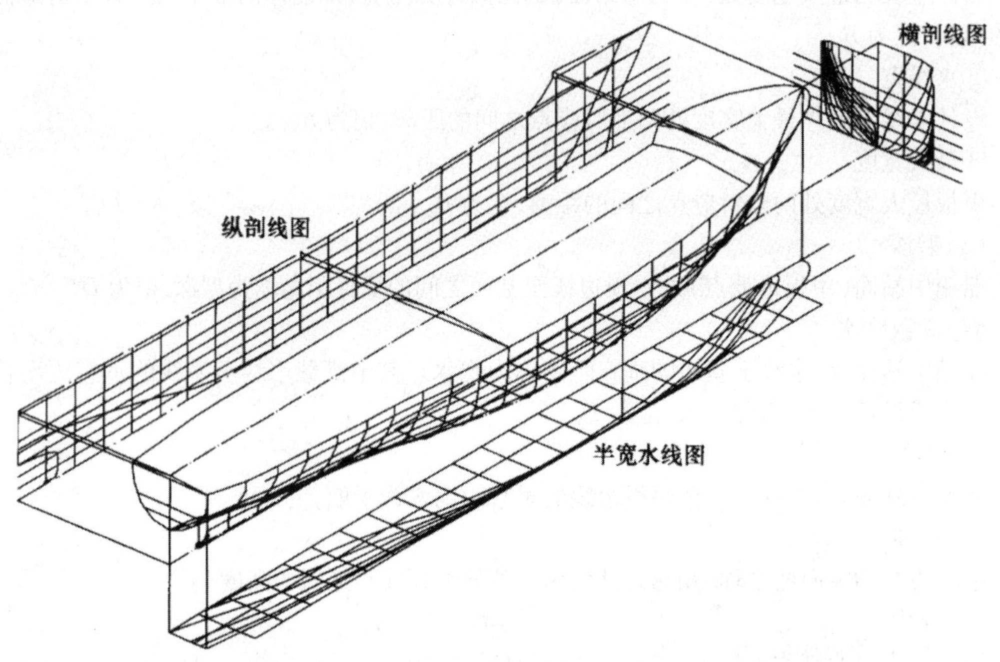

图 4-2-6　型线的投影

1. 纵剖线图

纵剖线图由轮廓线、甲板中心线、格子线和纵剖线组成。纵剖线图的轮廓线由外板型表面转向轮廓线（艏艉轮廓线）、外板顶线、舷墙顶线、船底线和甲板中心线组成。因为甲板中线和艏艉轮廓线平行于正投影面，所以在纵剖线图中反映实形，其他各种型线在纵剖线图中不反映实形。

由于横剖线和水线所在的各平面与正投影面垂直，它们的投影分别积聚为垂直和平行于基线的垂直线和水平线，如图 4-2-7 所示，两组直线相互垂直形成所谓格子线。

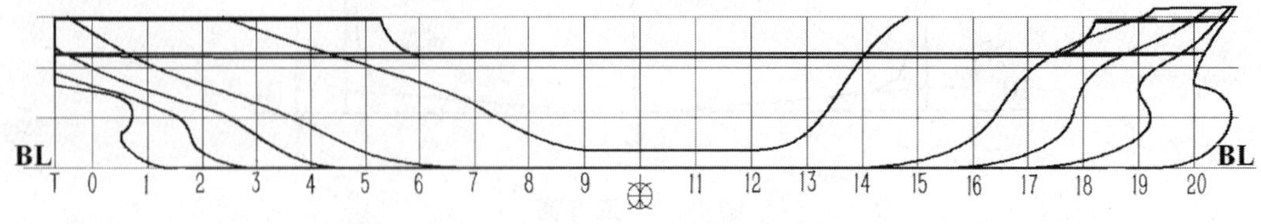

图 4-2-7　纵剖线图

2. 横剖线图

船体横剖线图左右对称。为了使图面清晰，习惯上将中站线至船艉各站横剖线的左侧一半配置在船体中线左侧；而将中站线至船艏各站横剖线的右侧一半配置于中线右侧。横剖线图的轮廓线由外板型表面转向轮廓线（最大横剖线）、船底线、外板顶线、甲板边线、舷墙顶线组成。各站横剖线在该图中反映实形，其他各型线均不反映实形。

纵剖线和水线的投影分别积聚为垂直和平行于基线的直线，如图 4-2-8 所示，即横剖线图的格子线。

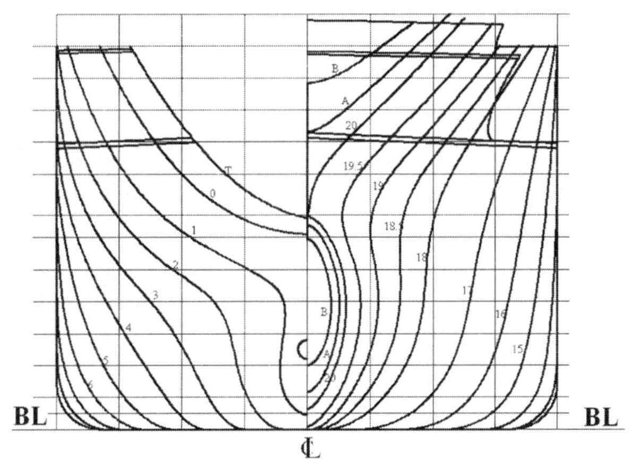

图 4-2-8　横剖线图

3. 半宽水线图

半宽水线图的轮廓线由甲板边线、舷墙顶线、外板顶线组成，除了水平甲板船之外，一般它们均不反映实形，而各水线在半宽水线图中反映实形。

纵剖线和横剖线分别积聚为平行于中线的平行线和垂直于中线的垂直线，形成格子线，如图 4-2-9 所示。

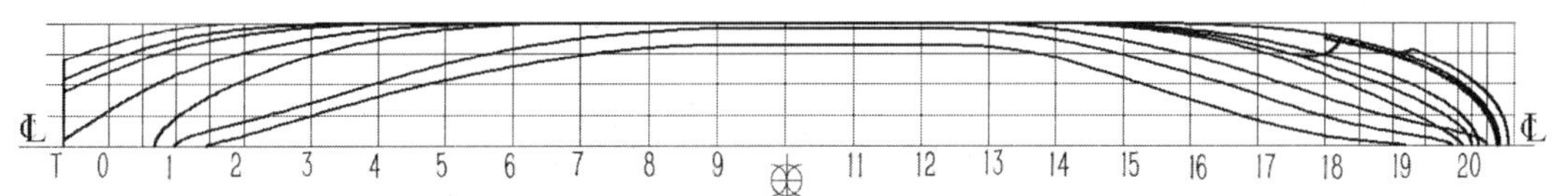

图 4-2-9　半宽水线图

4. 型线图的布置

型线图的布置通常有三种情况，如图 4-2-10 所示。

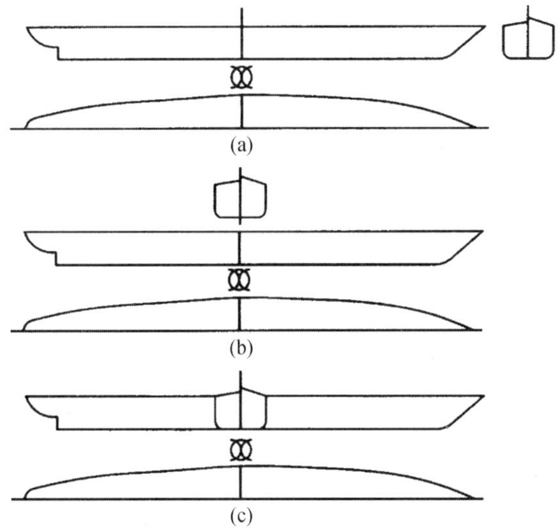

图 4-2-10　型线图的布置形式

知识点3　型值表

【中阶】

1. 型值

船体型表面的形状是通过一系列型线进行描述的。这些共曲面的型线如果不平行则必然相交，交点就是型值点。只要型值点在坐标体系中被确定，过这些点的型线就可以近似地被确定。整个型表面也就近似地在坐标体系中被确定了。

如图 4-2-11 所示，型表面上的点，可以由三个坐标（x,y,z）所确定，三个型值中只要知道两个，也可由投影关系确定第三个。

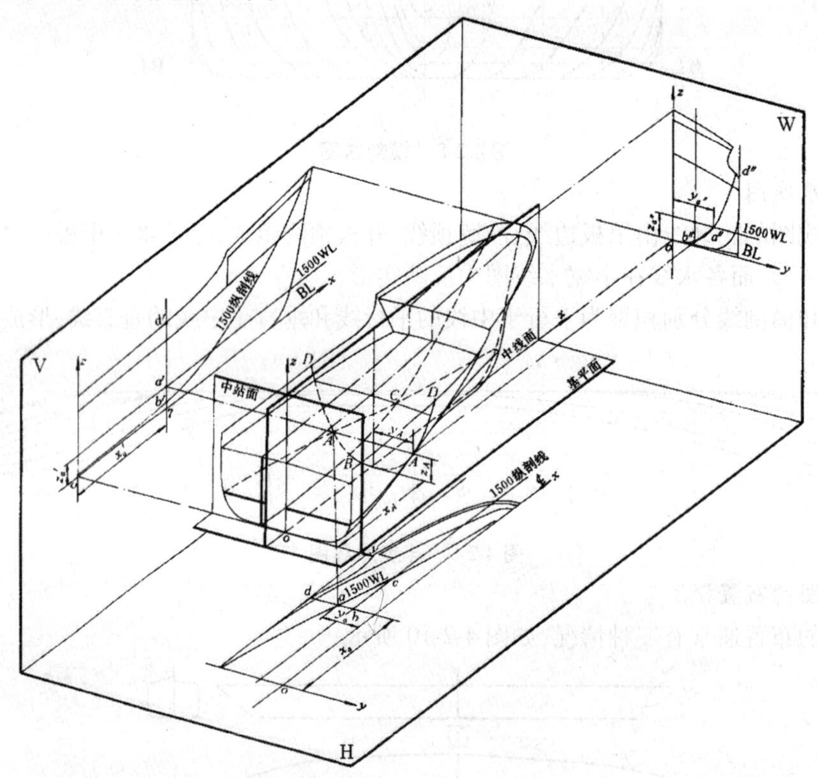

图 4-2-11　船体上的投影坐标系

2. 型值表

型值以表格形式按一定规律排列，就是型值表。型值表的布局如表 4-2-1 所示。

表 4-2-1　型值表的布局

型值	型线	站号（型值的 x 坐标）
半宽值	水线值（型值点的 z 坐标）	格子线型值点的 y 坐标
	轮廓线	轮廓线型值点的 y 坐标
高度值	纵剖线（型值点的 y 坐标）	格子线型值点的 z 坐标
	轮廓线	轮廓线型值点的 z 坐标

表中型值点可分为三类：

（1）各水线与横剖线的交点。这些交点的 x 坐标（站距）和 z 坐标（水线高度值）已知，y 坐标未知。

（2）纵剖线与横剖线交点。这些交点的 y 坐标（纵剖线距船体中线面位置）和 x 坐标（站距）已知，z 坐标（距离基线的高度）未知。

（3）其他型线与横剖线交点。这些交点的 x 坐标（站距）已知，y、z 坐标未知。

表 4-2-2 所示为某船的型值表。

表 4-2-2　某船型值表

		吃水	艉端点		站号																					艏端点	
			距中	半宽	0	1	2	3	4	5	6	7	8	9	10~11	12	13	14	15	16	17	18	19	20	距中	半宽
半宽值	船底				—	150	150	150	150	425	2217	3156	3835	4284	4441	4324	3976	3479	2887	2112	1139	389	—	—		
	基线	0	-29700	150	—	150	150	150	150	425	2217	3156	3835	4284	4441	4324	3976	3479	2887	2112	1139	389	—	—	27981	0
	水线	400	-27896	150	—	150	233	668	1635	2851	3666	4212	4703	5067	5125	5017	4850	4500	4000	3375	2450	1400	483	—	28756	0
		800	-27713	150	—	150	429	1556	2750	3556	4152	4623	5010	5266	5367	5284	5163	4920	4525	3908	3000	1800	659	—	28952	0
		1600	-27756	150	—	291	1963	3067	3772	4276	4638	4962	5222	5392	5500	5492	5447	5362	5075	4500	3600	2333	950	—	29103	0
		2400	-27836	150	—	1771	3330	3969	4402	4702	4944	5147	5324	5453	5500	5500	5500	5491	5300	4875	4031	2750	1280	—	29249	0
		3200	-31936	0	2654	3607	4220	4547	4810	4989	5156	5274	5385	5488	5500	5500	5500	5500	5400	5125	4378	3198	1706	—	29406	0
		3600	-32681	2304	3306	4012	4472	4773	4971	5112	5252	5336	5418	5499	5500	5500	5500	5500	5436	5228	4542	3422	1962	—	29500	0
		4000	-32722	2950	3743	4286	4661	4954	5103	5225	5326	5388	5444	5500	5500	5500	5500	5500	5463	5308	4683	3655	2201	197	29624	0
		4800	-32804	3641	4288	4706	5035	5257	5358	5421	5457	5476	5494	5500	5500	5500	5500	5500	5500	5456	4946	4132	2750	570	29938	0
	甲板边线		-32854	3929	4533	4912	5168	5380	5455	5500	5500	5500	5500	5500	5500	5500	5500	5500	5500	5500	5110	4482	3299	1149	30305	0
	舷墙顶线		-32869	4000	4600	4981	5243	5422	5500	5500	5500	5500	5500	5500	—	—	—	—	—	—	—	—	4400	3150	30305	0
	折角线		—	—	4600	4981	5243	5422	5500	—	—	—	—	—	—	—	—	—	—	—	5152	4555	3413	1289	—	—
高度值	纵剖线	CL	—	—	2876	0	0	0	0	0	0	0	0	0	0	0	0	0	0	0	0	0	0	3600	150	—
		1500	—	—	2944	2317	1386	777	357	55	0	0	0	0	0	0	0	0	0	0	11	486	2844	6065	150	—
		3000	—	—	3384	2812	2176	1554	957	460	111	0	0	0	0	0	0	0	0	77	192	2850	5127	8476	—	—
		4500	—	—	5181	4402	3633	3120	2566	1990	1317	645	235	24	6	24	141	400	776	1600	3492	5474	—	—	—	
	甲板边线		—	—	5249	5216	5187	5150	5128	5113	5017	4989	4941	4880	4900	4943	5016	5091	5160	5297	5371	5439	5505	5577	—	—
	舷墙顶线		—	—	6249	6213	6187	6150	6112	6081	6033	5989	5942	5904	5894	5937	6016	6092	6160	6297	6555	7659	8247	8717	—	—
	折角线		—	—	5393	5360	5329	5288	5263	2087	2072	2054	—	—	—	—	—	—	—	—	5514	5582	5648	5725	—	—

知识点4　型线图的标注

【中阶】

型线图的标注包括：站号的编号；水线、纵剖线、横剖线编号；基本符号以及相关尺寸的标注，如图 4-2-12 所示。

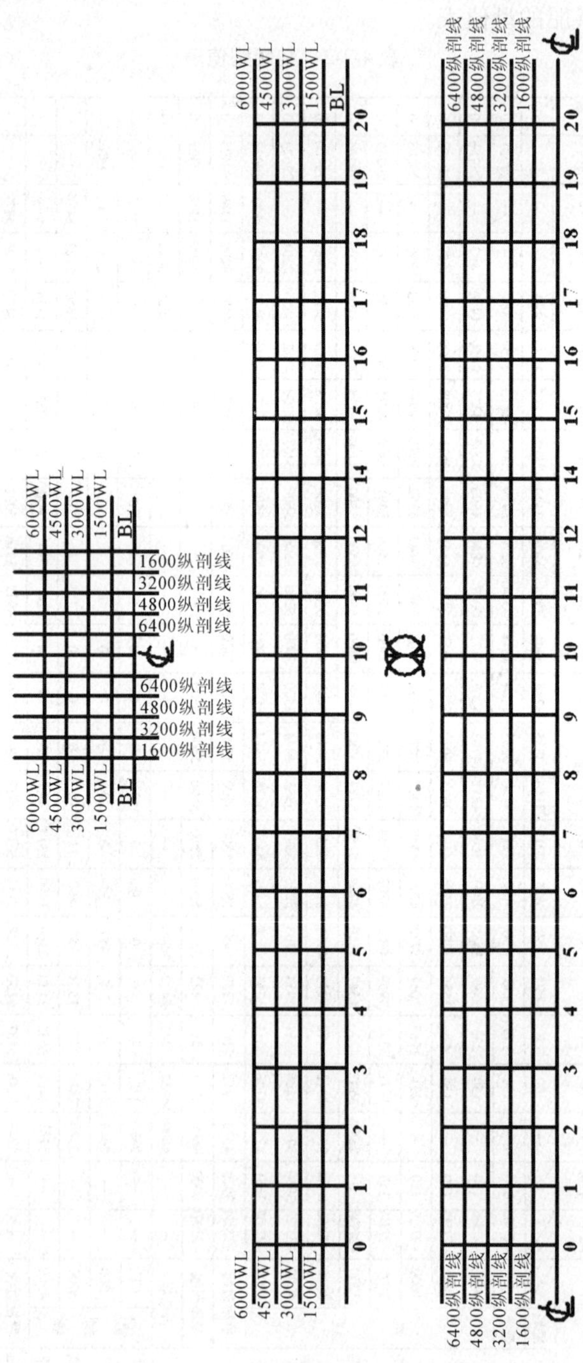

图 4-2-12　型线图的标注

1. 编号与标注

(1)基本符号标注

在型线图中,基线、船体中线和中站分别记为 BL、℄和⊄。

(2)纵剖线的编号与标注

纵剖线到中线面的距离,以 mm 为单位,记以"××纵剖线"。在半宽水线图中,标注于格子线两端所对应的纵剖线之上;在横剖线图中,标注于基线下方对应该纵剖线的位置;而在纵剖线图中,于船舶艏、艉区域,沿着对应的纵剖线标注于曲线上方。

(3)横剖线的站号与标注

横剖线自艉垂线至艏垂线的站号依次编号为 0、1、2、3、…、10(或 20),半站或 1/4 站等记为 0、1/4、1/2、3/4、1、…、9、9 1/4、9 1/2、9 3/4、10。艉垂线以后的站号用"—"号编号。在纵剖线图中,横剖线的编号标注在基线下方每站对应的位置;在半宽水线图中,横剖线的编号标注于中线下方各站对应位置;而在横剖线图中,横剖线的编号标注于对应的横剖线上方。

(4)半宽水线的编号与标注

根据水线至基线的高度,以 mm 为单位,记以"××水线"。在横剖线和纵剖线图中,水线的编号分别标注在各视图两端每条水线的上方;在半宽水线图中,在艏艉两端沿水线分别标注于对应的水线上方。

(5)其他型线的标注

型线图中,甲板边线、舷墙顶线、外板顶线和折角线等,在三个视图艏艉部对应的位置用文字注出。甲板中心线仅仅只标注于纵剖线图。

2. 尺寸标注

(1)船舶主尺度

船舶主尺度采用书写主尺度的方式表示,布置于型线图右上方。

(2)型值表

型值表以表格的形式布置于型线图左上方。

(3)其他尺寸

确定船体艏、艉形状,底升高度,底部纵倾,舭部圆弧和型线突变部位的尺寸,采用一般工程图样的尺寸标注方式,直接标注。

任务三
船体型线图的绘制 

● 能力目标

能正确绘制船体型线图。

● 知识目标

(1)了解船体型线图的绘制步骤;

(2) 了解船体型线图的检验方法。

● 情感目标

(1) 养成多阅读、多比较、多练习的学习作风；
(2) 培养与他人保持良好沟通渠道的职业素养。

任务引入

(1) 如何绘制船体型线图？
(2) 如何检验船体型线图？

任务解析

船体型线图的绘制可以通过设计型线和型值表来进行，也可通过专业软件对基本型线进行加密和光顺来进行。

本部分将以图 4-3-1 提供的数据为例加以说明。

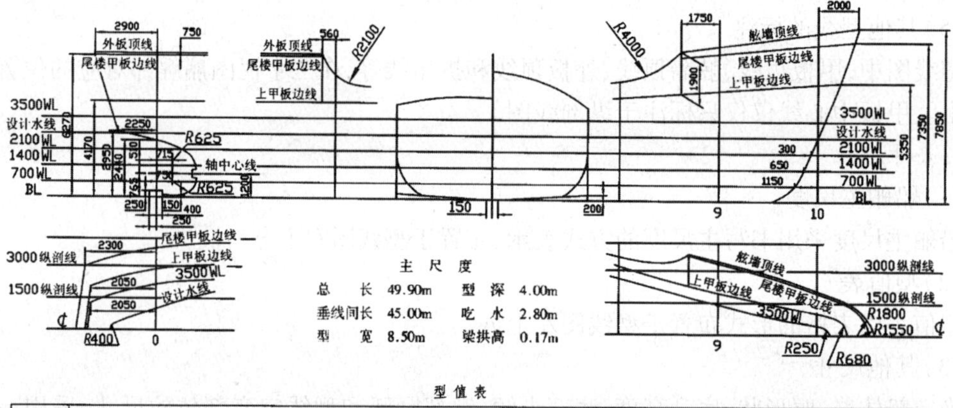

型值表

站号	半宽值/mm										高度值/mm						
	700 WL	1400 WL	2100 WL	设计水线	3500 WL	上甲板边线	尾楼甲板边线	首楼甲板边线	外板顶线	舷墙顶线	1500 纵剖线	3000 纵剖线	上甲板边线	尾楼甲板边线	首楼甲板边线	外板顶线	舷墙顶线
尾封板	—	—	—	—	1390	2280	3080	—	3080	—	3600	6100	4170	6270	—	6345	—
0	—	—	—	850	2080	2850	3620	—	3620	—	3180	4390	4100	6200	—	6275	—
1	560	860	1410	2400	3300	3810	4200	—	4200	—	2150	3250	4050	6150	—	6225	—
2	2150	2720	3150	3550	3920	4150	4250	—	4250	—	250	1850	4000	6100	—	6175	—
3	3520	3940	4100	4170	4220	4250	—	—	—	4250	80	300	4000	—	—	—	5450
4	4100	4200	4250	4250	4250	4250	—	—	—	4250	80	180	4000	—	—	—	4900
5	3770	4110	4250	4250	4250	4250	—	—	—	4250	80	200	4000	—	—	—	4900
6	2930	3500	3810	4000	4120	4190	—	—	—	4250	80	790	4020	—	—	—	4920
7	1960	2580	3020	3340	3580	3800	—	—	—	4090	370	2050	4170	—	—	—	5070
8	1020	1530	1950	2340	2660	3150	—	—	—	3600	1370	4190	4440	—	—	—	5350
9	320	560	810	1090	1460	2110	—	3200	—	3330	3580	6360	4790	—	6690	—	6940
10	—	—	—	70	280	840	—	1740	—	1960	6620	—	5240	—	7140	—	7560

图 4-3-1 某船的主尺度、型值表和其他尺寸

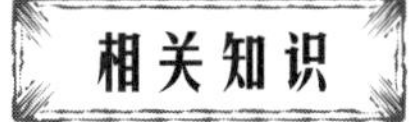

知识点1　型线图的绘制

【高阶】

1. 选取比例和决定布置形式

(1)选取比例

型线图常用的比例为1∶10、1∶50、1∶25等几种，选用时主要根据对型线图精度要求和船舶尺度大小而定。

(2)决定图纸布置形式

视图的布置形式主要根据船舶尺度的大小和型线变化情况而定。本例中可采用分离布置的形式。

2. 绘制格子线

格子线是型线的投影，其绘制准确度决定了型线图的精度，其绘制步骤如下。

(1)作纵剖线图的基线

根据图纸布置形式和船体主尺度，合理布置各视图位置，画出纵剖线图的基线，如图4-3-2所示。

图4-3-2　绘制格子线(一)

(2)作艏垂线和艉垂线

根据船艉端点至艉垂线的距离(本例为2 900 mm)，及总长L_{OA}的尺寸，在基线上确定艉垂线点(即0站位置)，然后用比例尺量取垂线间长L_{PP}以确定艏垂线点(即第10站或第20站位置)。过此两点作基线的垂线，并延长至半宽水线图的位置，如图4-3-2所示。

量取L_{PP}时，不能用站距叠加的方法，必须用整个比例尺来量取，以减少积累误差，保证垂装间长的准确性。

(3)作半宽水线图的船体中线和型宽线

根据半宽水线图的布图位置，在艏垂线与艉垂线上用分规或三角尺自基线起量取相同距离(如M)，得船体中线与艏垂线与艉垂线的交点(如图4-3-2中的Q、P点)，并从这两点沿艏垂线与艉垂线向上量取 $B/2$(B 为型宽),得型宽线上两点(如 S、R 点)。用直尺分别连接 P、Q 和 S、R 各点,即得船体中线和型宽线,如图 4-3-2 所示。

(4)作纵剖线图和半宽水线图的站线

在纵剖线图的基线和半宽水线图的船体中线上,根据型值表的站数(本例为 10 站)等分垂装间长 L_{PP},以确定各站线的位置。连接基线和船体中线上的对应各点,得纵剖线图和半宽水线图中的各站线。艏端与艉端的补加站线可用相同方法作出,如图 4-3-3 所示。

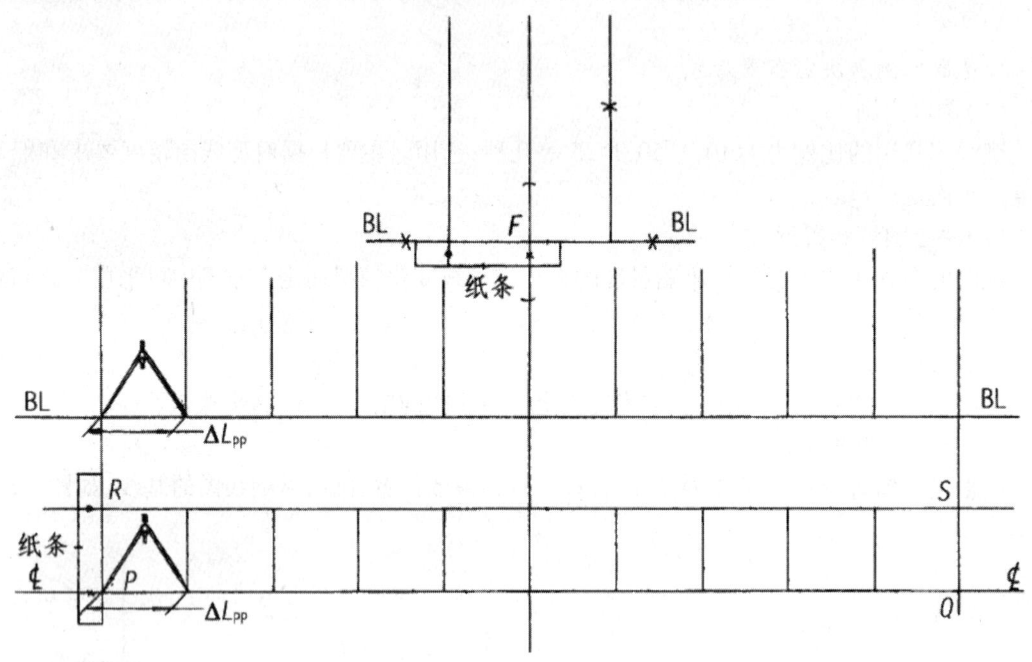

图 4-3-3　绘制格子线(二)

(5)作横剖线图的船体中线、基线和型线宽

将纵剖线图的中站线(本例为 5 号站线)向上延长作为横剖线图的船体中线。根据横剖线图的布图位置,在船体中线上取一点 F,过 F 点作船体中线的垂线,作为横剖线图的基线。再以 F 点为起点,沿基线用分规或纸条向左与向右量取 $B/2$ 的距离得两点,过此两点分别作基线的垂线,即为横剖线图的型宽线,如图 4-3-3 所示。

绘制时可用质地较好的纸条作为测量工具,可减小尺子带来的误差,以保证精度。

(6)作纵剖线图和横剖线图的水线

在纵剖线图中,以基线为准,沿艉垂线量取设计吃水的距离,并用水线间距(本例为 700 mm)等分(与作站线的等分方法相同),得设计水线及其他各水线的分点。用纸条或分规移取尺寸,在艏垂线和横剖线图中的型宽线上,录下各水线点,用直尺连接对应点,即得纵剖线图和横剖线图中的各水线,如图 4-3-4 所示。

(7)作半宽水线图和横剖线图的纵剖线

在半宽水线图中以船体中线为准,沿 0 号站线向上量取邻近舷侧的纵剖线距中线面的距离(本例为 3 000 mm),并用纵剖线间距(本例为 1 500 mm)等分,得各纵剖线的分点。再用纸条或分规将各分点移至 10 号站线(本例为 10 站)和横剖线图上的基线及最高水线上,连接对应各点即得半宽水线图和横剖线图上的各纵剖线,如图 4-3-5 所示。

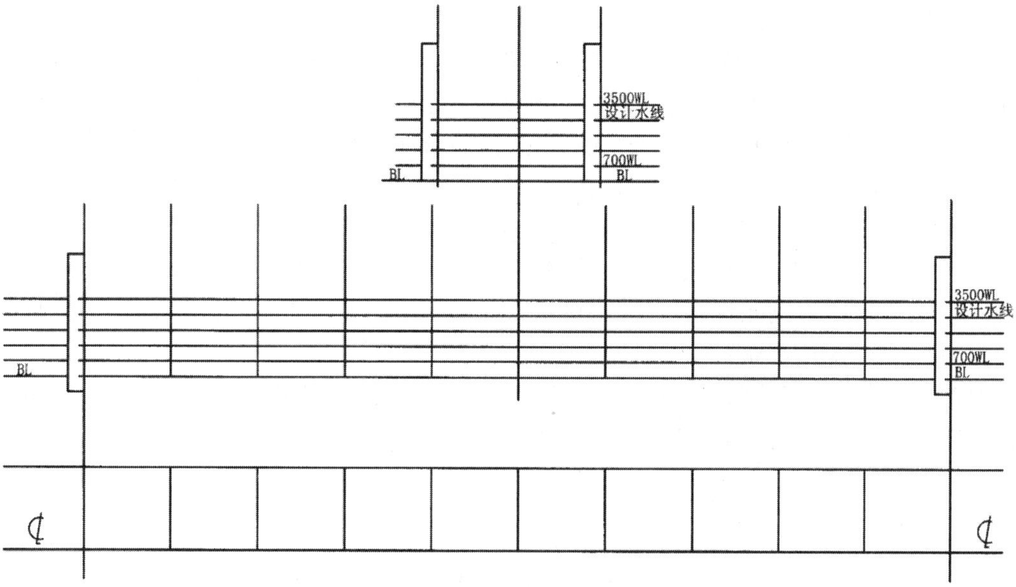

图 4-3-4 绘制格子线(三)

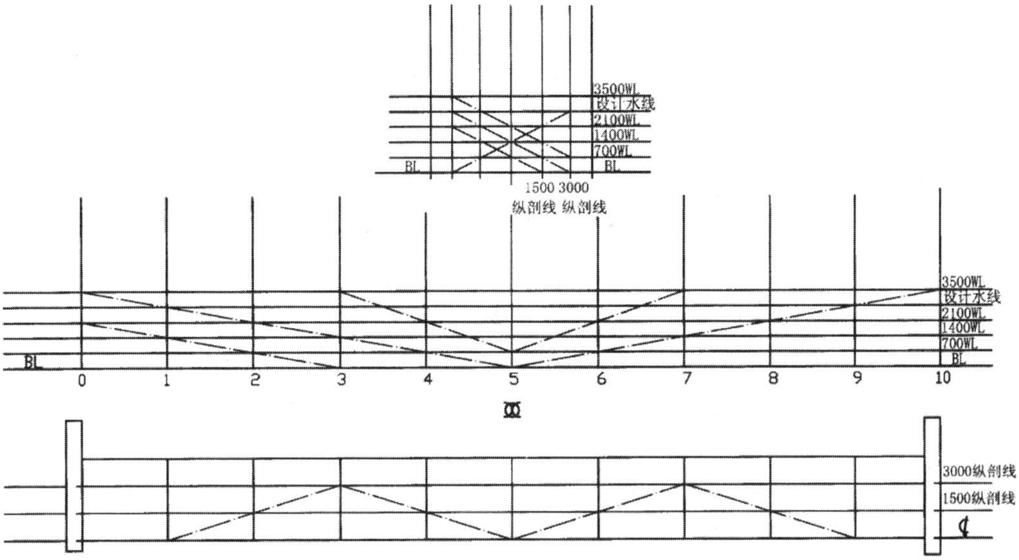

图 4-3-5 绘制格子线(四)

(8)检验格子线

格子线底稿画好后,需对其精度进行检验。格子线的检验可从以下两方面进行:

①检验对应的格子线间距在三个视图中是否相等,即纵剖线图与半宽水线图的站距是否相等;半宽水线图与横剖线图的纵剖线间距是否相等;横剖线图与纵剖线图的水线间距是否相等。

②检验格子线的平行和垂直。由于纵剖线之间、站线之间及水线之间的间距各自相等,相互又都垂直或平行,所以格子线可以看作由许多矩形组成。根据矩形对角线必通过两中线交点的原理,格子线的平行和垂直可用对角线法来检验,如图 4-3-5 所示。

(9)格子线上墨

为了避免绘制型线时因修改型线而将格子线擦掉,格子线需要上墨线。为了便于识别,通常设计水线、船体中线和基线用红色墨水绘制,其他线条用蓝色墨水绘制。为了保证型线图的精确性,格子线要尽量画得匀细,通常线条宽度不超过 0.1 mm,墨线与铅笔线在底稿必须重合,以免破坏格子线的精度。墨线上完后,用铅笔写上格子线的编号,以免绘制型线时搞错。

3. 绘制型线

(1)绘制纵剖线图的龙骨线及船首轮廓线与船尾轮廓线

如果是水平龙骨,则龙骨线与基线重合,不必专门绘制(本例为水平龙骨)。如果是倾斜龙骨,则龙骨线根据所给倾斜尺寸绘制。

船首轮廓线与船尾轮廓线可根据提供的有关尺寸,用比例尺量取,得各点,再用船用曲线板光顺连接各点,得船首轮廓线与船尾轮廓线,如图 4-3-6 所示。

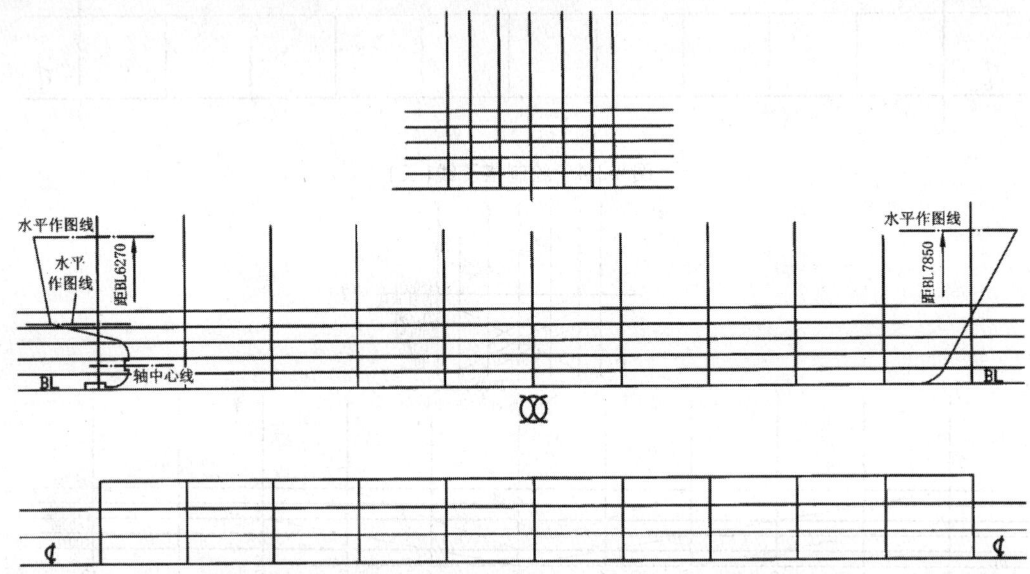

图 4-3-6　绘制纵剖线图的龙骨线及艏、艉轮廓线

(2)绘制纵剖线图的外板顶线和舷墙顶线

根据型值表右边部分外板顶线和舷墙顶线纵栏的高度值,用比例尺沿纵剖线图的每根站线从基线向上量取其型值,得外板顶线和舷墙顶线上各点。利用压条或曲线板光顺连接各点,得纵剖线图的外板顶线和舷墙顶线,如图 4-3-7 所示。

(3)绘制半宽水线图的外板顶线和舷墙顶线

根据型值表左边部分外板顶线和舷墙顶线的半宽值,用比例尺沿各站线量取型值,得外板顶线、舷墙顶线与各横剖线的交点在半宽水线图上的投影。外板顶线、舷墙顶线与船体中线的交点,可根据投影规律从纵剖线图中求得,如图 4-3-8 所示。

再根据型线艏端的圆弧半径和艉端形状的有关尺寸(或艉端圆弧半径)画出艏端圆弧和艉端形状(或艉端圆弧),然后用压条压出曲线并与艏端圆弧相切(若艉端也为圆弧时,也应与艉端圆弧相切)。待检查光顺后,画出曲线。

(4)绘制横剖线图的外板型表面投影

①绘制外板顶线、舷墙顶线

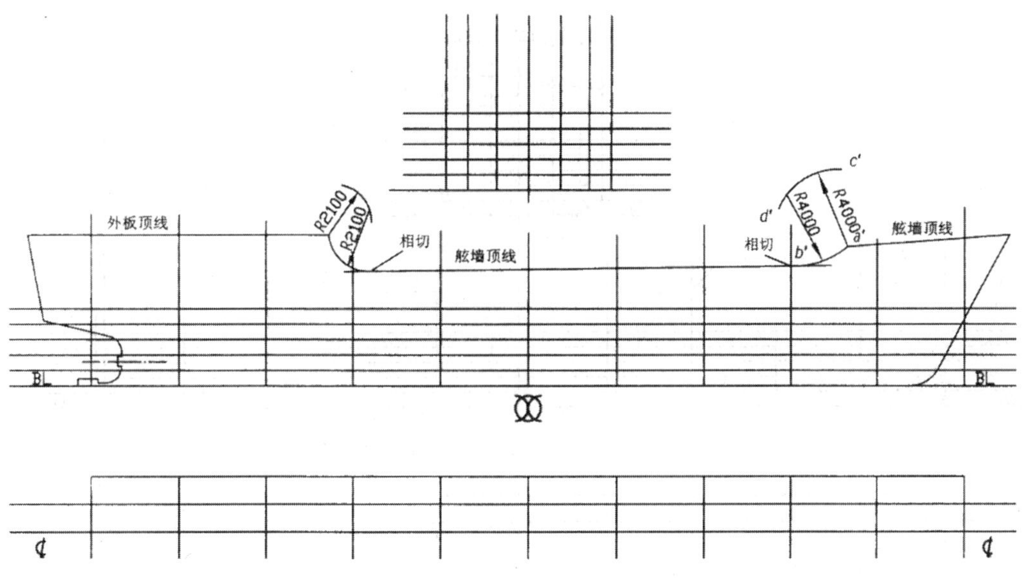

图 4-3-7 绘制纵剖线图的外板顶线和舷墙顶线

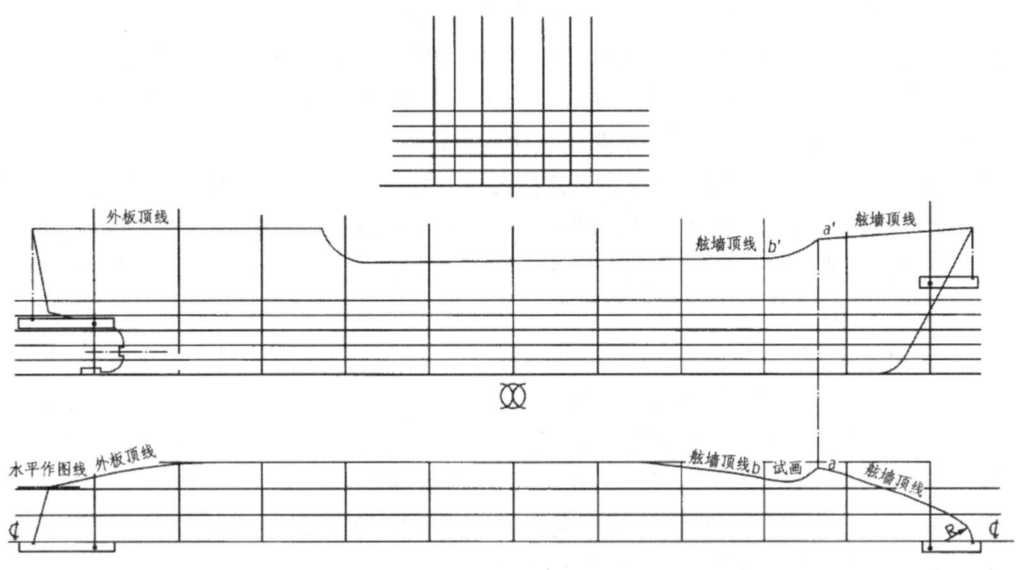

图 4-3-8 绘制半宽水线图的外板顶线和舷墙顶线

横剖线图中的外板顶线、舷墙顶线与各横剖线的交点虽可根据型值表提供的半宽值和高度值作出，但此处已不可再根据这两部分型值作点，因为这两部分型值已在纵剖线图和半宽水线图中用比例尺量取过。在绘制型线图时，凡已用比例尺量过一次的型值，不能再量第二次，其原因是为了保证型线的投影一致性。因为第一次量取的型值，可能在连接曲线时，为满足曲线的光顺性而做了修改。如果第二次仍用型值表中的型值量取，会使两个视图中同一点的型值不相等，而使该点的投影不一致。再则，即使第一次量取的型值在绘制曲线时没有修改，第二次也不能按型值表用比例尺量取，因为用比例尺量取尺寸时，其末位数字的读数，常是目测估计的，如果两次都用比例尺量取，则前、后两次估计的读数往往会有误差，从而造成点的投影不一致。为了确保型线图的精度，对于这部分需要的型值必须使用纸条在第一次量取型值后

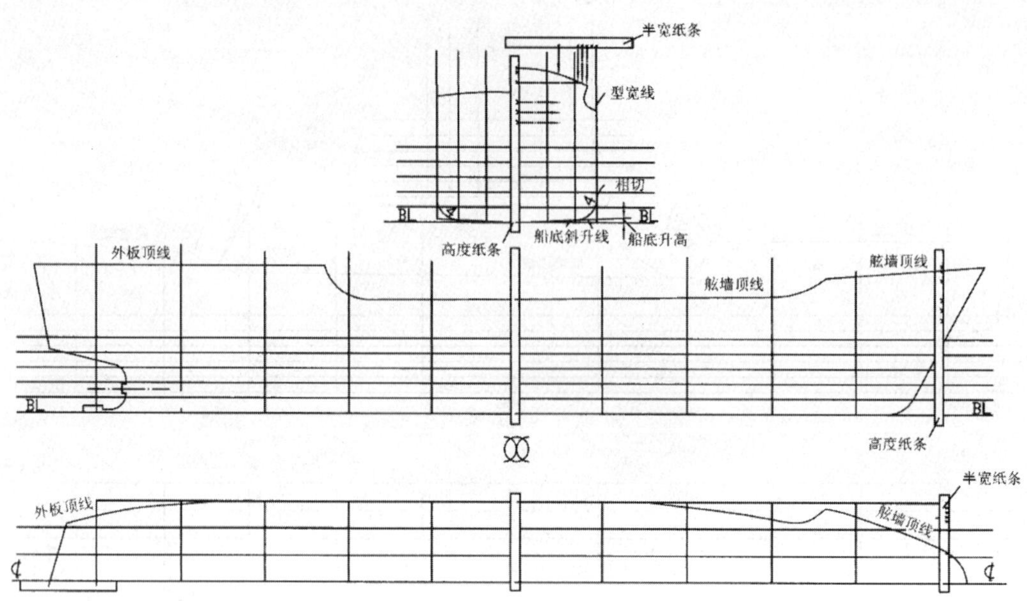

图 4-3-9 绘制横剖线图的外板型表面投影

已绘好的型线的相应点上移取。绘制横剖线图的外板顶线和舷墙顶线时,其高度值可用纸条在纵剖线图上量取;其半宽值则用纸条在半宽水线图上量取,分别记下编号,然后把纸条搬移至横剖线图上,定出各点。外板顶线及舷墙顶线与船体中线的交点可根据投影规律由纵剖线图上得到,如图 4-3-9 所示。用曲线板光顺连接各点,得横剖线的外板顶线和舷墙顶线。

舷墙顶线高低过渡曲线的画法是:根据纵剖线图上突变点 a' 和切点 b' 的高度值及半宽水线图上 a、b 的半宽值求得横剖线图上的 a''、b''。然后在纵剖线图的过渡圆弧线上任定一点 c',根据投影规律在半宽水线图上求得 c 点,并由 c、c' 两点按点的投影规律在横剖线图上求得 c'',将 $a''c''b''$ 连成光顺曲线,如图 4-3-10 所示。如果通过 c'' 不能使 $a''c''b''$ 连成光顺曲线时,则可使 c'' 的高度值不变,而修改其半宽值,使 $a''c''b''$ 曲线光顺。然后根据光顺曲线上的 c'' 的半宽值修改半宽水线图上的 c 点,画出 acb 曲线。如果 acb 曲线也不能连成光顺时,则可再放弃 c 点而将曲线连接光顺,再根据新的 c 点半宽值修改横剖线图中的 c'' 点,这样反复修改直至两视图中的曲线光顺,投影一致为止。在纵剖线图的过渡圆弧上定的点多,绘制的过渡曲线的精度就高。由于过渡曲线通常较短,所以一般定出 1 ~ 2 点即可。

②绘制 W 面的转向轮廓线

从图 4-3-1 提供的型值表可知:本船 4 号横剖线在各水线及甲板处的半宽型值最大,所以外板型表面对 W 面的转向轮廓线的投影通常可以认为与 4 号横剖线一致。根据型值表左边部分 4 号横剖线横栏中的半宽值,在横剖线图上用比例尺沿各水线量取,得 4 号横剖线与各水线的交点。再根据舯部升高值(本船为 200 mm)作船底斜升线(如无升高,则船底与基线重合)。用曲线板光顺连接各点,并使曲线与船底斜升线和型宽线(舷侧为直壁式时)相切,如图 4-3-10 所示。

(5)绘制甲板边线

①绘制纵剖线图的甲板边线

根据型值表右边部分甲板边线(包括上甲板边线、艏楼甲板边线、艉楼甲板边线)纵栏的

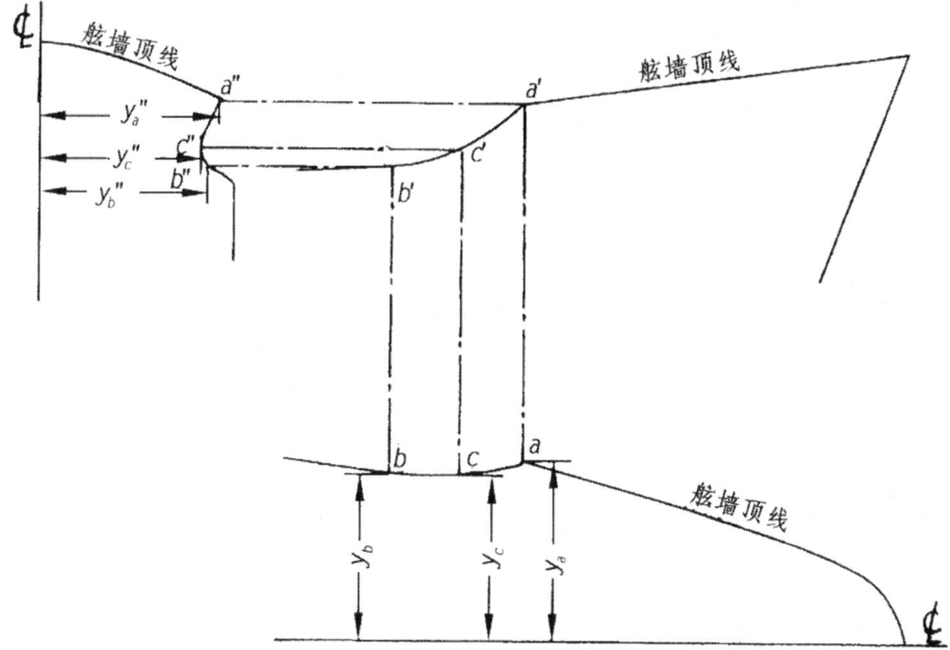

图 4-3-10 舷墙顶线中过渡曲线的投影

高度值，用比例尺沿每根站线量取型值，得甲板边线与各横剖线的交点在纵剖线图上的投影。光顺连接各点，得纵剖线图的甲板边线，如图 4-3-11 所示。

②绘制半宽水线图的甲板边线

用比例尺沿着各站线量取甲板边线的半宽值（由型值表左边部分纵栏提供），得甲板边线与各横剖线的交点在半宽水线图上的投影。甲板边线与船体中线的交点，可根据投影规律从其剖线图中求得，如图 4-3-11 所示。再根据甲板边线艏端的圆弧半径和艉端形状的有关尺寸（或艉端圆弧半径）画出艏端圆弧和艉端形状（或艉端圆弧），然后用压条压出曲线并与艏端圆弧相切（若艉端为圆弧时，也应与艉端圆弧相切）。待检查光顺后，画出曲线。

③绘制横剖线图的甲板边线

甲板边线与横剖线交点的高度值用纸条在纵剖线图上量取，半宽值在半宽水线图中量取，并分别记下编号。然后把纸条搬移至横剖线图上，定出各点，甲板边线与船体中线的交点可根据投影规律由纵剖线图中得到。用曲线板光顺连接各点，得横剖线图的甲板边线，如图 4-3-11 所示。

（6）绘制半宽水线图中的设计水线

设计水线的形状对船舶航行性能有较大影响，一般不可轻易改动它的型值。具体画法如下：用比例尺沿着各站线量取设计水线的半宽值，得设计水线与各横剖线的交点在半水线图上的投影。设计水线与船体中线的交点，可从纵剖线图中投影求得，如图 4-3-11 所示。再根据设计水线艏端与艉端圆弧半径画出艏端与艉端圆弧然后用压条压出曲线并与艏端和艉端圆弧相切，待检查光顺后，画出曲线。

（7）绘制横剖线图中的各横剖线

用比例尺沿各水线量取横剖线与各水线交点的半宽值，沿各纵剖线量取横剖线与各纵剖

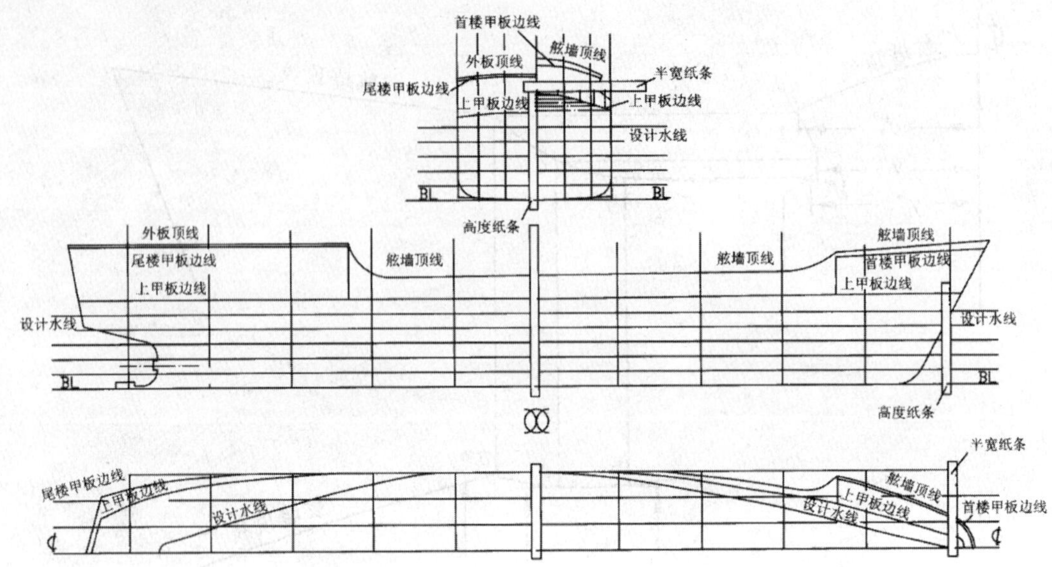

图 4-3-11　绘制甲板边线和设计水线

线交点的高度值，得横剖线与水线、纵剖线的交点；横剖线与设计水线的交点，用纸条在半宽水线图中移取；与船体中线的交点，由纵剖线图中的相应站线与中纵剖线的交点确定；与外板顶线、舷墙顶线、甲板边线的交点已经得到。用曲线板光顺连接各点，得横剖线图中的各横剖线，如图 4-3-12 所示。

当横剖线各点不能连成光顺曲线时，必须修改某些点的型值，使型线光顺。修改时，横剖线与设计水线交点的型值一般不允许修改，因为设计水线的型值修改后，会引起水线面面积系数的改变，从而影响船舶航行性能。

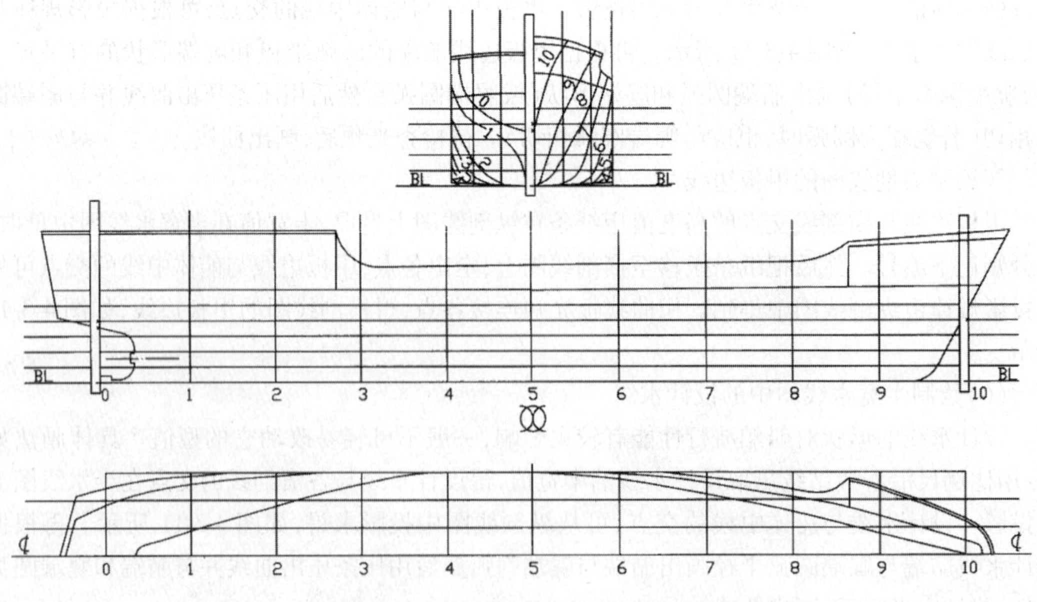

图 4-3-12　绘制横剖线图中的各横剖线

(8)绘制半宽水线图中的各水线

用纸条在横剖线图中将水线与各横剖线交点的半宽值量下，移至半宽水线图中相应的站线上（制作纸条时，可以每根水线作一条）。水线与船体中线的交点，可以根据投影规律在纵剖线图上用纸条移取。然后根据水线艏圆弧与艉圆弧半径作出圆弧（或根据有关尺寸作出艉端形状），用压条压出曲线并与艏圆弧与艉圆弧相切，待检查光顺后画出曲线，如图 4-3-13 所示。

如果水线上各点不能连成光顺曲线，则需要修改不光顺处某些点的型值，以使型线光顺。但这些点的型值变动，将引起横剖线图中横剖线相应点的型值变化，从而可能影响横剖线的光顺性。为此，修改时应从全局考虑，既要保证水线的光顺，又要保证横剖线的光顺。同时，还要满足它们之间的投影一致性。

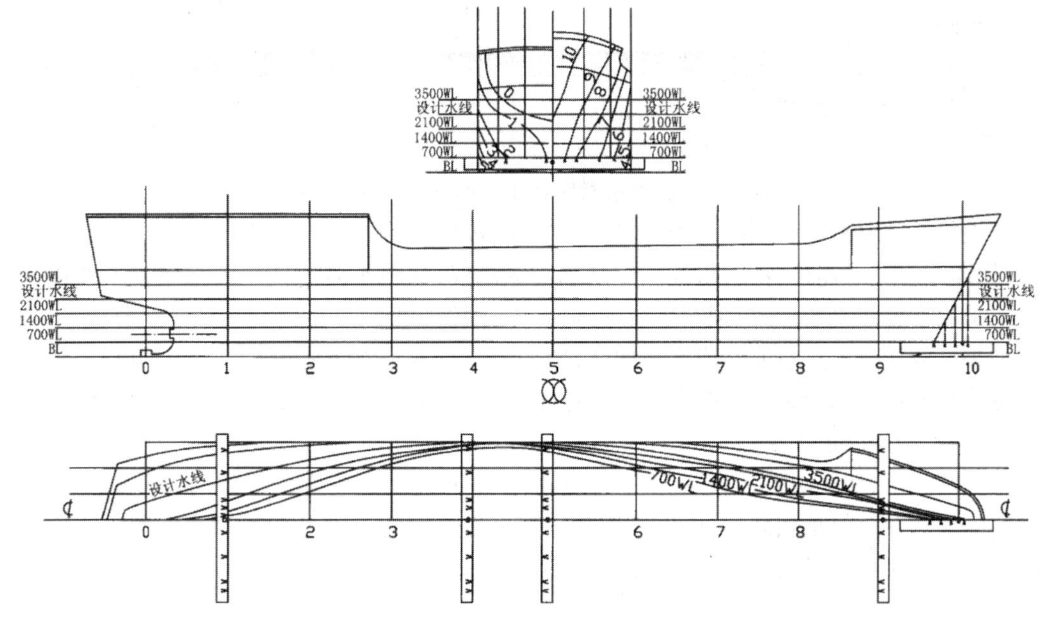

图 4-3-13　绘制半宽水线图中的各水线

(9)绘制艉封板曲线

艉封板与外板型表面的交线称为艉封板曲线。本例画法如下：

①半宽水线图中，艉封板曲线与外板顶线、甲板边线、水线的交点已在作图步骤(1)、(5)、(8)得到。与船体中线的交点，可根据投影规律，由纵剖线图上量取。用曲线板光顺连接各点，得艉封板曲线在半宽水线图中的投影，如图 4-3-14 所示。

②用纸条在半宽水线图中分别移取艉封板曲线与外板顶线、甲板边线和水线交点的半宽值和长度值。然后将半宽型值纸条移至横剖线图，在外板顶线、相应的甲板边线和水线上得艉封板曲线各点，与船体中线的交点，可根据投影规律由纵剖线图上量取。用曲线板连接各点得艉封板曲线在横剖线图上的投影；然后再将长度型值纸条移至纵剖线图，在外板顶线、相应的甲板边线和水线上得艉封板曲线各点。用曲线板光顺连接各点，得艉封板曲线在纵剖线上的投影，如图 4-3-14 所示。

(10)绘制纵剖线图中的各纵剖线

用纸条将横剖线图中纵剖线与各横剖线、艉封板曲线交点的高度值移至纵剖线图中相应的站线和艉封板曲线上；再用纸条将半宽水线图中纵剖线与各水线、甲板边线、外板顶线、舷墙

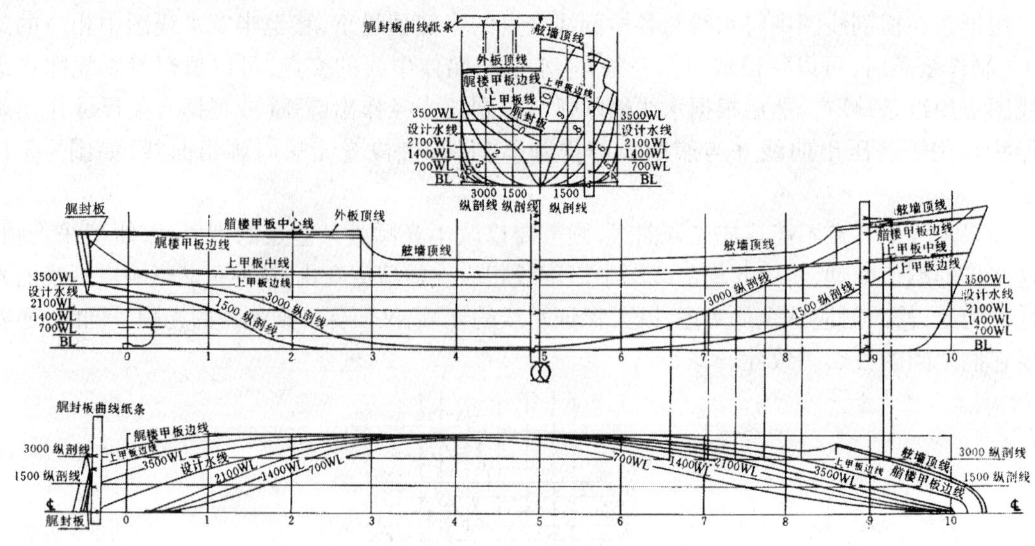

图 4-3-14　绘制艉封板曲线和纵剖线图上各纵剖线

顶线交点的长度值移至纵剖线图中相应的水线、甲板边线、外板顶线、舷墙顶线上，得纵剖线上各点，用曲线板光顺连接各点，得纵剖线图上的纵剖线，如图 4-3-14 所示。如果横剖线图与纵剖线图采用重叠布置的形式，则纵剖线画到横剖线图处中断。

如果纵剖线上各点不能连成光顺曲线，则需要修改不光顺处某些点的型值，并以修改后的型值修改横剖线图和半宽水线图中相应点的型值，使有关型线都能光顺。

(11)绘制梁拱线

一般情况下，型线图中不表示梁拱线，但根据甲板边线绘制甲板中线时，需利用梁拱线。梁拱线的形状在全船是相同的，所以通常只绘制出甲板宽度最大处的梁拱线即可。梁拱线的绘制多用近似抛物线形状的梁拱线画法，如图 4-3-15 所示。

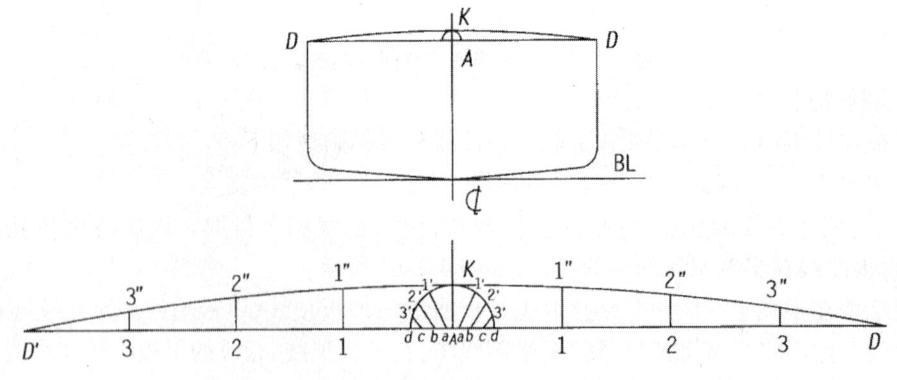

图 4-3-15　梁拱线的画法

(12)绘制纵剖线图上的甲板中心线

甲板中心线是中纵剖面与甲板型表面的交线，可根据甲板边线作出，因为甲板在横向具有梁拱，所以在任一站线处，甲板中心线的点与甲板边线的点相差一个高度，如图 4-3-16 所示。不同站线处，由于甲板宽度不同，高度差也不同，只需求出不同站线处的高度差，即可根据甲板边线作出甲板中心线。具体作图步骤如下：

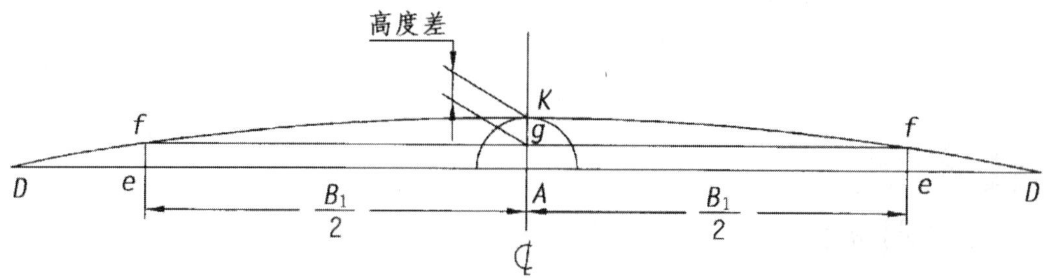

图 4-3-16 求作甲板中心线与甲板边线的高度差

①求各站处甲板中线与甲板边线的高度差：以 7 号横剖线为例，假设 7 号横剖线的甲板宽为 B_1。在所作的梁拱线上自 A 点沿 DD 线段量取 $B_1/2$ 距离得 e 点，过 e 点作 DD 线的垂线，交梁拱线于 f，过 f 点作 DD 线的平行线交船体中线于 g，则 Kg 即为 7 号横剖线处甲板中心线与甲板边线的高度差。

②在纵剖线图中，沿各站线自甲板边线向上量取相应的高度差，得甲板中线各点，用压条光顺连接，得纵剖线图上的甲板中线，如图 4-3-14 所示。

知识点 2 型线图的检验

【高阶】

型线绘制结束后，需要对型线的精确性进行检验。型线的精确性体现在型线的光顺性、协调性和投影一致性三方面，通常就从这三方面进行检验。

1. 光顺性

型线的光顺性是指各型线的曲率应缓慢变化，不应有局部凹凸起伏和突变现象存在。单根型线的光顺性通过目测加以检验。检验时，从型线的端部沿着型线的变化方向观察，看其否光顺。

2. 协调性

型线的协调性是指同组型线间的间距大小应该有规律地变化，不应有时大时小的现象存在。船体型线变化的特点：沿船长方向，中部变化比较平缓；艏端与艉端型线变化较大；沿船深方向，底部型线变化较大。因此，反映在横剖线图中，站距相等的相邻两横剖线的间距，船首与船尾部大，船中部小。

3. 投影一致性

型线的投影一致性是指型线上任一点在三视图中的投影应符合点的投影规律。对型线投影一致性进行检验时，通常主要检验型线交点在三视图中的投影是否符合投影规律。

产生型线不光顺、不协调和投影不一致的主要原因：图中量取型值时可能有错误；连接曲线时没有通过规定的点；格子线作得不够准确；型值可能有错误；用曲线板分段连接曲线时，两段间的连接不好等。

当发现型线有不光顺、不协调及投影不一致时，必须找出原因进行修正。

任务四
总布置图的识读

● 能力目标

能正确识读总布置图。

● 知识目标

(1)了解总布置图表达方法的特点;
(2)掌握总布置图的识读方法;
(3)了解总布置图的绘制方法。

● 情感目标

(1)培养学生的统筹解决问题的能力;
(2)养成多思勤练的学习作风;
(3)培养良好的沟通能力。

任务引入

(1)整艘船舶的外形如何?
(2)船舶各舱室如何布置的?

任务解析

总布置图是表示全船总体布置的图样,它比较集中地反映了船舶的种类、使用功能、技术性能、经济性能,是重要的全船性基本图样之一。它的主要用途有:

①表示船舶上层建筑的形式,舱室的划分,主要机械、设备、门窗、扶梯、通道等的布置情况。

②进行其他设计和计算的依据:如进行全船质量和质心位置计算,船舶设备和结构设计等的依据。

③作为绘制其他图样的依据:如绘制各类设备、系统布置图;门、窗、扶梯布置图;木作、绝缘布置图等的依据。

④在施工时,可作为对舾装工作的指导性图样,并能起到协调各机械、设备的相互关系的作用。

相关知识

知识点1 总布置图表达方法的特点

【初阶】

总布置图表达的内容涉及面广、种类繁多,包括船型、船舶布置形式、船舶造型形式;各种设备设施;各种船舶舱室属具,如门窗、梯盖等。如果这一切内容都按正投影方式表达,图纸必然过大,既不便于使用,也不容易绘制。因此,一般采用小比例绘图。为了表达清晰、完整,又便于绘制和识读,总布置图采用了图形符号和省略标注尺寸的特殊表示方法。附图2为某6 800DWT多用途船的总布置图。

1. 图形符号表示法

船用的各种设备、家具、门、窗、舱口盖、栏杆、灯具及绝缘敷料等,在总布置图中都采用形象化的图形符号表达。图形符号由GB/T3894－2008《造船 船舶布置图中元件表示法》具体规定。该标准对图形符号的尺寸没有具体规定,绘图时需要根据表达的设备、家具等的外形比例绘制。凡是标准未提到的各种设备或属具,可采用与实际形状相似的图形符号来表示。

2. 不直接标注尺寸

为了详尽地表达出所表达的内容,又使图面保持清晰,总布置图中通常不标注具体尺寸。机械、设备、用具的精确尺寸由设备明细表或其他专用图样提供。机械、设备、用具等在船体的定位尺寸,船长方向由肋位号确定,船宽方向以中线面为基准,船深方向由其所在的甲板、平台确定。具体的尺寸数字以及船体外形轮廓的尺寸,需要时可按比例从图中直接量取。

知识点2 总布置图组成和画法

【中阶】

总布置图的视图有侧面图、以各甲板功能命名的甲板图或平台图和舱底图等。除侧面图外,都要在视图的上方标注甲板或舱底的名称即视图名称,便于配合侧面图读图。

1. 侧面图

侧面图是从船舶右舷外侧向正投影面投影所得的视图,故称侧面图。侧面图是总布置图的主视图,它表达的基本内容包括:

(1)表示了船舶侧面外貌:具体来说,表示了艏段与艉段轮廓、龙骨线和舷墙的形状,上层建筑的形式、船型、舵和推进器的类型以及舷窗、烟囱、桅的设置等。

(2)表达了主要舱室划分的概况:船体内部空间由内底板、甲板、平台分成若干层,每层空间又由舱壁或围壁划分成不同用途的舱室。根据内底板、甲板、平台、舱壁或围壁的数量及设置位置可确定舱室划分的情况,以及这些舱室在船长和船深方向的具体位置。侧面图主要表示出船体内舱室的划分概况。

(3)表达了船舶设备布置的概况:通常在侧面图中可以看到锚、系泊、救生、起货、舵等设备的布置概况。

(4)表达了门、窗、扶梯等布置概况：对于舱室和设备较多的船舶，如舰艇、大型客船等，为了比较清晰地表示船体内部的布置，常以中纵剖视图代替侧面图，或者另画中纵剖视图加以表达。

图4-4-1所示为某6 800DWT多用途船的侧面图。

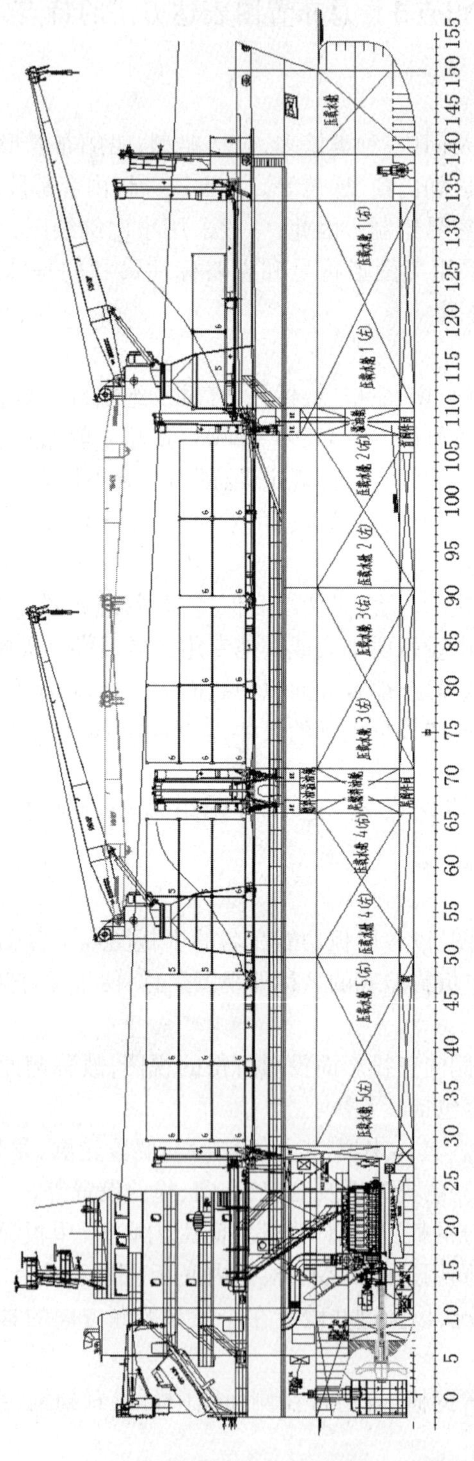

图4-4-1　某6 800DWT多用途船侧面图

2. 甲板和平台图

甲板、平台平面图是总布置的俯视图。它们是沿上一层甲板、平台的下表面剖切后,向该甲板、平台投影而得到的视图,对于最上层甲板或平台则是从其上方向 H 投影面俯视。如图 4-4-2 所示,驾驶甲板平面图就沿罗经甲板下表面剖切船体后,将驾驶甲板及其上方的有关布置进行投影而得到的视图。其余甲板、平台平面图形的所得,以此类推。它们表示的是该甲板、平台到上一层甲板、平台之间整个空间的布置情况。甲板、平台平面图通常绘制在侧面图的下方,且按甲板、平台的位置,从上而下排列,如附图 1 所示。甲板、平台平面图表达的基本内容:

(1)甲板或平台上,舱室划分、舱内设备、用具等布置的情况以及这些舱室和设备、用具等在船长和船宽方向的位置。

(2)甲板或平台上,舱室外船舶设备、机械的布置情况以及这些设备、机械在船长和船宽方向的位置。

(3)甲板或平台上,通道、门、窗、扶梯等的布置。

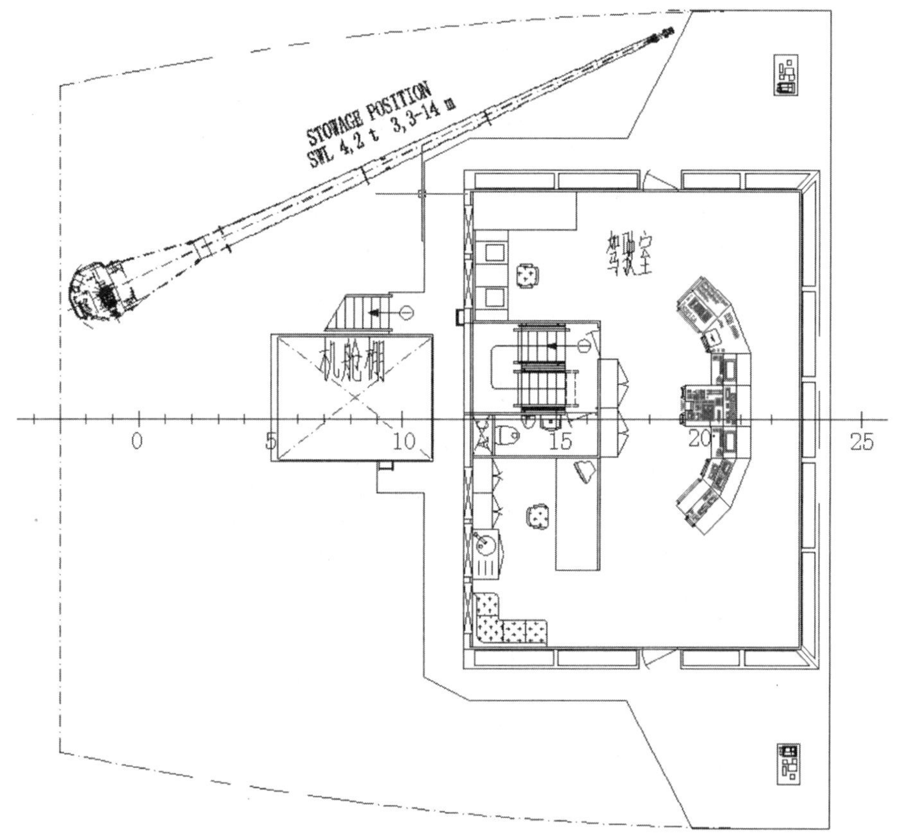

图 4-4-2 驾驶甲板图

3. 舱底图

舱底图是沿最下层甲板或平台下表面剖切船体后而得到的俯视图,它绘制在图样的最下方,如附图 2 所示。舱底平面图表达的基本内容如下:

(1)对双层底部分:表示了双层底上面的舱室、设备布置的情况以及双层底空间液舱布置的情况。

(2)对单底部分:表示了船底构件上方舱室、设备布置的情况。

对于舱室、设备繁多的船舶,为了把主要舱室中的设备等表达清楚,有时还绘制横剖面图。横剖面图是在主要舱室部位用横向平面剖切船体,然后把剖切平面附近的设备和船体构件向 V 面投影而得到的视图。对于各种设备不论是否被剖切到,也只画外形轮廓投影。

总布置图的侧面图、甲板平面图、平台平面图、舱底平面图从不同方向反映了船舶总体布置情况,它们之间保持着对应的投影关系。

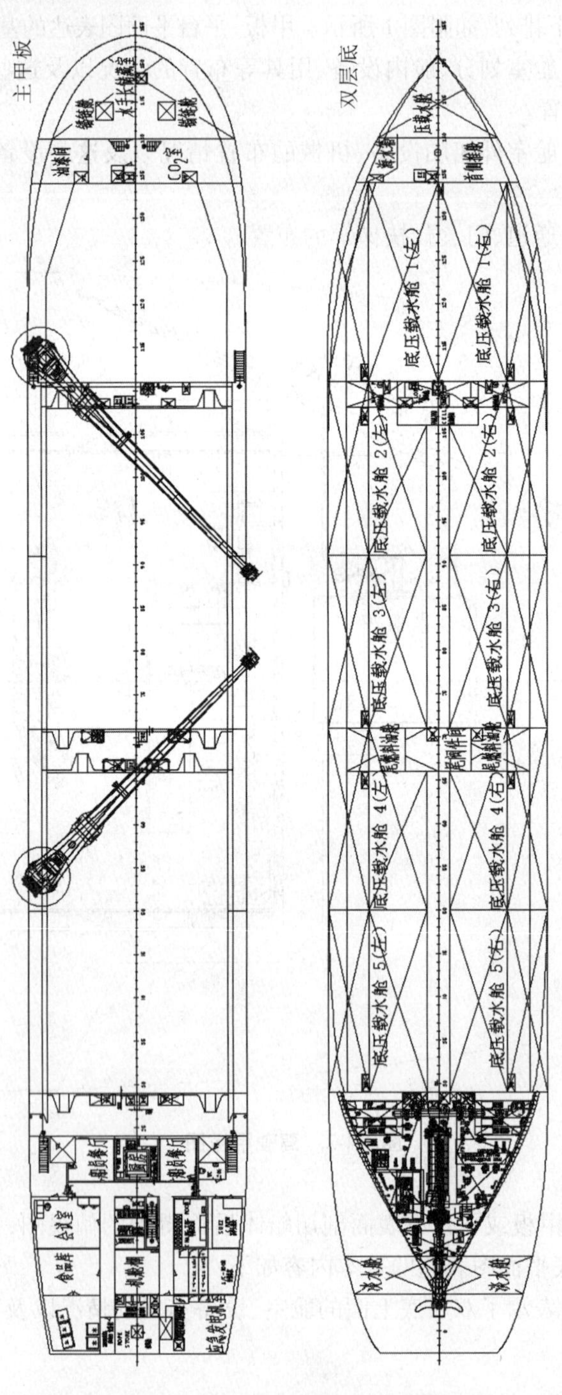

图 4-4-3　某 6 800DWT 多用途船的主甲板图和双层底图

知识点3 识读总布置图

【中阶】

识读总布置图主要是了解船舶的类型、大小和主要技术性能，船体内舱室的划分和布置，各种机械、设备的组成、数量、布置和它们的相互关系。下面以附图2为例说明其识读方法。

1. 识读标题栏和主要量度栏

识读标题栏和主要量度栏的目的是了解船舶的类型、大小及主要技术性能情况。本船为6 800DWT多用途船，总长107.00 m，垂线间长103.00 m，型宽18.20 m，型深10.50 m，设计吃水7.10 m，货舱舱容12 100CBM，航速13.00 kn，主机输出功率3 840 kW。

2. 识读侧面图

识读侧面图的目的主要是了解船体的外貌、主船体舱室划分、上层建筑的形式及甲板设备的布置情况。一般可由下而上、由艉向艏的顺序识读。

(1)了解船舶外貌

本船为球鼻艏型，单机、单桨、单舵的艉机型船。设有艏楼和艉楼，艉楼上有烟囱、雷达天线、信号灯及桅杆，艏楼设有桅杆及信号灯。本船设有两个克令吊。

(2)了解船体内舱室划分情况

从侧面图可以看出，在船长方向由#5、#10、#29、#50、#66、#71、#91、#108、#111、#134、#140、#151等12道横舱壁将船体划分为艉尖舱、淡水舱、机舱、#3货舱、#2货舱、#1货舱、燃料油溢油舱、泵舱、压载水舱等舱室。在船深方向上由内底板、平台甲板、二甲板和主甲板将船体分为双层底、船舱和甲板间舱，双层底设在#29～#134肋位设置。

(3)了解上层建筑内舱室划分情况

本船设有艉楼和艏楼，艉楼设于船尾至#24肋位之间，由艉楼甲板、第一上层建筑甲板、第二上层建筑甲板、驾驶甲板和罗经甲板分成五层空间。各层间都布置有舱室和设备，如艉楼甲板和第一上层建筑甲板的空间里，由围壁划分为机舱棚、安全用品储藏室、医务室、船员房间等舱室。艏楼设于#134肋位至船首，分有缆绳舱、绑扎设备储存舱、油漆间、二氧化碳储存室、锚链舱等舱室。

(4)了解甲板设备布置情况

艏楼甲板设有锚设备和系泊设备，艉楼甲板设有系泊设备、第一上层建筑甲板和第二上层建筑甲板处设有救生艇、救生筏，罗经甲板上有雷达、罗经等设备。各种设备的详细布置情况可与相应的甲板或平台图联系起来看。

3. 详细了解全船的布置情况

详细了解全船布置情况，可以逐层甲板、逐个舱室根据甲板平面图、平台平面图和舱底平面图对照侧面图进行详细阅读。也可以根据需要，对某一种设备或某一部分内容进行详细阅读。不论是全面了解，还是根据需要局部了解，在阅读时必须使平面图与侧面图、平面图与平面图配合起来，相互对照，这样才能全面了解布置情况。现举例说明读图方法。

(1)了解锚设备和系泊设备的布置

锚设备和系泊设备在艏楼甲板上，如图4-4-4所示。从平面图可以看出，锚设备包括起锚机1、锚链、导链轮3、止链器、锚4，分别位于左、右舷，沿船中对称布置。系泊设备由绞缆机1、双柱带缆桩2、导缆孔5组成,分别沿船中对称布置。

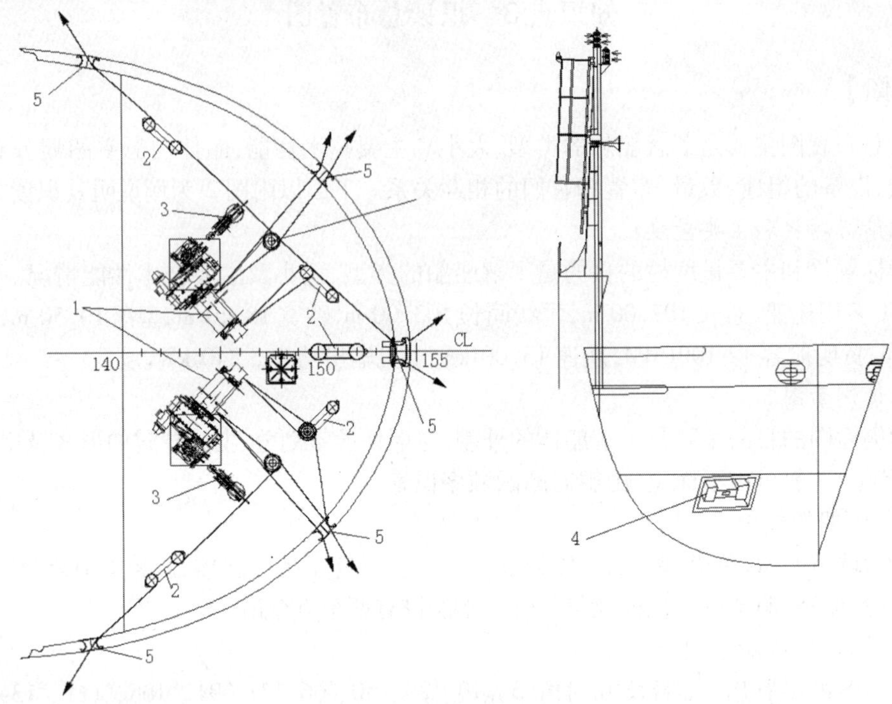

图4-4-4　锚及系泊设备

(2)了解船员房间布置

主要了解房间内家具设备、门窗位置等的布置。如图4-4-5所示为位于第一上层建筑甲板的大管轮室。该房间布置在#11肋位~#19肋位之间,有门1、书桌2、书柜3、床头柜4、床5、座椅6、沙发7、茶几8、卫生间9、衣柜10等,具体布置情况如图4-4-5所示。

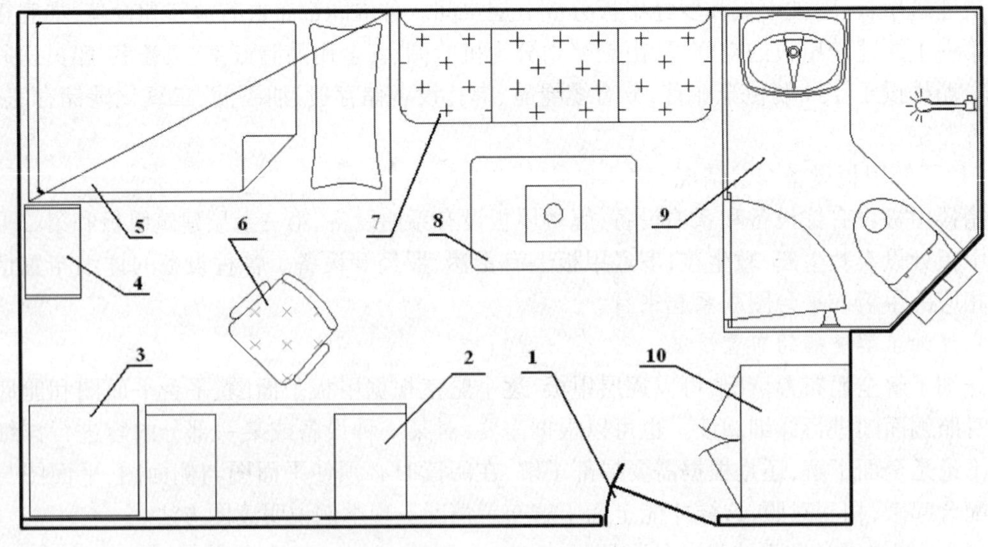

图4-4-5　大管轮室的布置

(3)机舱的布置

图 4-4-6 所示为机舱的布置,自侧面图可以看出机舱位于#10 肋位 ~ #29 肋位之间,机舱内设有平台甲板和二甲板,有热油泄放舱、污油舱、燃料油沉淀舱、滑油循环舱、舱底水舱、油渣舱、燃油溢流舱等。其具体位置可由图中量取。

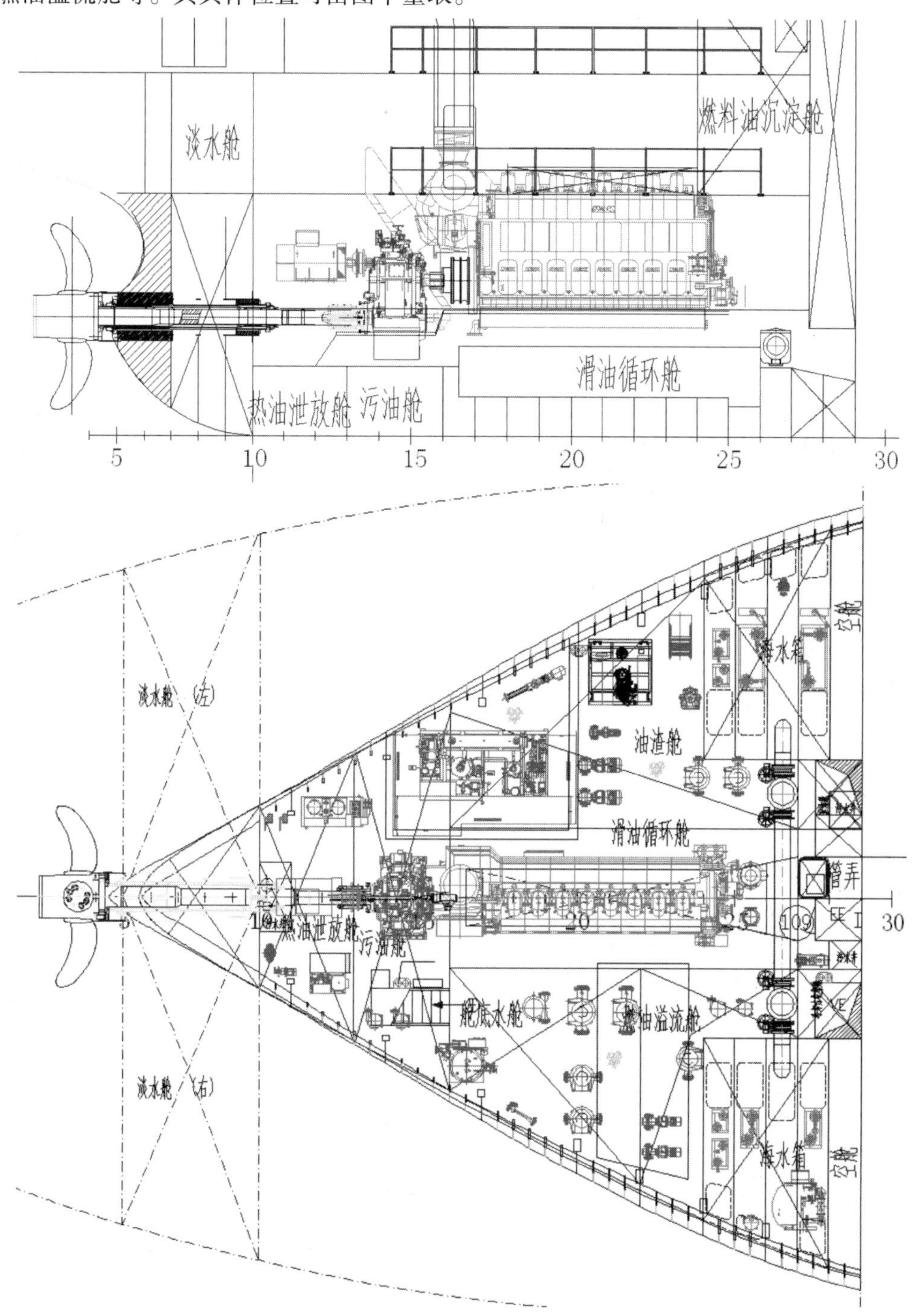

图 4-4-6　机舱舱室的划分及布置

项目五 船体节点图的识读与绘制

通过本项目的训练，学生应能了解船舶常用板材与型材的类别，掌握板材与型材的表达方法；了解船体典型节点的类别和特征，能绘制指定节点的节点图。

任务一 板材与常用型材的表达与绘制

● 能力目标

能正确阅读板材、型材连接图。

● 知识目标

(1)了解板材的画法和尺寸注法；

(2)了解常用型材的画法和尺寸注法；

(3)掌握板材、型材连接的画法。

● 情感目标

(1)养成多思勤练的学习作风；

(2)培养从生活中学习专业知识的扩展能力；

(3)培养良好的对照、比较能力。

任务引入

(1)船舶常用的板材如何表达?

(2)船舶常用的型材如何表达?

任务解析

现代金属船体基本上是由板材和各种型材加工组合而成,因此,要正确识读和绘制船体结构图纸,首先必须要掌握板材和各种型材的表达方法。

知识点1 板材的画法和尺寸注法

【初阶】

1. 板材的画法和尺寸注法

在船体结构图中,板材的可见轮廓用细实线表示。小比例(当板厚按比例缩小后小于或等于2 mm)时,因板材的厚度在图样上往往不能按比例画出,故规定:板厚投影的两条细实线的间距取为粗实线的宽度,板材的剖面用粗实线表示,即用涂黑代替剖面符号。板材的断裂处用波浪线或折断线表示。从板材断裂方向所得的视图,其画法与剖面画法相同,如表5-1-1所示。

表5-1-1 板材的画法和尺寸注法

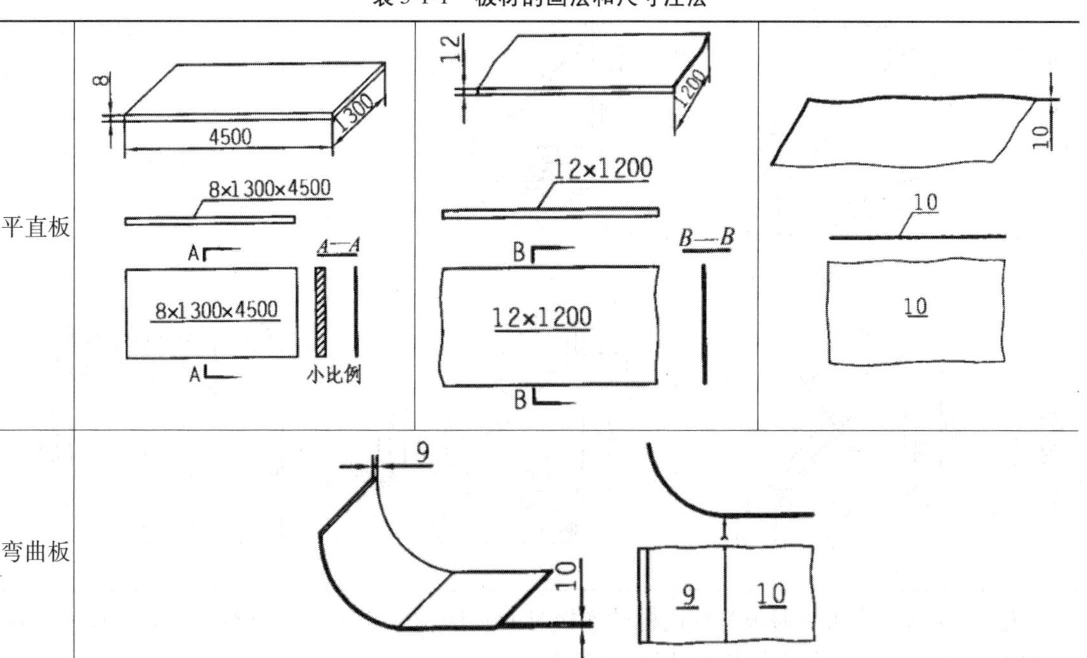

续表

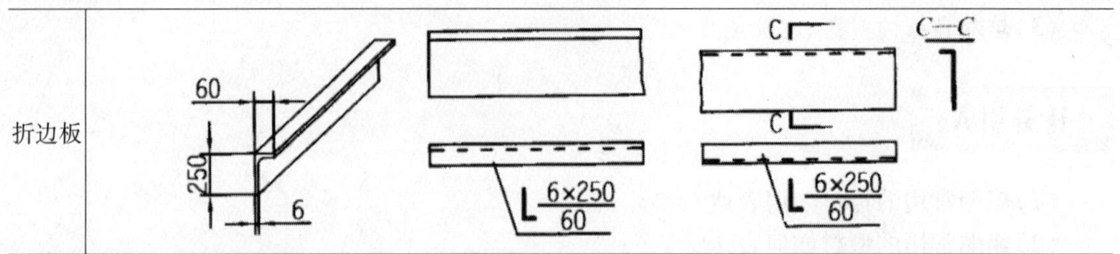

板材的尺寸以集中形式标注，尺寸数字可直接标写在视图内，亦可以标写在视图外，用引出线指向视图。折边板材的尺寸数字前面要标注折边符号“ ∟”。

2. 肘板的画法和尺寸注法

肘板由钢板加工而成，通常作为连接构件之用。其形式有无折边肘板、折边肘板、T型肘板几种，如表5-1-2所示。

表5-1-2　肘板画法和尺寸标注

	肘板形式	正投影图	小比例时简化画法
无折边肘板	15, 6, 250, 20, 15, 20, 250	15, 250, 20, 15, 20, 250, 6	6×250×250
折边肘板	15, 60, 250, 20, 15, 20, 250, 8	15, 250, 20, 15, 20, 250, 60, 8	∟ 8×250×250 / 60
T型肘板	15, 60, 300, 20, 15, 20, 300, 6	15, 8, 300, 20, 15, 20, 300, 60, 6	⊥ 6×300×300 / 8×60

表5-1-3所示为常见肘板与其他构件连接时的画法和尺寸注法。当不等边肘板尺寸集中标注时，应注出其中一条边的长度，以免引起误解。

表 5-1-3 肘板与其他构件连接的画法和尺寸注法

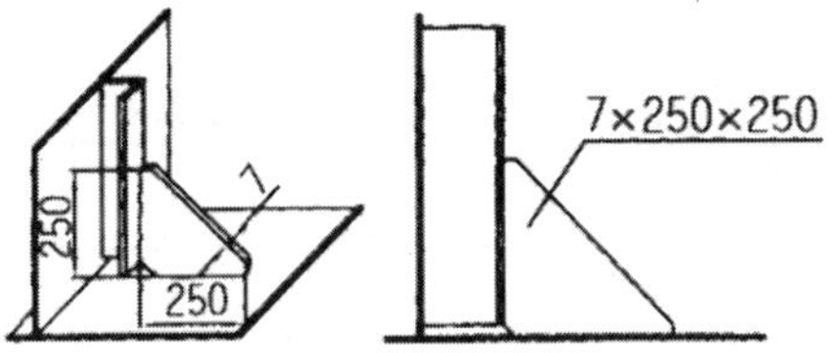

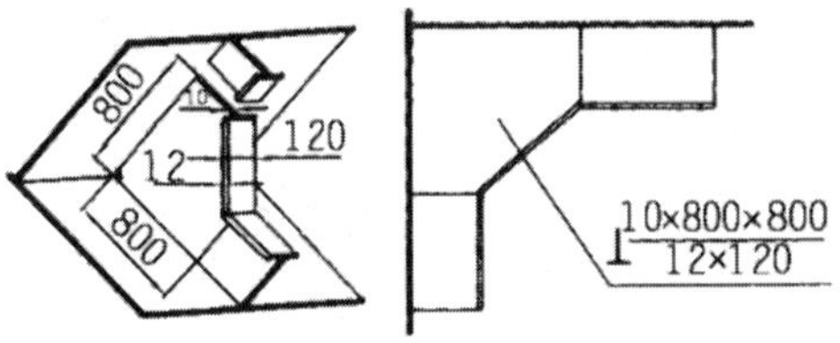

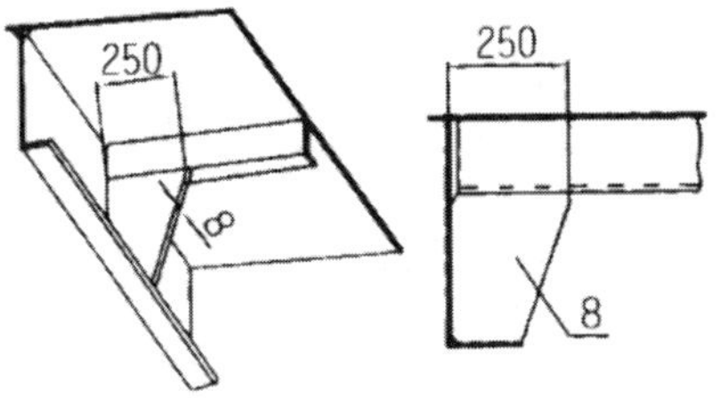

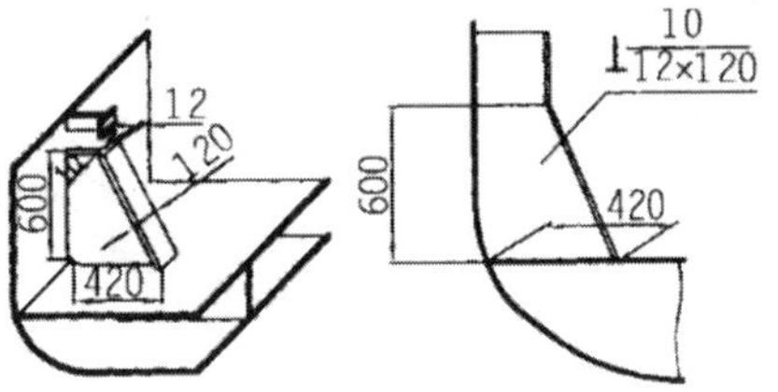

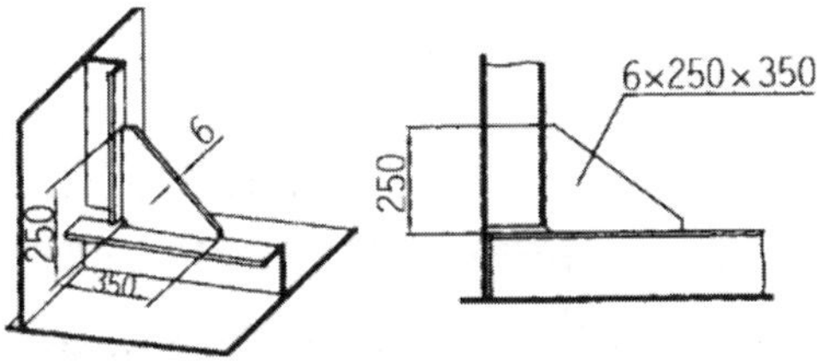

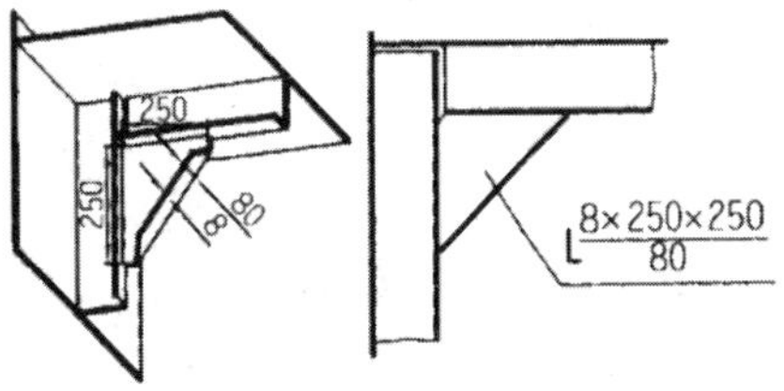

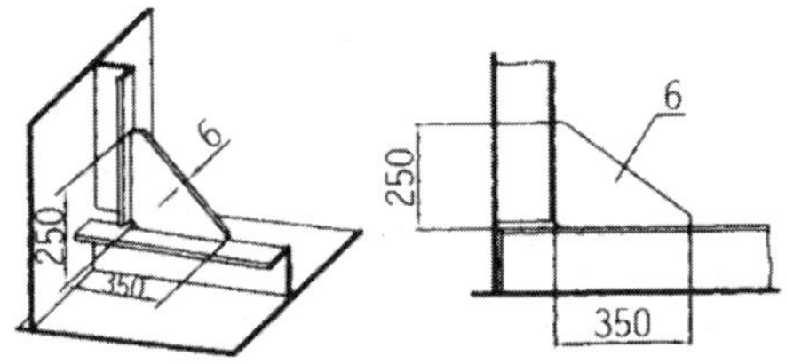

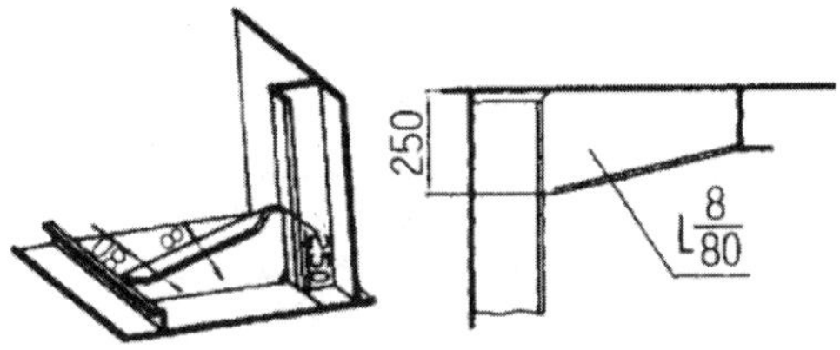

3. 常用型材的画法和尺寸标注

型材是指其断面具有特定几何形状的线材，船舶结构常用的型材有扁钢、球扁钢、角钢、工字钢、槽钢、管材等，具体代号及尺寸注法如表 5-1-4 所示。

表 5-1-4 常用型材的画法和尺寸标注

型材名称		符号	尺寸注法
扁钢	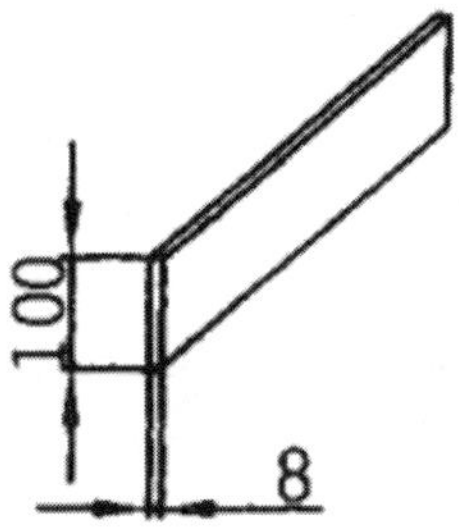 100 8	—	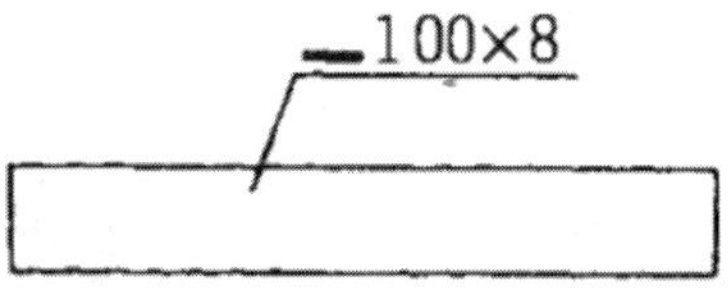 —100×8

续表

型材名称		符号	尺寸注法
球扁钢	44 200 10	ꟼ	ꟼ 200×44×10
角钢	125 8 80	L	L 125×80×8
工字钢	250 8 116	I	I 250×116×8
焊接工字钢	100 7 300 10	I	I 7×300 / 2×(10×100)
槽钢	7 200 73	[	[200×73×7
焊接T型材	6 300 120 8	⊥	⊥ 6×300 / 8×120

续表

型材名称		符号	尺寸注法
圆钢	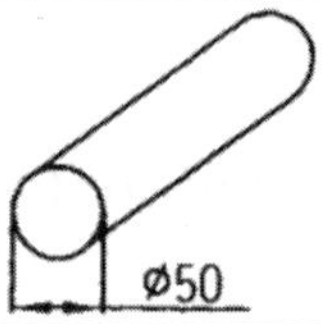 ⌀50	●	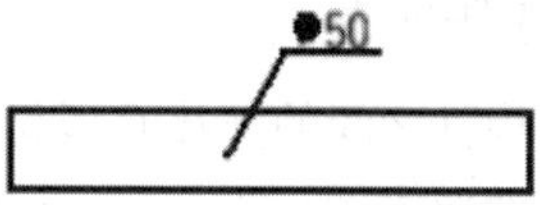 ●50
管子	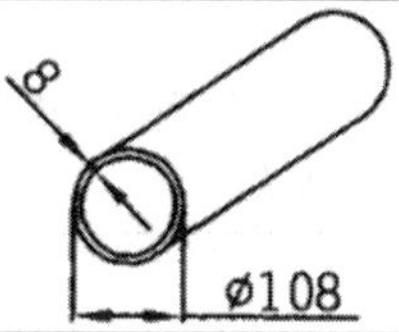 8 ⌀108	⌀	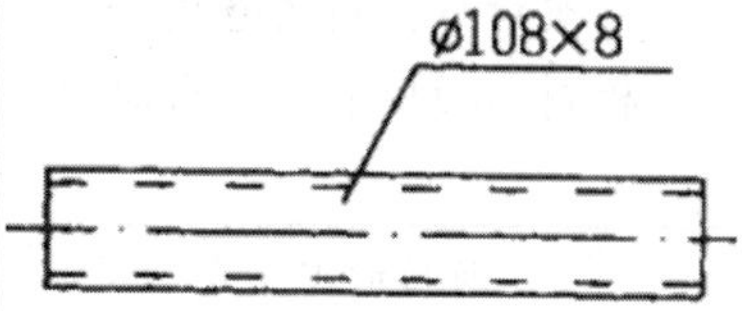 ⌀108×8

4. 型材的端部形式

因为连接工艺上的要求,型材端部需要切斜,从而产生不同的形状。通常有 S 型、SS 型、F 型、W 型四种,如表 5-1-5 所示。

表 5-1-5 型材端部切斜形式

端部形状		表达方法	简化画法中的标注
腹板切斜	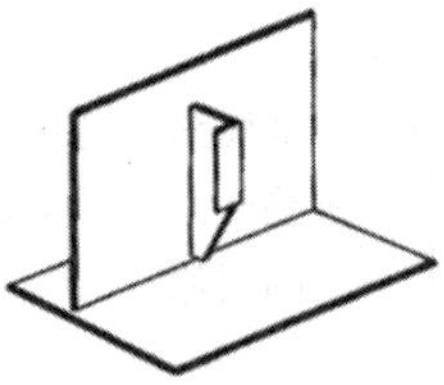	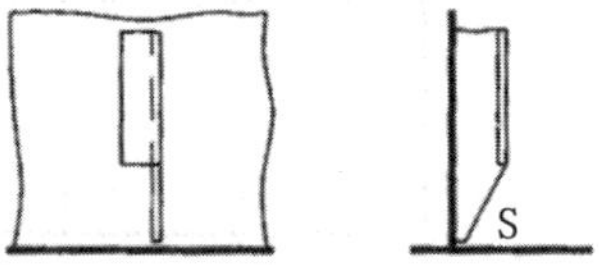 S	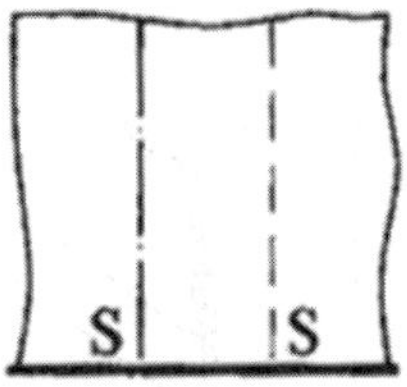 S S
腹板及面板均切斜	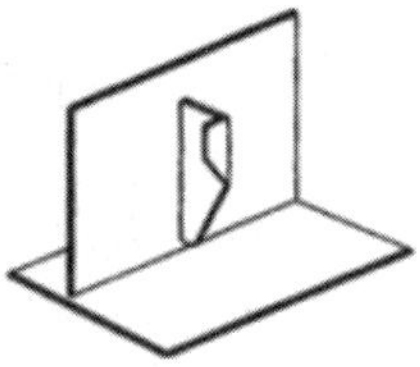	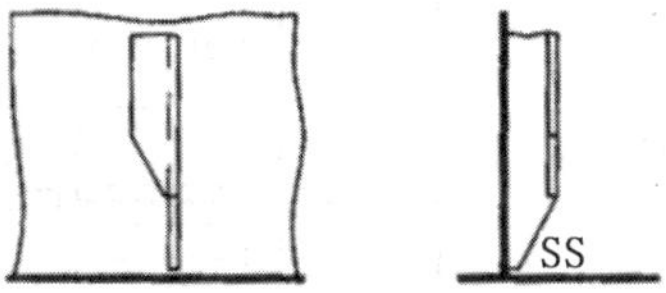 SS	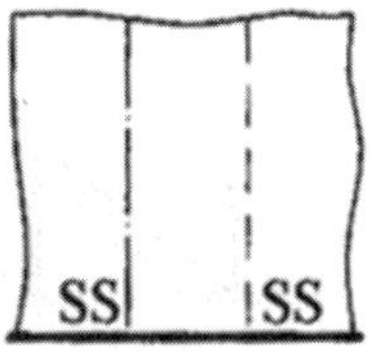 SS SS
面板切斜	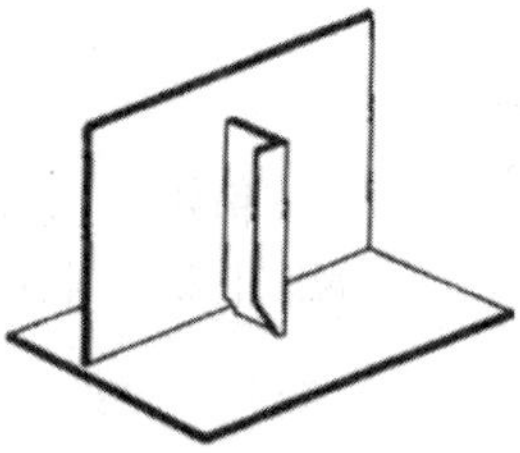	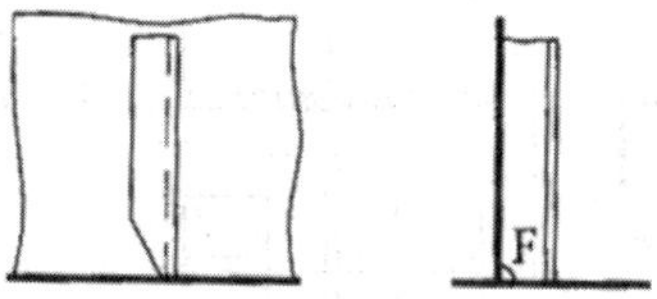 F	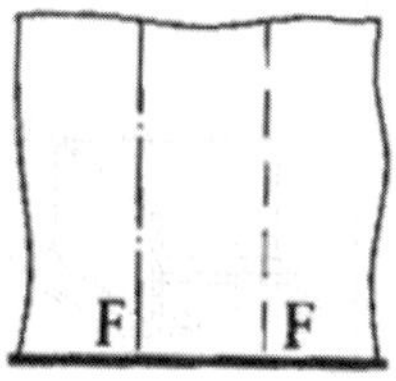 F F
腹板及面板均不切斜	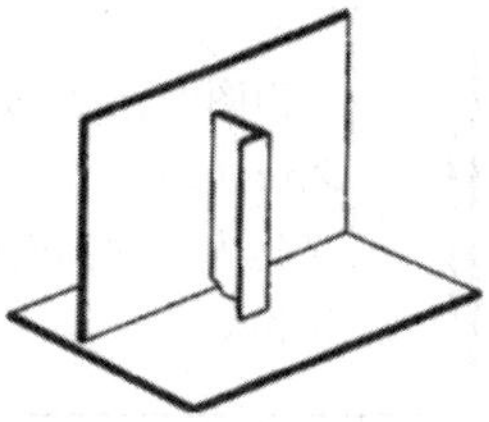	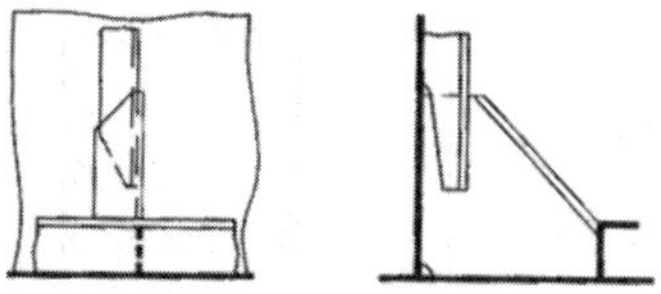	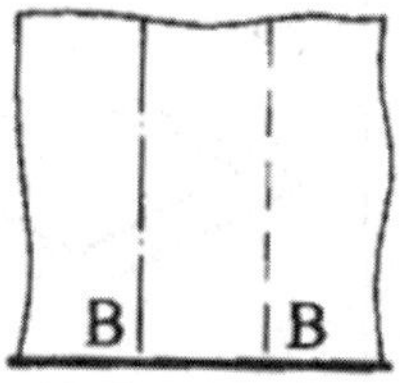 B B

知识点2 板材和型材的连接画法

【中阶】

构件之间的连接有板材与板材的连接、板材与型材的连接、型材与型材的连接、型材贯穿等四种形式。

1. 板材与板材的连接

板材与板材的连接有对接、搭接、角接、复板等几种,画法如表5-1-6所示。

表5-1-6 板材与板材的连接画法

连接形式		连接画法	说明
对接	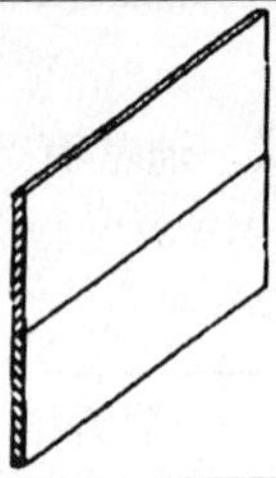	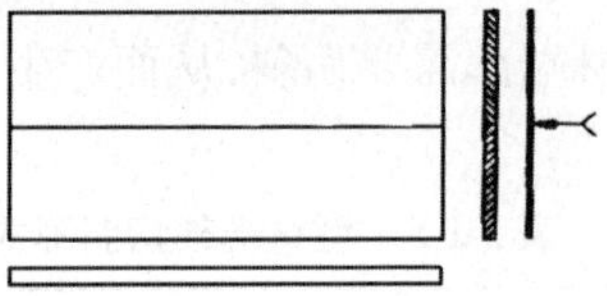	对接焊缝用细实线表示; 剖面图中简化表示,对接焊缝的位置用符号表示 
搭接	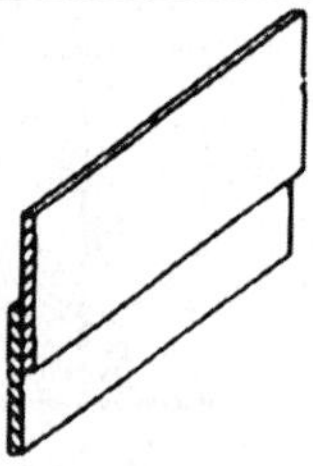	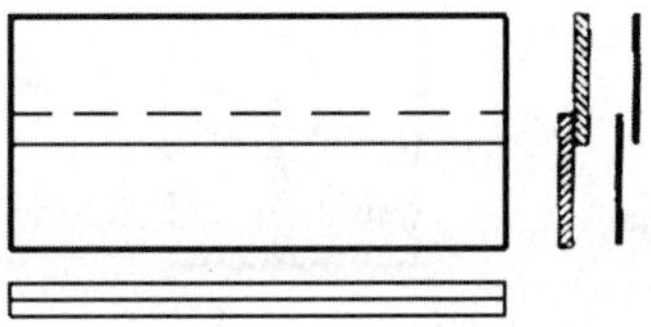	剖面图中简化表示,板材的重叠处留有宽度等于粗实线宽度的间隙
角接	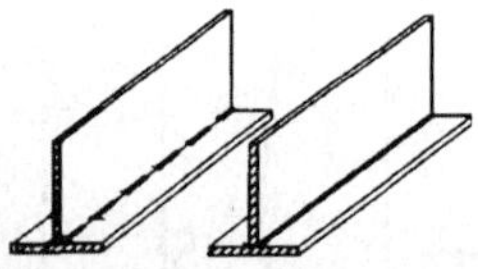	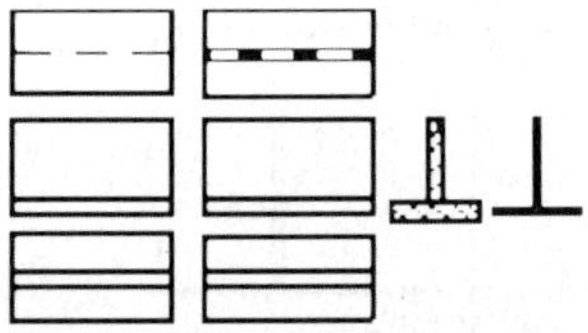	粗虚线表示板与板之间非水密焊接时不可见交线投影; 轨道线表示不可见水密板材、外板的交线投影
	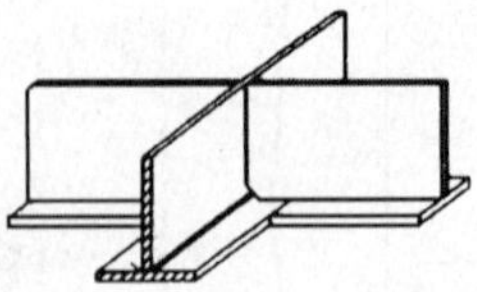	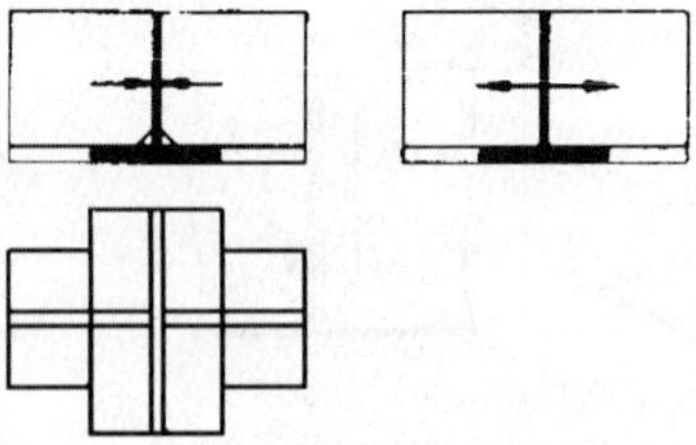	间断构件的工艺切角在显著的视图中表示,其他视图可省略
复板	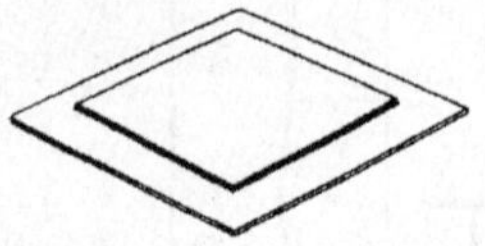	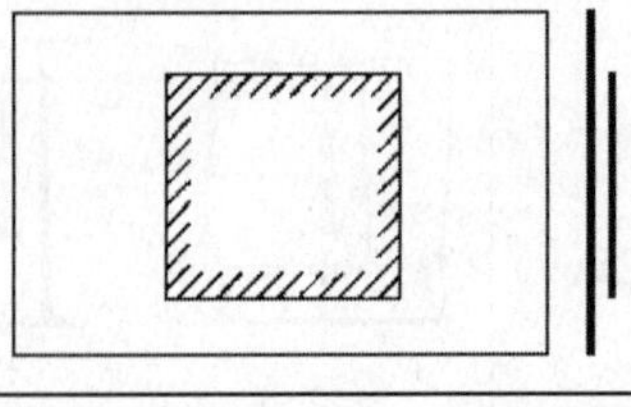	平面图中,沿复板轮廓线内缘画阴影线; 简化表达的剖面画法与板材搭接相似

2. 板材与型材的连接

板材与型材的连接有角接、搭接和肘板连接等形式,如表 5-1-7 所示。

表 5-1-7 板材与型材的连接画法

连接形式		连接画法	说明
角接	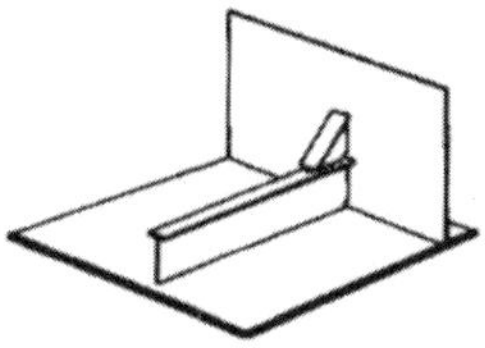	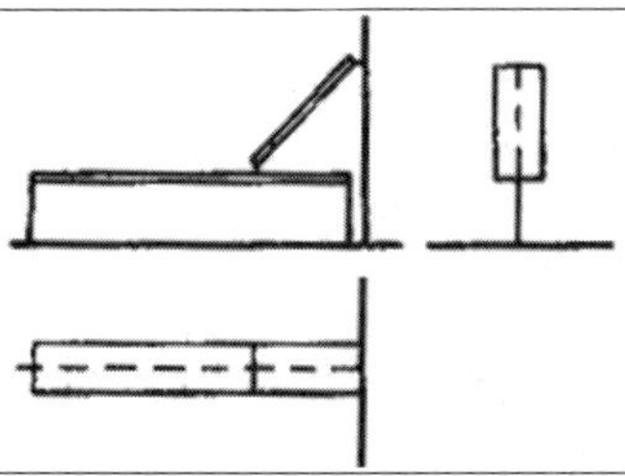	细虚线表示不可见板材简化线
搭接	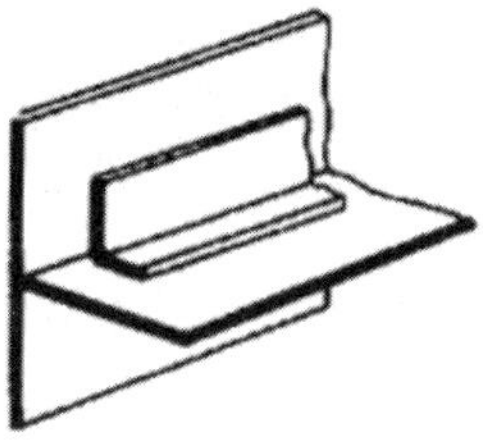	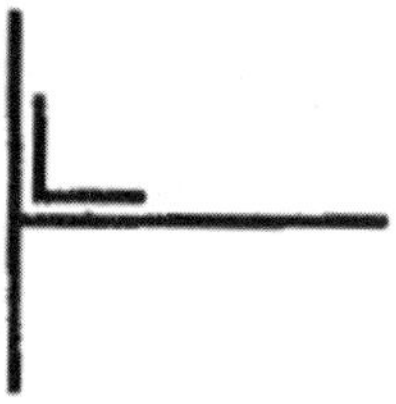	剖面图中简化表示型材断面与板材剖面之间留有宽度等于粗实线宽度的间隙
肘板连接	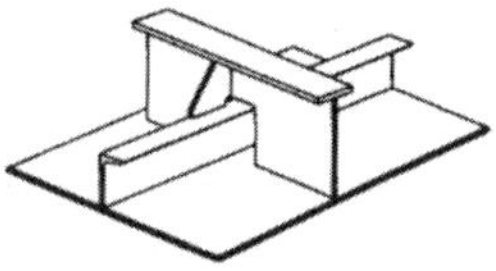	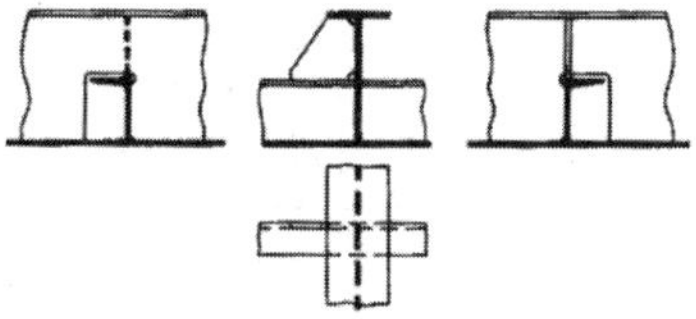	粗虚线表示复板的不可见投影
	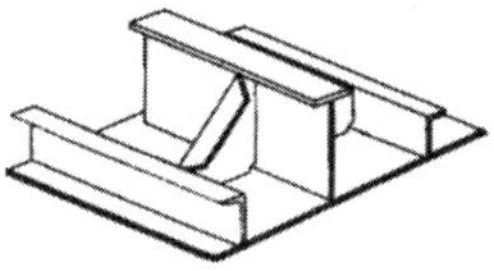	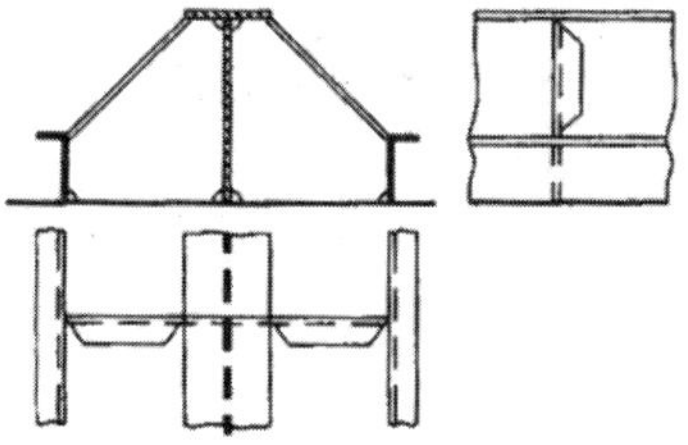	

3. 型材与型材的连接

型材与型材的连接有角接、搭接、相交等形式,如表 5-1-8 所示。

表 5-1-8 型材与型材的连接

连接形式		连接画法	说明
角接	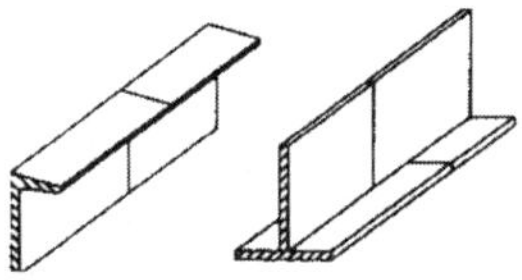	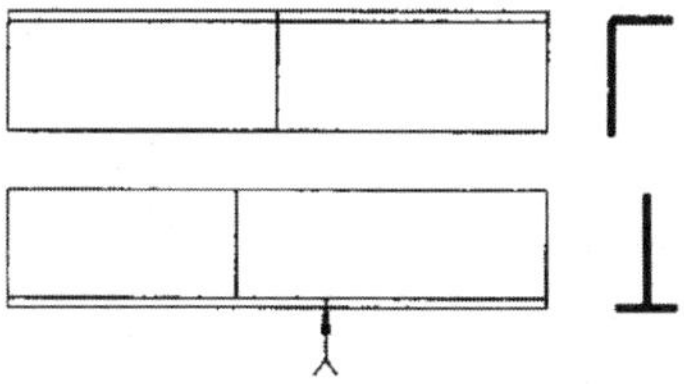	T 型材面板的焊缝用符号表示 

续表

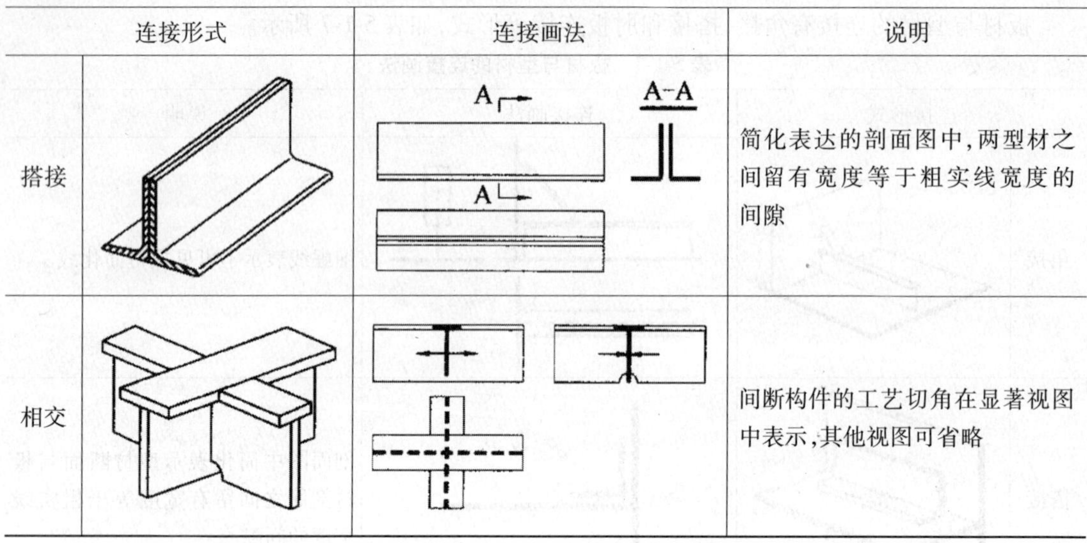

连接形式		连接画法	说明
搭接		A A A–A	简化表达的剖面图中,两型材之间留有宽度等于粗实线宽度的间隙
相交			间断构件的工艺切角在显著视图中表示,其他视图可省略

4. 型材的贯穿

型材与板材或大尺寸型材相交时,要在板材或大型材的腹板上开出切口,让小尺寸型材穿过,这种连接形式称为贯穿。因为强度和水密的原因,贯穿又可分为加补板贯穿和不加补板贯穿两种,如表 5-1-9 所示。

表 5-1-9　型材贯穿的画法

贯穿形式		表达方法	贯穿形式		表达方法
无补板		CC-6	有补板		CT-9/5
无补板			有补板		CN-9/6
无补板		CW-3	有补板		CT-7/6

续表

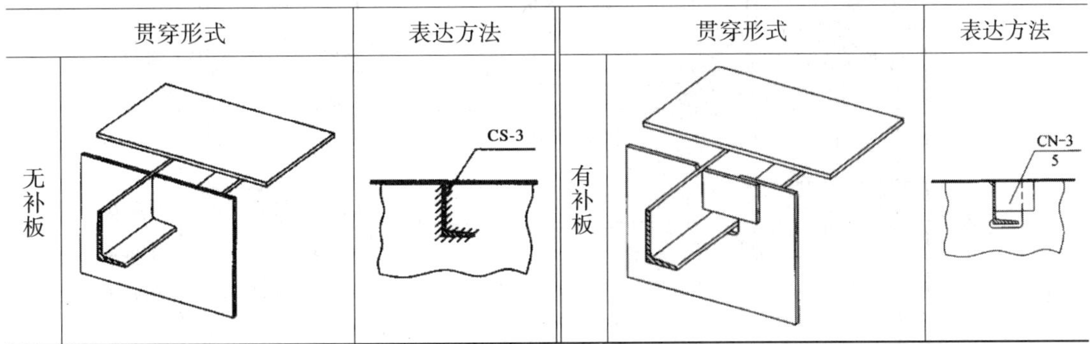

贯穿形式		表达方法	贯穿形式		表达方法
无补板		CS-3	有补板		CN-3 5

任务二
船体节点图的识读

● 能力目标

能正确识读船体节点图。

● 知识目标

了解船体节点图的识读方法。

● 情感目标

(1)养成多思勤练的学习作风;

(2)培养良好的沟通能力。

任务引入

(1)船体节点包括哪些?

(2)如何识读船体节点图?

任务解析

船体由外板和纵横相交的构件所组成,如图 5-2-1 所示。船体结构中,纵、横构件的汇交处称为节点,表示节点处结构详情的视图称为节点视图。

根据节点的定义,我们知道船体结构中的节点类型较多,如梁端肘板节点、肋骨顶端节点、舭部节点、舷墙节点等。

由于节点的结构比较复杂,掌握节点视图的识读方法和绘制步骤是识读与绘制船体结构

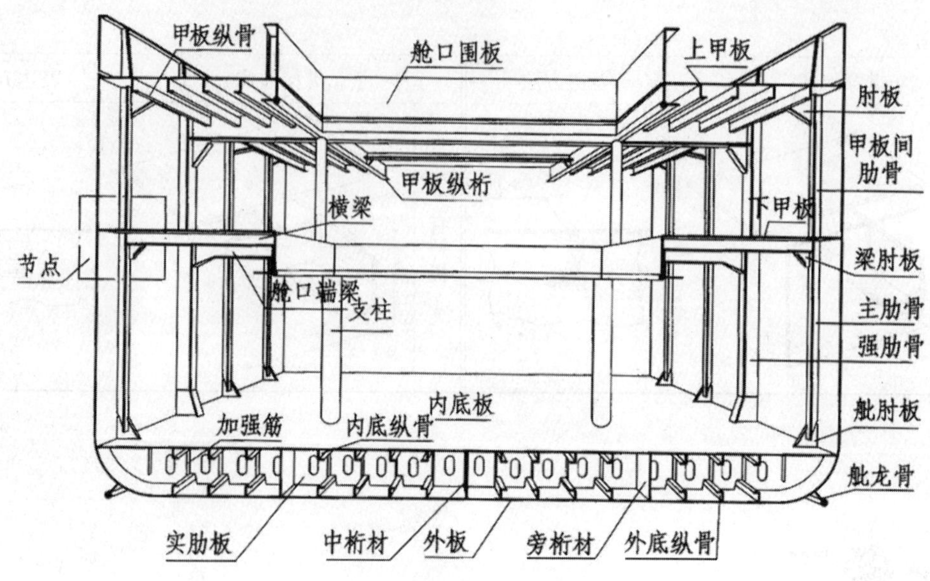

图 5-2-1　船体主要构件名称

图的基础。

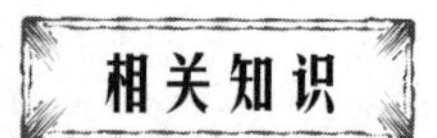

知识点 1　船体节点图的识读方法

【初阶】

识读船体节点图可运用构件分析法,先对节点中的构件进行分析,再按标注的尺寸和投影规律搞清各部分构件的形状及空间位置以及它们的相互连接关系。下面以旁内龙骨与横舱壁连接处的节点视图为例,说明读图的方法和步骤,如图 5-2-2 所示。

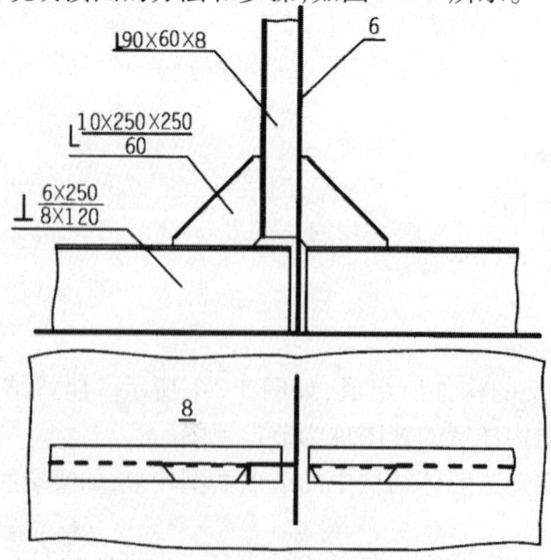

图 5-2-2　旁内龙骨与横舱壁连接处的节点

(1)分析节点的构件组成,搞清构件的形状和大小。节点视图中,板、肘板和型材的尺寸采用集中标注的形式,折边钢板和型材的尺寸数字前面还注有规定的符号。读图时要根据这些特点以及构件在视图中的投影关系来分析节点由哪些构件组成,并确定构件的形状和大小。图中舱壁扶强材标注的尺寸为"L90 × 60 × 8",由此可以确定这是不等边角钢,其长边为 90 mm,短边为 60 mm,厚度为 8 mm。又如肘板的尺寸为"L $\frac{10 \times 250 \times 250}{60}$",标注在主视图中,再根据俯视图的投影形状,可以确定这是等边的折边肘板,板厚为 10 mm,边长为 250 mm,折边宽度为 60 mm,折边部分两端削斜。

类似上述分析,可以得出图 5-2-2 所表示的节点是由水平钢板①(船底板)、垂直钢板②(舱壁板)、左 T 型材③(旁内龙骨)、右 T 型材④(旁内龙骨)、不等边角钢⑤(舱壁扶强材)、折边肘板⑥和折边肘板⑦(左右肘板)组成的,见图 5-2-3(a)。其中:钢板①和②的厚度分别为 8 mm及 6 mm。T 型材③和④的腹板厚为 6 mm,高为 250 mm,面板厚为 8 mm,宽为 120 mm。

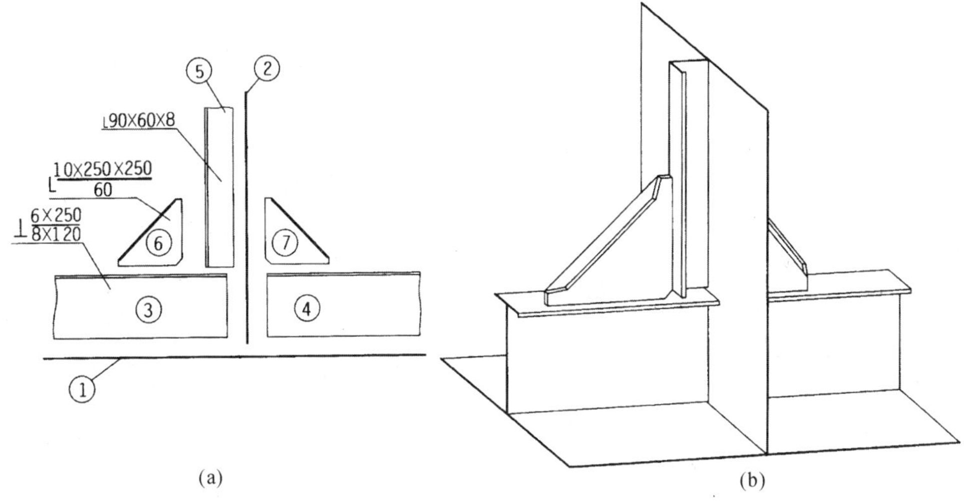

图 5-2-3　节点的构件分析和轴测图

(2)根据构件在视图中的投影关系,搞清构件之间的相对位置和连接方式、综合形成节点的整体概念。

从上述分析可以看出:钢板①位于节点的最下部,水平放置。钢板②垂直钢板①安装,位于钢板①的中间。T 型材③和④垂直钢板①和②,位于钢板②的左右两侧,钢板①的中间。角钢⑤垂直钢板①,与钢板②角接。肘板⑥连接 T 型材③和角钢⑤,肘板⑦连接钢板②和 T 型材④,肘板的三角形平面与 T 型材腹板平面一致。

对以上分析加以综合,即可得到节点的完整概念,如图 5-2-3(b)所示。

知识点 2　典型船体节点及尺寸标注举例

【中阶】

1. 梁端各种肘板节点

图 5-2-4 表达了梁端各种肘板的节点图,其中 a、b 均大于等于 $2h$。

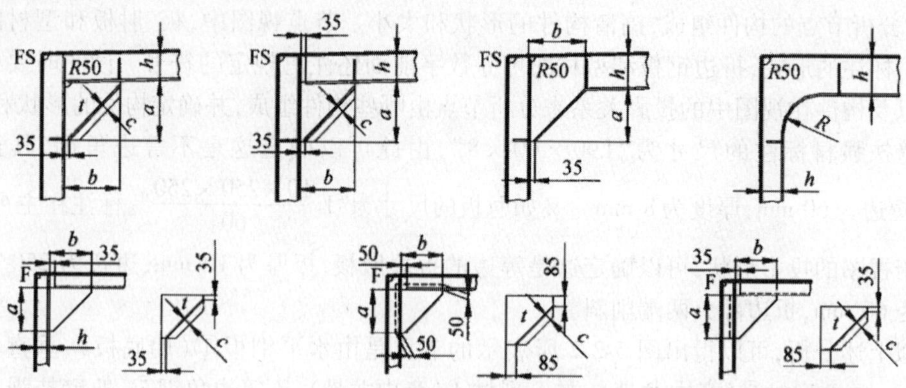

图 5-2-4　梁端节点与尺寸标注

2. 各种防倾肘板节点

图 5-2-5 表达了各种防倾肘板的节点，图中 $b=0.5h$。

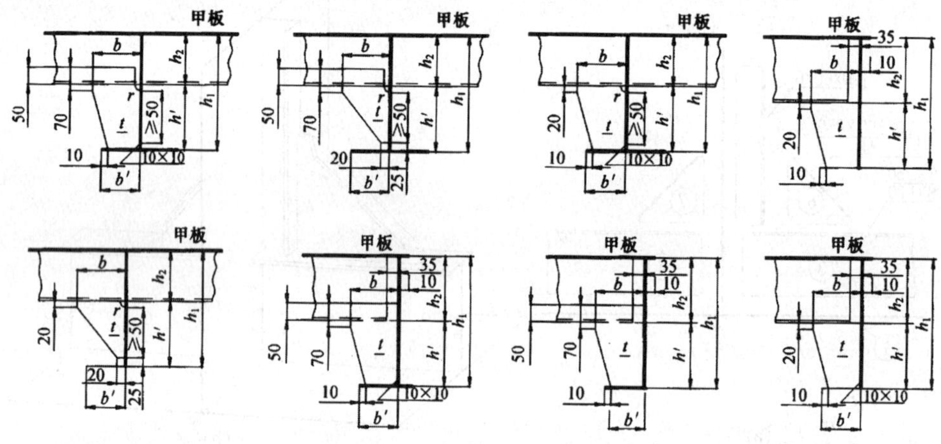

图 5-2-5　防倾肘板节点与尺寸标注

3. 舭部各种节点

图 5-2-6 表达了各种舭部节点，图中 a、b 按规范确定。

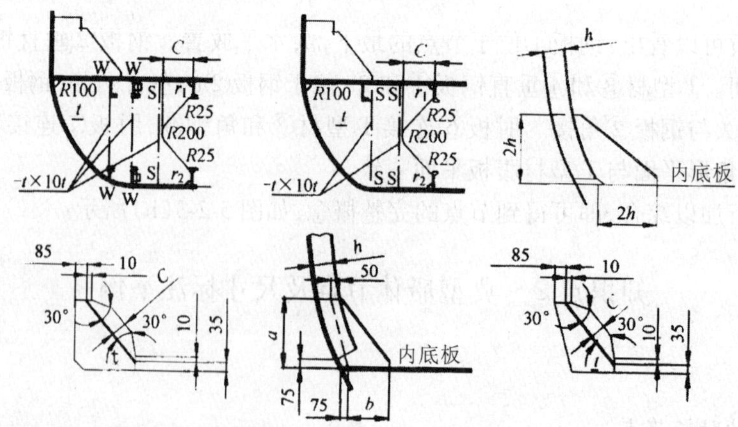

图 5-2-6　舭部节点与尺寸标注

4. 舱壁扶强材与甲板纵向构件连接节点

图 5-2-7 表达了各种舱壁扶强材与甲板纵向构件连接节点。

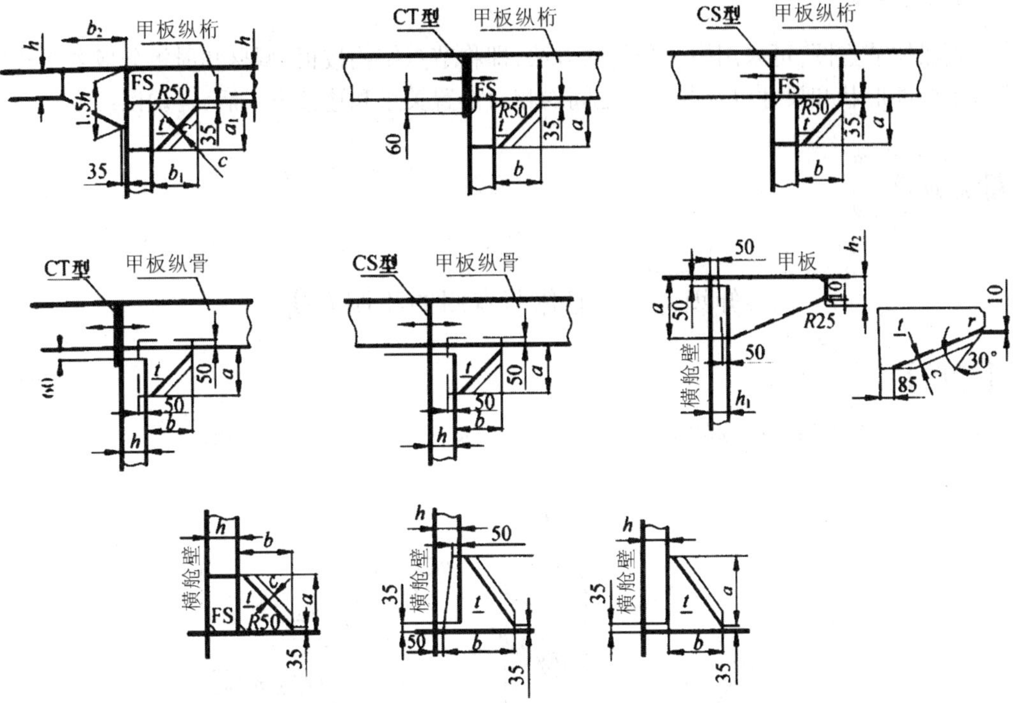

图 5-2-7 舱壁扶强材与甲板纵向构件连接节点及尺寸标注

任务三
船体节点图的绘制 

● 能力目标

能正确绘制船体节点图。

● 知识目标

了解船体节点图的绘制方法。

● 情感目标

养成多思勤练的学习作风。

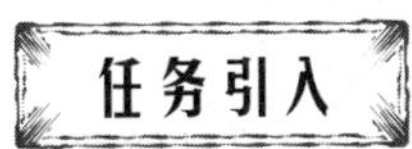

任务引入

如何绘制船体节点图?

任务解析

绘制船体节点图,可采用构件分析的方法,即将节点结构按板、型材和肘板分成若干构件,弄清每个构件形状和尺寸以及各构件之间的相对位置关系和连接方式后,再加以综合绘制。

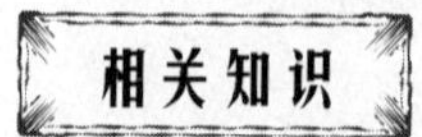

知识点 1　船体节点图的绘制方法

【中阶】

下面以图 5-3-1 所示的支柱节点为例,说明船体节点图的绘制方法和步骤。

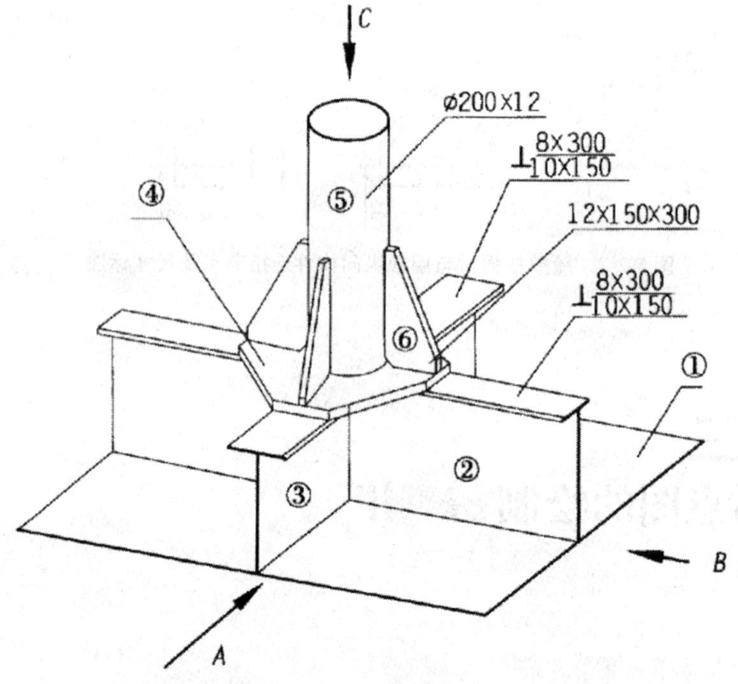

图 5-3-1　支柱节点

1. 构件分析

分析图 5-3-1 可知,该支柱节点的构件有:水平放置的钢板①、垂直置于钢板上且相互垂直相交连接的 T 型材②、③,其中②是连续的,③是间断的,布置在 T 型材交叉处的八边形垫板④,垂直安装在垫板上的钢管⑤,位于 T 型材平面内用来连接钢管和垫板的四处肘板⑥,见图 5-3-2 所示。

2. 选择主视图的方向,确定主视图

主视图一般要求能明显反映出节点主要结构的特征,如构件的形状、构件间的相对位置和连接方式等。对于图 5-3-1 所示的支柱节点,如果选择 *A* 向或 *B* 向为投影方向,均能反映多数构件的外形，比较清晰地表示构件的相对位置和连接方式，但垫板的形状未能表达清楚；如果选择 C 向为投影方向，也能反映多数构件的形状，但构件的相对位置的表达不如 A 向或 B 向清晰。所以选择 A 向或 B 向作为主视图的投影方向较为合适。本例选择 A 向作为主视图的投影方向。

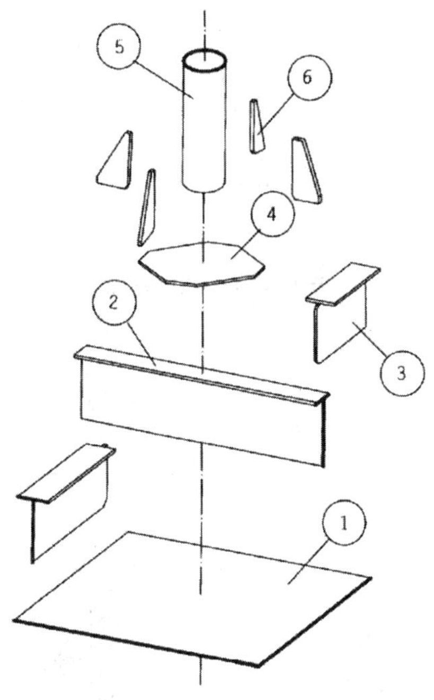

图 5-3-2　支柱节点的构件分析

3. 选择其他视图的视向

主视图中没有表达清楚的结构需要选择其他视图来表达，以使节点视图能完整地反映节点结构情况。视图的数量视节点的复杂程度而定，其原则是在清晰地表达节点结构的情况下，使视图数最少。本例中，主视图未把垫板形状表示清楚，因此选择 C 向作为投影方向，画出俯视图。

4. 作图步骤

节点视图的作图可以根据构件的投影规律，采用构件叠加的方法，几个视图相互对应同时绘制。本例作图步骤如下：

(1) 合理布置视图，画出主视图、俯视图的基准线，如图 5-3-3(a) 所示；

(2) 画出水平钢板①的投影，如图 5-3-3(b) 所示；

(3) 画出 T 型材②和③的投影，如图 5-3-3(c) 所示；

(4) 画出垫板④的投影，如图 5-3-4(a) 所示；

(5) 画出钢管⑤的投影，如图 5-3-4(b) 所示；

(6) 画出肘板⑥的投影，如图 5-3-4(c) 所示；

(7) 检查底稿，清理图面，按规定的图线加深，如图 5-3-4(d) 所示；

(8) 标注尺寸：尺寸应尽量标注在表示构件外形特征较明显的视图中，并要求相对集中，便于阅读。本例中，钢管、肘板和 T 型材的尺寸标注在主视图中，水平钢板和垫板的尺寸标注在俯视图中，如图 5-3-5 所示。

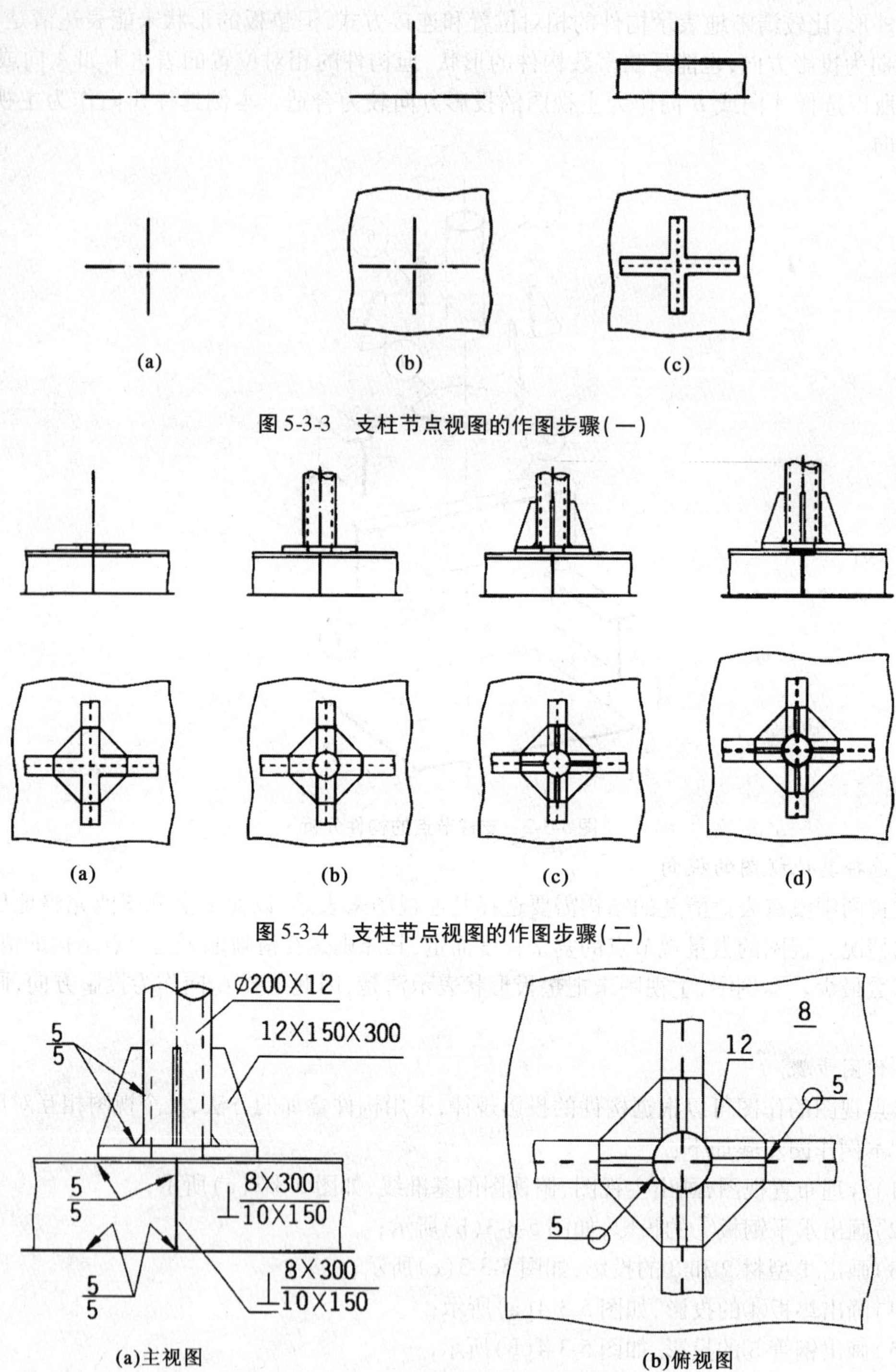

图 5-3-3　支柱节点视图的作图步骤(一)

图 5-3-4　支柱节点视图的作图步骤(二)

(a)主视图　(b)俯视图

图 5-3-5　支柱节点视图

知识点2 船体舭部节点视图的绘制

【中阶】

已知某船体舭部节点如图5-3-6(a)所示,绘制其节点视图。

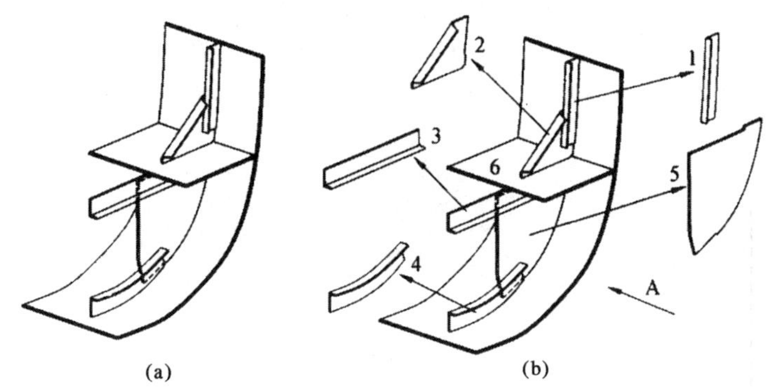

图5-3-6 舭部节点及其结构分析

1. 结构分析

该节点为船体舷侧骨架与船底骨架在舭部通过舭肘板连接的结构形式,其中肋骨与舭肘板采用搭接形式相连,其他构件均为角接。

2. 投影方向选择与基准确定

节点图通常采用剖面图画法。为了提高节点图的可读性,减少各视图中虚线的数量,以 *A* 方向作为主视图方向绘制横剖面图、纵剖面图两个视图。

根据金属船体构件理论线的相关规定,两个视图的定位基准如图5-3-7(a)所示。

3. 绘制各视图中被剖切构件的截面,如图5-3-7(b)所示。

4. 绘制其他构件,如图5-3-7(c)所示。

5. 检查确认无误后,进行尺寸标注,如图5-3-7(d)所示。

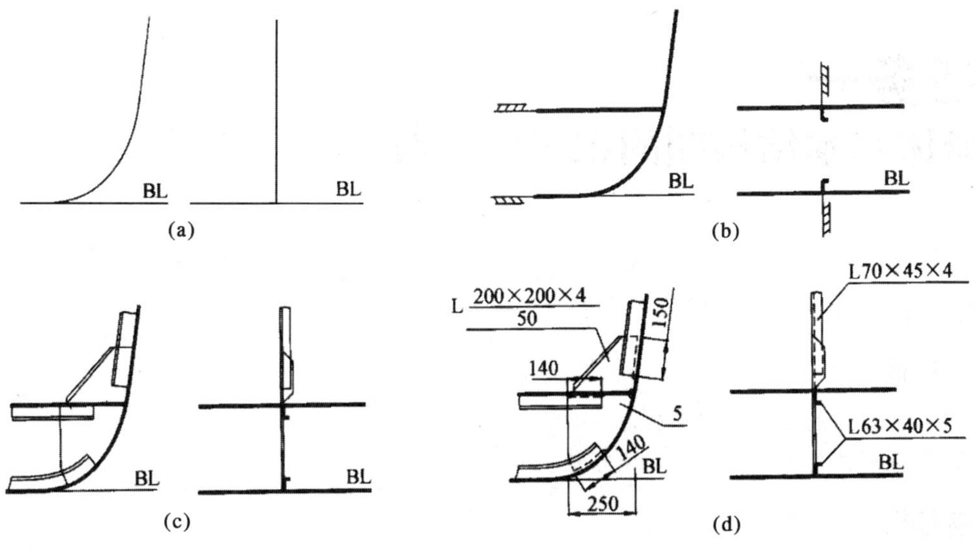

图5-3-7 舭部节点绘制过程

项目六 船体基本结构图的识读

通过本项目的训练,学生应能了解船体基本结构的组成及内容,掌握船体基本结构图的识读方法;应能了解船体分段结构图、中横剖面图、肋骨型线图、外板展开图的组成及内容,并掌握它们的识读方法。

任务一 船体基本结构图的识读

- 能力目标

能正确识读船底结构、舷侧结构等船体基本结构图。

- 知识目标

(1)了解船体基本结构的类型;
(2)掌握船体基本结构图的识读方法。

- 情感目标

(1)养成多思勤练的学习作风;

(2)培养理论学习与实际认知有机结合的学习过程;
(3)培养良好的沟通能力。

任务引入

(1)船体基本结构包括哪些?
(2)如何阅读船体基本结构图?

任务解析

船体基本结构图是全船性的结构图纸,一般用一个纵向或数个水平方向剖面图或剖视图来表示船体结构基本情况,与中横剖面图组成了表示全船结构的三向视图。

基本结构图的视图有纵剖面图、各层甲板图、平台图、舱底图或双层底图等。想要识读好基本结构图,首先应了解船体都有哪些基本结构。

知识点1 船体基本结构的认知

【初阶】

1. 船体骨架的结构形式

船体骨架根据骨材和桁材沿船舶纵、横两个方向布置数量的多少以及排列的疏密,可分为横骨架式、纵骨架式和混合骨架式三种类型。图6-1-1所示为横骨架式和纵骨架式结构。

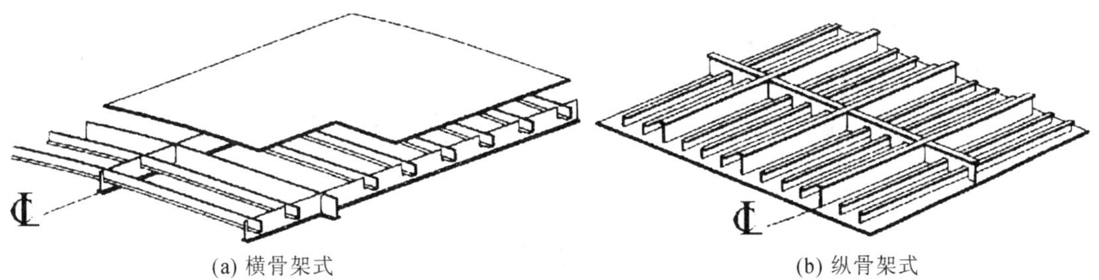

(a) 横骨架式　(b) 纵骨架式

图6-1-1 船体骨架形式

纵骨架式因纵向构件密集,提高了船体梁的抗弯能力,增加了总纵强度,但施工工艺较为复杂;横骨架式的横向强度较高,工艺性好,但骨架尺寸大,重量增加。

2. 船体结构

船底结构有单底、双底之分,有纵骨架、横骨架之分。

(1)横骨架式单底结构

这种结构如图6-1-2所示,多用于小型船舶或大型船舶的艏艉结构,主要构件有龙骨、肋板、舭肘板等。龙骨多为焊接的T型材,肋板多为焊接T型材或折边板,肋板在靠近龙骨处的下缘处多开有流水孔,以便于疏通船底积水。

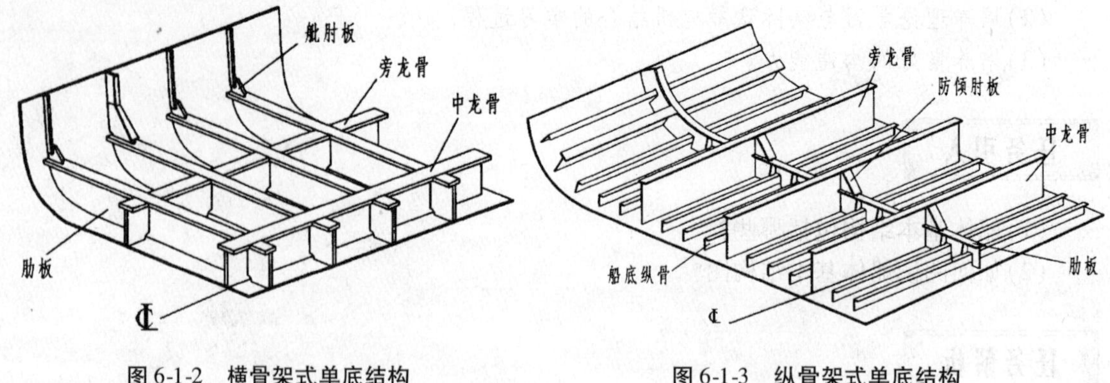

图 6-1-2　横骨架式单底结构　　　　图 6-1-3　纵骨架式单底结构

(2) 纵骨架式单底结构

纵骨架式单底结构的主要纵向强构件为龙骨，多为焊接 T 型材；纵向普通构件为船底纵骨，多为角钢、球扁钢或折边板；横向构件为肋板，多为焊接 T 型材，如图 6-1-3 所示。

(3) 横骨架式双层底结构

双层底结构不仅能够提高船底强度，在船底板和内底板之间还可以用作装载油、水的空间。横骨架式双层底结构如图 6-1-4 所示，主要构件由内底板、船底桁、肋板、普通骨架、加强筋等组成。内底板的各列板多纵向布置，内底边板有水平式(加工方便)、下倾式(便于排水)、上倾式(加强舭部强度)三种。船底桁一般采用普通钢板，肋板上多开设人孔或减轻孔。为便于双层底的施工、清洁和维修，每个双层底舱应对角开设人孔。

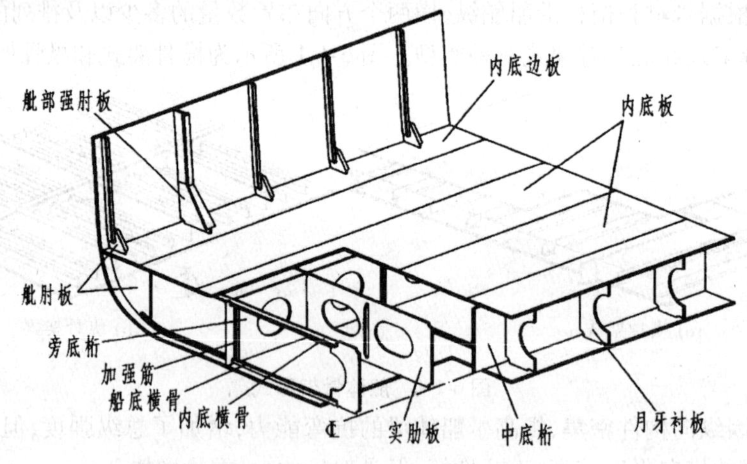

图 6-1-4　横骨架式双层底结构

(4) 纵骨架式双层底结构

纵骨架式双层底结构如图 6-1-5 所示，主要结构有内底板、强骨架、普通骨架等。

3. 舷侧结构

舷侧结构主要抵抗舷外水压力、货物和舷内液体挤压力、波浪冲击力等横向力，部分舷侧纵向构件也参与总纵弯曲。舷侧结构的主要构件有肋骨、纵骨、强肋骨、船舷纵桁等，双壳舷侧结构在内壳板上加装扶强材、水平桁、垂直桁等，如图 6-1-5 所示。图 6-1-7 所示为横骨架式舷侧结构，图 6-1-7 所示为纵骨架式舷侧结构。

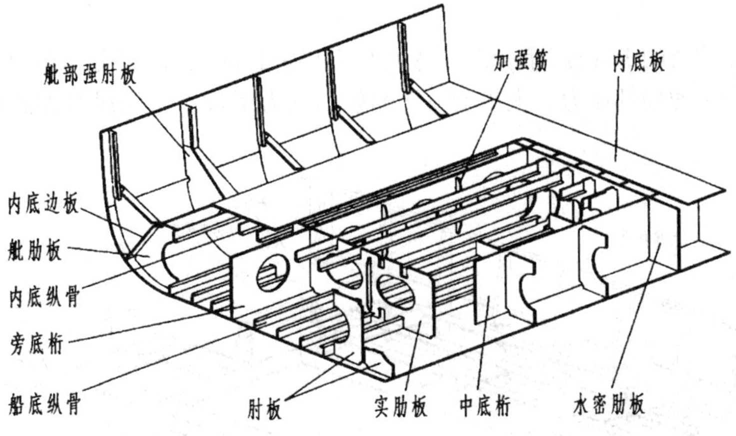

图 6-1-5 纵骨架式双层底结构

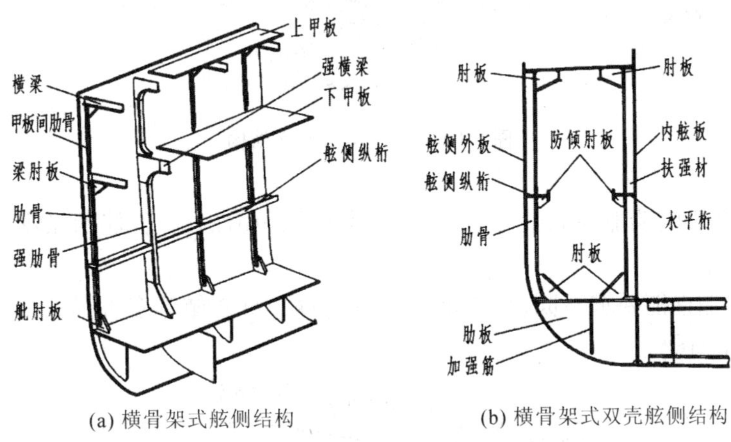

(a) 横骨架式舷侧结构 (b) 横骨架式双壳舷侧结构

图 6-1-6 横骨架式舷侧结构

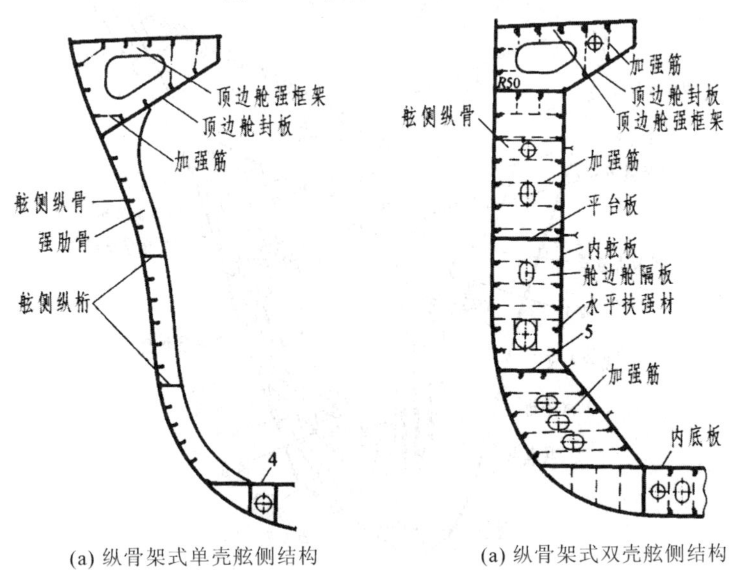

(a) 纵骨架式单壳舷侧结构 (a) 纵骨架式双壳舷侧结构

图 6-1-7 纵骨架式舷侧结构

4. 甲板结构

甲板作为船体梁的上翼板，承受总纵弯曲和扭转引起的拉力、压力和剪力，承受甲板上人员、货物、设备产生的局部压力。大中型海洋船舶的强力甲板多采用纵骨架式甲板结构，如图6-1-8所示。

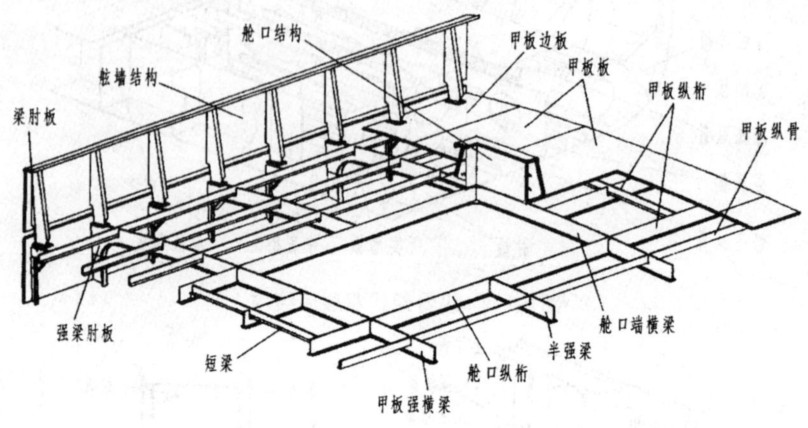

图6-1-8　纵骨架式甲板结构

5. 艏艉结构

船舶艏、艉是影响船舶性能最关键的部分，其强度是船舶安全性能的保障。

(1) 艏部结构

艏部根据船舶性能要求不同，分为前倾艏、球鼻艏、直立艏等多种形式。图6-1-9所示为某船艏部结构示意图。

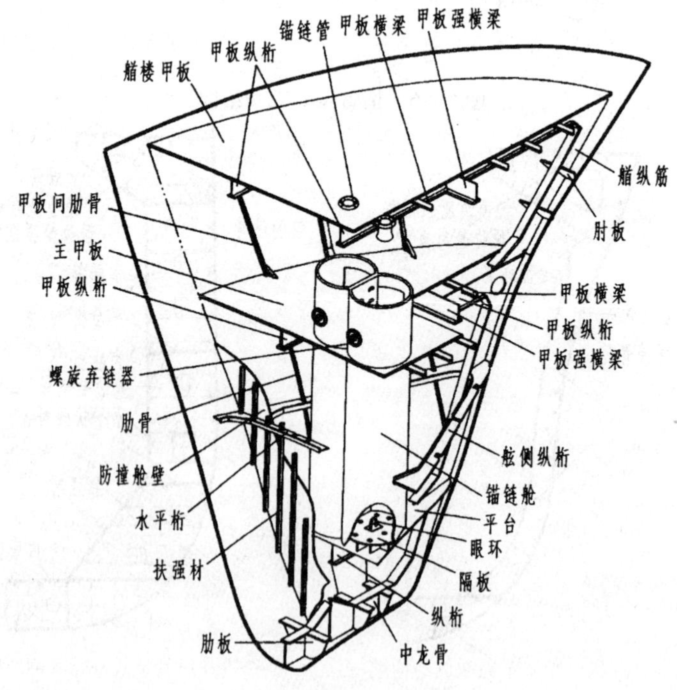

图6-1-9　艏部结构

(2)艏柱结构

艏柱是外板、甲板、平台、舷侧纵桁汇交的艏端构件,其结构和工艺复杂,强度和刚性要求较高,多为钢板焊接、铸钢铸造或锻造而成。图 6-1-10 所示为钢板焊接的艏柱示意图。

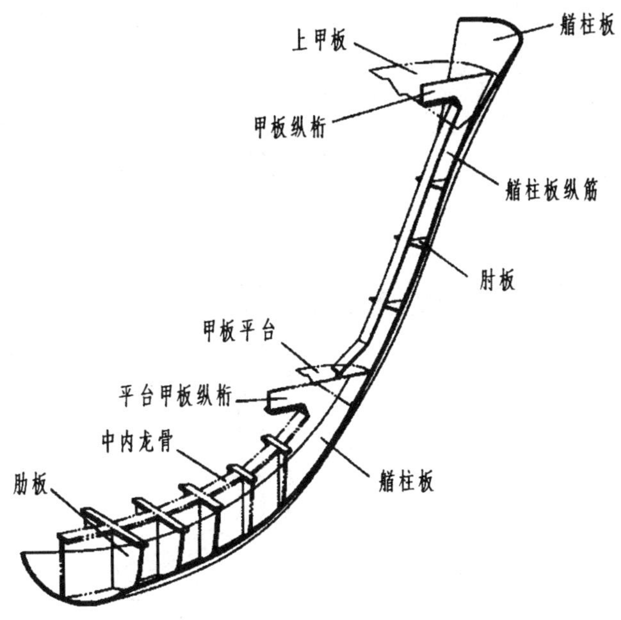

图 6-1-10 钢板焊接艏柱

(3)艉部结构

船舶艉部为一悬伸体,安装有桨、舵等设备,图 6-1-11 所示为某船艉部结构示意图。

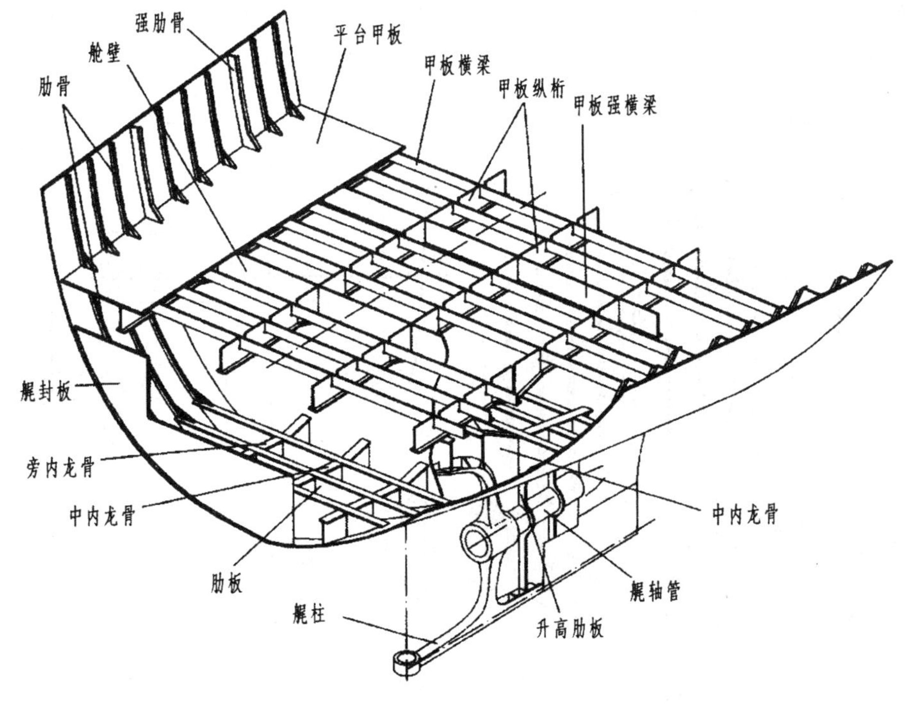

图 6-1-11 艉部结构

(4)艉柱结构

艉柱受桨和舵叶产生的振动影响,必须具有足够的强度和刚度。可采用钢板焊接式、铸钢式和焊接铸造混合式,图 6-1-12 所示为钢板焊接艉柱。

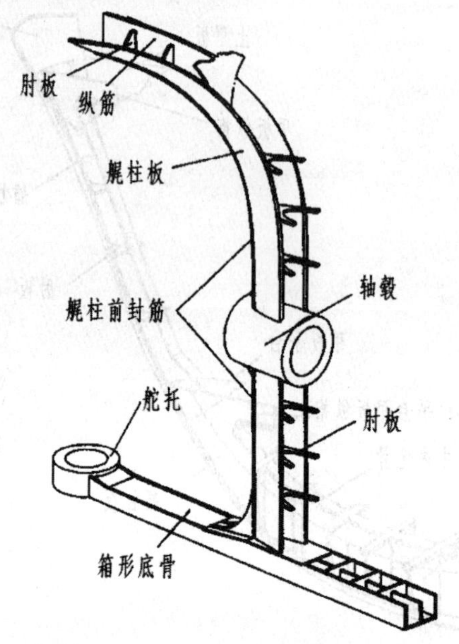

图 6-1-12 钢板焊接艉柱

6. 舱壁结构

舱壁指船舶主体内部纵向和横向的分隔壁板,按用途可分为水密舱壁、油密舱壁、液体舱壁(深舱壁)、防火分隔舱壁、止荡舱壁等,按结构形式可分为平面舱壁和槽型舱壁。图 6-1-13 所示为平面舱壁结构,图 6-1-14 所示为槽型舱壁结构。

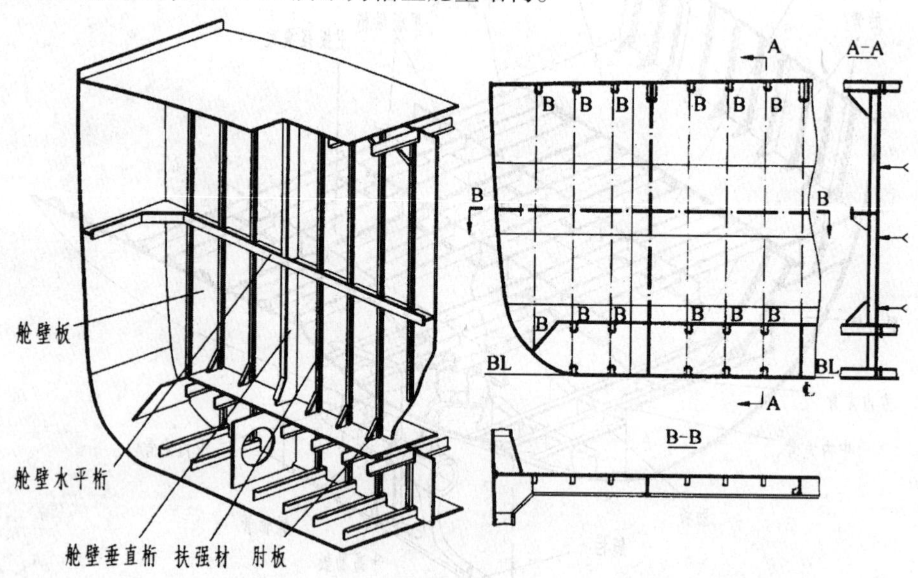

图 6-1-13 平面舱壁结构

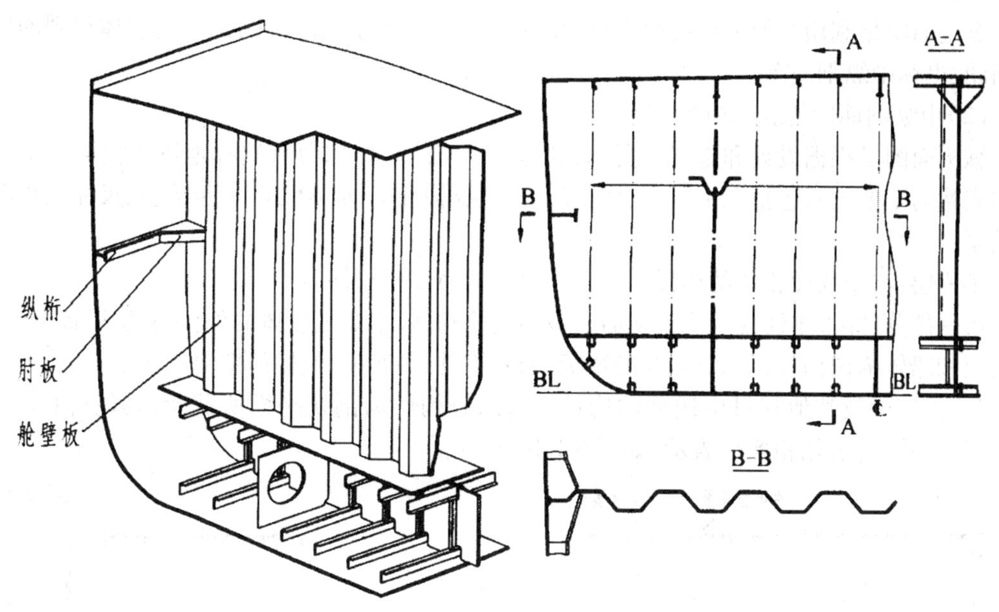

图 6-1-14 槽型舱壁结构

7. 舱口结构

货舱舱口四周设舱口围板,以防海水浸入和人员跌落,图 6-1-15 所示为货舱舱口结构。

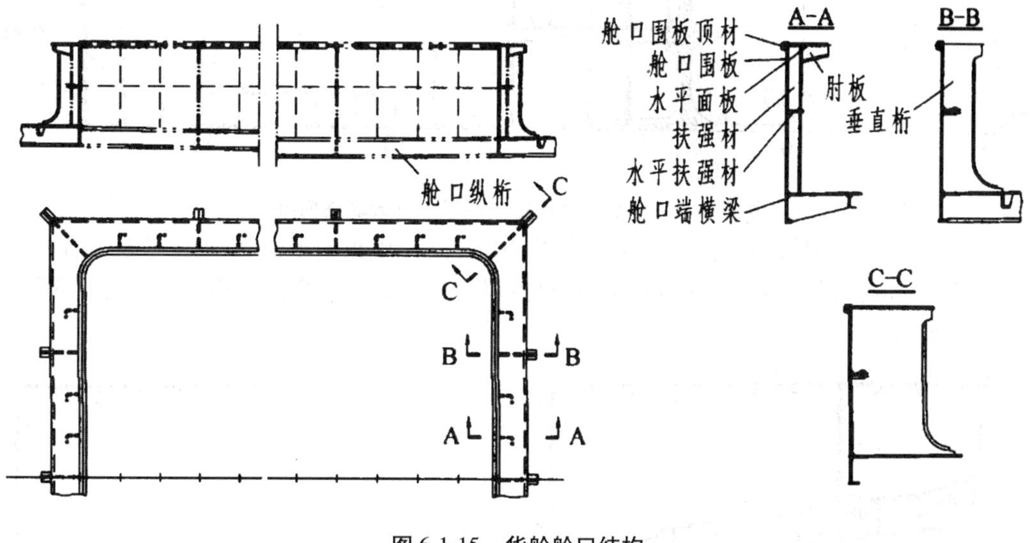

图 6-1-15 货舱舱口结构

知识点 2 船体基本结构图的识读

【中阶】

船体基本结构图常采用剖视图、局部剖视图、阶梯剖视图和剖面图以及假想画法等表达方式。

1. 纵剖面图

(1)剖切位置

纵剖面图是利用与船体中线面平行,并位于中线面稍前的剖切平面,剖切船体得到的纵向剖面图,也称中纵剖面图。

(2)中纵剖面图的表达内容

纵剖面图是根据设计和施工需要,对剖切后保留的船体部分有选择地进行投影。中纵剖面图表达的主要内容包括三个层次、四个部分,主要构件的结构形式、安装部位、尺寸大小和连接关系。

第一层:与中线面相关的构件。这一层次包括两部分构件。

第一部分,穿过中线面且为剖切面所截的船体构件,主要是船体的外板、各层甲板及平台、内底板和船体横向构件,如肋板、横舱壁板、船底横骨、内底横骨、横舱壁上的水平骨架、甲板横梁、甲板强横梁及其他穿过中线面的构件。这部分构件为剖切平面所截断,其轮廓(截面形状)采用简化画法,用粗实线表示,如图 6-1-16 所示。

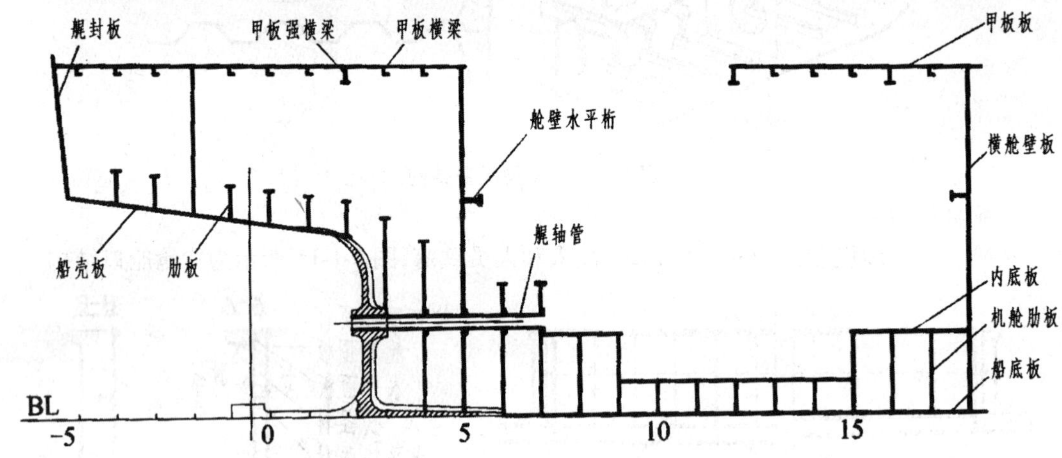

图 6-1-16　中纵剖面图第一层第一部分表达内容

第二部分,位于中线面的构件。如中底桁、中内龙骨、甲板中纵桁、中纵舱壁及其各横舱壁位于中线面上的扶强骨架。这些构件的可见轮廓用细实线表示,以细虚线表示不可见轮廓,如图 6-1-17 所示。

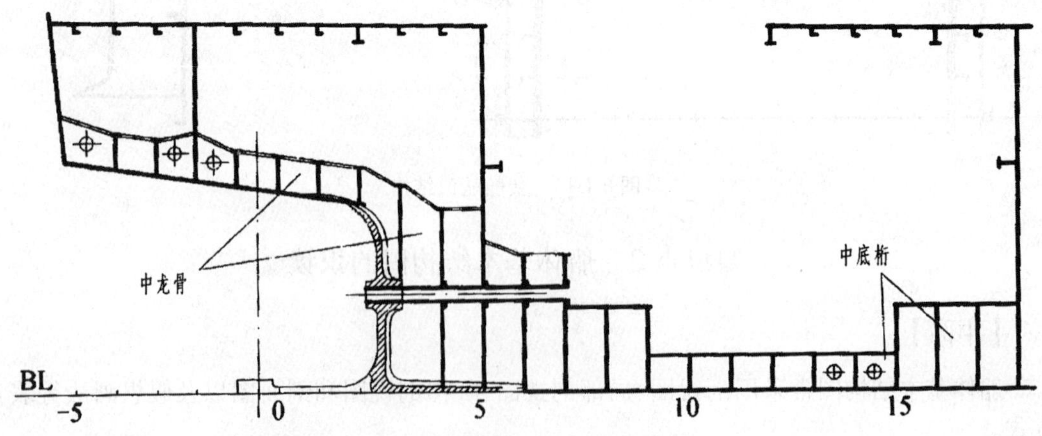

图 6-1-17　中纵剖面图第一层第二部分表达内容

第二层:位于中线面和舷侧之间的构件。这一层所包含的主要船体构件有旁底桁、旁内龙骨(在不设中底桁、中内龙骨时可见)、舱口的纵向围板和纵桁、甲板旁纵桁和支柱等。这部分构件的可见轮廓为细双点画线;不可见轮廓仍用细虚线,如图 6-1-18 所示。

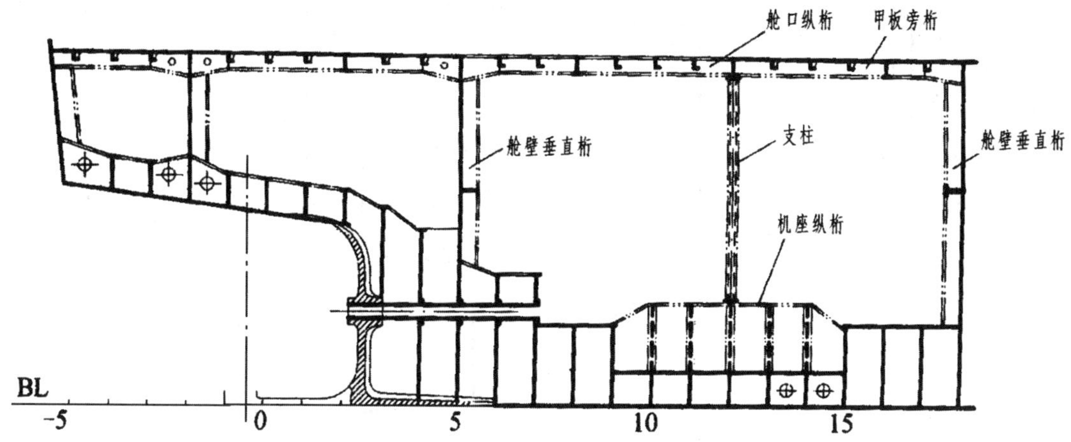

图 6-1-18 中纵剖面图第二层表达内容

第三层:位于舷侧的构件。这部分船体构件有舷侧纵桁、强肋骨、普通肋骨、中间肋骨等。这部分内容采用简化画法表示,即粗点画线表示可见的强构件;细点画线表示可见的普通构件。通常普通构件省略不表达,如图 6-1-19 所示。

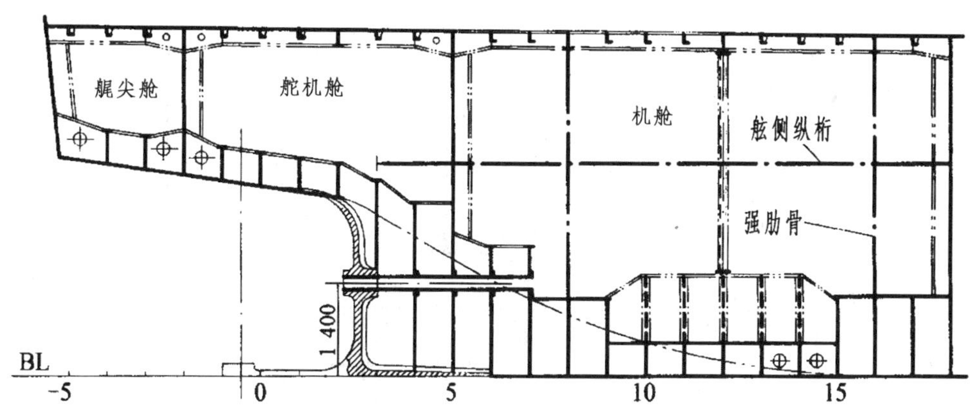

图 6-1-19 中纵剖面图第三层表达内容

中纵剖面图中,另有一些舾装件如烟囱、天窗、桅杆等的轮廓,如果需要表达,以粗实线表示剖切轮廓线,用细双点画线表示其可见轮廓。

2. 甲板图和平台图

(1)剖切位置

露天甲板图的剖切面一般取在所要表达甲板的稍上缘,也可采用阶梯剖切方式,将不在同一表面的平台或甲板表达在同一剖切图中。

(2)甲板图、平台图的表达内容

甲板图主要表达甲板板和与甲板直接相连的加强和支承构件,主要有三部分内容。

第一部分:甲板以上且与甲板直接相连的壁板以及其他构件。如甲板以上的舱壁板、围壁板、支柱等。这些构件为剖切平面所截,剖面轮廓线用粗实线表达,如图 6-1-20 所示。

第二部分:甲板板或平台板。如甲板板缝、甲板开口以及甲板上的加强(复)板。板缝和

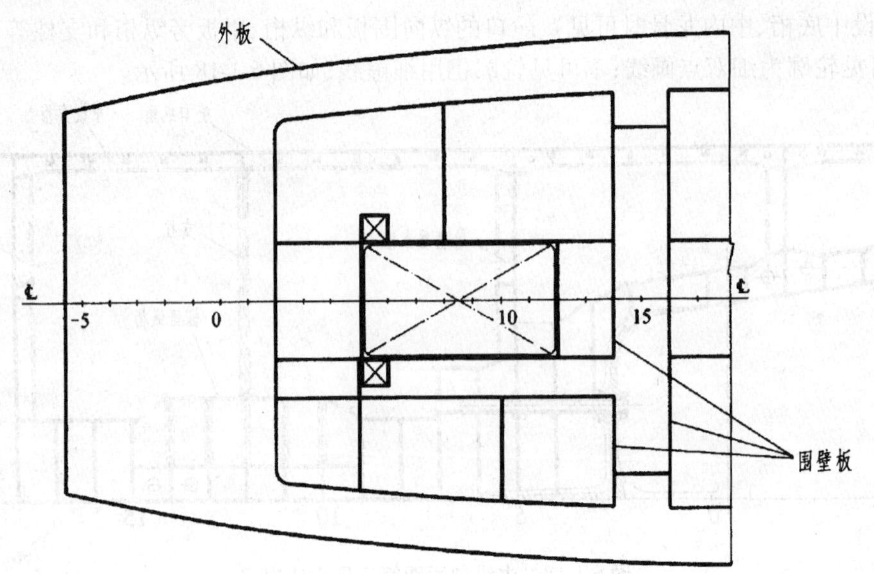

图 6-1-20　甲板图第一部分的表达内容

开口轮廓以细实线表示；复板轮廓以阴影线表示，如图 6-1-21 所示（在第一部分基础上加绘了二部分内容）。

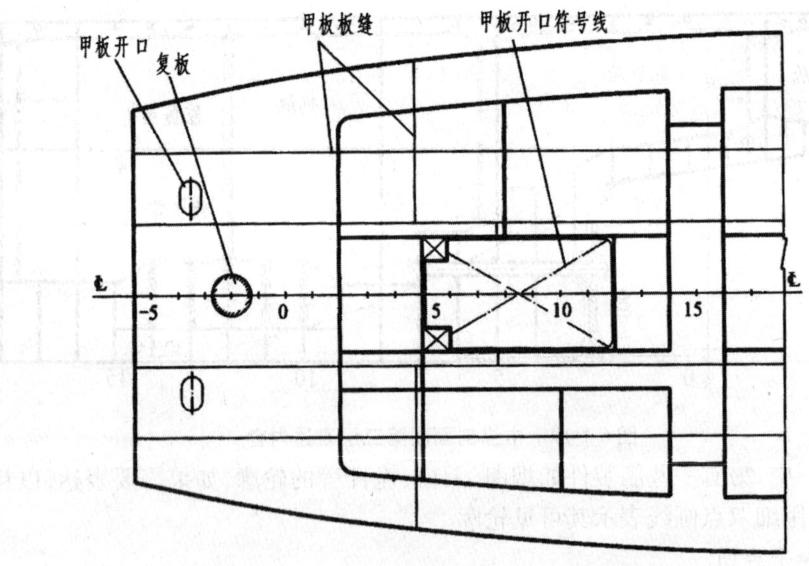

图 6-1-21　甲板图加绘第二部分的表达内容

第三部分：甲板板以下且与甲板直接相连的支承构件。如甲板以下的舱壁板、围壁板、甲板纵桁、甲板强横梁、甲板横梁和甲板纵骨等。这些构件被甲板所遮挡，均为不可见构件，采用简化画法表达，如图 6-1-22 所示（在前两部分基础上加绘了第三部分）。

非水密舱壁及围壁板用粗虚线表示；水密舱壁板用轨道线表示；甲板强构件（甲板纵桁、甲板强横梁、舱口强构件）用粗双点画线表示；普通构件（甲板横梁、甲板纵骨、小开口加强材等）用细虚线表示。

3. 舱底图

(1)剖切位置

一般情况下,剖切面选在最下层甲板和底部构件之间,这样能完整表达船底和舷侧的构件及它们之间的连接关系。

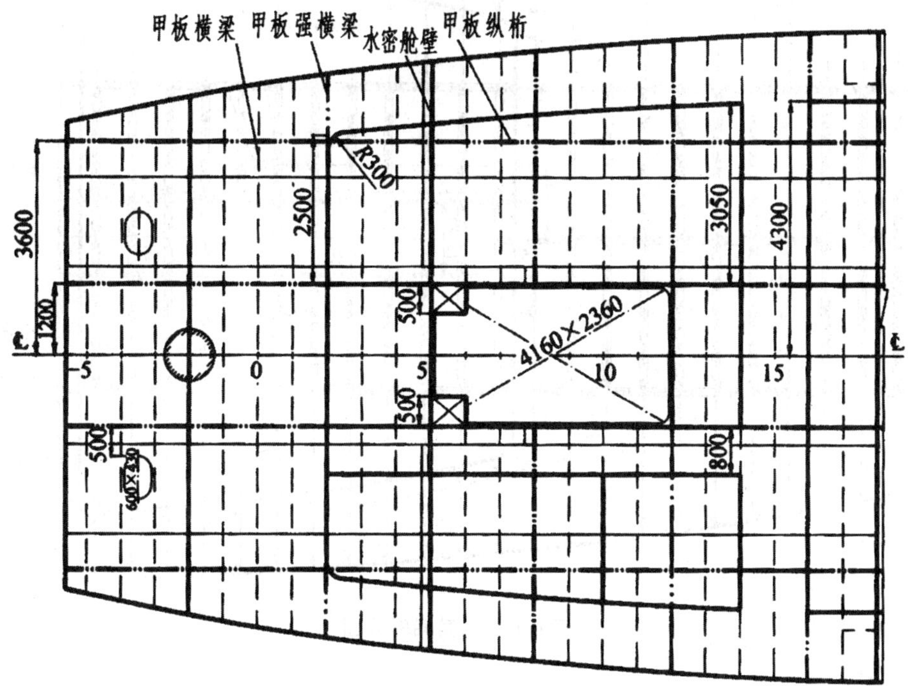

图 6-1-22 甲板图加绘第三部分的表达内容

(2)舱底图的表达内容

对于单底结构的舱底图,构件相对较少,主要有中内龙骨、旁内龙骨和舭肘板。它们之间的连接关系也比较简单。舱底构件采用简化画法和投影画法表达均可。可见的舷侧构件采用简化画法表达。采用简化画法时,强构件(龙骨、肋板)用粗点画线;普通构件用细点画线表示。采用投影画法,比较直观,但线条较多,绘图量较大,如图 6-1-23 所示。

对双层底结构的舱底图,需要表达内底和船底两个层次的构件,习惯上采用左右舷分别表达内底和船底的半剖方式。

附图 3 是某 6 800DWT 多用途船的基本结构图,读者可尝试阅读。

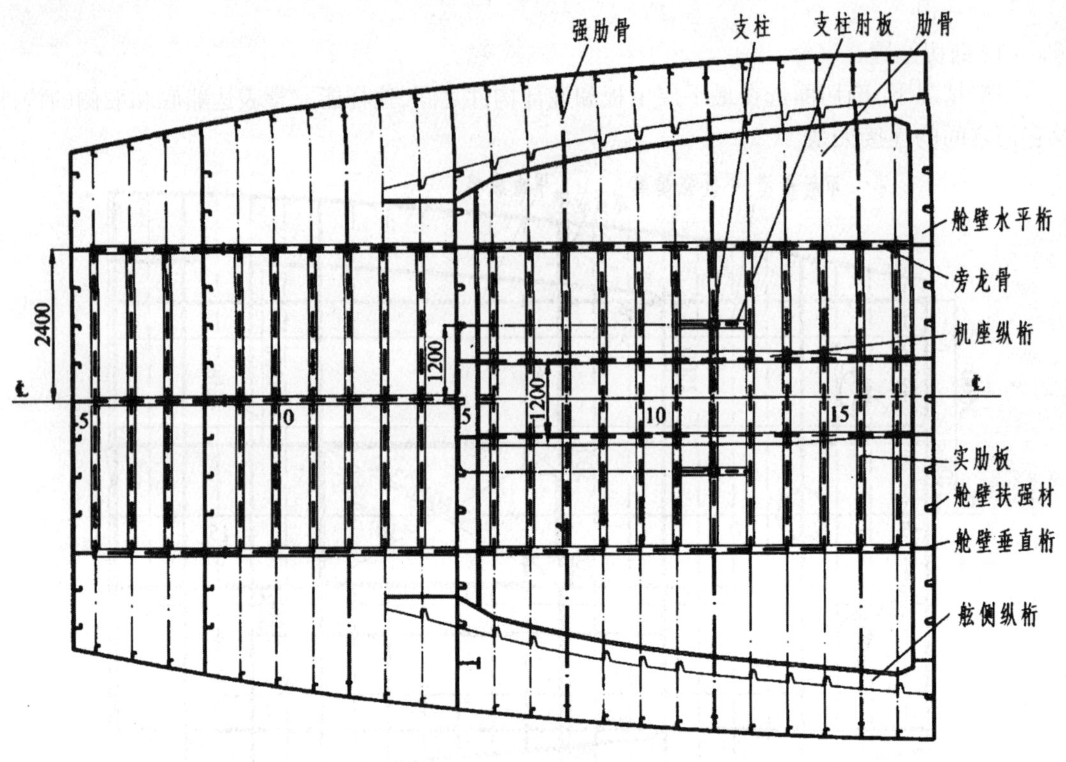

图 6-1-23　某船舱底图

任务二 船体中横剖面图的识读

● 能力目标

能正确识读船体横剖面图。

● 知识目标

(1)了解中横剖面图的表达内容；
(2)掌握中横剖面图的识读方法。

● 情感目标

(1)培养良好的空间层次统筹能力；
(2)培养逐层逐个解决问题的职业素养；
(3)养成多思勤练的学习作风。

任务引入

(1)船体中横剖面图内容有哪些?

(2)如何阅读中横剖面图?

任务解析

中横剖面图是用船体中段范围内数个典型横向剖面图表示船体结构基本情况的全船性结构图纸,同时它也是校核船体强度和绘制其他结构图纸的依据。通常由几个肋位剖面图和主要尺度栏两部分组成。

知识点1　中横剖面图的内容

【初阶】

1. 中横剖面图的组成

(1)肋位剖面图

肋位剖面图是中横剖面图的主要组成部分,它主要表达船体横向构件的结构形式、尺寸,表达船体纵向构件的布置情况及其剖面形状,以及表达各构件之间的相互连接形式。剖面位置通常选在船体中段范围内结构典型的肋位,例如货船常取在机舱和货舱范围内;油船常取在机舱和货油舱范围内。小型船通常选2~3个结构典型的肋位,大型船舶则根据具体情况,可多选几个肋位剖面。对于某一舱室范围中大部分结构都相同或相似,只有局部结构不同的情况,可采用局部结构图表示,而不再另取剖面绘制完整的肋位剖面图。

(2)主尺度栏

主尺度栏是全船性图纸上的一项内容,用以标注船体主尺度和有关数据,如总长、设计水线长、垂线间长、型宽、型深、设计吃水、最大吃水、梁拱高以及船体不同部位的肋骨间距等数值。

此外,在某些中横剖的图中,对船体结构设计时的依据,设计时考虑的一些特殊因素和注意点应用文字加以简单说明,作为附注栏,写于图纸的右方空白处。

2. 中横剖面图表达的内容

中横剖面图所表达的内容主要有以下几方面:

(1)横向构件(如肋板、肋骨、横梁)以及支柱的尺寸、结构形式和相互连接的方式;

(2)纵向构件(如中桁材、旁桁材、舷侧纵桁、舭龙骨、甲板纵桁、纵骨)的尺寸、结构形式及其布置情况;

(3)外板、内底板和甲板板的横向排列及其厚度;

(4)主机基座的结构形式、尺寸、数量以及主轴中心线距基线的高度;

(5)上层建筑纵向围壁的位置、板厚及扶强材的尺寸和结构形式;

(6)舱口的宽度以及其结构形式;

(7)双层底、船舱和各甲板间舱的高度以及甲板的梁拱高。

知识点2　中横剖面图的识读

【中阶】

识读中横剖面图主要是了解船体各部分结构的相对位置和船体构件的布置、尺寸、结构形式和相互连接的方式,对全船主要结构有一个概括的了解。

中横剖面图主要是用肋位剖面和局部结构图来表达的,肋位剖面图中采用重叠画法,图中构件根据板、肘板和型材在船图中的表示方法绘制,所以识读中横剖面图就要根据这些表示方法的特点,结合构件的尺寸进行分析,从而理解图中所表达的内容。

图 6-2-1 所示为某油船油舱的中横剖面图。

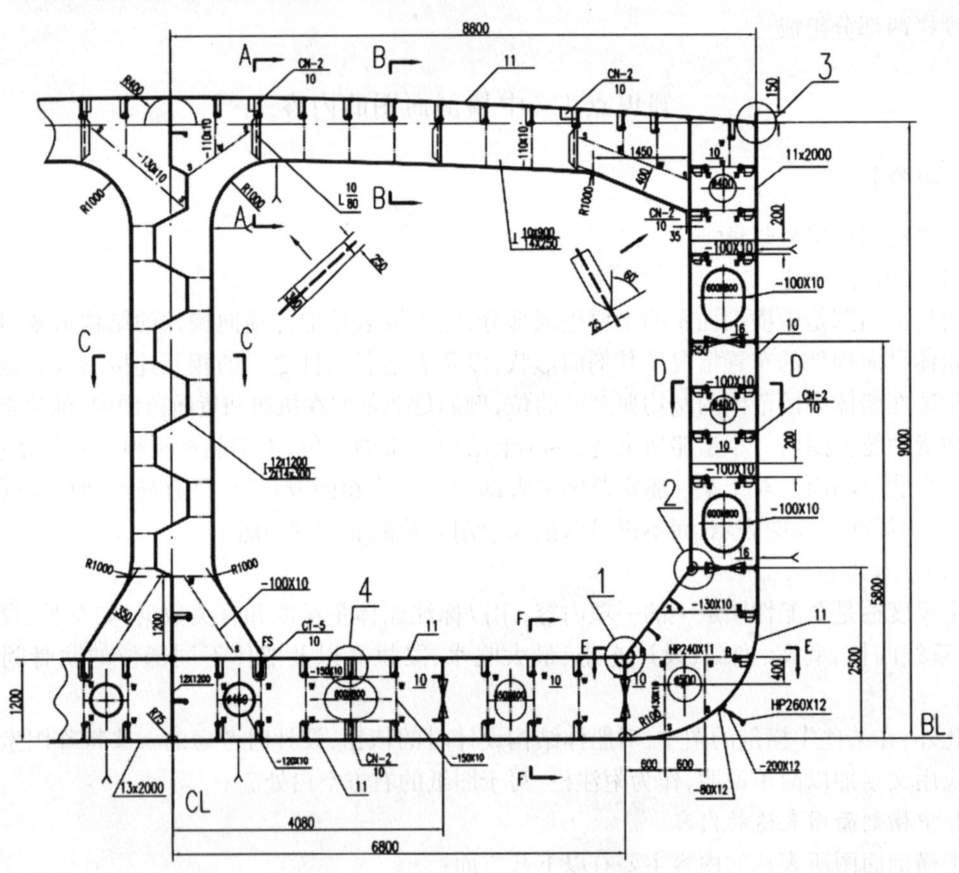

图 6-2-1　某油船油舱的中横剖面图

1. 了解各部分结构的相对位置

通常主要是了解双层底、船舱和甲板间的高度;大舱口(如机舱口、货舱口等)的宽度;纵向围壁的位置等。

2. 具体了解各部分的结构情况

主要是详细了解各部分结构中构件的布置、尺寸、结构形式和连接方式等。识读时可按剖视图从底部、舷侧、纵舱壁甲板至上层建筑依次进行。

(1)底部结构;

(2)舷侧结构;
(3)纵舱壁结构;
(4)甲板结构;
(5)上层建筑结构。

任务三
船体分段结构图的识读 

● 能力目标

能正确识读船体分段结构图。

● 知识目标

(1)了解分段划分图的组成和编号方法;
(2)掌握分段结构图的内容和识读方法。

● 情感目标

养成多思勤练的学习作风。

任务引入

(1)船体分段划分的目的是什么?
(2)分段划分图和结构图都有哪些内容?

任务解析

船体分段划分图是根据船厂的吊装能力对船舶进行分段划分的生产设计图纸。分段划分的合理性决定能否有效利用造船设备提高生产效率,提高建造质量和降低成本。

分段结构图是技术设计阶段的结构详图,是船体建造中放样、加工、装配和焊接等工序的依据,也是编制装配工艺、施焊程序、胎架设计、工艺加强等施工的依据,还是计算船体重量和重心的依据。

知识点1 分段划分图的组成和特点

【初阶】

1.分段划分图的组成

分段划分图的视图主要是表达分段的划分情况以及分段接缝位置,图中图线仅表示分段的接缝，不表示一般的板缝。分段划分图的视图包括侧面图、甲板平面图、舱底平面图、纵剖面图、横剖面图等，如图 6-3-1 所示。

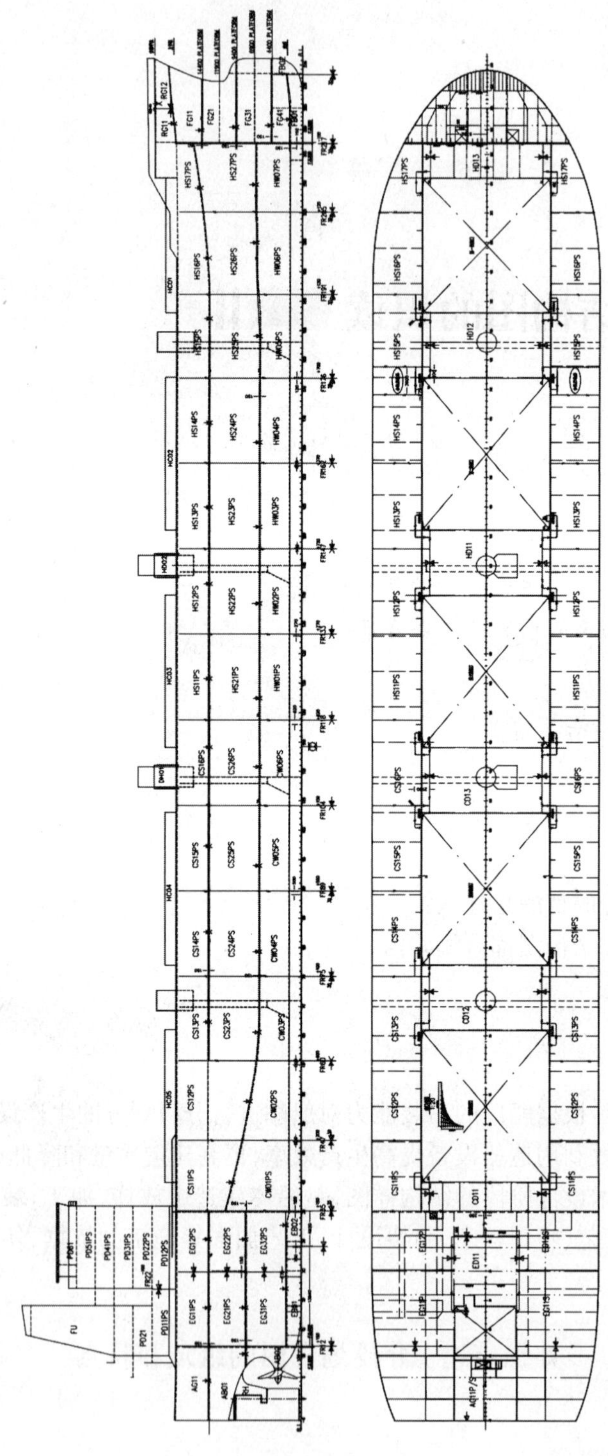

图 6-3-1　某船的分段划分图

2. 船体分段的编号

分段划分图要对各分段进行编号，每个分段的编号称为分段号。分段号体现分段所在的位置及其依次上船台的顺序。

(1)船体分段编号

船体分段采用三位数字编号。其中百位数字表示分段的区域，用 1 代表尾段，2 代表中段，3 代表首段；上层建筑分段百位用 6 表示。同一分段左右两舷采用同一区域号，仅在数字之后以“P”(表示左舷)、“S”(表示右舷)加以区别。十位数表示分段部位：1 表示底部，2 表示舷侧，3 表示甲板，4 表示舱壁，0 表示立体分段。个位数表示纵向由艉至艏、横向由下至上的分段顺序位置。例如：101 表示尾部第一立体分段；211 表示中段第一船底分段；222 表示中段第二舷侧分段；233 表示中段第三甲板分段；302 表示首部第二立体分段；602 表示上层建筑第二立体分段。

每一分段在直径为 8 mm 的圆中写入分段号，并采用细实线绘出分段范围的对角线。

(2)分段明细栏

明细栏中列出全船各分段的分段号、名称、质量及外形尺寸等，其格式如表 6-3-1 所示。

(3)主尺度

分段划分图的主尺度主要有总长、垂线间长、型宽、型深、吃水、肋距等。

(4)余量和补偿布置

分段划分图中，还需标注全船各个分段余量的性质和留放位置。侧面图反映长度和高度方向的余量；甲板图和船底图反映长度和宽度方向的余量；横剖面图反映宽度方向的余量。

表 6-3-1 分段划分图明细栏

序号	分段号	部位与名称	质量/t	外形尺寸/mm (长×宽×高)	附注
…	…	…	…	…	…
8	223	$\#28^{+250}$ ~ $\#41^{-200}$舷侧分段		7 950×1 900×1 300	
7	222	$\#20^{+150}$ ~ $\#28^{+250}$舷侧分段		4 300×500×1 300	
6	221	$\#5^{+132}$ ~ $\#20^{+150}$舷侧分段		9 600×500×3 840	
5	…	…	…	…	…
4	213	$\#28^{+250}$ ~ $\#41^{-200}$船底分段		7 950×11 000×1 300	
3	212	$\#20^{+150}$ ~ $\#28^{+250}$船底分段		4 300×11 000×1 300	
2	211	$\#5^{+132}$ ~ $\#20^{+150}$船底分段		9 600×11 000×1 300	
1	101	艉 ~ $\#5^{+132}$艉部立体分段		6 475×9 860×5 400	

余量和补偿都是构件的边缘(板缝及骨架端部)在放样及下料时放出的大于理论尺寸的部分。余量和补偿的区别是：余量在施工到一定阶段，经过定位画线后要进行切割；补偿一般不需切割，它是为弥补由构件偏离理论尺寸和焊接收缩产生的误差，以满足反变形而留放的余量。补偿在船体装配焊接后自行消失，余量和补偿在图中用符号“▼”表示。图 6-3-2 所示为余量符号及其标注形式。

3. 分段划分图的特点

(1)示意性

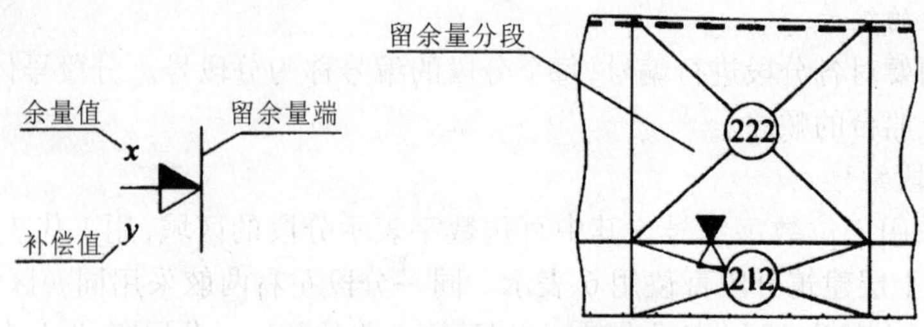

图 6-3-2 余量符号和标注

因为分段划分图主要表明分段接缝的位置，所以视图中，除与分段定位有关的结构（如甲板、平台、舱壁、内底、水密肋板等）外，其他结构均不画。这样图样简洁、清晰，画图方便，便于使用。

（2）图线的特殊性

除纵、横剖面图外，其余视图的外形轮廓用细实线表示；甲板板、平台板、舱壁板、内底板等与外板的不可见交线不论其水密性，均用粗虚线表示；分段接缝线用细实线表示。

知识点2 分段结构图的组成及表达内容

【中阶】

1. 分段结构图的组成

分段结构图主要由视图和明细栏组成。

（1）视图

①主视图

分段结构图的主视图是表示分段的总体结构的视图，反映构件的布置、板缝的排列、构件的尺度、焊接要求等，如图 6-3-3 所示。

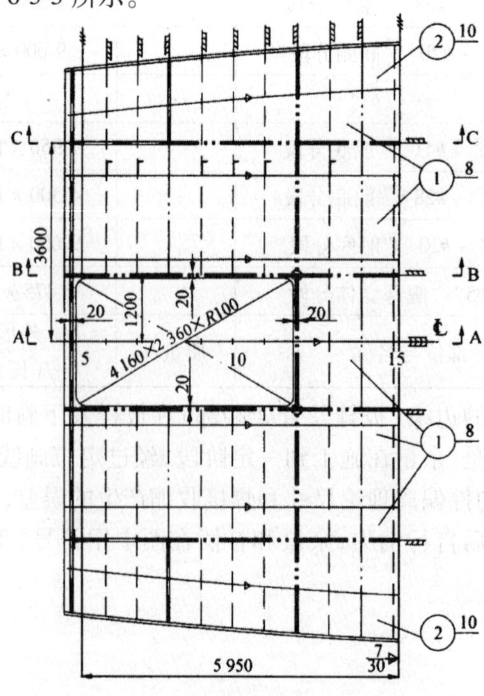

图 6-3-3 分段结构图的主视图

②剖面图

剖面图表达分段中构件的形状、结构形式、尺寸和连接方式。包括纵剖面图、肋位剖面图和分剖面图几种形式。图 6-3-4 所示为纵剖面图,图 6-3-5 所示为肋位剖面图。

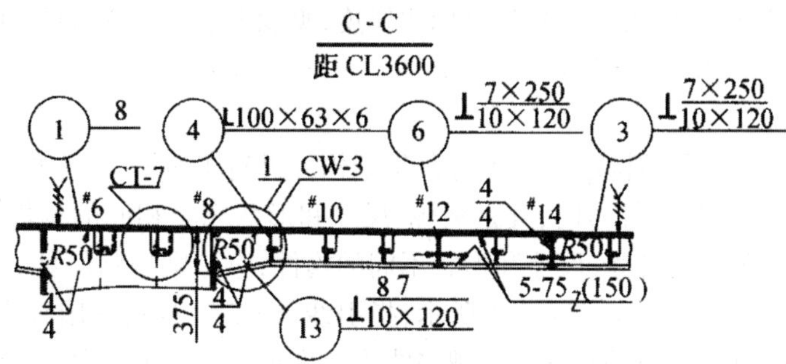

图 6-3-4 纵剖面图

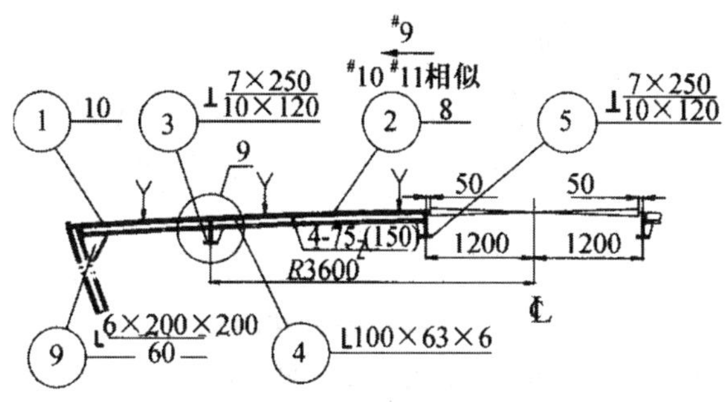

图 6-3-5 肋位剖面图

③节点详图

节点详图是表示节点处结构连接情况的局部放大图。因为主视图和剖面图通常采用小比例,往往不能完全将节点处的结构、尺寸及焊接要求表达清楚,所以在分段结构图中,对主视图和剖面图内图形较小、连接形式不同、表达又不够清晰的节点,另行绘制节点图,详细表达构件的结构形式和连接方式,并在图中完整地标注构件的尺寸和焊接符号。如果采用大比例绘制节点详图,板和型材厚度的投影大于 2 mm 时,其剖面要绘制剖面符号。

节点详图的标注方法是:在主视图或剖面图中,将要绘制详图的节点用细实线圆圈出,圆的直径视节点图形大小而定,并用 7 号字体的阿拉伯数字顺序编号,然后在节点详图上方用同样大小的字体注写相应的数字,下方注写节点详图的比例,如图 6-3-6 所示。

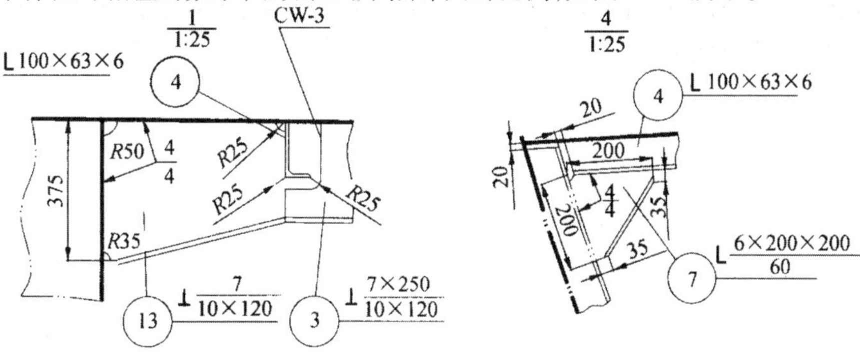

图 6-3-6 节点详图

2. 分段结构图中构件尺寸的标注

分段结构图中构件尺寸的标注与一般零件尺寸的标注不同。由于船体外板和甲板的形状与构件的形状都比较复杂，同时，很多构件的正确形状和尺寸还有待于船体放样后确定。因此，分段结构图中，板材结构的构件通常只标注厚度；型材只标注出断面尺寸。这些构件的长度和形状由放样部门提供的图形或样板决定。

3. 构件的编号

为了便于识读，在分段结构图中对本分段每个构件进行了编号，称为件号。

(1) 件号编制方法：编制件号时，凡是名称、尺寸和形状完全相同的构件编制同一件号，并置明细栏中注明件数；凡是名称、尺寸和形状不同的构件，应分别编制件号。

(2) 构件编号的标注形式如图 6-3-7 所示，指引线、规格线及圆均用细实线绘制。指引线对准圆心，指向构件，圆的直径为 8 mm。规格线为对准圆心引出的水平线，尺寸标注于规格线上方。

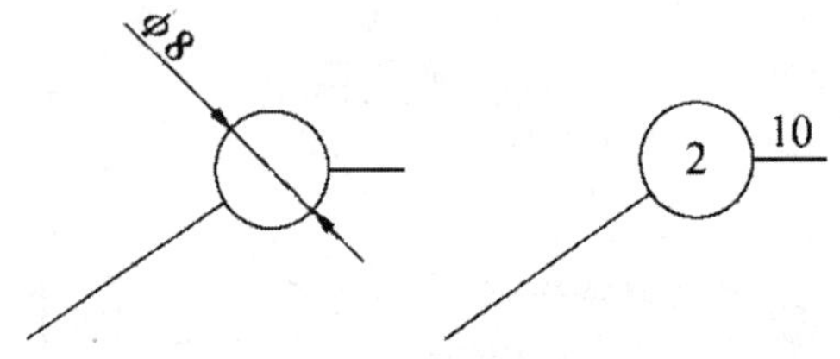

图 6-3-7　构件编号的标注形式

(3) 编制件号的顺序一般是先编板，再编型材，最后编肘板。

(4) 件号要标注在构件外形显著的视图中，应相对集中。通常板材的件号标注在平面图上，肘板的件号标注在节点详图中。

(5) 在肋位剖面图中，同类相似构件的编号，可以采用公共指引线并加以简化。

4. 焊缝符号的标注

分段结构图中需要标注焊缝符号，以表示构件连接处的焊缝形式、坡口式样、焊接尺寸和焊接方法等。焊缝符号应标注在能清晰表示焊缝的视图中，并尽可能集中标注，以便于读图，同一条焊缝一般只需标注一次。焊接形式相同、位置又相邻近的焊缝，可用公共横线的形式标注。

5. 分段结构图中的明细栏

分段结构图在标题栏上方绘制明细栏，以统计分段中所有构件的名称、尺寸、数量、材料和数量等。明细栏中的序号应自下而上填写。当标题栏上方填写位置不够时，明细栏可移至标题栏左边，由下至上继续填写。

任务四
肋骨型线图和外板展开图的识读 

● 能力目标

(1)能正确识读肋骨型线图;

(2)能正确识读外板展开图。

● 知识目标

(1)了解肋骨型线图的组成和识读方法;

(2)了解外板展开图的组成。

● 情感目标

培养团队合作解决问题的职业素养。

任务引入

(1)肋骨型线图是如何形成的?图中都有哪些线?

(2)外板展开图的作用是什么?

任务解析

肋骨型线图是表示船体肋骨型线形状、外板接缝排列及甲板、平台和各纵向构件布置的图样,是全船性结构图样之一。它的主要用途:①船体放样中,作为肋骨型线、外板接缝线和船体结构放样的依据;②在绘制外板展开图时,作为伸长肋骨型线、求取肋骨型线实长和确定构件位置的依据;③在绘制其他船舶图样时,作为选取或剖切求得所需船体横剖面形状的依据。

外板展开图是表示船体外板排列、厚度分布以及开口位置和大小的结构图样。它的主要用途:①与肋骨型线图配合,确定外板的接缝和外板并板的位置,作为船体放样时的依据;②统计组成全船外板所需要的钢板数量和规格,以便订货或备料;③作为计算船体质量和质心位置的主要依据。

知识点1 肋骨型线图的组成与识读

【中阶】

肋骨型线图表达各肋位肋骨的真实形状,表达各种板缝线的分布、排列情况以及构件交线的投影,如图 6-4-1 所示。

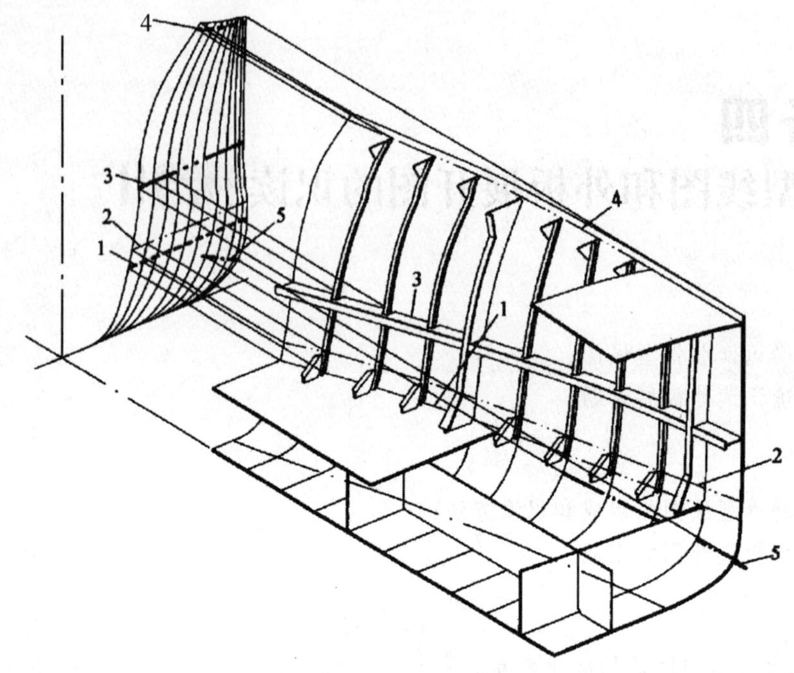

图 6-4-1 肋骨型线图的投影

1—内底板边线;2—舭肘板边线;3—舷侧纵桁与外板的交线;4—甲板边线;5—舭龙骨与外板的交线

1. 肋骨型线图的组成

肋骨型线图由肋骨型线、外板接缝线、构件交线组成,如图 6-4-2 所示。

(1)肋骨型线

肋骨型线是肋骨平面与船体外板型表面的交线在投影面上的投影,表示了肋骨型线的真实形状。由于船体对称于中线面,同时为了避免肋骨型线在图中的重叠和干扰,所以肋骨型线只画一半,在中线面的左面画艉部至中站面之间的各肋骨型线,在中线面的右面画艏部至中站面之间的各肋骨型线。大中型船舶的肋骨较多,如果将所有肋骨型线全部画出,则图中的肋骨型线较密,为了保持图面的清晰,一般间隔一个肋位绘制一根(习惯上逢双号绘制)。由于船体艏艉部分的线型变化较大,故在有些肋骨型线图中,艏艉部分的肋骨型线每挡肋位都绘制,其余部分仍间隔一个肋位绘制一根。

(2)外板接缝线

外板接缝线是外板之间的连接线,表示了全船外板的排列和每块外板的形状。外板接缝线有三种:

①边接缝线:是相邻两列外板间接缝的投影,即外板纵向接缝的投影;

②端接缝线:是同一列外板中,相邻两块外板间接缝的投影,即外板横向接缝的投影;

③分段接缝线:是相邻两分段间接缝的投影。

(3)构件交线

构件交线是船体构件如甲板、平台、外底纵骨、旁底桁、旁内龙骨、内底边板、舷侧纵桁、舭龙骨等与外板的交线在投影面上的投影,表示了这些构件在船体中的位置及其与板缝的相对位置。

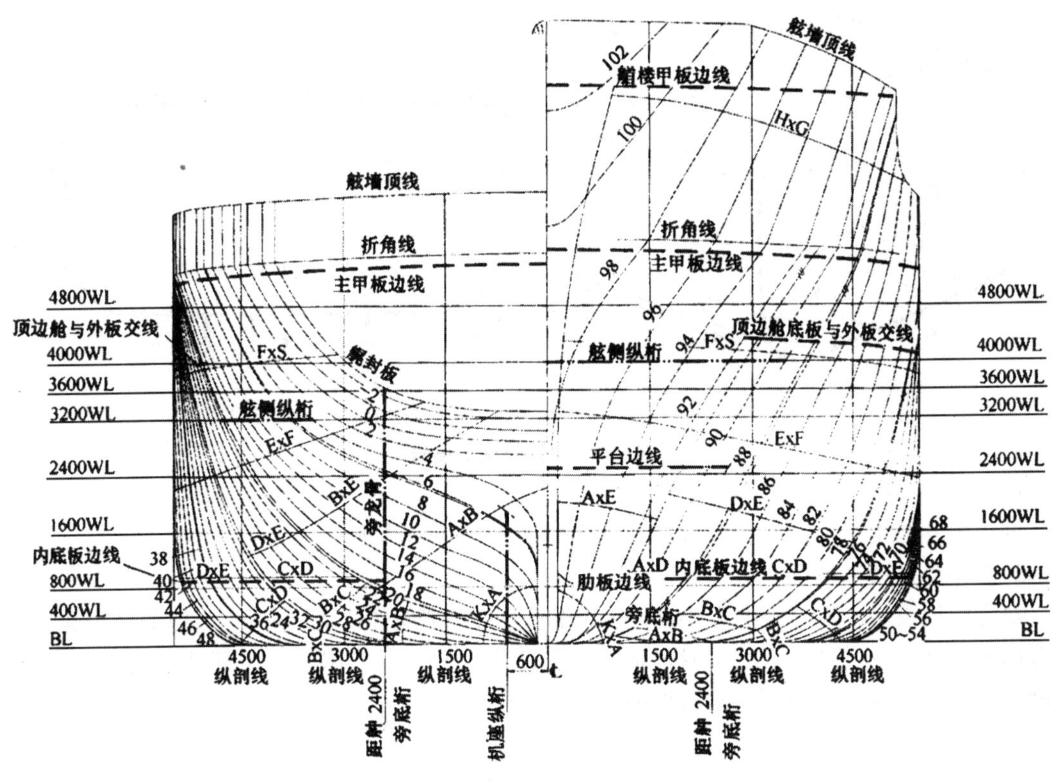

图 6-4-2　某船的肋骨型线图

2. 肋骨型线图的识读

识读肋骨型线图，首先应了解图中各种线条的含义，再在了解型线图、中横剖面图和基本结构图的基础上进行。

(1) 了解外板形状

肋骨型线图中的外板接缝线是外板轮廓在投影面上的投影；故相邻两条纵向接缝线和相邻两条横向接缝线所围的区域即表示一块外板的投影形状。

(2) 了解外板的布置和数量

识图时，可以先了解外板的列数，再了解每一列板由几块钢板组成，就可以确定全船外板的数量。根据肋位可以确定各外板的位置布置情况。

(3) 了解构件的位置

构件的位置由各种构件交线和假想连线决定，大家可自行研究。

知识点 2　外板展开图的组成与识读

【中阶】

外板是指构成船体舷侧、舭部和船底的外壳板，通常由多块钢板拼接而成，钢板长边沿船长方向布置。钢板的横向接缝称为端接缝，纵向接缝称为边接缝。钢板逐块端接而成的连续长条板称为列板，如图 6-4-3 所示。

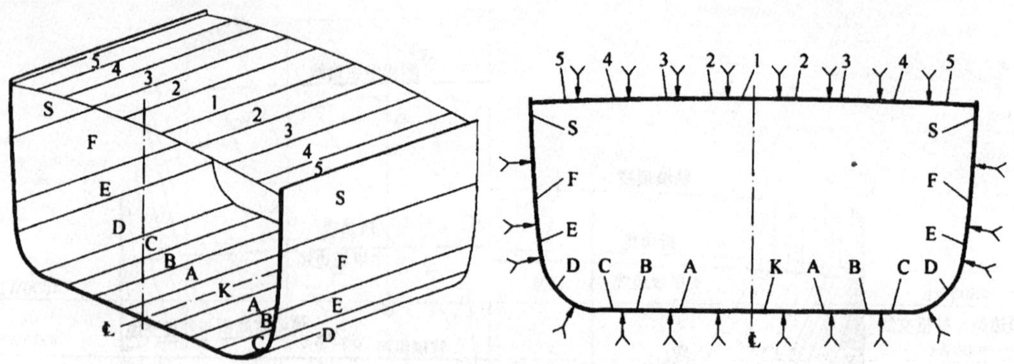

K—平板龙骨；A～C—船底板；D—舭列板；E、F—舷侧列板；S—舷侧顶列板；1～4—甲板板；5—甲板边板

图 6-4-3　船体外板的编号

1. 外板展开图的组成

外板展开图由主尺度栏和外板展开视图组成，如图 6-4-4 所示。

2. 船体外板的近似展开

要完整地表示全船外板的大小和性质，最理想的是把船体外壳“摊平”。但船体外板表面既有横向曲度，又有纵向曲度，一般很难展开成理想平面。可采用近似展开法，即只展开横向曲度，纵向曲度仍保持原投影长度，如图 6-4-5 所示。

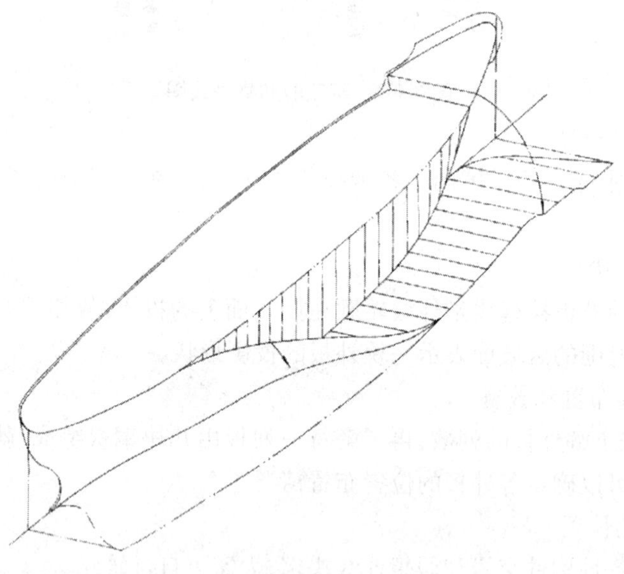

图 6-4-5　船体外板的近似展开

3. 外板展开图的识读

外板展开图和肋骨型线图之间的关系密切，互相配合，互为补充。因而，识读外板展开图应与肋骨型线图结合对照。

识读外板展开图主要了解外板的布置、尺寸、外板上的开口、加强腹板的位置及尺寸等信息。

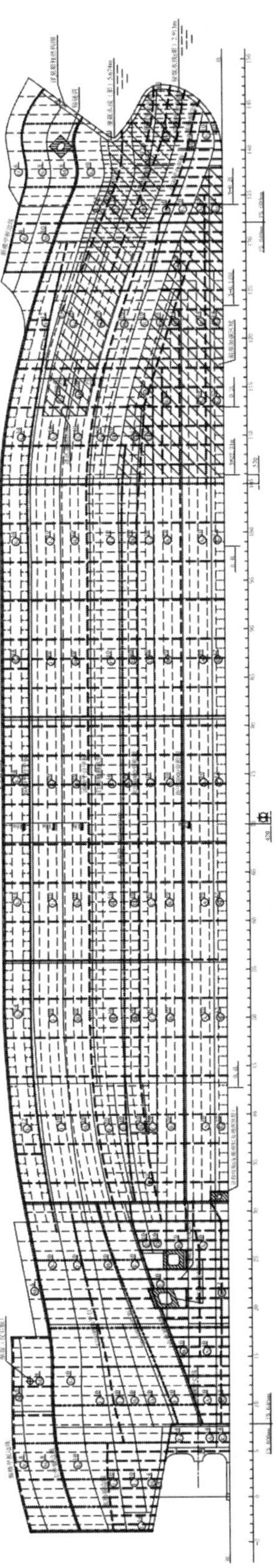

图 6-4-4 某船的外板展开图

(1)了解外板的排列与尺寸

与肋骨型线图相似,外板展开图中除 K 列板外,其余每一块外板由两条边接缝线与两条端接缝线围成。K 列板因通常对称于中线面布置,仅绘制一半,故图中一半只有一条边接缝线和两条端接缝线围成。

(2)了解外板上开口与加强腹板的位置和大小

外板上开口的可见轮廓线用细实线表示,加强腹板用腹板轮廓线加细斜线表示。其大小和位置可直接在图中查得。

项目七 AutoCAD 基本命令的使用

通过本项目的训练,学生应能了解 CAD 的发展历程及在船舶工程上的应用;掌握 AutoCAD 软件的基本绘图设置;能正确设置 AutoCAD 软件的基本参数;应能掌握圆、直线等基本图形的绘制方法;掌握复制、剪切、镜像、阵列等基本编辑命令的使用方法;能熟练使用基本绘图命令和基本编辑命令对工程图纸进行绘制。

任务一 CAD 软件的认知

● 知识目标

(1) 了解 CAD 的发展历程及在工程上的应用情况;

(2) 掌握 AutoCAD 软件基本参数的设置方法。

● 能力目标

能正确设置 AutoCAD 软件的基本参数。

● 情感目标

(1)养成多思勤练的学习作风;

(2)培养问题不留置、快速解决问题的职业素养。

任务引入

(1)什么是 CAD? 有什么用?

(2)常用的 CAD 软件有哪些?

任务解析

计算机辅助设计(Computer Aided Design,简称 CAD)利用计算机及其图形设备帮助设计人员进行设计工作,是计算机应用的一个重要分支。它具有减小设计绘图量、缩短设计周期、易于建立和使用标准图库、改善绘图质量、提高设计管理水平等一系列优点。

常用的 CAD 软件包括 AutoCAD、Pro/E、SolidWorks、Rhnio、CATIA、Sketchup、CAXA、中望 CAD 等。

知识点 1 常用 CAD 软件

【初阶】

1. AutoCAD 软件

AutoCAD 是美国 Autodesk 公司推出的一个通用的计算机辅助设计软件,经过不断地完善,现在已经成为国际上广为流行的绘图工具。AutoCAD 从 1982 年问世至今的 30 多年中,版本不断更新,从最早的 V1.0 版到现在的 AutoCAD2014 版已更新了二十几次。因其具有良好的人机交互界面,并具有开放定制菜单和二次开发功能,被广泛应用于土木建筑、机械设计、城市规划、航空航天、船舶装备、电子电路等领域。

2. Pro/E 软件

Pro/E 软件是美国 PTC 公司开发的参数化建模软件,于 1988 年推出 Pro/ENGINEER V1.0,到 2011 年推出 Pro/ENGINEER WILDFIRE 6.0,2011 年发布 Creo1.0。因采用模块方式,可以分别进行草图绘制、零件制作、装配设计、钣金设计、加工处理等,保证用户可以按照自己的需要进行选择使用,是 CAD/CAM 紧密结合的软件之一。

3. SolidWorks 软件

SolidWorks 公司成立于 1993 年,总部位于马萨诸塞州的康克尔郡,1997 年被法国达索公司收购,作为达索中端主流市场的主打品牌。1995 年推出第一套 SolidWorks 三维机械设计软件,现在最新的版本为 SolidWorks2013。由于使用了 WindowsOLE 技术、直观式设计技术、先进的 parasolid 内核以及良好的与第三方软件的集成技术，现在广泛应用于航空航天、机车、食品、机械、国防、交通、模具、电子通信、医疗器械、离散制造等领域。

4. Rhino 软件

Rhino，中文名称犀牛，是一款超强的三维建模工具，是由美国 Robert McNeel 公司于 1998 年推出的一款基于 NURBS 为主的三维建模软件。RHINO 可以创建、编辑、分析和转换 NURBS 曲线、曲面和实体，并且在复杂度、角度和尺寸方面没有任何限制。且对硬件要求极低，故在曲面造型方面得到广泛应用。

5. CAXA 软件

CAXA 软件是北京数码大方科技股份有限公司推出的一款 CAD 软件，是我国第一款完全自主研发的 CAD 产品。覆盖了制造业信息化设计、工艺、制造和管理四大领域，因其符合国人使用习惯，产品广泛应用于装备制造、电子电气、汽车、国防军工、航空航天、工程建设、教育等各个行业。

同类型的 CAD 软件还有很多，如西门子的 CATIA 软件、谷歌的 SketchUp 软件、Autodesk 公司的 Maya 软件、中望龙腾的中望 CAD 软件等，在此不再赘述。

知识点2　AutoCAD 软件的基本设置

【初阶】

因计算机技术的发展，AutoCAD2014 提供了 32 位和 64 位两种模式的安装程序，本书主要以 AutoCAD2014 版本为基础，做相关介绍。

1. AutoCAD 软件界面

启动 AutoCAD2014 之后，将出现如图 7-1-1 所示的用户界面，这是 AutoCAD2014 的应用程序界面，用于绘图操作。

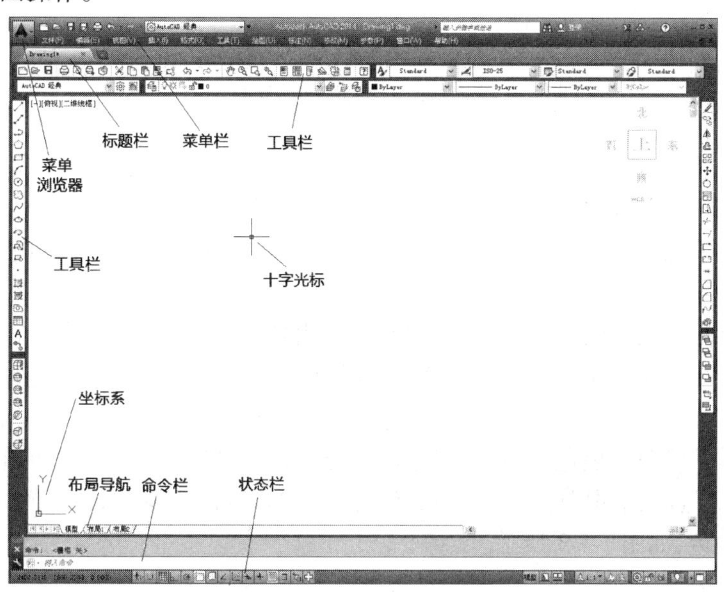

图 7-1-1　AutoCAD2014 的“AutoCAD 经典”工作界面

(1)标题栏

AutoCAD2014 用户界面的标题栏采用流行的标签式标题栏,当前标签页的名字为当前正在编辑的文件名称,可通过单击标签页在不同文件之间切换,也可通过单击标签页右上角的"关闭"按钮来关闭文件。

(2)下拉菜单

AutoCAD2014 共有文件、编辑、视图、插入、格式、工具、绘图、标注、修改、参数、窗口和帮助 12 个一级菜单,用户用鼠标逐层单击即可调用相应命令,图 7-1-2 所示为"绘图"下拉菜单。

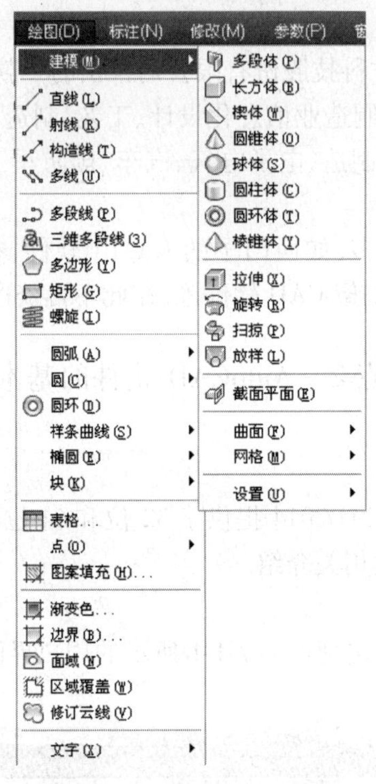

图 7-1-2 "绘图"下拉菜单

(3)工具栏

工具栏为用户提供快捷执行命令的方法。AutoCAD2014 中一共有 30 个工具栏,每个工具栏都包括某一类的操作命令,并且每个命令都用相应的图标表示,方便用户快捷操作。

(4)绘图区

AutoCAD2014 中最大的空白区域称为绘图区,用户绘制的图形在这里显示。区域的左下角显示坐标系。十字光标可任意移动,若图形在视野之内无法显示,可拖动滚动条来寻找图形。

绘图区的默认颜色是黑色,用户可根据需要修改背景颜色。在下拉菜单中单击"工具"|"选项",在"显示"选项卡中单击"颜色"按钮,在弹出的"颜色选项"对话框的"颜色"下拉列表中选择需要的颜色,如图 7-1-3 所示。

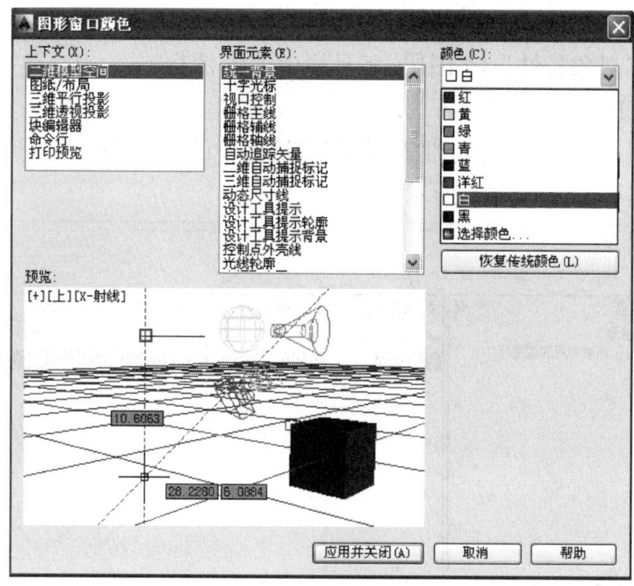

图 7-1-3 “图形窗口颜色”选项卡

2. 图形单位的设置

①下拉菜单:选择“格式”|“单位”。

②命令行:UNITS。

命令激活后,会弹出如图 7-1-4 所示的对话框,选择相应的选项即可。

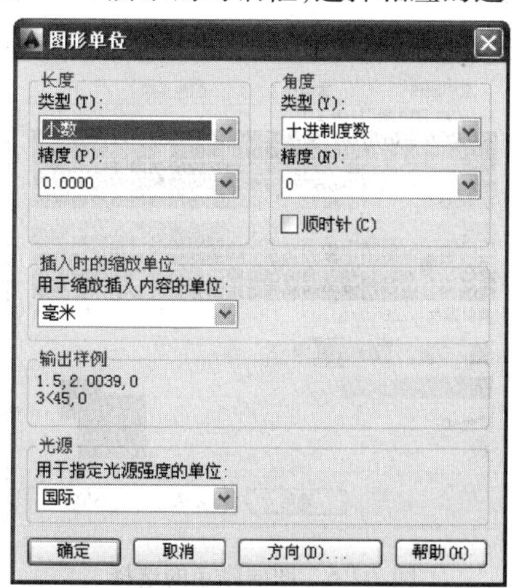

图 7-1-4 “图形单位”对话框

3. 绘图界限的设置

①下拉菜单:选择“格式”|“图形界限”。

②命令行:LIMITS。

在命令行中按提示输入给定的范围值即可。

4. 绘图图层的设置

(1)创建图层

①下拉菜单：选择“格式”|“图层”。

②工具栏：单击“对象特性”|“图层”工具栏中的图标。

③命令行：LAYER。

在弹出的对话框中单击“图层特性管理器”对话框中的按钮，添加新的图层。单击其默认名称可改变图层名称，如图7-1-5所示。

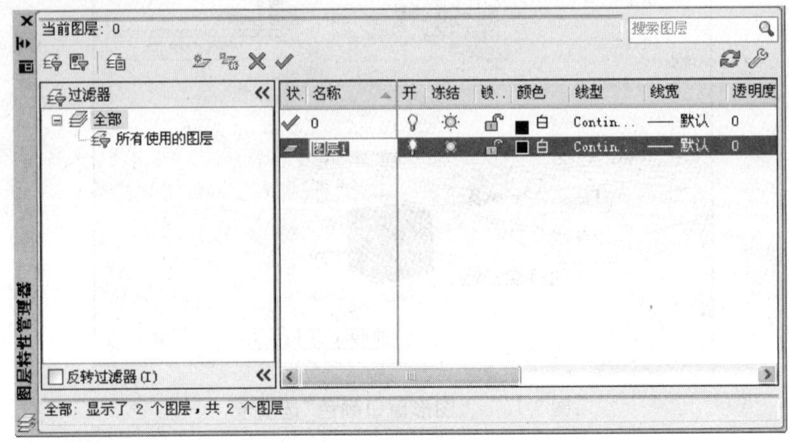

图7-1-5 创建新的图层

(2)图层颜色的设置

在“图层特性管理器”对话框中，单击需要更改图层的“颜色”列，将弹出如图7-1-6所示的“选择颜色”对话框，选择颜色即可。

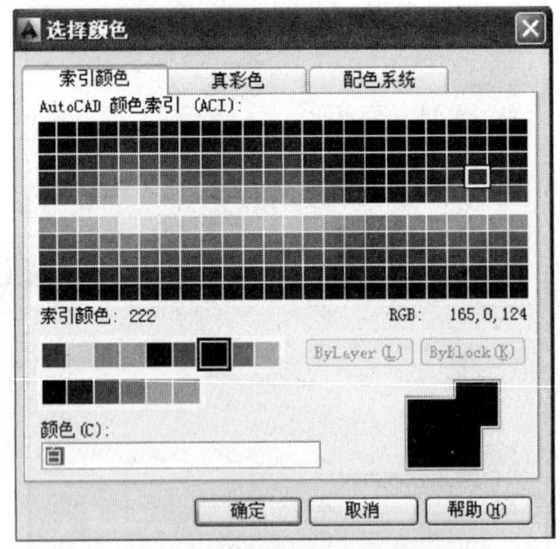

图7-1-6 图层颜色的选择

(3)图层线型的设置

在“图层特性管理器”对话框中单击所选图层的“线型”列，将弹出“选择线型”对话框。单击“加载”按钮，将弹出“加载或重载线型”对话框，如图7-1-7所示。选中所需线型，点击“确定”，即将线型加载到当前图形中。

图 7-1-7　图层线型的选择

5. 系统环境的设置

AutoCAD2014 在“选项”中提供 11 个选项卡，用于对它进行配置操作、改变软件运行界面和系统工作环境。选项卡内容如图 7-1-8 所示。激活该对话框可通过下拉菜单“工具”|“选项”或者命令 OPTIONS 来实现。

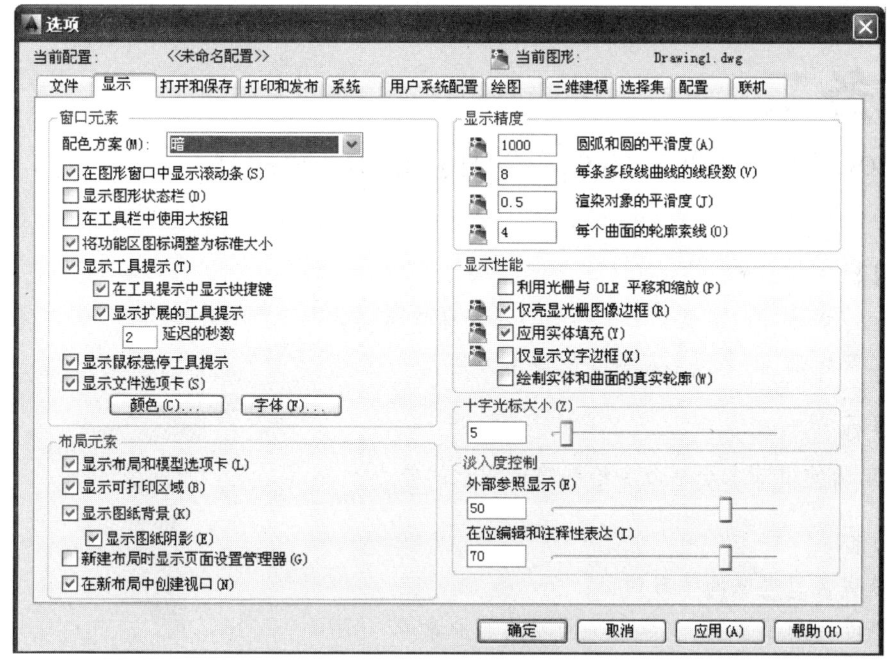

图 7-1-8　系统环境的设置

知识点 3　常用快捷键及命令的认知

【初阶】

在使用 AutoCAD 软件时，为提高绘图效率，常采用一些快捷键或快捷命令来实现某些命令。表 7-1-1 所示为常用快捷键和快捷命令的功能。

表 7-1-1　常用快捷键和快捷命令

快捷键	实现功能	快捷键	实现功能	快捷键	实现功能
F1	查阅帮助文件	F2	绘图与文本窗口切换	F3	对象捕捉
F7	栅格显示	F8	正交模式	Esc	退出当前命令
空格键	确认执行命令	Ctrl + S	快速保存	Ctrl + Z	撤销当前操作
A	绘制圆弧	C	绘制圆	L	绘制直线
O	偏移对象	H	填充对象	F	圆角
M	移动对象	Z	显示缩放	POL	绘制多边形
REC	绘制矩形	MI	镜像对象	CO	复制对象
AR	阵列对象	TR	修剪对象	RO	旋转对象
SC	比例缩放	DI	查询距离	REG	创建面域

以上这些快捷键和快捷命令的使用会在具体的项目中进一步介绍,在此不再赘述。

任务二
AutoCAD 基本绘制命令的使用

● 知识目标

(1)掌握直线、圆、圆弧等基本绘制命令的使用方法;

(2)了解矩形、正多边形等命令的使用方法。

● 能力目标

具备正确使用基本绘制命令绘制简单图形的能力。

● 情感目标

(1)养成多思勤练的学习作风;

(2)培养问题不留置、快速解决问题的职业素养。

任务引入

如何利用 AutoCAD2014 进行绘图?

任务解析

直线、圆等基本图形的绘制,是使用 AutoCAD2014 进行图形绘制的最基本操作。任何复杂的图形都是由简单的点、线、面等基本元素组成。AutoCAD2014 为用户提供了绘制点、线、圆、圆弧等的基本命令。能否熟练地掌握这些基本命令的使用方法和技巧，是灵活、准确、高效地绘制图形的关键。

知识点1　直线对象的绘制

【初阶】

1. 坐标的使用

(1)绝对直角坐标

点坐标值表示点在直角坐标系中的准确位置，如图7-2-1(a)所示。

(2)相对直角坐标

点的相对直角坐标表示某一点相对于该坐标系内另一点的位置，不直接表示其准确位置，如图7-2-1(b)所示。

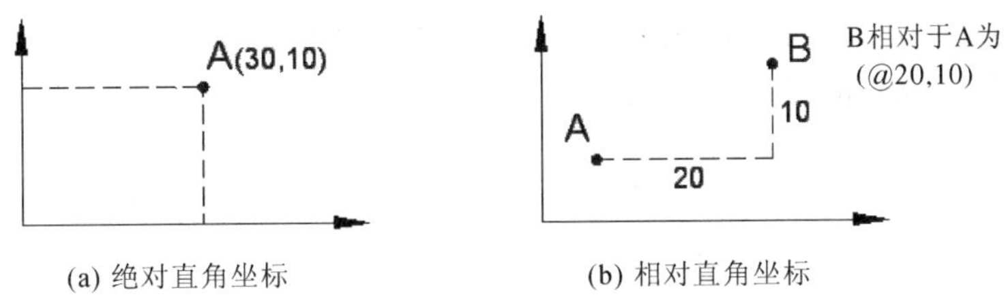

(a) 绝对直角坐标　　(b) 相对直角坐标

图7-2-1　直角坐标

(3)绝对极坐标

点的绝对极坐标表示点在极坐标系中的准确位置，如图7-2-2(a)所示。

(4)相对极坐标

点的相对极坐标表示某一点相对于该极坐标系内另一点的位置，如图7-2-2(b)所示。

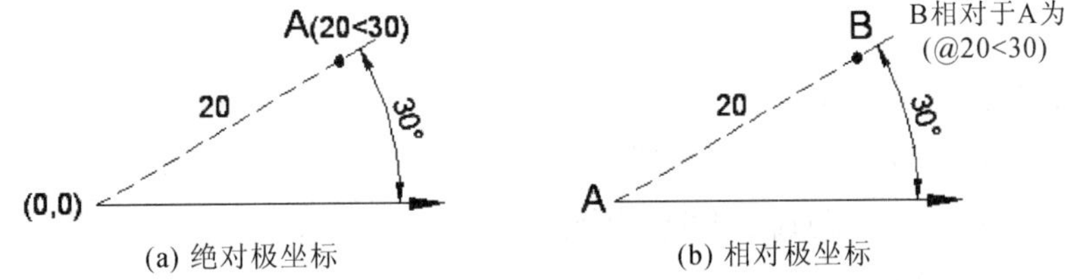

(a) 绝对极坐标　　(b) 相对极坐标

图7-2-2　极坐标

以上四种坐标表示法中坐标值的正负完全取决于点的位置或相对位置关系。

2. 直线的绘制

打开绘制直线的命令途径有：

①下拉菜单：选择“绘图”|“直线”。

②工具栏：单击“绘图”工具栏中的图标。

③命令：LINE或L。

图 7-2-3 所示为一个用几种坐标方式绘制直线的例子。

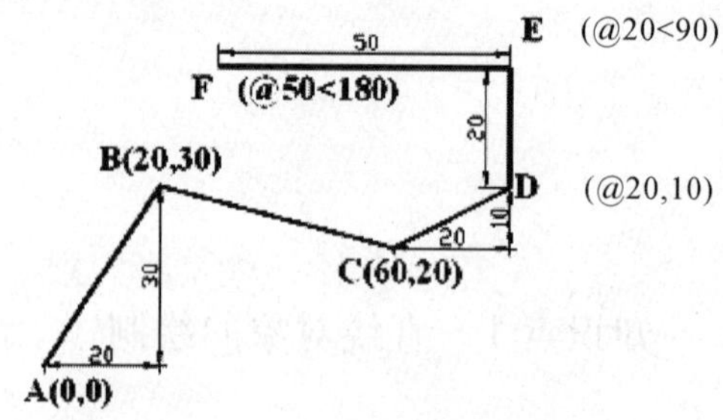

图 7-2-3　画直线的一个例子

命令:L ↙(激活绘制直线命令);

LINE 指定第一点:0,0 ↙(用坐标直接给定起始点 A);

指定下一点:20,30 ↙(用直角坐标给定第二点 B);

指定下一点:60,20 ↙(用直角坐标给定第三点 C);

指定下一点:@ 20,10 ↙(用相对直角坐标给定第四点 D);

指定下一点:@ 20 <90 ↙(用相对极坐标给定第五点 E);

指定下一点:@ 50 <180 ↙(用相对极坐标给定第六点 F);

指定下一点:↙或空格键结束命令。

【中阶】

3. 射线的绘制

打开绘制射线的命令途径有:

①下拉菜单:选择"绘图" | "射线"。

②命令:RAY。

该命令可绘制单方向的无限伸长的直线,启动该命令以后,命令行会出现提示:"指定通过点",响应系统提示信息选择起点后,再选择通过点,即可成功绘制一条射线。若继续绘制,可按命令提示行提示信息进行绘制。

4. 构造线的绘制

打开绘制构造线的命令途径有:

①下拉菜单:选择"绘图" | "构造线"。

②工具栏:单击"绘图"工具栏中的图标。

③命令:XLINE 或 XL。

绘制的构造线是两端无限延伸的直线,一般作辅助线用。启动命令后,命令提示行将出现如下提示信息:

"指定点或[水平(H)/垂直(V)/角度(A)/二等分(B)/偏移(O)]:"

其中各项的意义如下:①水平:绘制通过给定点的水平构造线;②垂直:绘制通过给定点的垂直构造线;③角度:绘制与 X 轴成指定角度的构造线;④二等分:绘制平分指定角度的构造线;⑤偏移:绘制与给定线相距指定距离的构造线。

【高阶】

5. 多线的绘制

打开绘制多线的命令途径有:

①下拉菜单:选择“绘图”|“多线”。

②命令:MLINE 或 ML。

该命令主要用于绘制多条相互平行的线。启动该命令后,命令提示行将会出现如下提示信息:

“指定起点或[对正(J)/比例(S)/样式(ST)]:”

其中各项的意义如下:①对正:设置多线相对于用户输入端点的偏移位置;②比例:设置定义的平行多线绘制时的比例,调整多线之间的距离;③样式:设置绘制平行多线时使用的样式。图 7-2-4 所示为绘制多线的一个实例。

6. 多段线的绘制

打开绘制多段线的命令途径有:

①下拉菜单:选择“绘图”|“多段线”。

②工具栏:单击“绘图”工具栏中的图标。

③命令:PLINE 或 PL。

该命令主要用于绘制由若干直线和圆弧连接而成的不同宽度的曲折或折线。启动该命令之后,命令提示行会出现如下提示信息:

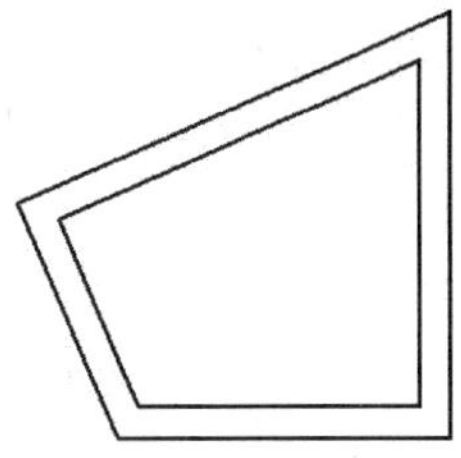

图 7-2-4 多线绘制实例

“指定下一个点或[圆弧(A)/半宽(H)/长度(L)/放弃(U)/宽度(W)]:”

其中各项的意义如下:①圆弧:以圆弧形式绘制多段线;②半宽:设置多段线的半宽值;③长度:指定下一段多段线的长度;④放弃:取消刚刚绘制的那一段多段线;⑤宽度:设置多段线的宽度值。图 7-2-5 所示为绘制多段线的一个实例。

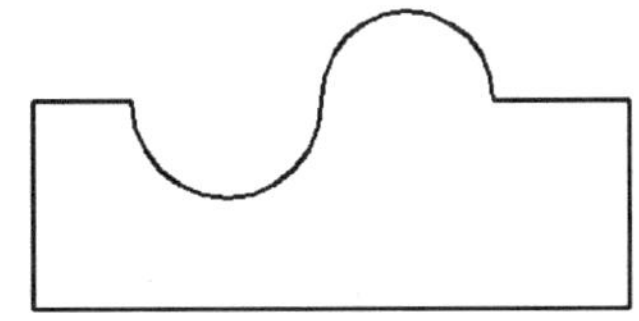

图 7-2-5 多段线绘制实例

知识点 2 点对象的绘制

【初阶】

1. 点样式的设置

设置点样式的方法为:

①下拉菜单:选择“格式”|“点样式”。

②命令:DDPTYPE。

激活“点样式”对话框,如图 7-2-6 所示。用户可根据需要选择点的样式,并对点的大小进行设置。

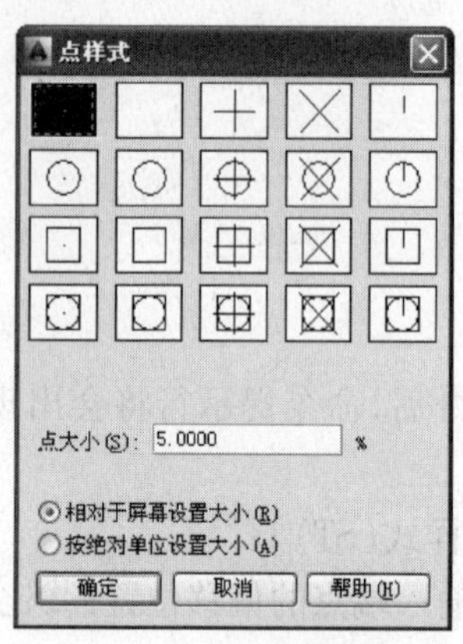

图 7-2-6 “点样式”对话框

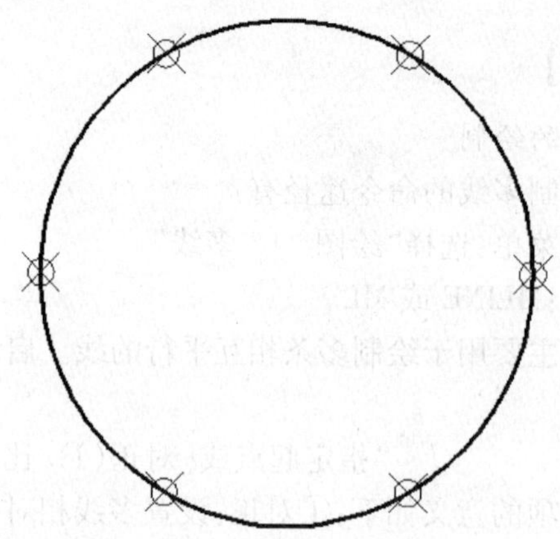

图 7-2-7 某圆的定数等分

2. 单点的绘制

进行单点的绘制,有如下途径:

①下拉菜单:选择“绘图”|“点”|“单点”。

②工具栏:单击“绘图”工具栏中的▫图标。

③命令:POINT。

绘制点时,可在命令行中键入点的坐标值,也可用鼠标直接在绘图区域内直接取点。

3. 定数等分点的绘制

想在一个对象上绘制定数等分绘制点,可采取的途径有:

①下拉菜单:选择“绘图”|“点”|“定数等分”。

②命令:DIVIDE。

激活“定数等分”命令后,命令提示为“选择要定数等分的对象”,这时用户可用鼠标在绘图区域内选择要定数等分的对象,然后按 Enter 键或空格键确认。命令行会继续提示“输入线段数目或[块(B)]”,需要输入 2 和 32767 之间的整数,然后确定,命令结束,定数等分点的绘制完成。图 7-2-7 所示为某圆的定数等分。

定距等分的操作与此相似,读者可自行绘制。

知识点 3 曲线对象的绘制

【初阶】

1. 圆的绘制

打开绘制圆的命令途径有:

①下拉菜单:选择“绘图”|“圆”。

AutoCAD2014 提供了 6 种绘制圆的方式,如图 7-2-8 所示。各选项的意义如下:(a)“圆心、半径”:给定圆心和半径绘制圆;(b)“圆心、直径”:给定圆心和直径绘制圆;(c)“两点”:给定圆的直径两个端点绘制圆;(d)“三点”:给定圆周上的任意三点绘制圆;(e)“相切、相切、半径”:选择与圆要相切的两个对象,并指定圆的半径绘制圆;(f)“相切、相切、相切”:指定与圆要相切的三个对象绘制圆。

②工具栏:单击“绘图”工具栏中的⊙图标。

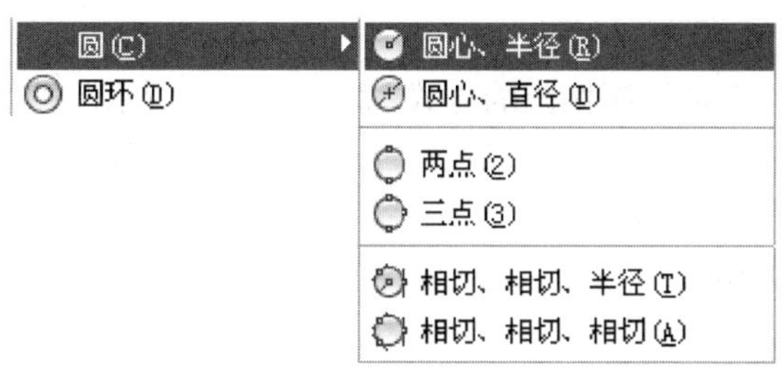

图 7-2-8　绘制圆的子菜单

③命令:CIRCLE 或 C。

采用上述两种命令启动绘制圆的命令时,命令提示栏都会有提示"_circle 指定圆的圆心或[三点(3P)/两点(2P)/相切、相切、半径(T)]",用户可根据需求进行选择。若直接回车,则以圆心、半径绘制圆。

2. 圆弧的绘制

打开绘制圆弧的命令途径有:

①下拉菜单:选择"绘图"|"圆弧"。

AutoCAD2014 提供了 10 种绘制圆的方式,如图 7-2-9 所示。各选项的意义如下:(a)三点:指定圆弧上的三点绘制圆弧;(b)起点、圆心、端点:指定圆弧的起点、圆心和终点来绘制圆弧;(c)起点、圆心、角度:指定圆弧的起点、圆心和圆弧的圆心角来绘制圆弧;(d)起点、圆心、长度:指定圆弧的起点、圆心和圆弧的弦长来绘制圆弧。弦长为正,绘制劣弧;弦长为负,绘制优弧。如图 7-2-10 所示。

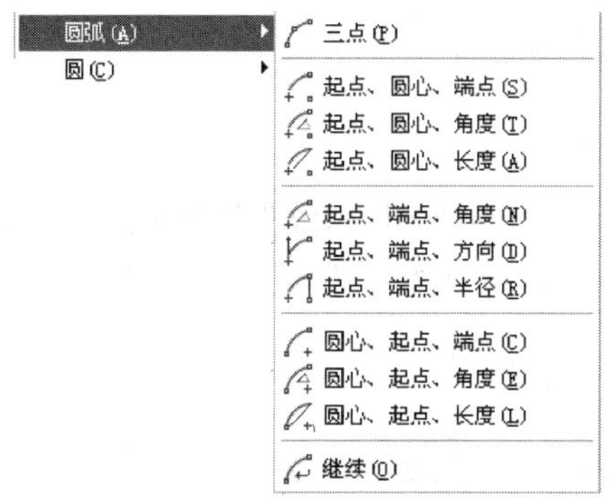

图 7-2-9　绘制圆弧的子菜单

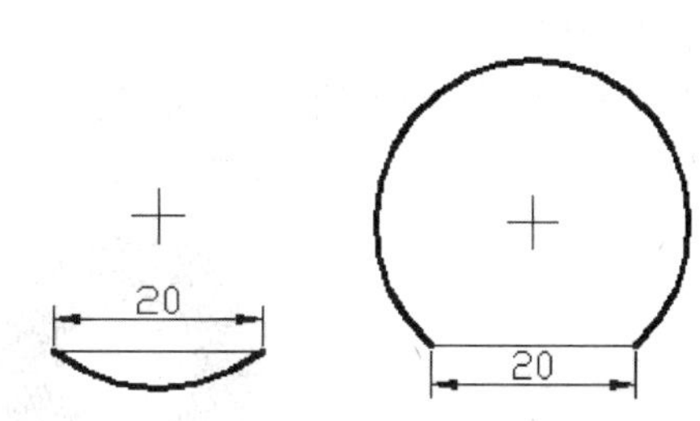

图 7-2-10　"起点、圆心、长度"的绘制实例

其余绘制圆弧的方法读者可自行实践绘制。

②工具栏:单击"绘图"工具栏中的图标。

③命令:ARC 或 A。

这两种方式都默认为三点绘制圆弧,用户可按自己需求根据提示行进行绘制。

【中阶】

3. 椭圆的绘制

打开绘制椭圆的命令途径有:

①下拉菜单:选择"绘图"|"椭圆"。

AutoCAD2014 提供了 2 种绘制椭圆的方式,如图 7-2-11 所示。

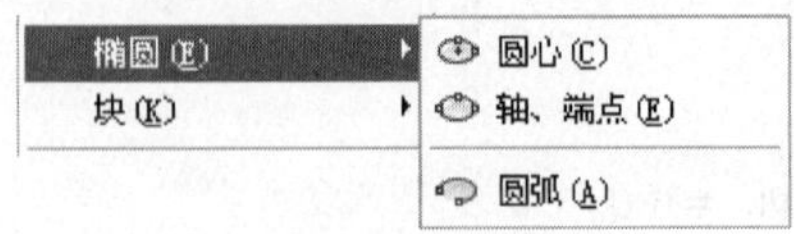

图 7-2-11　绘制椭圆的子菜单

②工具栏:单击"绘图"工具栏中的图标。

③命令:ELLIPSE 或 EL。

启动绘制椭圆弧命令后,命令行将出现如下提示信息:

"指定椭圆的轴端点或[圆弧(A)/中心点(C)]:

指定轴的另一个端点:

指定另一条半轴长度或[旋转(R)]:"

用户可根据要求输入另一半轴长度或对椭圆进行旋转,输入旋转角度后,可以得到以指定中心为圆心,指定轴线端点与中心的连线为半径的圆,该圆绕指定轴线旋转如数角度后,在 XOY 平面上产生的投影,为所绘制的椭圆。

若要绘制椭圆弧,可以在"椭圆"子菜单里面选择"圆弧"命令,或者单击"绘图"工具栏中的图标,按提示逐步进行即可。

【高阶】

4. 圆环的绘制

由内、外两个圆组成的环形区域称为圆环,激活绘制"圆环"的方法有:

①下拉菜单:选择"绘图"|"圆环"。

②命令:DONUT。

用户可根据自己需求绘制圆环。这里着重提醒读者可使用"FILL"命令来改变圆环的填充效果,如图 7-2-12 所示,(a)为"开"模式的填充结果,(b)为"关"模式的填充结果。

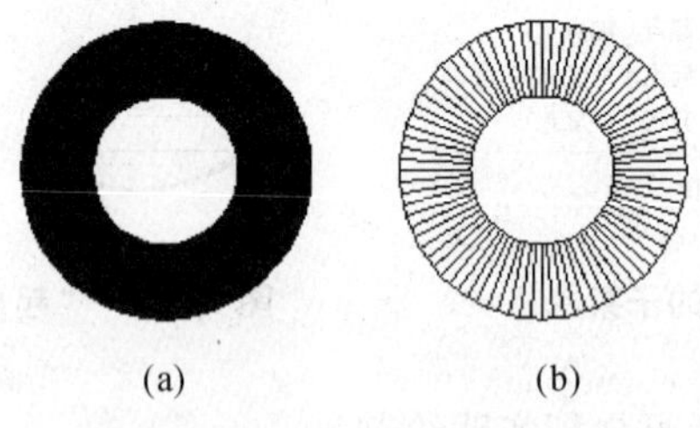

(a)　　(b)

图 7-2-12　圆环填充实例

知识点 4　其他简单对象的绘制

【初阶】

1. 矩形的绘制

打开绘制矩形的命令途径有:

①下拉菜单:选择"绘图"|"矩形"。

②工具栏:单击“绘图”工具栏中的▭图标。

③命令:RECTANG 或 REC。

激活绘制“矩形”命令后,命令行将出现如下提示信息:

“指定第一个角点或[倒角(C)/标高(E)/圆角(F)/厚度(T)/宽度(W)]:”

其中各项的意义如下:(a)指定第一个角点:用于确定矩形的第一个角的位置,该项为默认选项;(b)倒角:用于确定矩形的倒角尺寸;(c)标高:用于确定矩形的标高(一般用于三维图形的绘制);(d)圆角:用于确定矩形的圆角尺寸;(e)厚度:用于确定矩形的厚度;(f)宽度:用于确定矩形的宽度。图 7-2-13 所示为矩形绘制的实例。

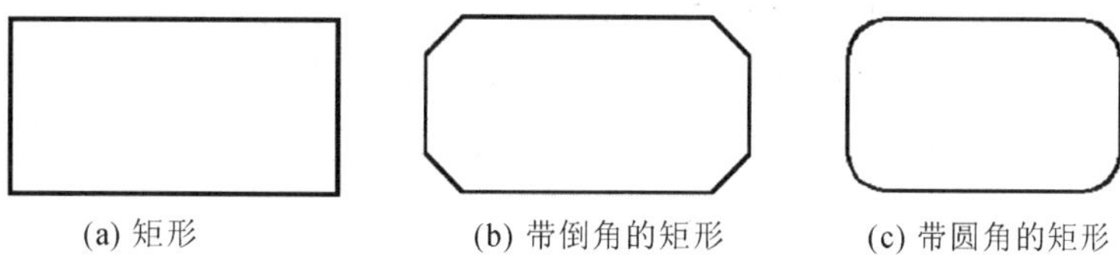

图 7-2-13 矩形绘制实例

2. 正多边形的绘制

打开绘制正多边形的命令途径有:

①下拉菜单:选择“绘图”|“正多边形”。

②工具栏:单击“绘图”工具栏中的⬠图标。

③命令:POLYGON 或 POL。

激活绘制正多边形命令后,用户可根据需求按提示完成正多边形的绘制。

任务三 AutoCAD 基本编辑命令的使用

● 知识目标

(1)掌握修剪、复制、移动等基本编辑命令的使用方法;

(2)了解阵列、比例缩放等命令的使用方法。

● 能力目标

具备正确使用基本编辑命令对图形进行编辑的能力。

● 情感目标

(1)养成多思勤练的学习作风;

(2)培养问题不留置、快速解决问题的职业素养。

任务引入

(1)当绘制的图形超出预设范围时,是否只能通过重新绘制来处理?

(2)对图形的编辑是否需要等所有要素绘制完成后再进行?

任务解析

AutoCAD2014 为用户提供了许多实用的图形编辑命令,如复制对象、剪切对象、旋转对象、缩放图形等。使用这些命令可对基本绘图命令绘制的图形进行编辑,可大大提高绘图质量和效率。使用编辑命令时,不必等待所有要素绘制完成后再进行,当完成某一个要素或某一类要素的绘制后,即可进行编辑。

相关知识

知识点 1　对象的捕捉

【初阶】

1. 单点捕捉

在 AutoCAD2014 中,若用户需捕捉一些特征点,可通过以下方式启动"单点捕捉":

①直接在"对象捕捉"工具条中选中要选择的特殊点,如图 7-3-1 所示。

图 7-3-1　对象捕捉工具条

②按住 Shift 键的同时,在绘图区单击鼠标右键,在弹出的快捷菜单中进行相应选择即可。弹出的快捷菜单如图 7-3-2 所示。

2. 自动捕捉

系统根据设置,自动进行捕捉用户需要捕捉的特殊点。在 AutoCAD2014 中激活"对象捕捉"选项卡的方式如下:单击"工具"菜单下的"草图设置",将弹出如图 7-3-3 所示的"草图设置"选项卡。

在"对象捕捉"选项组中列出了共 13 种对象捕捉的模式,其中包括端点、中点、圆心、垂足等特殊点。

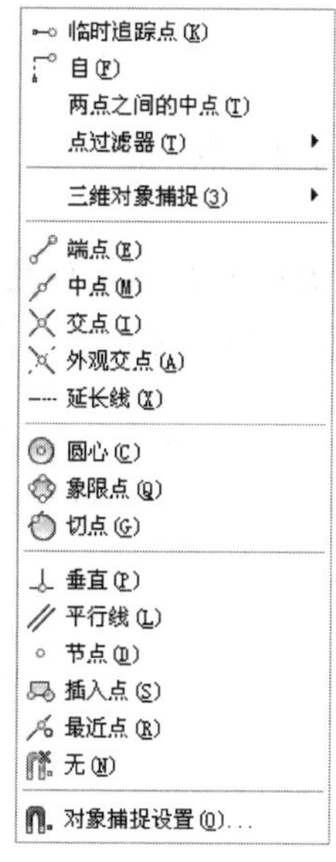

图 7-3-2　对象捕捉菜单

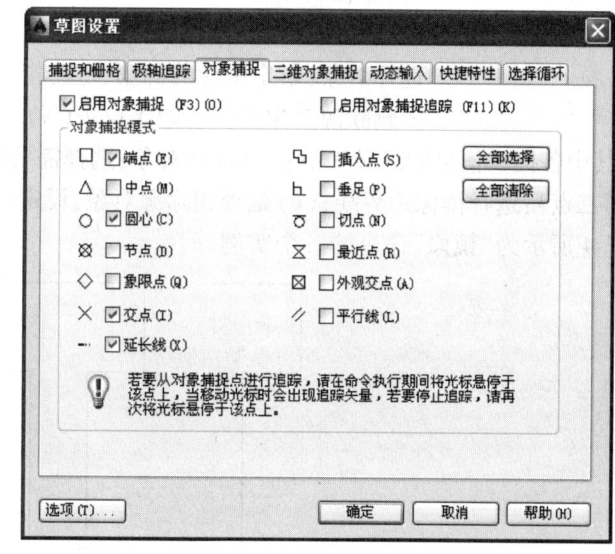

图 7-3-3　草图设置选项卡

知识点 2　对象的复制

【初阶】

1. 复制

复制就是将所选对象复制到指定位置，复制对象后，原先位置的对象仍然存在。激活“复制”命令可通过如下方式：

①下拉菜单：选择“修改”|“复制”。

②工具栏：单击“修改”工具栏中的图标。

③命令：COPY 或 CO。

启动“复制”命令，选择要复制的对象后，命令提示行将出现如下提示信息：

“指定基点或[位移(D)/模式(O)]<位移>：”

其中各项意义如下：(a)指定基点：输入对象复制的基点。响应后，会提示“指定位移的第二点”，复制后将多选对象按指定的两点所确定的位移矢量复制到新的位置；(b)位移：通过指定的位移量来复制选中的对象。

2. 镜像

在图形绘制过程中，经常需要绘制对称图形，用户可使用“镜像”命令来快速绘制沿某轴对称的图形。激活“镜像”命令的方式有：

①下拉菜单：选择“修改”|“镜像”。

②工具栏：单击“修改”工具栏中的图标。

③命令：MIRROR 或 MI。

启动“镜像”命令后，会出现如下提示信息：

“命令:MI MIRROR

选择对象:指定对角点:找到 1 个

选择对象:指定镜像线的第一点:指定镜像线的第二点:

要删除源对象吗?[是(Y)/否(N)]<N>:”

其中各提示信息的意义如下:(a)选择对象:选择需要镜像的对象;(b)指定镜像线的第一点(第二点):选择镜像边界线;(c)是否删除源对象:设定在镜像对象成功后是否删除源对象。图 7-3-4 所示为“镜像”命令的一个实例。

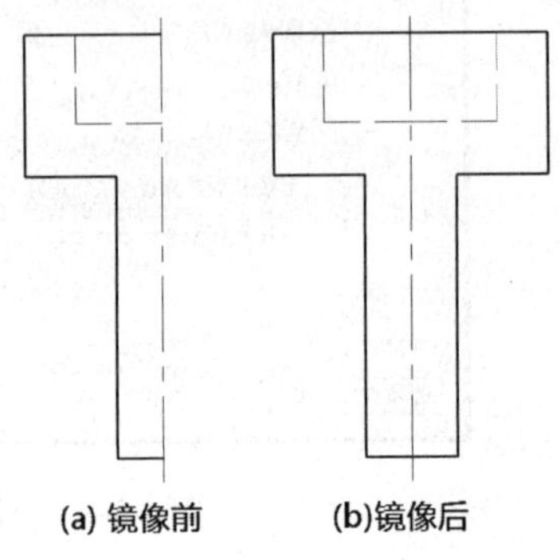

图 7-3-4 “镜像”命令实例

【中阶】

3. 偏移

用于创建与选定对象形状相同且等距的新对象,如创建同心圆、平行线、平行曲线等。偏移的对象可以是直线、二位多段线、圆、圆弧、椭圆等对象。启动“偏移”命令的方式有:

①下拉菜单:选择“修改”|“偏移”。

②工具栏:单击“修改”工具栏中的图标。

③命令:OFFSET 或 O。

启动“偏移”命令后,提示栏出现如下提示信息:

“指定偏移距离或[通过(T)/删除(E)/图层(L)]<2.0000>:”

按提示操作即可。

图 7-3-5 所示为“偏移”命令实例。

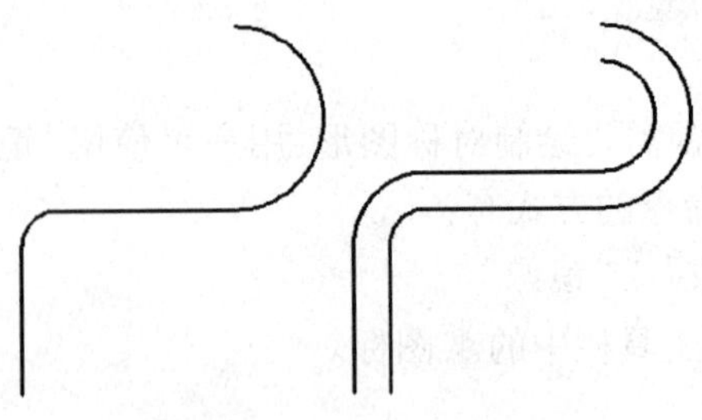

图 7-3-5 “偏移”命令实例

4. 阵列

当需要绘制许多按一定规律排列的对象时,用户可以选择"阵列"命令来轻松实现快速、准确的复制对象。启动"阵列"命令的方式有:

①下拉菜单:选择"修改"|"阵列"|"矩形阵列(路径阵列、环形阵列)"。

②工具栏:单击"修改"工具栏中的图标,在弹出的里面选择类型。

③命令:ARRAY 或 AR。

启动命令后,命令提示栏中会出现如下提示信息:

"输入阵列类型[矩形(R)/路径(PA)/极轴(PO)]<矩形>:"

我们可根据需要选择合适的阵列类型,按提示栏中的提示操作即可。图 7-3-6 为图形阵列的示意图。

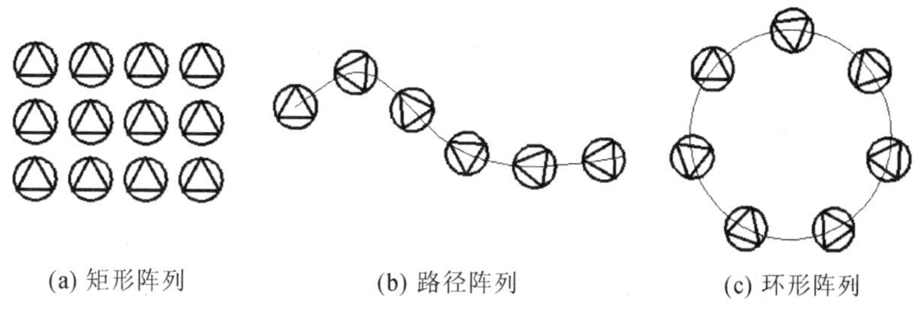

图 7-3-6　阵列示意图

知识点 3　对象的删除、移动、旋转、缩放

【初阶】

1. 删除

在日常绘图过程中,一般需要用辅助线来绘图,但在最终出图时需要将其删除。激活"删除"命令的方式有:

①下拉菜单:选择"修改"|"删除"。

②工具栏:单击"修改"工具栏中的图标。

③命令:ERASE 或 E。

④选中对象后,按 DELETE 键。

2. 移动

使用"移动"命令可以改变对象位置。可以通过如下命令启动"移动"命令:

①下拉菜单:选择"修改"|"移动"。

②工具栏:单击"修改"工具栏中的图标。

③命令:MOVE 或 M。

原对象移动后,原位置的对象将被删除,在新的位置上则出现该对象。

3. 旋转

用户可以使用"旋转"命令将所选对象绕指定点旋转指定角度。原对象旋转后,原位置的对象将被删除,在新的位置上则出现该对象。旋转中心位于对象的几何中心时,旋转后该对象的位置不变,只是放置的方向旋转了一定的角度。当旋转中心不位于对象的几何中心时,对象的位置将有较大的改变。启动“旋转”命令有如下方式:

①下拉菜单:选择“修改”|“旋转”。

②工具栏:单击“修改”工具栏中的图标。

③命令:ROTATE 或 RO。

图 7-3-7 所示为某图形绕 A 点旋转后的一个实例。

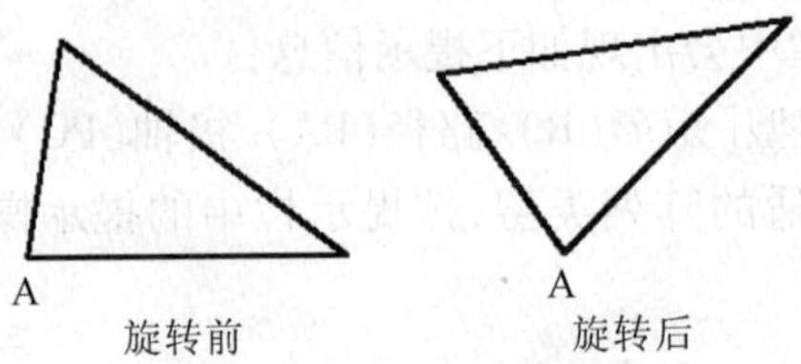

图 7-3-7 “旋转”命令实例

【中阶】

4. 缩放

绘图过程中,有时图形太大或者太小不便于编辑,用户可以使用“缩放”命令,将所选对象按指定的比例因子放大或缩小。启动“缩放”命令的方式有:

①下拉菜单:选择“修改”|“比例”。

②工具栏:单击“修改”工具栏中的图标。

③命令:SCALE 或 SC。

比例因子大于 1 为放大所选对象,比例因子小于 1 为缩小所选对象。图 7-3-8 所示为“缩放”命令的一个实例。

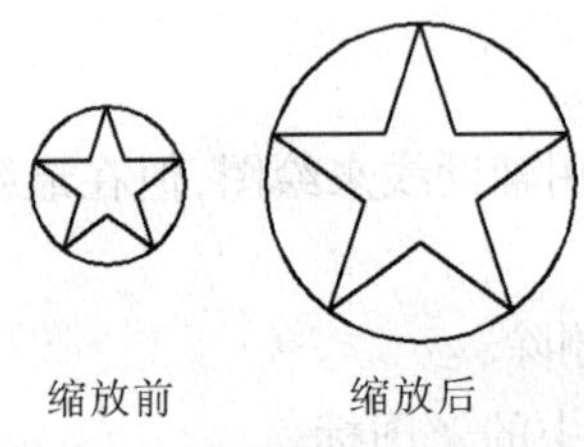

图 7-3-8 “缩放”命令实例

知识点 4 对象的剪切与延伸

【初阶】

1. 剪切

剪切命令可将选中的对象沿选中的剪切边界断开,去掉修剪边界之外的部分。启动“修剪”命令的方式有:

①下拉菜单:选择“修改”|“修剪”。

②工具栏:单击“修改”工具栏中的图标。

③命令:TRIM 或 TR。

启动“修剪”命令后,命令提示行会出现如下提示信息:

“[栏选(F)/窗交(C)/投影(P)/边(E)/删除(R)/放弃(U)]:”

按提示逐步操作即可。图 7-3-9 所示为使用“剪切”命令编辑图形的一个实例。

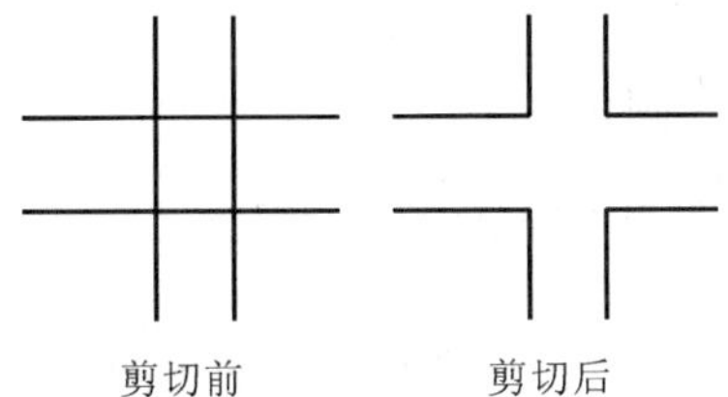

图 7-3-9 “剪切”命令实例

2. 延伸

在 AutoCAD2014 中,为用户提供了将实体延伸到一定边界的命令。启动“延伸”命令的方式有:

①下拉菜单:选择“修改”|“延伸”。

②工具栏:单击“修改”工具栏中的--/图标。

③命令:EXTEND 或 EX。

“延伸”命令和“剪切”命令用法基本一致,读者可按提示自行练习。

知识点 5 倒角与圆角

【初阶】

1. 倒角

该命令主要是在两线相接处创建平角或倒角。在 AutoCAD2014 中,启动“倒角”命令的方式有:

①下拉菜单:选择“修改”|“倒角”。

②工具栏:单击“修改”工具栏中的◿图标。

③命令:CHAMFER 或 CHA。

启动该命令后,命令提示行中会出现如下提示信息:

“选择第一条直线或[放弃(U)/多段线(P)/距离(D)/角度(A)/修剪(T)/方式(E)/多个(M)]:”

其中各项的意义如下:(a)选择第一条直线:指定定义二维倒角所需的两条边中的第一条边,或要倒角的三维实体边中的第一条边;(b)多段线:对整个二维多段线倒角;(c)距离:设置倒角至选定边端点的距离;(d)角度:用第一条线的倒角距离和第二条线的角度设置倒角距离;(e)修剪:控制是否将选定边修剪到倒角线端点;(f)方式:控制使用两个距离还是一个距离和一个角度来创建倒角;(g)多个:给多个对象集加倒角。

图 7-3-10 所示为一个矩形四个角进行 30°的倒角编辑后的实例。

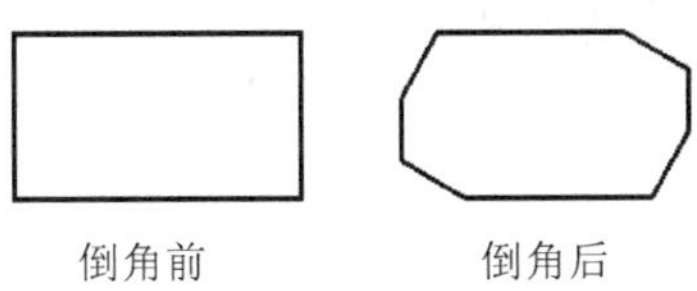

图 7-3-10 倒角编辑实例

2. 圆角

圆角和倒角有点相似,但是它要求用一段圆弧在两实体之间光滑过渡。启动“圆角”命令的方式有:

①下拉菜单:选择“修改”|“圆角”。

②工具栏:单击“修改”工具栏中的图标。

③命令:FILLET 或 F。

图 7-3-11 所示为一个对正五边形进行圆角编辑的实例。

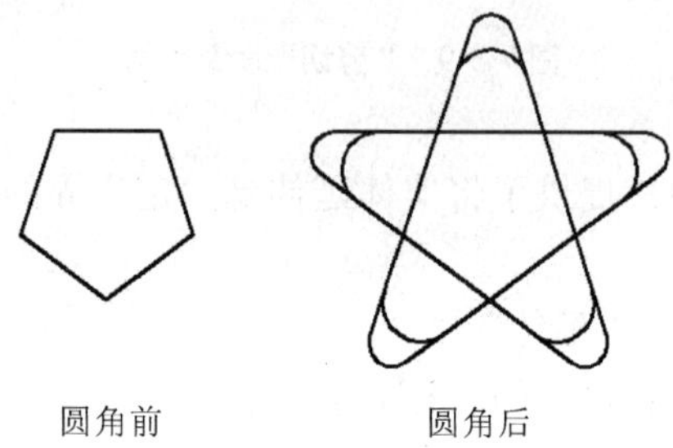

图 7-3-11 圆角编辑实例

任务四
AutoCAD 标注和填充命令的使用

- **知识目标**

(1)掌握线性标注、对齐标注、半径标注等基本标注命令的使用方法;

(2)掌握图案填充命令的使用方法。

- **能力目标**

(1)具备正确使用基本标注命令的能力;

(2)具备正确对图形进行填充的能力。

- **情感目标**

(1)养成多思勤练的学习作风;

(2)培养问题不留置、快速解决问题的职业素养;

(3)培养与他人保持良好沟通的职业素养。

任务引入

(1)图形中的尺寸和文字如何标注?

(2)剖面图中的剖面线如何绘制?

任务解析

绘制几何图形后,还需要进行文字标注和尺寸标注。文字标注是对图形所做的必要的解释,使图形文件易于理解。尺寸标注可以直观地反映各部分的大小和相互关系,同时也是船舶机械零件制造和工程施工的依据,我们可以利用 AutoCAD2014 提供的标注命令对图形进行尺寸和文字标注。在绘制剖面图、局部剖视图的剖面线时,常采用图案填充的办法来处理。

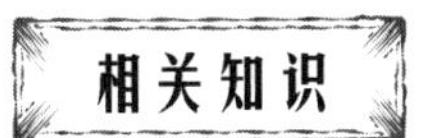

知识点 1 尺寸的标注

【初阶】

1. 尺寸标注样式的设置

在 AutoCAD2014 中,设置尺寸标注样式的方法有:

①下拉菜单:选择“格式”|“标注样式”。

②工具栏:单击“文字”工具栏中的图标。

③命令:DIMSTYLE。

启动“标注样式”命令后,系统会弹出如图 7-4-1 所示的对话框。

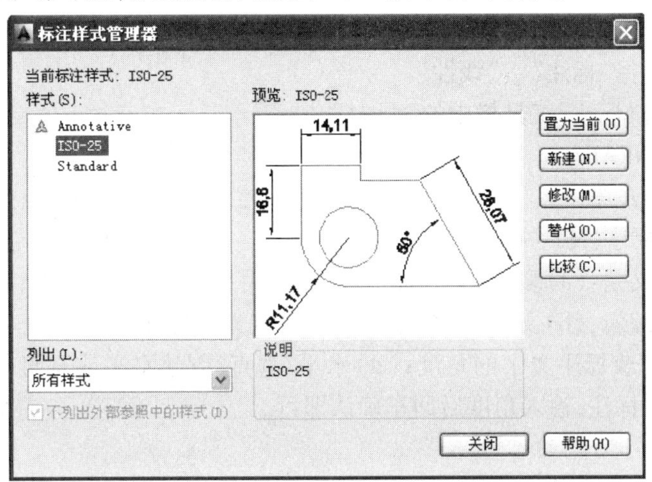

图 7-4-1 标注样式管理器对话框

对话框中部分项目的含义如下:

(a)样式:该文本框用于显示当前图形所使用的所有标注样式名称;(b)列出:该下拉列表提供了显示标注样式的选项,包括所有样式和正在使用的标注样式;(c)预览:显示用户所选样式格式标注图形所能达到的效果;(d)置为当前:将用户选中的标注样式设置为当前标注样式;(e)修改:用户可对所选标注样式进行修改。

单击“标注样式管理器”对话框中“修改”按钮，将弹出如图 7-4-2 所示的对话框。用户可在该对话框中的“直线”选项卡中设置尺寸线和尺寸界限有关的参数。符号与箭头、文字、调整、主单位、换算单位、公差等选项卡请读者自行查看。

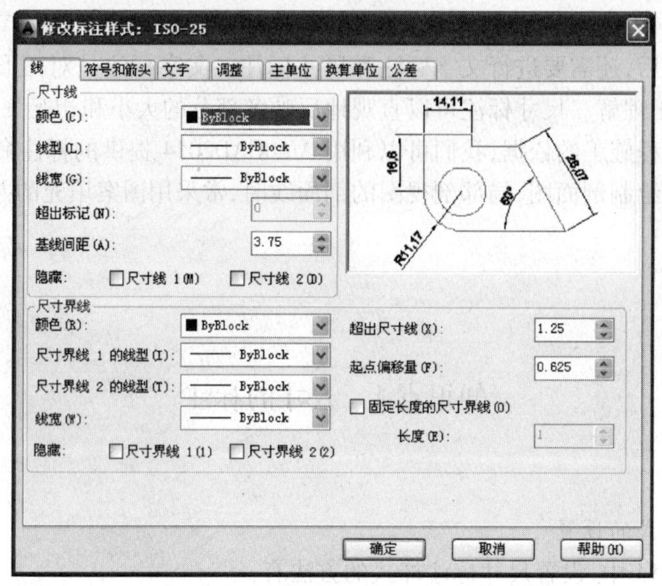

图 7-4-2　修改标注样式对话框

2. 尺寸标注

(1)线性标注

线性标注用于对水平尺寸、垂直尺寸及旋转尺寸等长度类尺寸的标注。启动“线性标注”的方法有：

①下拉菜单：选择“标注”|“线性”。

②工具栏：单击“标注”工具栏中的⊢⊣图标。

③命令：DIMLINEAR。

启动该命令，指定第一点、第二点后，在命令提示栏将出现如下提示信息：

“[多行文字(M)/文字(T)/角度(A)/水平(H)/垂直(V)/旋转(R)]：”

其各选项的含义是：(a)多行文字：选中该项后，用户可通过系统弹出的“文字格式”对话框进行标注文字的编辑；(b)文字：在命令行输入自定义的标注文字，回车后系统接受生成的测量值；(c)角度：修改标注文字的角度；(d)水平/垂直：创建水平或垂直的线性标注；(e)旋转：创建旋转的线性标注，输入角度后回车确认即可。

(2)对齐标注

对齐标注是用于标注尺寸线与被标注的图形边界平行的标注。启动该命令的方式如下：

①下拉菜单：选择“标注”|“对齐”。

②工具栏：单击“标注”工具栏中的↖图标。

③命令：DIMLIGNED。

图 7-4-3 所示为对齐标注的一个实例。

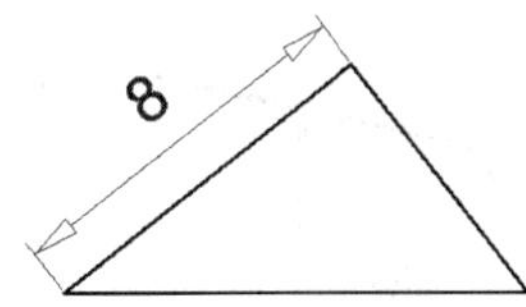

图 7-4-3 对齐标注实例

(3)半径标注和直径标注

启动“半径标注”的方法有：

①下拉菜单：选择“标注”|“半径”。

②工具栏：单击“标注”工具栏中的图标。

③命令：DIMRADIUS。

启动“直径标注”的方法有：

①下拉菜单：选择“标注”|“直径”。

②工具栏：单击“标注”工具栏中的图标。

③命令：DIMDIAMETER。

图 7-4-4 所示为半径标注和直径标注的一个实例。

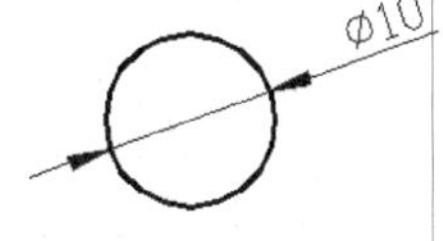

图 7-4-4 半径标注和直径标注实例

(4)弧长标注

启动“弧长标注”的方式有：

①下拉菜单：选择“标注”|“弧长”。

②工具栏：单击“标注”工具栏中的图标。

③命令：DIMARC。

图 7-4-5 所示为弧长标注的一个实例。

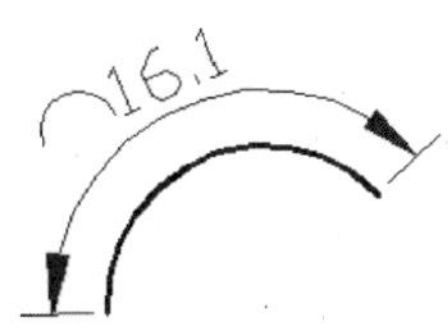

图 7-4-5 弧长标注实例

(5)角度标注

启动“角度标注”的方式有：

①下拉菜单：选择“标注”|“角度”。

②工具栏：单击“标注”工具栏中的图标。

③命令：DIMANGULAR。

图 7-4-6 所示为角度标注的一个实例。

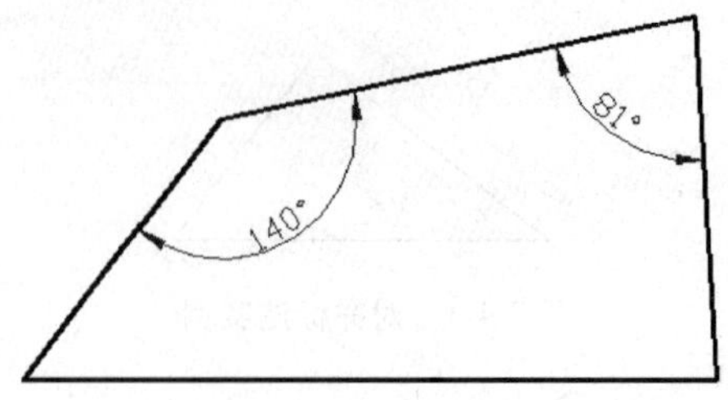

图 7-4-6　角度标注实例

(6)基线标注

启动“基线标注”的方式有:

①下拉菜单:选择“标注”|“基线”。

②工具栏:单击“标注”工具栏中的图标。

③命令:DIMBASE。

图 7-4-7 所示为基线标注的一个实例。

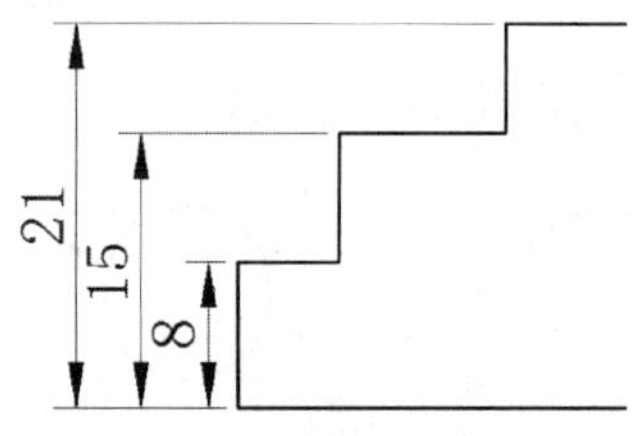

图 7-4-7　基线标注实例

(7)连续标注

启动“连续标注”的方式有:

①下拉菜单:选择“标注”|“连续”。

②工具栏:单击“标注”工具栏中的图标。

③命令:DIMCONTINUE。

图 7-4-8 所示为连续标注的一个实例。

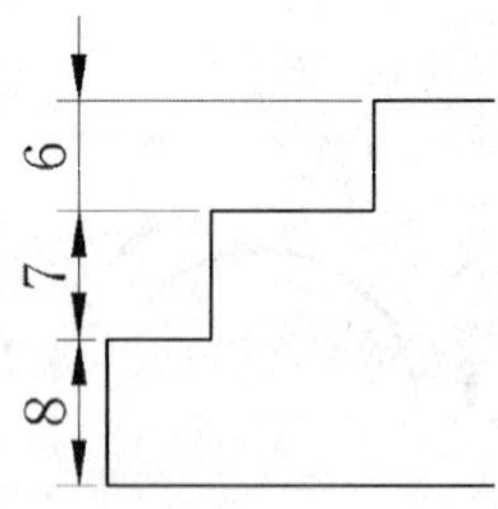

图 7-4-8　连续标注实例

【高阶】

(8)公差标注

公差是对零件加工精度实际控制范围的规定允许偏差,包括尺寸偏差和形位公差两种类型。启动“公差标注”命令的方式有:

①下拉菜单:选择“标注”|“公差”。

②工具栏:单击“标注”工具栏中的图标。

③命令:TOLERANCE。

启动该命令后,将弹出如图 7-4-9 所示的对话框。单击对话框中“符号”项,将弹出如图 7-4-10 所示的对话框。

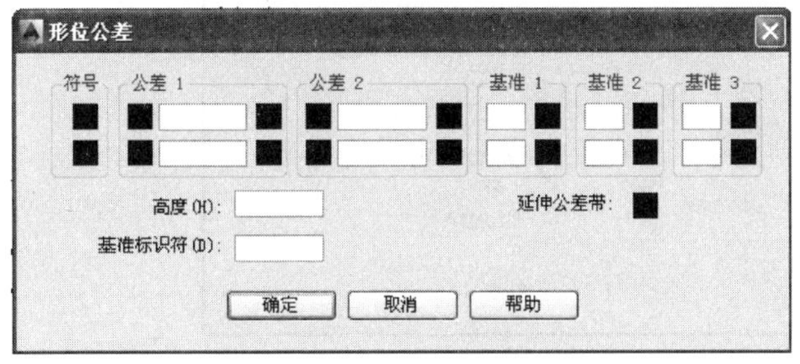

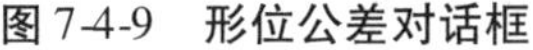
图 7-4-9 形位公差对话框

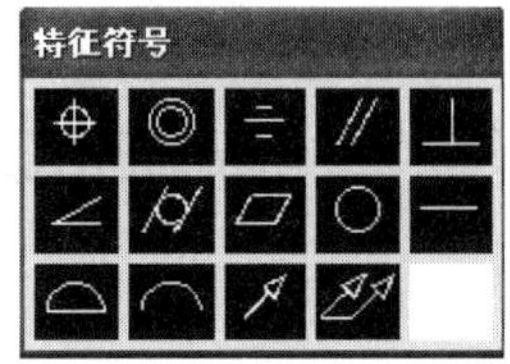

图 7-4-10 特征符号对话框

在“形位公差”对话框中,用户可按要求自行输入相应的数据和代号,完成公差的标注。其中“高度”选项用以在特征控制框中创建投影公差带的值。

图 7-4-11 所示为公差标注的一个实例。

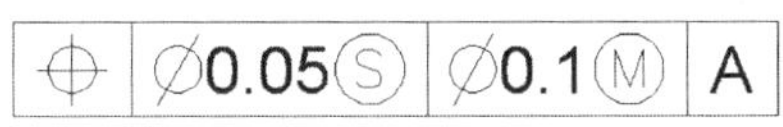

图 7-4-11 公差标注实例

知识点 2 文字的标注

【初阶】

1. 设置文字样式

AutoCAD2014 的图形文件中的所有文字都具有与之对应的文字样式。“文字样式”包括文本对象的字体、高度、角度等文字特征。文本标注时,AutoCAD2014 使用默认的文本样式,用户可在图形中设置多个文本样式,然后在创建不同类型的文本对象时,使用不同的文字样式。

启动“设置文字样式”命令的方法有:

①下拉菜单:选择“格式”|“文字样式”。

②工具栏:单击“文字”工具栏中的图标。

③命令:STYLE 或 ST。

执行“设置文字样式”命令后,系统将弹出如图 7-4-12 所示的对话框。

在“效果”选项组中,有“颠倒”、“反向”、“垂直”、“宽度因子”、“倾斜角度”五个选项。用户可根据实际需要进行相应设置。

2. 插入单行文字

单行文字是指文字的每一行是一个文字对象,用户可以单独编辑。启动“单行文字”命令的方法有:

①下拉菜单:选择“绘图”|“文字”|“单行文字”。

②工具栏:单击“文字”工具栏中的图标。

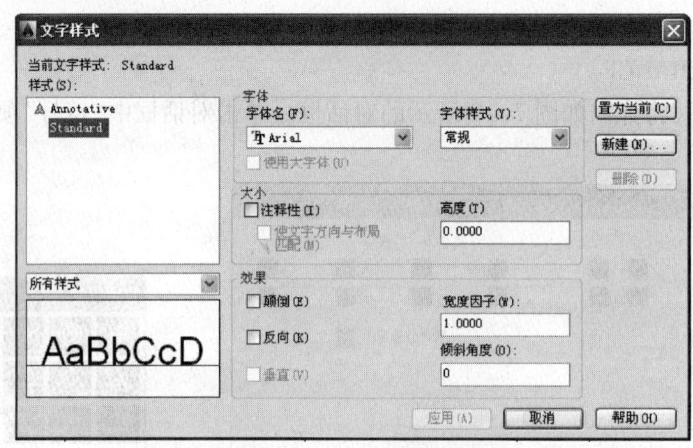

图 7-4-12　文字样式对话框

③命令:TEXT。

启动后,根据命令提示栏的提示信息逐步操作即可完成文字的插入。由于经常使用到一些单位符号和特殊符号,如下划线、度、直径符号等。AutoCAD2014 提供了相应的控制符,方便用户输出这些符号。表 7-4-1 列出了几种 AutoCAD2014 中常用的控制符号。

表 7-4-1　常用控制符号

控制符号	作用
%%O	表示打开或关闭文字上划线
%%U	表示打开或关闭文字下划线
%%D	表示角度单位"度"的符号"°"
%%P	表示正负符号"±"
%%C	表示直径符号"ϕ"

3. 插入多行文字

单行文字比较简单,但不便于一次大量输入文字说明,因此用户经常用到"插入多行文字"命令。多行文字又称段落文字,是一种更便于管理的文字对象,它由两行以上的文字组成,而且各行文字都是作为一个整体来处理。启动"插入多行文字"命令的方式有:

①下拉菜单:选择"绘图"|"文字"|"多行文字"。

②工具栏:单击"文字"工具栏中的A图标。

③命令:MTEXT 或 MT。

启动命令后,用户根据提示信息逐步操作即可。

4. 文字的编辑

用户可以对已有的文字对象进行编辑。启动"编辑文字"命令方法如下:

①下拉菜单:选择"修改"|"对象"|"文字"|"编辑"。

②工具栏:单击"文字"工具栏中的A图标。

③命令:DDEDIT。

启动该命令后,按照提示进行修改即可。

知识点3　图案填充

【中阶】

1. 常用图案的填充

启动“图案填充”命令的方式有：

①下拉菜单：选择“绘图”|“图案填充”。

②工具栏：单击“绘图”工具栏中的图标。

③命令：HATCH 或 H。

启动“图案填充”后，将弹出如图7-4-13所示的对话框。

其中各项的意义如下：

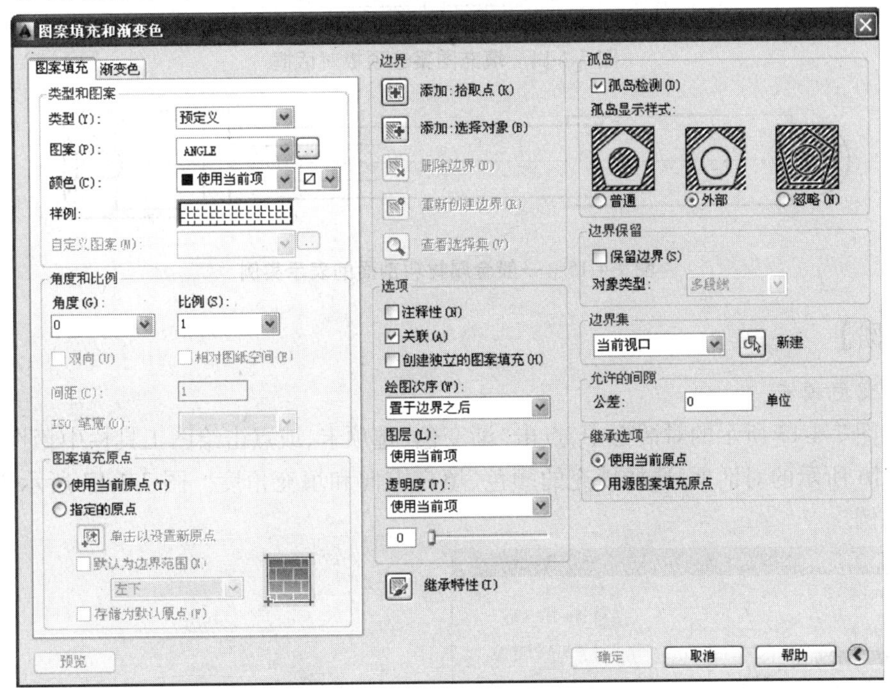

图7-4-13　图案填充和渐变色对话框

(a)类型：设置图案类型；(b)图案：列出可用的预定义图案。出现在列表顶部的是六个最近使用的用户预定义图案；(c)样例：显示选定图案的预览图像。可单击“样例”以显示如图7-4-14所示的对话框；(d)角度：指定填充图案的角度，可在其下拉菜单中选择或单独输入；(e)比例：放大或缩小预定义或自定义图案，可选择可输入；(f)边界：有“拾取点”和“选择对象”两个选项可供选择，一般情况下采取“拾取点”模式进行填充；(g)孤岛：由用户确定填充时是否进行孤岛检测，如检测则需选择相应的孤岛检测样式。

图7-4-15所示为一般金属材料剖面的表示实例。

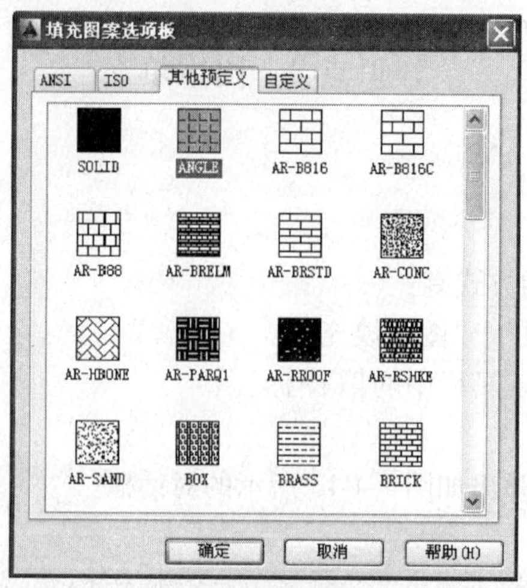

图 7-4-14　填充图案选项板对话框

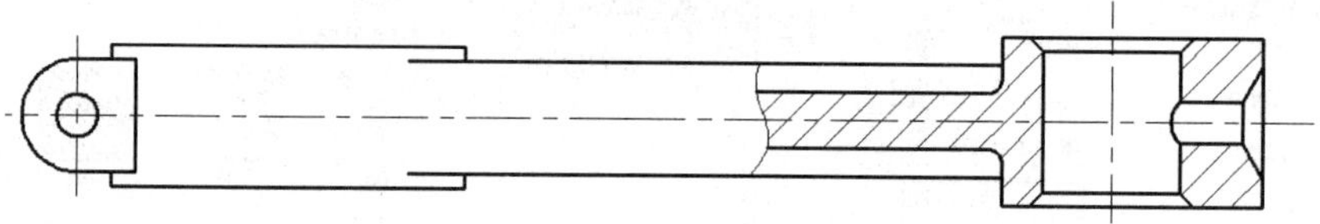

图 7-4-15　一般金属材料剖面的表示实例

【高阶】

2. 渐变色填充

在如图 7-4-13 所示的对话框中,点击“渐变色”选项卡,或点击绘图工具栏中图标,弹出如图 7-4-16 所示的对话框,选择填充的颜色、填充方向和填充角度。图 7-4-17 所示为一渐变色填充实例。

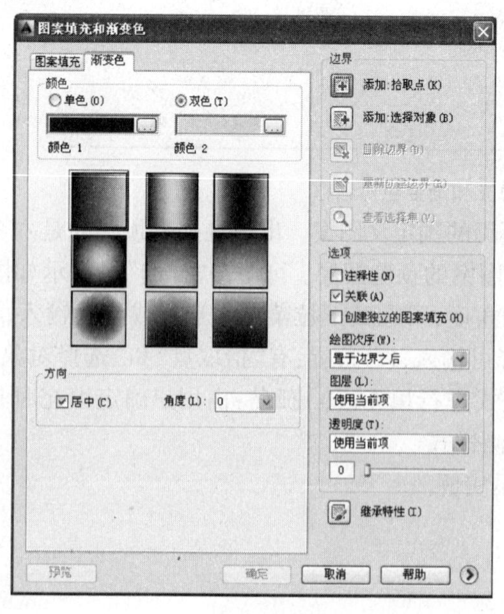

图 7-4-16　渐变色填充选项卡

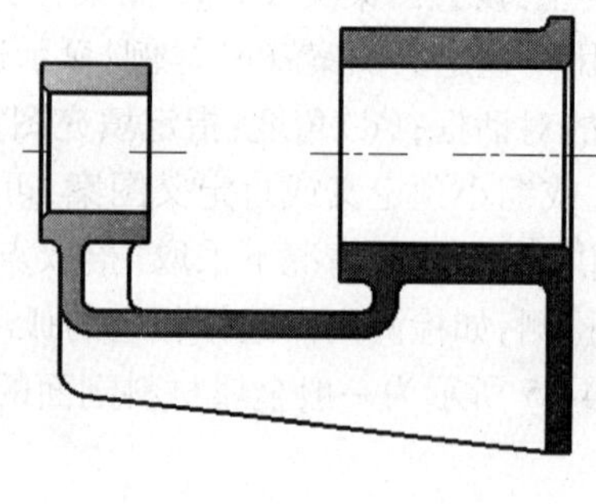

图 7-4-17　渐变色填充实例

项目八 机械零件 CAD 实体创建

通过本项目的训练，学生应能了解平面图纸的绘制方法，了解三维面的创建方法，掌握机械零件 CAD 实体的创建和编辑方法；初步了解机械零件的三维渲染方法；能根据图纸，正确创建三维实体。

任务一 机械零件的平面图纸绘制

● 能力目标

(1)能正确设置图纸类型等信息；

(2)能根据图纸绘制机械零件的 CAD 图纸。

● 知识目标

(1)了解图纸基本信息的设置；

(2)熟练运用绘制、编辑、填充等命令绘制机械图纸。

● 情感目标

(1)养成多思勤练的学习作风；

(2)培养团队合作、共同解决问题的职业素养；

(3)培养与他人保持良好沟通的职业素养。

任务引入

使用 AutoCAD 绘制机械零件平面图纸的步骤有哪些?

任务解析

使用 AutoCAD 软件绘制机械零件平面图纸,首先应根据零件或其原始图纸的大小选择合适的图纸,设定图形界限;然后设定图层,逐步绘制。

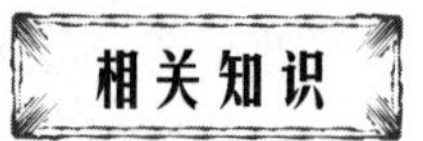

相关知识

【初阶】

绘制如图 8-1-1 所示的轴及其局部放大图。

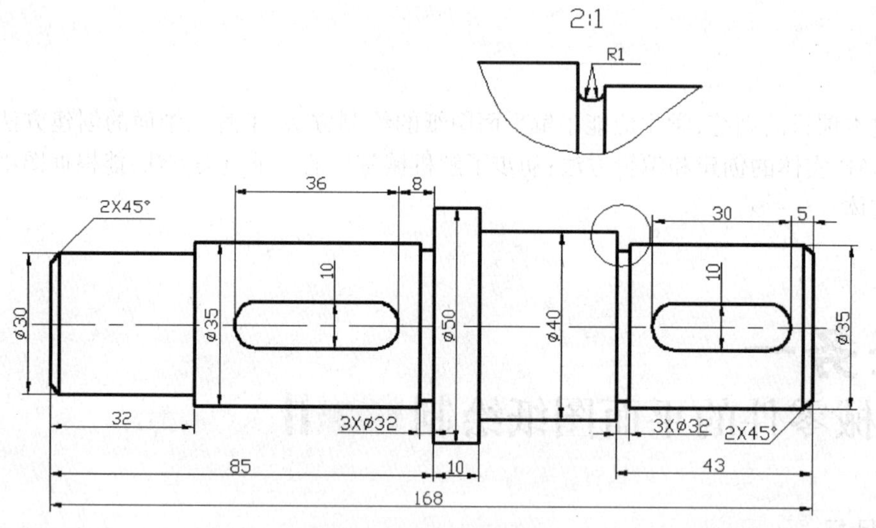

图 8-1-1　轴及其局部放大图

绘图步骤如下:

步骤一:绘图前的基本设置

1. 图纸大小的确定和图形界限的设定

由图 8-1-1 可以看出,零件总长为 168,最大直径为 $\phi50$,故可选用 A4 图纸。使用 Limits 命令,确定图形界限为 297 ×210。

2. 设置图层及特性

设置图层、加载线型、设置图层颜色,如图 8-1-2 所示。

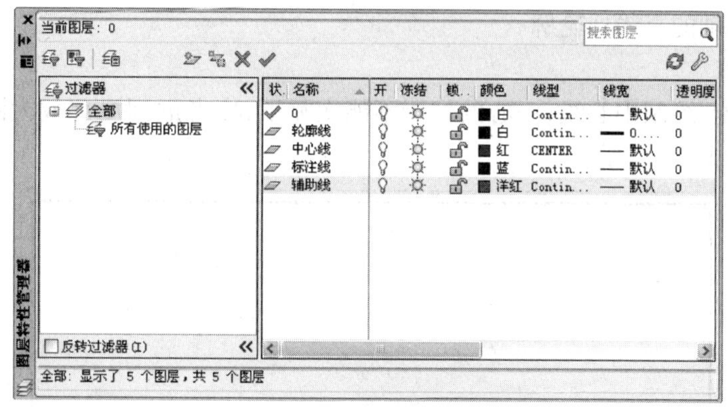

图 8-1-2　图层的设置

3. 设置自动捕捉模式

在"草图设置"选项卡中的端点、交点、垂足复选框前打"√"，如图 8-1-3 所示。

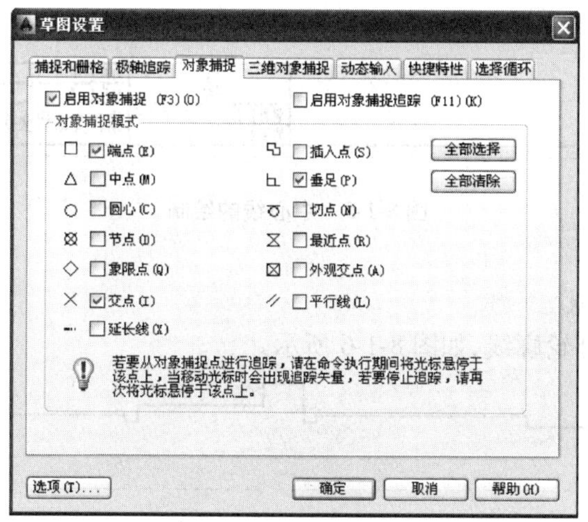

图 8-1-3　捕捉模式的选择

4. 绘制图框及标题栏

使用简化标题栏，并预留装订边，如图 8-1-4 所示。

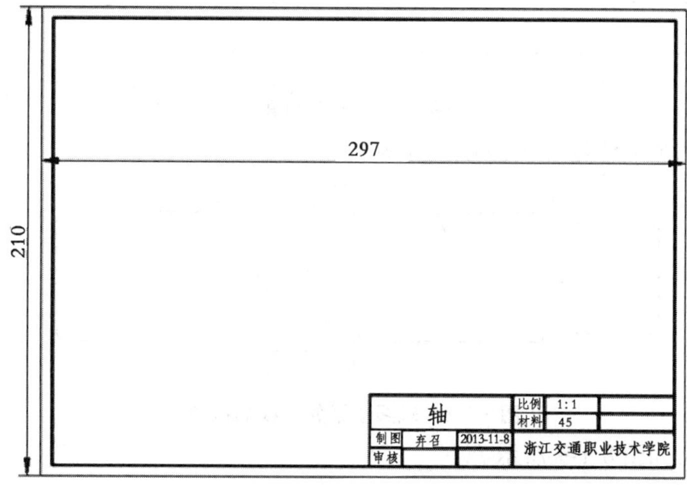

图 8-1-4　图框及标题栏的绘制

步骤二:绘制轴的直线外轮廓

1. 绘制中心线

打开正交功能,绘制中心线,中心的位置不能太靠下,应考虑到局部放大图的位置及尺寸标注的位置,如图 8-1-5 所示。

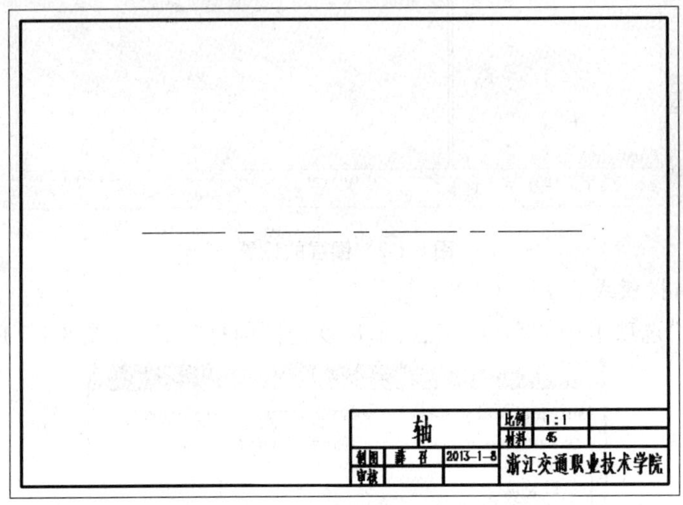

图 8-1-5　中心线的绘制

2. 绘制直线外轮廓线

(1)先绘制一半的外轮廓线,如图 8-1-6 所示。

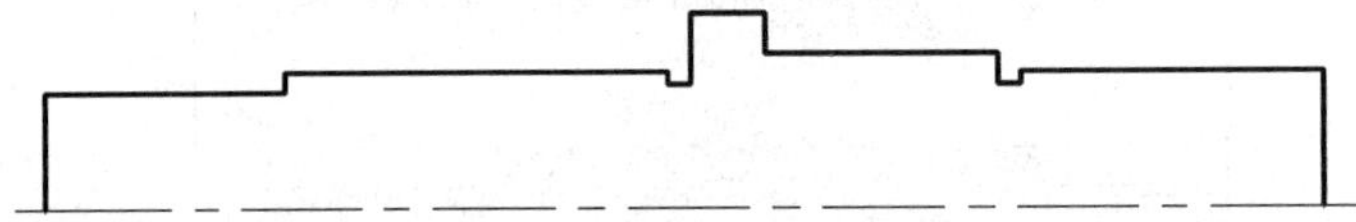

图 8-1-6　轴线上部轮廓线的绘制

(2)进行端部倒角,倒角距离为 2,如图 8-1-7 所示。

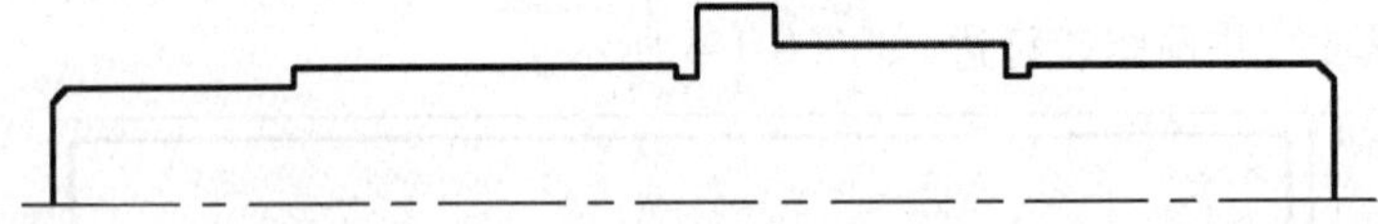

图 8-1-7　端部倒角

(3)镜像,得到全部外轮廓线,如图 8-1-8 所示。

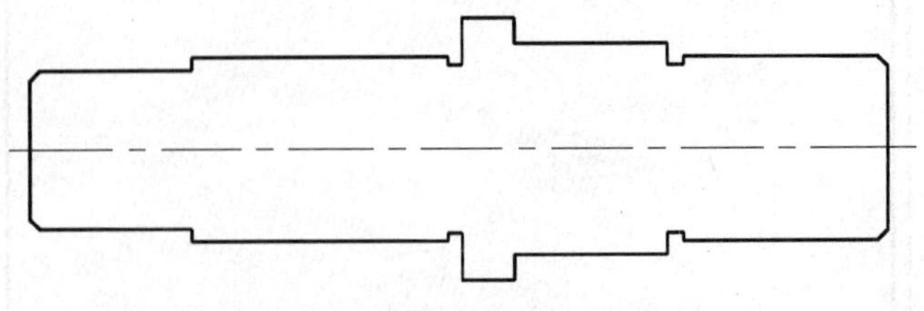

图 8-1-8　轴线上部轮廓线的镜像

(4)补画线段,如图 8-1-9 所示。

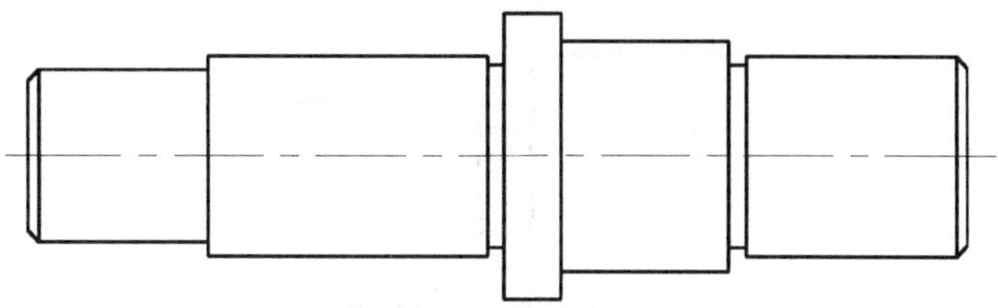

图 8-1-9 轴直线外轮廓的补线

步骤三:绘制键槽

1. 绘制键槽

绘制 36×10 和 30×10 的矩形,并进行圆角,圆角半径为 5,如图 8-1-10 所示。

图 8-1-10 键槽的绘制

2. 移动键槽

移动键槽至所需位置,如图 8-1-11 所示。

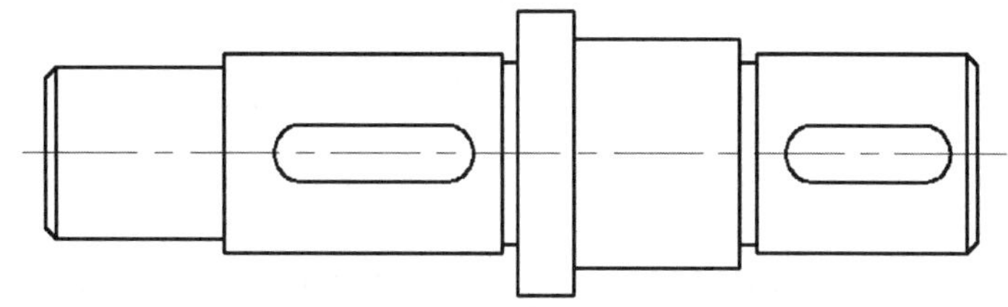

图 8-1-11 键槽的移动

步骤四:绘制局部放大图

1. 复制

复制要放大的部分,如图 8-1-12 所示。

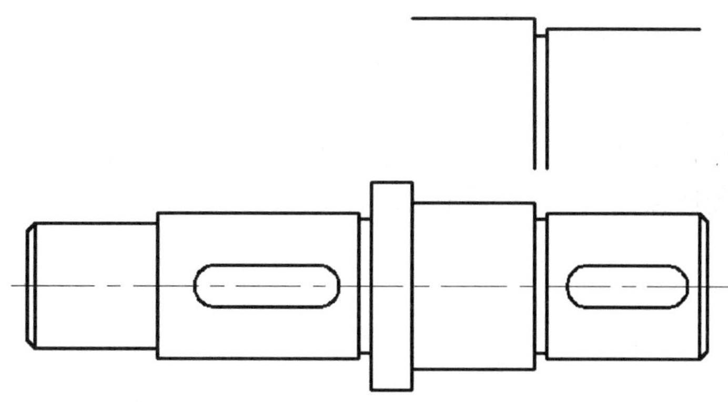

图 8-1-12 复制要放大的部分

2. 使用比例缩放放大局部结构,用样条曲线绘制波浪线,并修剪多余部分,如图 8-1-13 所示。

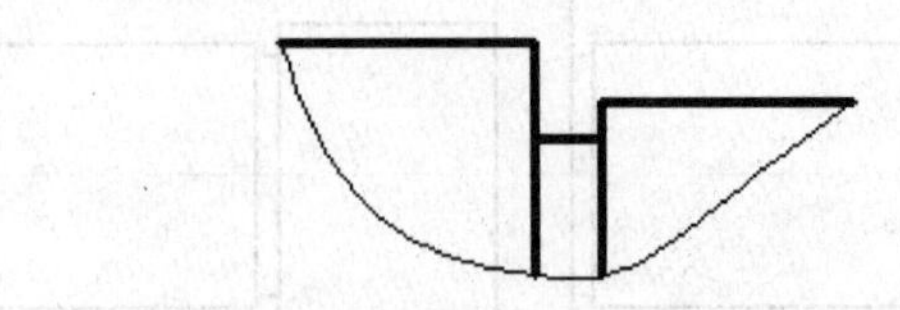

图 8-1-13　放大局部图后,绘制波浪线并修剪

3. 对局部放大图倒圆角,圆角半径为 2,如图 8-1-14 所示。

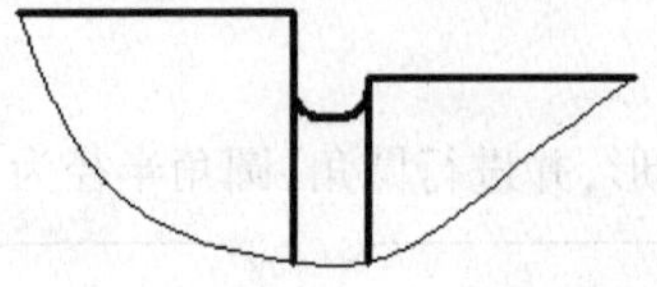

图 8-1-14　局部放大图的圆角绘制

步骤五:图形的标注

在标注图层下进行数据标注,可在“标注样式管理器”中设置标注样式,注意不要遗漏部分标注,如图 8-1-15 所示。

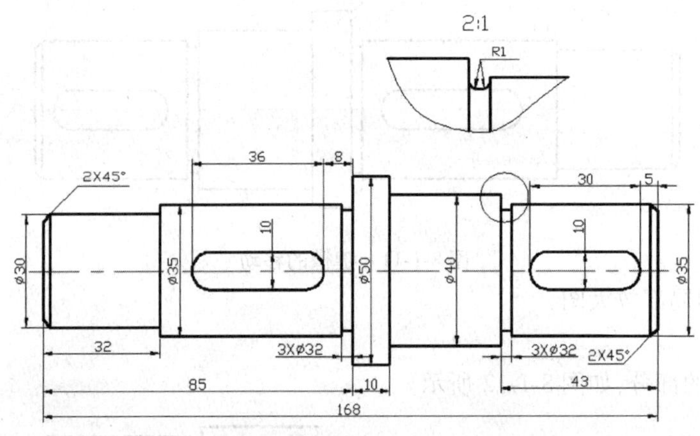

图 8-1-15　轴的标注

步骤六:图形的保存

在“文件”菜单中选择“保存”,选择保存目录即可。也可利用 AutoCAD2014 提供的选项设置自动保存时间,防止意外停电导致图形丢失。

任务二
机械零件三维实体的创建和编辑 

● 能力目标

能根据图纸正确创建三维实体。

● 知识目标

(1) 了解视口的布置方法;
(2) 掌握三维实体的创建方法;
(3) 掌握三维实体的编辑方法;
(4) 了解三维实体的渲染方法。

● 情感目标

(1) 养成多思勤练的学习作风;
(2) 培养团队合作、共同解决问题的职业素养;
(3) 培养与他人保持良好沟通的职业素养。

任务引入

(1) 如何创建三维实体?
(2) 如何对三维实体进行效果图处理?

任务解析

利用 AutoCAD 软件,可以比较快捷地创建船机零件的三维实体,并对其进行编辑。再利用软件自带的渲染功能,对所创建的三维实体进行渲染,得到效果图。

接下来,我们将以一个,如图 8-2-1 所示的实例来讲解三维实体的创建、编辑方法。

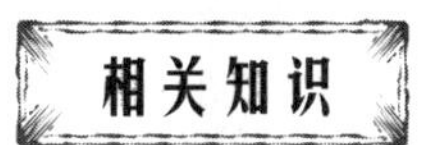

知识点 1　三维视口的设置

【初阶】

1. 设置绘图区域为四个视口

通过“视图”|“视口”|“四个视口”,设置绘图区域为四个视口,如图 8-2-2 所示。

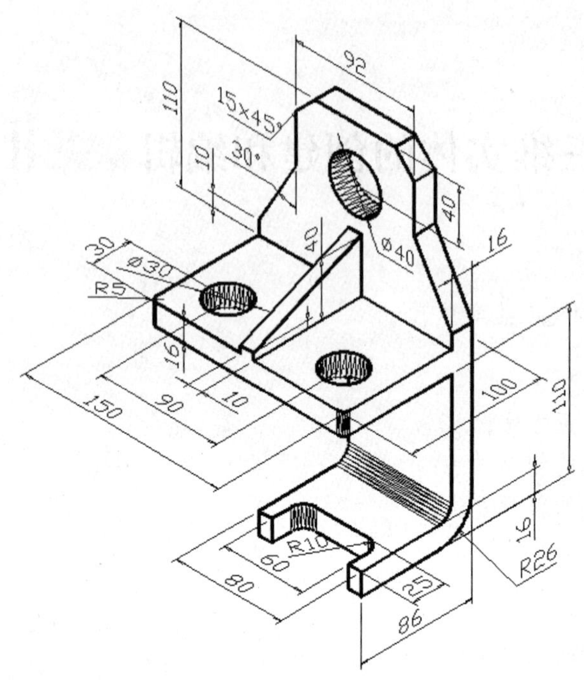

图 8-2-1　某零件的三维实体

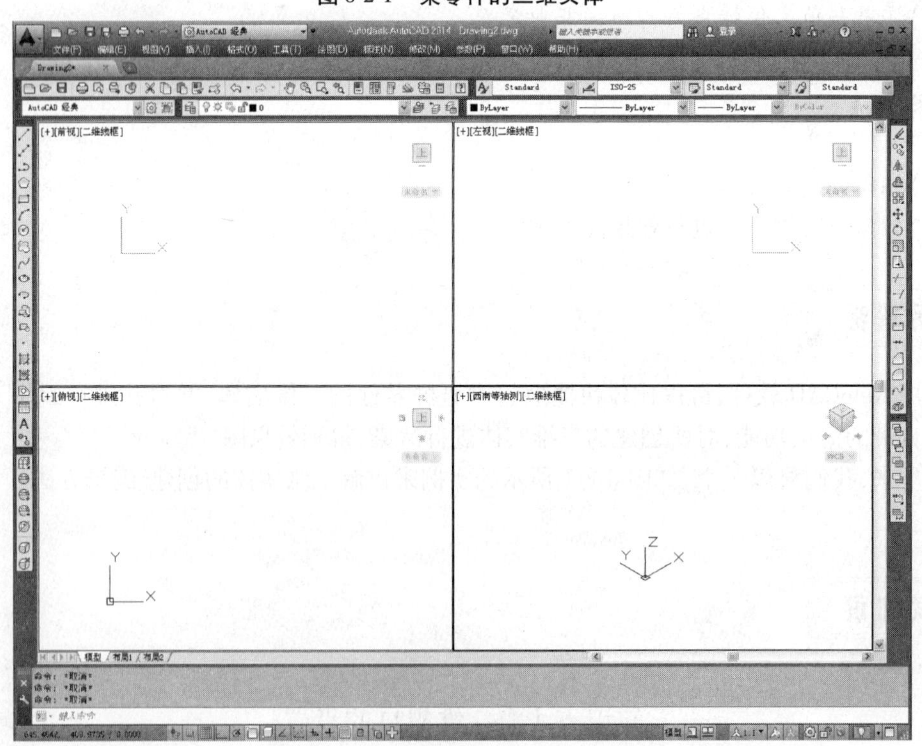

图 8-2-2　设置绘图区域为四个视口

2. 设置视口的模式

在左上视口中点击鼠标左键，显示当前窗口属于激活状态。调出“视图”工具栏，将本视口设置为“主视图”。依次将右上视口设为“左视图”，左下视口设为“俯视图”，右下视口设为“西南等轴侧”。

3. 设置相应图层

按常用模式设置图层的名称、线型、颜色等信息。

知识点 2　零件主体的绘制

【初阶】

1. 绘制主视图

在主视图中，绘制零件主体的上半部分主视图，如图 8-2-3 所示。

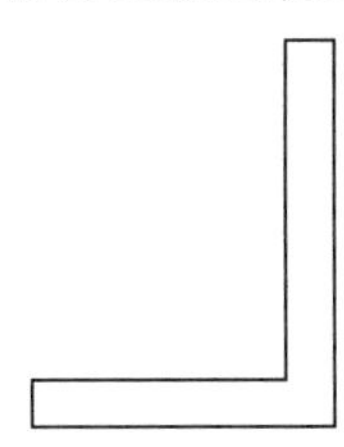

图 8-2-3　零件主体上半部分的主视图

2. 创建面域

在命令栏输入 REGION 命令或点击绘图工具栏中按钮，框选所绘制的图形，回车确认，即创建了面域。

3. 对面域进行拉伸

在命令栏输入 EXT 命令，选中所创建面域，回车确认，拉伸高度输入 150，角度为 0，得到第一个基本体，如图 8-2-4 所示为在西南等轴侧视口中的图像。

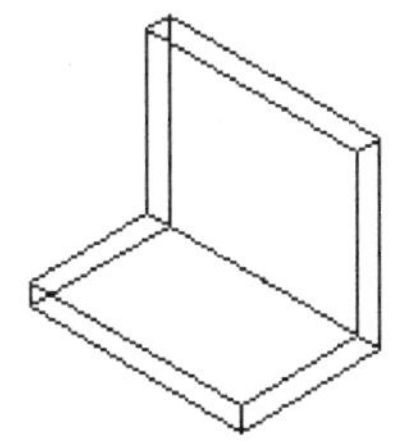

图 8-2-4　零件主体上半部分

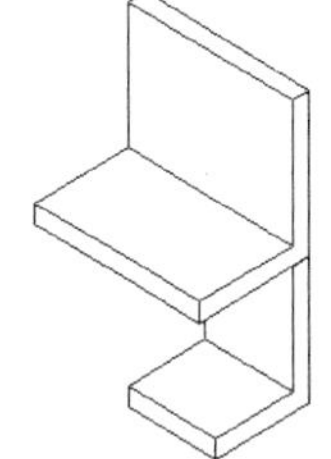

图 8-2-5　零件主体的创建

4. 绘制零件主体的下半部分

重复上述步骤，绘制零件主体的下半部分。并在左视图中沿 X 方向移动 70，如图 8-2-5 所示。

知识点 3　零件的编辑

【中阶】

1. 零件中间支撑板的编辑

(1)绘制圆柱的实体

在俯视图上，根据图纸绘制两个圆孔，创建面域并拉伸，拉伸距离为 -20。创建实体后，在左视图中沿 Y 轴向上移动 4，如图 8-2-6 所示。

(2)实体的修剪编辑

在命令行中输入 SUBTRACT 命令(差集命令)，先选中待修剪的实体，再选择需剪去的实体，回车确认，如图 8-2-7 所示。

(3)圆角的编辑

使用 F 命令(圆角)，半径为 5，选择相应的边，即可进行圆角，如图 8-2-8 所示。

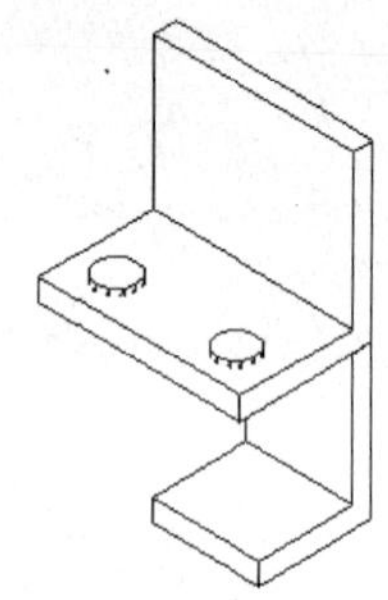

图 8-2-6　圆柱的创建

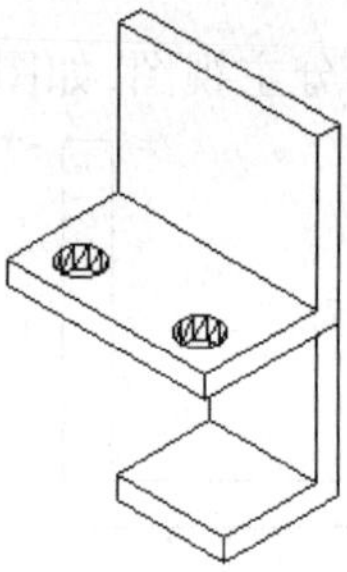

图 8-2-7　使用圆柱进行修剪

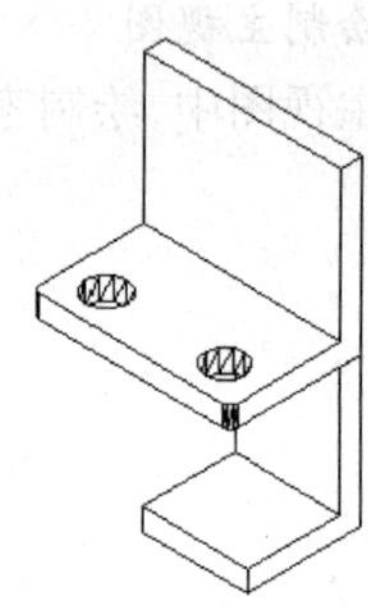

图 8-2-8　圆角的编辑

2. 零件上半部分的编辑

按照零件中间支撑板的编辑方法，对零件的上半部分进行编辑，最终结果如图 8-2-9 所示。

3. 绘制零件中间支撑板上的斜肘板

绘制零件中间支撑板上的斜肘板，如图 8-2-10 所示。

4. 对零件下半部分的编辑

对零件下半部分进行切除处理，并对折角处进行圆角，消隐，如图 8-2-11 所示。

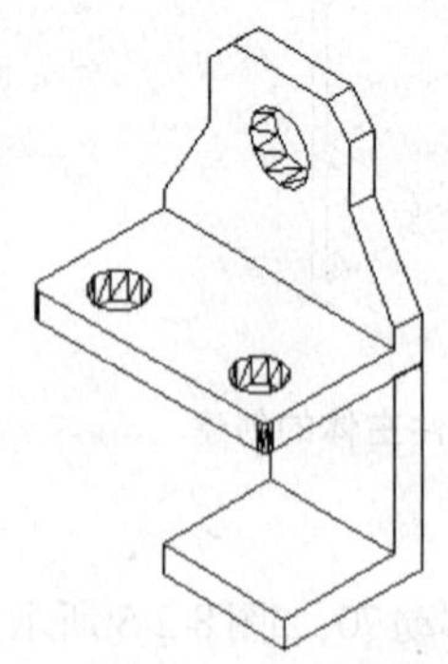

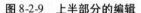

图 8-2-9　上半部分的编辑

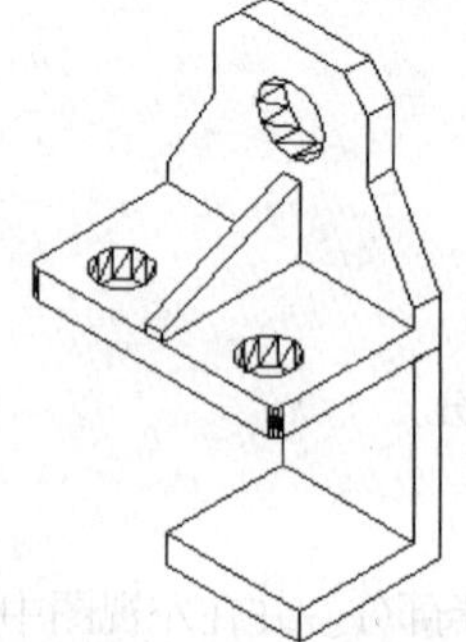

图 8-2-10　斜肘板的绘制

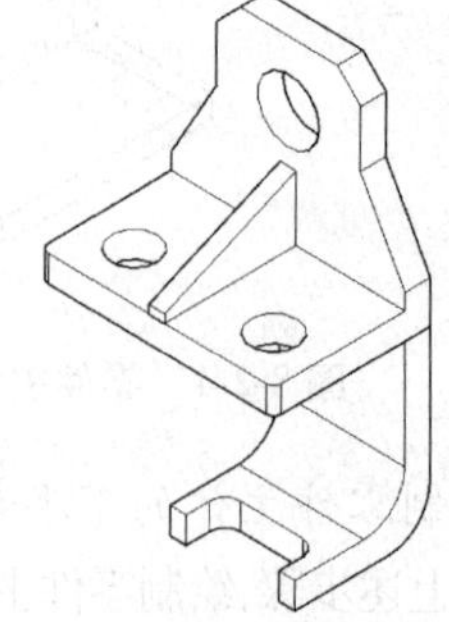

图 8-2-11　下半部分的编辑

5. 零件的合并

此时的零件分为三个独立的部分，即上半部分、下半部分、斜肘板部分。可使用实体编辑工具栏中的“并集”按钮或命令行中输入 UNION，对各部分进行合并。

知识点 4　零件的渲染

【高阶】

1. 材质的选择

首先,在 AutoCAD2014 中调出“渲染”工具栏,如图 8-2-12 所示。点击“材质浏览器”,并在弹出的对话框中点击“AutoCAD 库”,在下拉菜单中选择“铬 - 锻光 1”,如图 8-2-13 所示。

图 8-2-12　渲染工具栏

在“铬 - 锻光 1”栏目条中点击✎图标或双击该条目,弹出材质编辑器对话框,可在其中查看并设置相关参数,如图 8-2-14 所示。在“铬 - 锻光 1”栏目条中单击右键,弹出菜单中选择“选择要应用到的对象”后,选择刚创建的实体,确认。

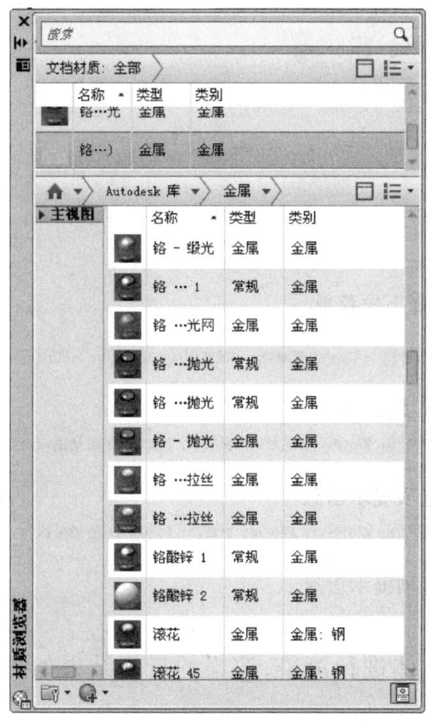

图 8-2-13　材质浏览器对话框

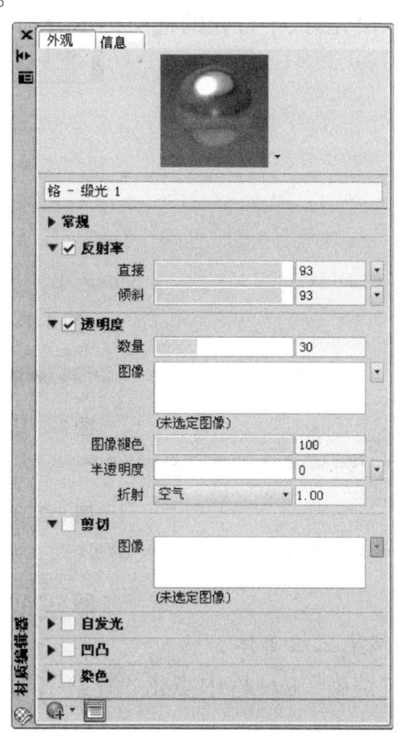

图 8-2-14　材质编辑器对话框

2. 背景的设置

在“渲染”工具栏中点击“渲染环境”,弹出如图 8-2-15 所示的对话框。用户可根据需求自行选择“雾化/深度设置”的相关参数。也可点击“高级渲染设置”,在弹出的对话框中进行参数设置。

渲染环境
雾化/深度设置
启用雾化 开
颜色 128,128,128
雾化背景 关
近距离 0
远距离 100
近处雾化百... 0
远处雾化百... 100
确定
取消
帮助

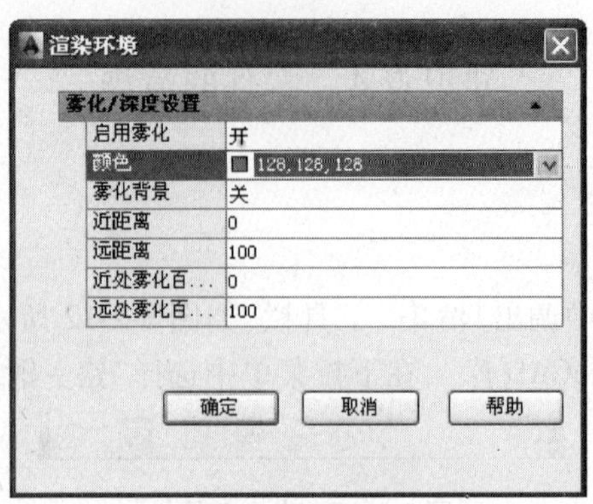

图 8-2-15　渲染环境对话框

3. 光源的创建

在“渲染”工具栏中点击“光源”，在下拉菜单中选择合适的光源类型，如图 8-2-16 所示。点光源、聚光灯、平行光的选项提示分别如图 8-2-17、图 8-2-18、图 8-2-19 所示。

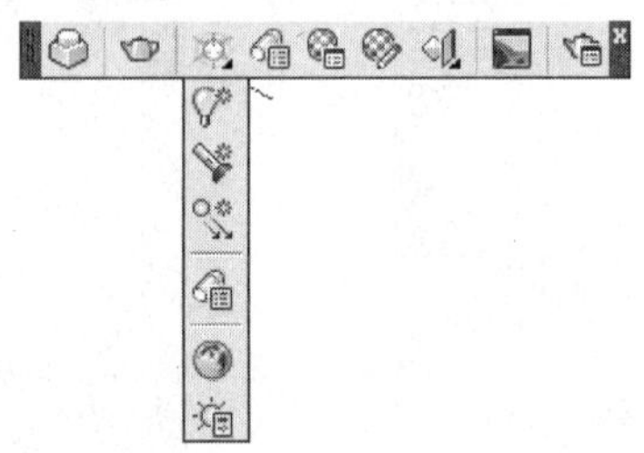

图 8-2-16　光源选择下拉菜单

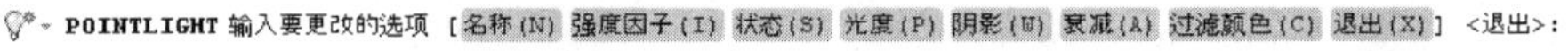

POINTLIGHT 输入要更改的选项 [名称(N) 强度因子(I) 状态(S) 光度(P) 阴影(W) 衰减(A) 过滤颜色(C) 退出(X)] <退出>:

图 8-2-17　点光源选项提示信息

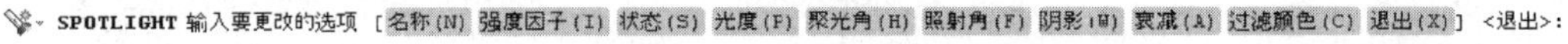

SPOTLIGHT 输入要更改的选项 [名称(N) 强度因子(I) 状态(S) 光度(P) 聚光角(H) 照射角(F) 阴影(W) 衰减(A) 过滤颜色(C) 退出(X)] <退出>:

图 8-2-18　聚光灯选项提示信息

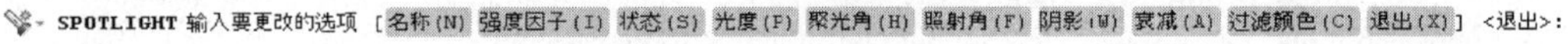

SPOTLIGHT 输入要更改的选项 [名称(N) 强度因子(I) 状态(S) 光度(P) 聚光角(H) 照射角(F) 阴影(W) 衰减(A) 过滤颜色(C) 退出(X)] <退出>:

图 8-2-19　平行光选项提示信息

4. 渲染三维实体

在“渲染”工具栏中点击“渲染”，对创建的立体进行渲染，渲染的最终结果如图 8-2-20 所示。

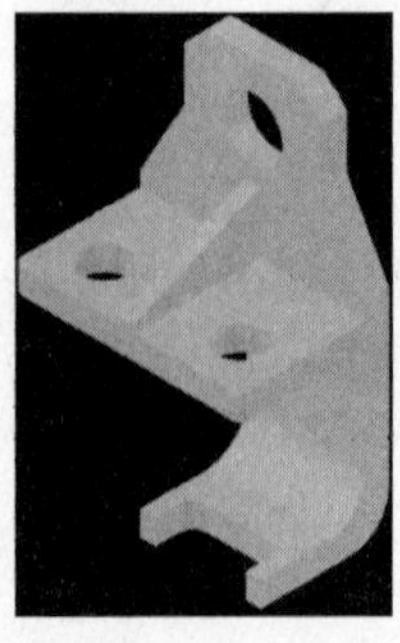

图 8-2-20　零件三维实体的渲染结果

项目九 船体节点 CAD 实体创建

通过本项目的训练,学生应能掌握船体节点 CAD 实体的创建方法;能根据图纸正确创建船体节点的三维实体。

任务一 船体节点图纸的阅读与布置

● 能力目标

能正确布置船体节点的视图方向。

● 知识目标

船体节点视图的布置。

● 情感目标

(1)养成多思勤练的学习作风;

(2)培养团队合作、共同解决问题的职业素养;

(3)培养与他人保持良好沟通的职业素养。

任务引入

(1)如何创建船体节点三维实体?

(2)三维实体绘制过程中,如何布置主视图?

任务解析

使用 AutoCAD 软件绘制船体节点的三维实体,首先应正确识读船体节点图,对其进行结构分析,然后根据节点结构情况设置主视方向,逐步绘制。本项目将以一个如图 9-1-1 所示船体节点的实例来说明其设置情况。

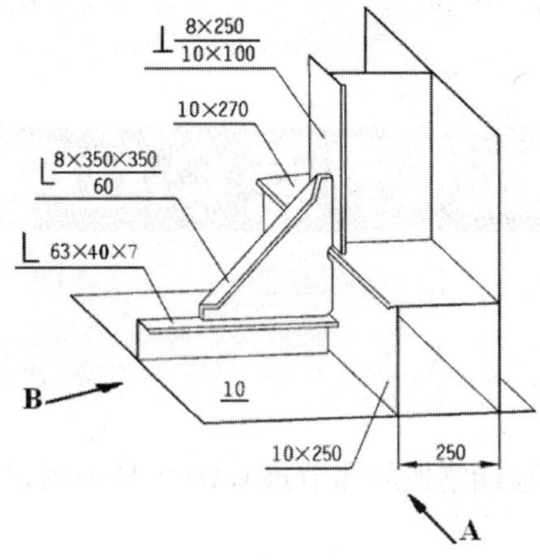

图 9-1-1 船体节点轴测图

相关知识

知识点 1 船体节点结构分析

【初阶】

如图 9-1-1 所示的船体节点,可分析其由四块厚度为 10 的钢板(编号为①、②、③、④)、一个尺寸为 8×250/10×100 的 T 型材(编号为⑤)、一个尺寸为 8×350×350/60 的肘板(编号为⑥)、一个尺寸为 63×40×7 的角钢(编号为⑦)组成,如图 9-1-2 所示。

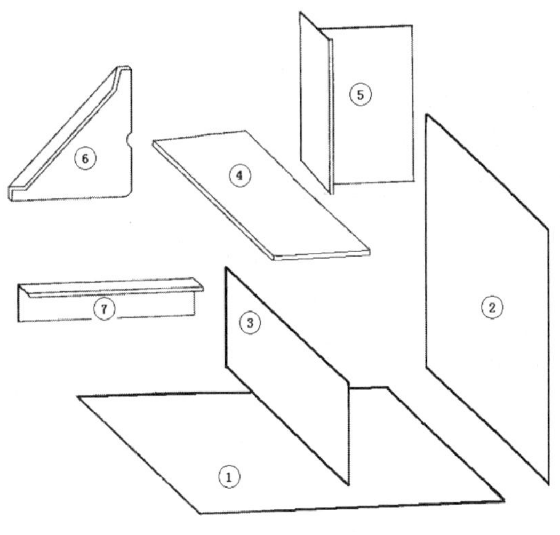

图 9-1-2 节点结构分析

知识点 2 船体节点三维制作的视图布置

【初阶】

1. 方案一

如图 9-1-1 所示的 A 方向为主视图方向，编号为⑥、⑦构件的绘制，相对来说稍显复杂，尤其是构件⑥的绘制。

2. 方案二

如图 9-1-1 所示的 B 方向为主视图方向，编号为⑥、⑦构件的绘制，相对于方案一来说，稍微容易一些。但构件②、③的位置确定稍显复杂。

本例将选择方案一来绘制该船体节点的三维实体。值得注意的是，船体节点中有部分尺寸是没有的，如构件①、②的长度和宽度，这就需要我们在绘制三维实体时，根据整个节点图的情况来近似确定。

任务二 船体节点的实体创建

● 能力目标

能正确绘制船体节点三维实体。

● 知识目标

船体节点三维实体的绘制。

● 情感目标

(1)养成多思勤练的学习作风;

(2)培养团队合作、共同解决问题的职业素养;

(3)培养与他人保持良好沟通的职业素养。

如何绘制船体节点三维实体?

任务解析

使用 AutoCAD 软件绘制船体节点的三维实体,除了使用不同视口来进行绘制三维实体外,还可以使用 UCS 来进行。本文将使用 UCS 坐标系来绘制如图 9-1-1 所示的船体节点。

知识点 1　绘制船体节点内的钢板

【中阶】

1. 绘制构件①

构件①的已知尺寸只有其厚度 10,根据节点轴测图,现指定其尺寸为 900 × 800 × 10,如图 9-2-1 所示。

2. 绘制构件②和构件③

使用 UCS 将构件①的上底面作为新的 XY 平面,指定构件②的尺寸为 600 × 800 × 10,构件③的尺寸为 250 × 800 × 10,如图 9-2-2 所示。

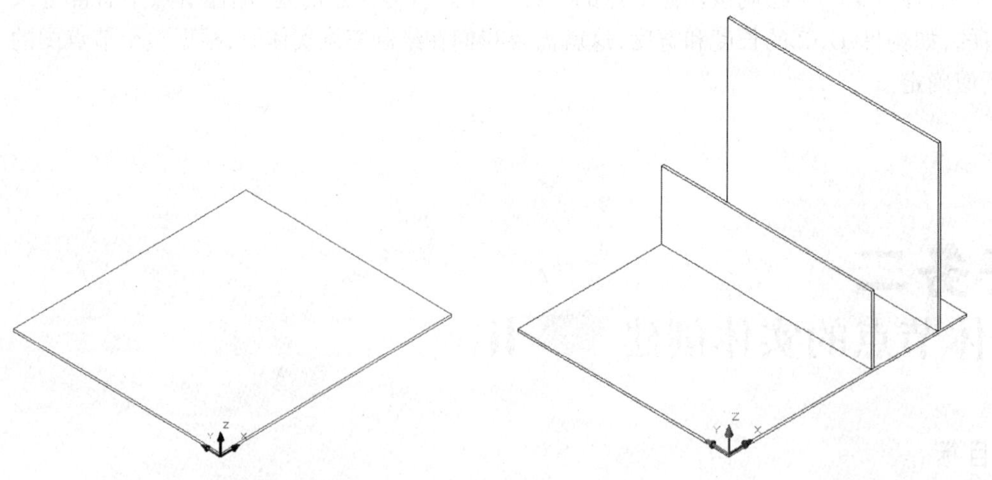

图 9-2-1　构件①的绘制　　图 9-2-2　构件②、③的绘制

3. 绘制构件④

使用 UCS 将坐标原点移至构件①、②交线的端点,指定构件④的尺寸为 270 × 800 × 10,绘制好后再上移至所需位置,如图 9-2-3 所示。

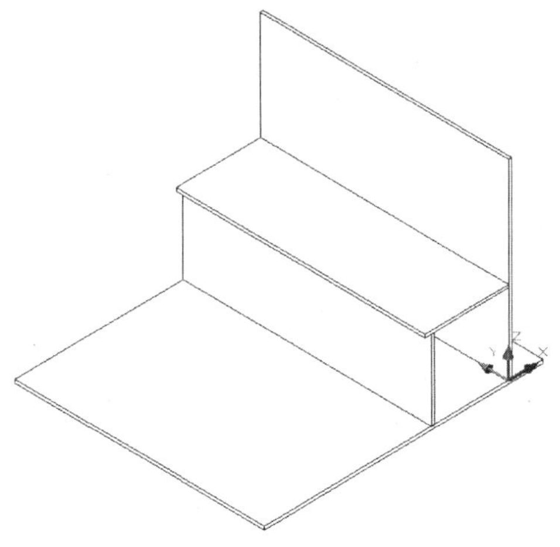

图 9-2-3 构件④的绘制

知识点 2 绘制船体节点内的型材

【中阶】

1. 绘制构件⑤

构件⑤是一个 T 型材,可看成是由两块钢板组成的,一块尺寸为 8 ×250,一块为 10 ×100,高度均为 340。使用 UCS 将坐标原点移至构件④的上底面角点,上底面为 XY 平面,如图 9-2-4 所示。

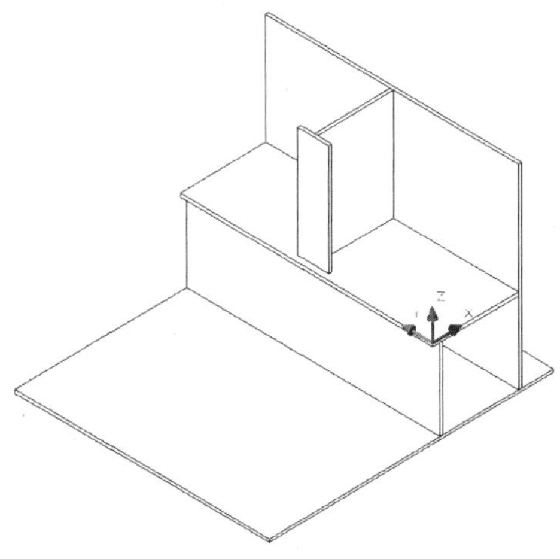

图 9-2-4 构件⑤的绘制

2. 绘制构件⑦

构件⑦是一个横骨,材质为角钢,其尺寸为 63 ×40 ×7,长度与构件①边缘平齐即可。使用 UCS 将坐标原点移至构件①的上底面角点,如图 9-2-5 所示。

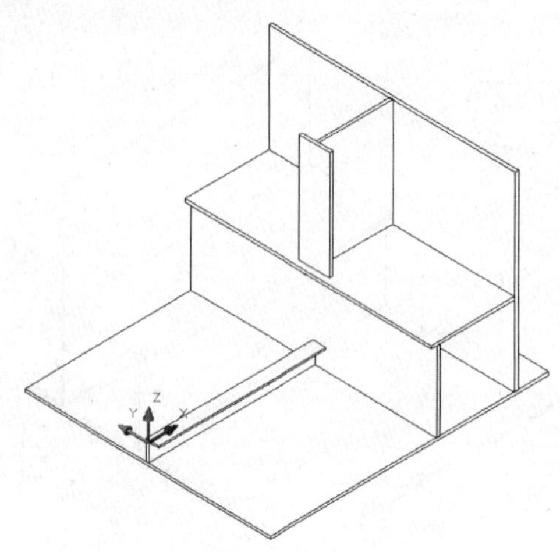

图 9-2-5　构件⑦的绘制

3. 绘制构件⑥

构件⑥是一个带斜切端部的折边肘板，折边宽度为 60，肘板尺寸为 8 × 350 × 350。使用 UCS 将坐标原点移至构件⑦的上底面角点，进行绘制，绘制过程中需要多次使用 UCS，绘制结果如图 9-2-6 所示。

使用实体编辑工具栏中的并集命令，将以上所有的构件组成一个整体。选中实体，选择带边框体着色，涂层颜色设为灰色，并保存，如图 9-2-7 所示。

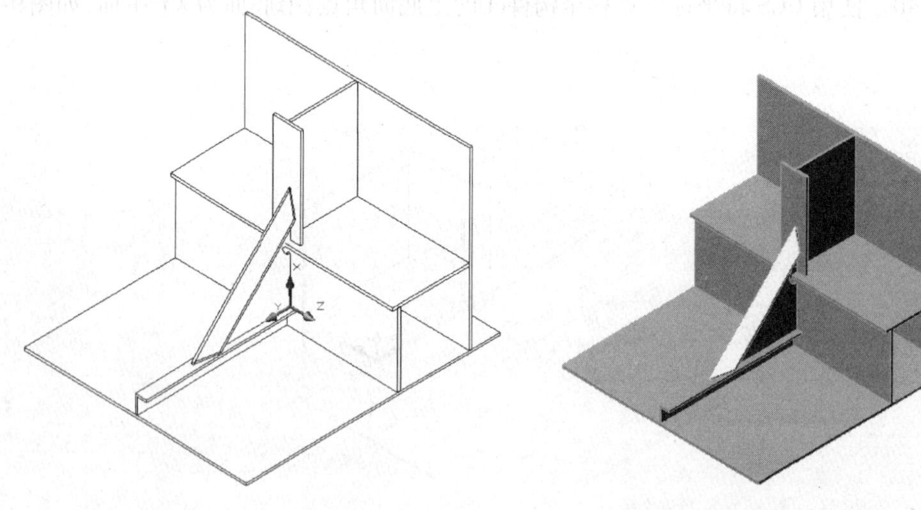

图 9-2-6　构件⑥的绘制

图 9-2-7　船体节点的三维实体

附录一 螺纹

附表 1-1 普通螺纹基本尺寸(GB/T196－2003)摘选 (mm)

公称直径	螺距	中径	小径	公称直径	螺距	中径	小径
1	0.25	0.838	0.729	50	3	48.051	46.752
	0.2	0.870	0.783		2	48.701	47.835
2	0.4	1.740	1.567	60	4	57.402	55.670
	0.25	1.838	1.729		3	58.051	56.752
					2	58.701	57.835
4	0.7	3.545	3.242	70	6	66.103	63.505
	0.5	3.675	3.459		4	67.402	65.670
					3	68.051	66.752
6	1	5.350	4.917	80	6	76.103	73.505
	0.75	5.513	5.188		4	77.402	75.670
					3	78.051	76.752
8	1.25	7.188	6.649	90	6	86.103	83.505
	1	7.350	6.917		4	87.402	85.670
10	1.5	9.026	8.376	100	6	96.103	93.505
	1.25	9.188	8.647		4	97.402	95.670
	1	9.350	8.917		3	98.051	96.752

续表

公称直径	螺距	中径	小径	公称直径	螺距	中径	小径
12	1.75	10.863	10.106	110	6	106.103	103.505
	1.5	11.026	10.376		4	107.402	105.670
16	2	14.701	13.835	120	6	116.103	113.505
	1.5	15.026	14.376		4	117.402	115.670
20	2.5	18.376	17.294	150	8	144.804	141.340
	2	18.701	17.835		6	146.103	143.505
	1.5	19.026	18.376		4	147.402	145.670
28				180	8	174.804	171.340
	2	26.701	25.835		6	176.103	173.505
	1.5	27.026	26.376		4	177.402	175.670
32				200	8	194.804	191.340
	2	30.701	29.835		6	196.103	193.505
	1.5	31.026	30.376		4	197.402	195.670
40	3	38.051	36.752	250	8	244.804	241.340
	2	38.701	37.835		6	246.103	243.505
	1.5	39.026	38.376		4	247.402	245.670

附表 1-2 普通螺纹的优选系列(GB/T9144－2003) (mm)

公称直径 D、d		螺距 P	
第一选择	第二选择	粗牙	细牙
1		0.25	
1.2		0.25	
	1.4	0.3	
1.6		0.35	
	1.8	0.35	
2		0.4	
2.5		0.45	
3		0.5	
	3.5	0.6	
4		0.7	
5		0.8	
6		1	
	7	1	
8		1.25	1
10		1.5	1.25 1
12		1.75	1.25
	14	2	1.5
16		2	1.5
	18	2.5	2 1.5
20		2.5	2 1.5
	22	2.5	2 1.5
24		3	2
	27	3	2
30		3.5	2
	33	3.5	2
36		4	3
	39	4	3
42		4.5	3
	45	4.5	3
48		5	3
	52	5	4
56		5.5	4
	60	5.5	4
64		6	4

附表 1-3　55°密封管螺纹的基本尺寸(GB/T7306.1－2000)摘选

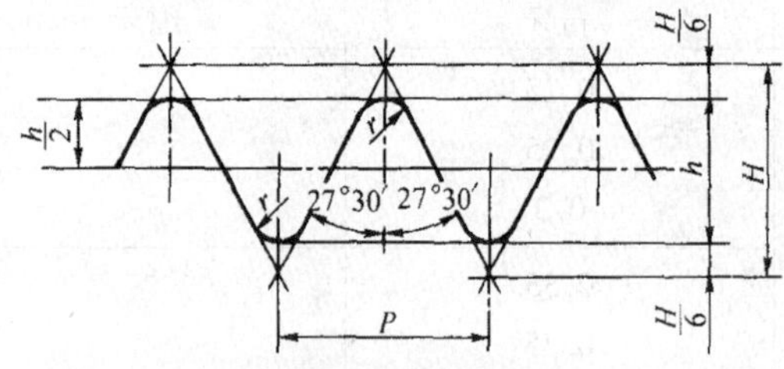

圆柱内螺纹的设计牙型

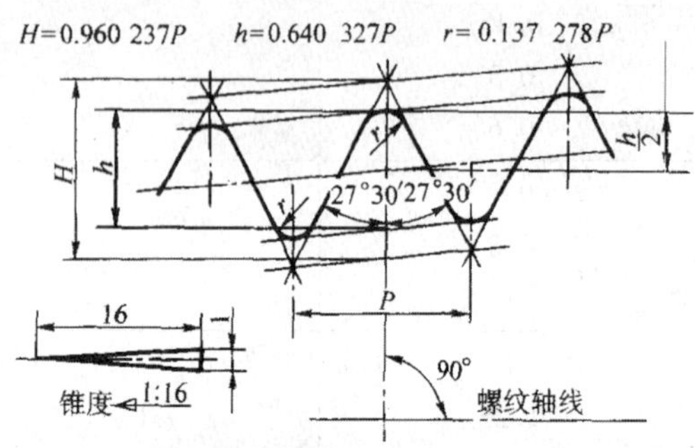

圆锥外螺纹的设计牙型

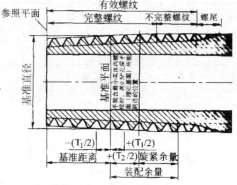

圆锥外螺纹上各主要尺寸的分布

尺寸代号	每 25.4 mm 内所含的牙数 n	螺距 P/mm	牙高 h/mm	基准平面内的基本直径			基准距离(基本)/mm	外螺纹的有效螺纹不小于/mm
				大径(基准直径) $d = D$/mm	中径 $d_2 = D_2$/mm	小径 $d_1 = D_1$/mm		
1/16	28	0.907	0.581	7.723	7.142	6.561	4	6.5
1/8	28	0.907	0.581	9.728	9.147	8.566	4	6.5
1/4	19	1.337	0.856	13.157	12.301	11.445	6	9.7
3/8	19	1.337	0.856	16.662	15.806	14.950	6.4	10.1
1/2	14	1.814	1.162	20.955	19.793	18.631	8.2	13.2
3/4	14	1.814	1.162	26.441	25.279	24.117	9.5	14.5
1	11	2.309	1.479	33.249	31.770	30.291	10.4	16.8
1 1/4	11	2.309	1.479	41.910	40.431	38.952	12.7	19.1
1 1/2	11	2.309	1.479	47.803	46.324	44.845	12.7	19.1
2	11	2.309	1.479	59.614	58.135	56.656	15.9	23.4
2 1/2	11	2.309	1.479	75.184	73.705	72.226	17.5	26.7
3	11	2.309	1.479	87.884	86.405	84.926	20.6	29.8
4	11	2.309	1.479	113.030	111.551	110.072	25.4	35.8
5	11	2.309	1.479	138.430	136.951	135.472	28.6	40.1
6	11	2.309	1.479	163.830	162.351	160.872	28.6	40.1

附录二 公差等级和轴、孔的极限偏差

附表 2-1 标准公差等级的应用(GB/T1804－2000)

应用	IT 等级
量块	IT01～IT1
量规	IT1～IT7
配合尺寸	IT5～IT13
特别精密零件的配合	IT2～IT5
非配合尺寸(大制造公差)	IT12～IT18
原材料公差	IT8～IT14

附表 2-2 各种加工方法能达到的标准公差等级(GB/T1804－2000)

加工方法	IT 等级	加工方法	IT 等级
研磨	IT01～IT5	铣	IT8～IT11
珩	IT4～IT7	刨插	IT10～IT11
内、外圆磨	IT5～IT8	钻孔	IT10～IT13
平面磨	IT5～IT8	滚压、挤压	IT10～IT11
金刚石车	IT5～IT7	冲压	IT10～IT14
金刚石镗	IT5～IT7	压铸	IT11～IT14
拉削	IT5～IT8	粉末冶金成型	IT6～IT8
铰孔	IT6～IT10	粉末冶金烧结	IT7～IT10
车	IT7～IT11	砂型铸造、气割	IT16
镗	IT7～IT11	锻造	IT15

附表 2-3　IT01 和 IT0 的标准公差数值

基本尺寸/mm		标准公差等级		基本尺寸/mm		标准公差等级	
		IT01	IT0	IT01		IT0	
大于	至	公差/μm		大于	至	公差/μm	
——	3	0.3	0.5	80	120	1	1.5
3	6	0.4	0.6	120	180	1.2	2
6	10	0.4	0.6	180	250	2	3
10	18	0.5	0.8	250	315	2.5	4
18	30	0.6	1	315	400	3	5
30	50	0.6	1	400	500	4	6
50	80	0.8	1.2				

附表 2-4　标准公差数值(GB/T1800.3－1998)

基本尺寸/mm		标准公差等级																	
		IT1	IT2	IT3	IT4	IT5	IT6	IT7	IT8	IT9	IT10	IT11	IT12	IT13	IT14	IT15	IT16	IT17	IT18
大于	至	μm											mm						
——	3	0.8	1.2	2	3	4	6	10	14	25	40	60	0.1	0.14	0.25	0.4	0.6	1	1.4
3	6	1	1.5	2.5	4	5	8	12	18	30	48	75	0.12	0.18	0.3	0.48	0.75	1.2	1.8
6	10	1	1.5	2.5	4	6	9	15	22	36	58	90	0.15	0.22	0.36	0.58	0.9	1.5	2.2
10	18	1.2	2	3	5	8	11	18	27	43	70	110	0.18	0.27	0.43	0.7	1.1	1.8	2.7
18	30	1.5	2.5	4	6	9	13	21	33	52	84	130	0.21	0.33	0.52	0.84	1.3	2.1	3.3
30	50	1.5	2.5	4	7	11	16	25	39	62	100	160	0.25	0.39	0.62	1	1.6	2.5	3.9
50	80	2	3	5	8	13	19	30	46	74	120	190	0.3	0.46	0.74	1.2	1.9	3	4.6
80	120	2.5	4	6	10	15	22	35	54	87	140	220	0.35	0.54	0.87	1.4	2.2	3.5	5.4
120	180	3.5	5	8	12	18	25	40	63	100	160	250	0.4	0.63	1	1.6	2.5	4	6.3
180	250	4.5	6	10	14	20	29	46	72	115	185	290	0.46	0.72	1.15	1.85	2.9	4.6	7.2
250	315	6	7	12	16	23	32	52	81	130	210	320	0.52	0.81	1.3	2.1	3.2	5.2	8.1
315	400	7	8	13	18	25	36	57	89	140	230	360	0.57	0.89	1.4	2.3	3.6	5.7	8.9
400	500	8	9	15	20	27	40	63	97	155	250	400	0.63	0.97	1.55	2.5	4	6.3	9.7
500	630	9	10	16	22	32	44	70	110	175	280	440	0.7	1.1	1.75	2.8	4.4	7	11
630	800	10	11	18	25	36	50	80	125	200	320	500	0.8	1.25	2	3.2	5	8	12.5
800	1000	11	13	21	28	40	56	90	140	230	360	560	0.9	1.4	2.3	3.6	5.6	9	14
1000	1250	13	15	24	33	47	66	105	165	260	420	660	1.05	1.65	2.6	4.2	6.6	10.5	16.5
1250	1600	15	1821	29	39	55	78	125	195	310	500	780	1.25	1.95	3.1	5	7.8	12.5	19.5
1600	2000	18	25	35	46	65	92	150	230	370	600	920	1.5	2.3	3.7	6	9.2	15	23
2000	2500	22	30	41	55	78	110	175	280	440	700	1100	1.75	2.8	4.4	7	11	17.5	28
2500	3150	26	36	50	68	96	135	210	330	540	860	1350	2.1	3.3	5.4	8.6	13.5	21	33

注:1. 基本尺寸大于 500 mm 的 IT1～IT5 的标准公差数值为试行值;

2. 基本尺寸小于或等于 1 mm 时,无 IT14～IT18。

附表2-5 轴的基本偏差数值(GB1800.3-1998摘选)

(μm)

基本尺寸/mm		上偏差 es												基本偏差数值					下偏差 ei													
		所有标准公差等级												IT5和IT6	IT7	IT8	IT4至IT7	≤IT3 >IT7	所有标准公差等级													
大于	至	a	b	c	cd	d	e	ef	f	fg	g	h	js	j	j	j	k	k	m	n	p	r	s	t	u	v	x	y	z	za	zb	zc
—	3	-270	-140	-60	-34	-20	-14	-10	-6	-4	-2	0	偏差=±ITn/2,式中IT_n是IT值数	-2	-4	-6	0	0	+2	+4	+6	+10	+14		+18		+20		+26	+32	+40	+60
3	6	-270	-140	-70	-46	-30	-20	-14	-10	-6	-4	0		-2	-4		+1	0	+4	+8	+12	+15	+19		+23		+28		+35	+42	+50	+80
6	10	-280	-150	-80	-56	-40	-25	-18	-13	-8	-5	0		-2	-5		+1	0	+6	+10	+15	+19	+23		+28		+34		+42	+52	+67	+97
10	14	-290	-150	-95		-50	-32		-16		-6	0		-3	-6		+1	0	+7	+12	+18	+23	+28		+33		+40		+50	+64	+90	+130
14	18																									+39	+45		+60	+77	+108	+150
18	24	-300	-160	-110		-65	-40		-20		-7	0		-4	-8		+2	0	+8	+15	+22	+28	+35		+41	+47	+54	+63	+73	+98	+136	+188
24	30																							+41	+48	+55	+64	+75	+88	+118	+160	+218
30	40	-310	-170	-120		-80	-50		-25		-9	0		-5	-10		+2	0	+9	+17	+26	+34	+43	+48	+60	+68	+80	+94	+112	+148	+200	+274
40	50	-320	-180	-130																				+54	+70	+81	+97	+114	+136	+180	+242	+325
50	65	-340	-190	-140		-100	-60		-30		-10	0		-7	-12		+2	0	+11	+20	+32	+41	+53	+66	+87	+102	+122	+144	+172	+226	+300	+405
65	80	-360	-200	-150																		+43	+59	+75	+102	+120	+146	+174	+210	+274	+360	+480
80	100	-380	-220	-170		-120	-72		-36		-12	0		-9	-15		+3	0	+13	+23	+37	+51	+71	+91	+124	+146	+178	+214	+258	+335	+445	+585
100	120	-410	-240	-180																		+54	+79	+104	+144	+172	+210	+254	+310	+400	+525	+690
120	140	-460	-260	-200		-145	-85		-43		-14	0		-11	-18		+3	0	+15	+27	+43	+63	+92	+122	+170	+202	+248	+300	+365	+470	+620	+800
140	160	-520	-280	-210																		+65	+100	+134	+190	+228	+280	+340	+415	+535	+700	+900
160	180	-580	-310	-230																		+68	+108	+146	+210	+252	+310	+380	+465	+600	+780	+1000
180	200	-660	-340	-240		-170	-100		-50		-15	0		-13	-21		+4	0	+17	+31	+50	+77	+122	+166	+236	+284	+350	+425	+520	+670	+880	+1150
200	225	-740	-380	-260																		+80	+130	+180	+258	+310	+385	+470	+575	+740	+960	+1250
225	250	-820	-420	-280																		+84	+140	+196	+284	+340	+425	+520	+640	+820	+1050	+1350
250	280	-920	-480	-300		-190	-110		-56		-17	0		-16	-26		+4	0	+20	+34	+56	+94	+158	+218	+315	+385	+475	+580	+710	+920	+1200	+1550
280	315	-1050	-540	-330																		+98	+170	+240	+250	+425	+525	+650	+790	+1000	+1300	+1700
315	355	-1200	-600	-360		-210	-125		-62		-18	0		-18	-28		+4	0	+21	+37	+62	+108	+190	+268	+390	+475	+590	+730	+900	+1150	+1500	+1900
355	400	-1350	-680	-400																		+114	+208	+294	+435	+530	+660	+820	+1000	+1300	+1650	+2100
400	450	-1500	-760	-440		-230	-135		-68		-20	0		-20	-32		+5	0	+23	+40	+68	+126	+232	+330	+490	+595	+740	+920	+1100	+1450	+1850	+2400
450	500	-1650	-840	-480																		+132	+252	+360	+540	+660	+820	+1000	+1250	+1600	+2100	+2600
500	560					-260	-145		-76		-22	0					0	0	+26	+44	+78	+150	+280	+400	+600							
560	630																					+155	+310	+450	+660							
630	710					-290	-160		-80		-24	0					0	0	+30	+50	+88	+175	+340	+500	+740							
710	800																					+185	+380	+560	+840							
800	900					-320	-170		-86		-26	0					0	0	+34	+56	+100	+210	+430	+620	+940							
900	1000																					+220	+470	+680	+1050							

注:(1)基本尺寸小于或等于1mm时,基本偏差a和b均不采用;

(2)公差带js7至js11,若IT_n值为奇数,则取偏差=±(IT_n-1)/2.

附表2-6　孔的基本偏差数值（GB1800.3-1998摘选）

（μm）

基本尺寸/mm		下偏差 EI（所有标准公差等级）												基本偏差数值 J			K		M		N		
大于	至	A	B	C	CD	D	E	EF	F	FG	G	H	JS	IT6	IT7	IT8	≤IT8	>IT8	≤IT8	>IT8	≤IT8	>IT8	≤IT7 P至ZC
—	3	+270	+140	+60	+34	+20	+14	+10	+6	+4	+2	0	偏差=±ITn/2，式中IT_n是IT值数	+2	+4	+6	0	0	-2	-2	-4	-4	在大于IT7的相应数值上增加一个△值
3	6	+270	+140	+70	+46	+30	+20	+14	+10	+6	+4	0		+5	+6	+10	-1+△		-4+△	-4	-8+△	0	
6	10	+280	+150	+80	+56	+40	+25	+18	+13	+8	+5	0		+5	+8	+12	-1+△		-6+△	-6	-10+△	0	
10	14	+290	+150	+95		+50	+32		+16		+6	0		+6	+10	+15	-1+△		-7+△	-7	-12+△	0	
14	18																						
18	24	+300	+160	+110		+65	+40		20		+7	0		+8	+12	+20	-2+△		-8+△	-8	-15+△	0	
24	30																						
30	40	+310	+170	+120		+80	+50		+25		+9	0		+10	+14	+24	-2+△		-9+△	-9	-17+△	0	
40	50	+320	+180	+130																			
50	65	+340	+190	+140		+100	+60		+30		+10	0		+13	+18	+28	-2+△		-11+△	-11	-20+△	0	
65	80	+360	+200	+150																			
80	100	+380	+220	+170		+120	+72		+36		+12	0		+16	+22	+34	-3+△		-13+△	-13	-23+△	0	
100	120	+410	+240	+180																			
120	140	+460	+260	+200		+145	+85		+43		+14	0		+18	+26	+41	-3+△		-15+△	-15	-27+△	0	
140	160	+520	+280	+210																			
160	180	+580	+310	+230																			
180	200	+660	+340	+240		+170	+100		+50		+15	0		+22	+30	+47	-4+△		-17+△	-17	-31+△	0	
200	225	+740	+380	+260																			
225	250	+820	+420	+280																			
250	280	+920	+480	+300		+190	+110		+56		+17	0		+25	+36	+55	-4+△		-20+△	-20	-34+△	0	
280	315	+1050	+540	+330																			
315	355	+1200	+600	+360		+210	+125		+62		+18	0		+29	+39	+60	-4+△		-21+△	-21	-37+△	0	
355	400	+1350	+680	+400																			
400	450	+1500	+760	+440		+230	+135		+68		+20	0		+33	+43	+66	-5+△		-23+△	-23	-40+△	0	
450	500	+1650	+840	+480																			
500	560					+260	+145		+76		+22	0					0		-26		-44		
560	630																						
630	710					+290	+160		+80		+24	0					0		-30		-50		
710	800																						
800	900					+320	+170		+86		+26	0					0		-34		-56		
900	1000																						

基本尺寸/mm		上偏差 ES（标准公差等级大于IT7）												△值（标准公差等级）					
大于	至	P	R	S	T	U	V	X	Y	Z	ZA	ZB	ZC	IT3	IT4	IT5	IT6	IT7	IT8
—	3	-6	-10	-14		-18		-20		-26	-32	-40	-60	0	0	0	0	0	
3	6	-12	-15	-19		-23		-28		-35	-42	-50	-80	1	1.5	1	3	4	6
6	10	-15	-19	-23		-28		-34		-42	-52	-67	-97	1	1.5	2	3	6	7
10	14	-18	-23	-28		-33		-40		-50	-64	-90	-130	1	2	3	3	7	9
14	18						-39	-45		-60	-77	-108	-150	1.5	2	3	4	8	12
18	24	--22	-28	-35		-41	-47	-54	-63	-73	-98	-136	-188	1.5	3	4	5	9	14
24	30				-41	-48	-55	-64	-75	-88	-118	-160	-218	2	3	5	6	11	16
30	40	-26	-34	-43	-48	-60	-68	-80	-94	-112	-148	-200	-274	2	4	5	7	13	19
40	50				-54	-70	-81	-97	-114	-136	-180	-242	-325	3	4	6	7	15	23
50	65	-32	--41	-53	-66	-87	-102	-122	-144	-172	-236	-300	-405	3	4	6	9	17	26
65	80		-43	-59	-75	-102	-120	-146	-174	-210	-274	-360	-480	4	4	7	9	20	29
80	100	-37	-51	-71	-91	-124	-146	-178	-214	-258	-335	-445	-585	4	5	7	11	21	32
100	120		-54	-79	-104	-144	-172	-210	-254	-310	-400	-525	-690	5	5	7	13	23	34
120	140	-43	--63	-92	-122	-170	-202	-248	-300	-365	-470	-620	-800						
140	160		-65	-100	-134	-190	-228	-280	-340	-415	-535	-700	-900						
160	180		-68	-108	-146	-210	-252	-310	-380	-465	-600	-780	-1000						
180	200	-50	-77	-122	-166	-236	-284	-350	-425	-520	-670	-880	-1150						
200	225		-80	-130	-180	-258	-310	-385	-470	-575	-740	-960	-1250						
225	250		-84	-140	-196	-284	-340	-425	-520	-640	-820	-1050	-1350						
250	280	-56	-94	-158	-218	-315	-385	-475	-580	-710	-920	-1200	-1550						
280	315		-98	-170	-240	-350	-425	-525	-650	-790	-1000	-1300	-1700						
315	355	-62	-108	-190	-268	-390	-475	-590	-730	-900	-1150	-1500	-1900						
355	400		-114	-208	-294	-435	-530	-660	-820	-1000	-1300	-1650	-2100						
400	450	-68	-126	-232	-330	-490	-595	-740	-920	-1100	-1450	-1850	-2400						
450	500		-132	-252	-360	-540	-660	-820	-1000	-1250	-1600	-2100	-2600						
500	560	-78	-150	-280	-400	-600													
560	630		-155	-310	-450	-660													
630	710	-88	-175	-340	-500	-740													
710	800		-185	-380	-560	-840													
800	900	-100	-210	-430	-620	-940													
900	1000		-220	-470	-680	-1050													

注：（1）基本尺寸小于或等于1mm时，基本偏差A和B及大于IT8的N均不采用；

（2）公差带JS7至JS11，若IT_n值数时奇数，则取偏差=±（IT_n-1）/2；

（3）对小于或等于IT8的K、M、N和小于或等于IT7的P至ZC，所需△值从表内右侧选取；

（4）特殊情况：250至315mm段的M6，ES=-9μm（代替-11μm）。

附表2-7 孔的极限偏差（GB1800.4-1999摘选）

（μm）

基本尺寸/mm		A		B		C		D					E			F					G			H							JS			
大于	至	11	12	11	12	11	12	8	9	10	11	12	8	9	10	5	6	7	8	9	6	7	8	6	7	8	9	10	11	12	6	7	8	9
—	3	+330 +270	+370 +270	+200 +140	+240 +140	+120 +60	+160 +60	+34 +20	+45 +20	+60 +20	+80 +20	+120 +20	+28 +14	+39 +14	+54 +14	+10 +6	+12 +6	+16 +6	+20 +6	+31 +6	+8 +2	+12 +2	+16 +2	+6 0	+10 0	+14 0	+25 0	+40 0	+60 0	+100 0	+3 -3	+5 -5	+7 -7	+12 -12
3	6	+345 +270	+390 +270	+215 +140	+260 +140	+145 +70	+190 +70	+48 +30	+60 +30	+78 +30	+105 +30	+150 +30	+38 +20	+50 +20	+68 +20	+15 +10	+18 +10	+22 +10	+28 +10	+40 +10	+12 +4	+16 +4	+22 +4	+8 0	+12 0	+18 0	+30 0	+48 0	+75 0	+120 0	+4 -4	+6 -6	+9 -9	+15 -15
6	10	+370 +280	+430 +280	+240 +150	+300 +150	+170 +80	+230 +80	+62 +40	+76 +40	+98 +40	+130 +40	+190 +40	+47 +25	+61 +25	+83 +25	+19 +13	+22 +13	+28 +13	+35 +13	+49 +13	+14 +5	+20 +5	+27 +5	+9 0	+15 0	+22 0	+36 0	+58 0	+90 0	+150 0	+4.5 -4.5	+7 -7	+11 -11	+18 -18
10	18	+400 +290	+470 +290	+260 +150	+330 +150	+205 +95	+275 +95	+77 +50	+93 +50	+120 +50	+160 +50	+230 +50	+59 +32	+75 +32	+102 +32	+24 +16	+27 +16	+34 +16	+43 +16	+59 +16	+17 +6	+24 +6	+33 +6	+11 0	+18 0	+27 0	+43 0	+70 0	+110 0	+180 0	+5.5 -5.5	+9 -9	+13 -13	-21 -21
18	30	+430 +300	+510 +300	+290 +160	+370 +160	+240 +110	+320 +110	+98 +65	+117 +65	+149 +65	+195 +65	+275 +65	+73 +40	+92 +40	+124 +40	+29 +20	+33 +20	+41 +20	+53 +20	+72 +20	+20 +7	+28 +7	+40 +7	+13 0	+21 0	+33 0	+52 0	+84 0	+130 0	+210 0	+6.5 -6.5	+10 -10	+16 -16	+26 -26
30	40	+470 +310	+560 +310	+330 +170	+420 +170	+280 +120	+370 +120	+119 +80	+142 +80	+180 80	+240 +80	+330 +80	+89 +50	+112 +50	+150 +50	+36 +25	+41 +25	+50 +25	+64 +25	+87 +25	+25 +9	+34 +9	+48 +9	+16 0	+25 0	+39 0	+62 0	+100 0	+160 0	+250 0	+8 -8	+12 -12	+19 -19	+31 -31
40	50	+480 +320	+570 +320	+340 +180	+430 +180	+290 +130	+380 +130																											
50	65	+530 +340	+640 +340	+380 +190	+490 +190	+330 +140	+440 +140	+146 +100	+174 +100	+220 +100	+290 +100	+400 +100	+106 +60	+134 +60	+180 +60	+43 +30	+49 +30	+60 +30	+76 +30	+104 +30	+29 +10	+40 +10	+56 +10	+19 0	+30 0	+46 0	+74 0	+120 0	+190 0	+300 0	+9.5 -9.5	+15 -15	+23 -23	+37 -37
65	80	+550 +360	+660 +360	+390 +200	+500 +200	+340 +150	+450 +150																											
80	100	+600 +380	+730 +380	+440 +220	+570 +220	+390 +170	+520 +170	+174 +120	+207 +120	+260 +120	+340 +120	+470 +120	+125 +72	+159 +72	+212 +72	+51 +36	+58 +36	+71 +36	+90 +36	+123 +36	+34 +12	+47 +12	+66 +12	+22 0	+35 0	+54 0	+87 0	+140 0	+220 0	+350 0	+11 -11	+17 -17	+27 -27	+43 -43
100	120	+630 +410	+760 +410	+460 +240	+590 +240	+400 +180	+530 +180																											
120	140	+710 +460	+860 +460	+510 +260	+660 +260	+450 +200	+600 +200	+208 +145	+245 +145	+305 +145	+395 +145	+545 +145	+148 +85	+185 +85	+245 +85	+61 +43	+68 +43	+83 +43	+106 +43	+143 +43	+39 +14	+54 +14	+77 +14	+25 0	+40 0	+63 0	+100 0	+160 0	+250 0	+400 0	+12.5 -12.5	+20 -20	+31 -31	+50 -50
140	160	+770 +520	+920 +520	+530 +280	+680 +280	+460 +210	+610 +210																											
160	180	+830 +580	+980 +580	+560 +310	+710 +310	+480 +230	+630 +230																											
180	200	+950 +660	+1120 +660	+630 +340	+800 +340	+530 +240	+700 +240	+242 +170	+285 +170	+355 +170	+460 +170	+630 +170	+172 +100	+215 +100	+285 +100	+70 +50	+79 +50	+96 +50	+122 +50	+165 +50	+44 +15	+61 +15	+87 +15	+29 0	+46 0	+72 0	+115 0	+185 0	+290 0	+460 0	+14.5 -14.5	+23 -23	+36 -36	+57 -57
200	225	+1030 +740	+1200 +740	+670 +380	+840 +380	+550 +260	+720 +260																											
225	250	+1110 +820	+1280 +820	+710 +420	+880 +420	+570 +280	+740 +280																											
250	280	+1240 +920	+1440 +920	+800 +480	+1000 +480	+620 +300	+820 +300	+271 +190	+320 +190	+400 +190	+510 +190	+710 +190	+191 +110	+240 +110	+320 +110	+79 +56	+88 +56	+108 +56	+137 +56	+186 +56	+49 +17	+69 +17	+98 +17	+32 0	+52 0	+81 0	+130 0	+210 0	+320 0	+520 0	+16 -16	+26 -26	+40 -40	+65 -65
280	315	+1370 1050	+1570 +1050	+860 +540	+1060 +540	+650 +330	+850 +330																											
315	355	+1560 +1200	+1700 +1200	+960 +600	+1170 +600	+720 +360	+930 +360	+299 +210	+350 210	+440 +210	+570 +210	+780 +210	+214 +125	+265 +125	+355 +125	+87 +62	+98 +62	+119 +62	+151 +62	+202 +62	+54 +18	+75 +18	+107 +18	+36 0	+57 0	+89 0	+140 0	+230 0	+360 0	570 0	+18 -18	+28 -28	+44 -44	+70 -70
355	400	+1710 +1350	+1920 +1350	+1040 +680	+1250 +680	+760 +400	+970 +400																											
400	450	+1900 +1500	+2130 +1500	+1160 +760	+1390 +760	+840 +440	+1070 +440	+327 +230	+385 +230	+480 +230	+630 +230	+860 +230	+232 +135	+290 +135	+385 +135	+95 +68	+108 +68	+131 +68	+165 +68	+223 +68	+60 +20	+83 +20	+117 +20	+44 0	+63 0	+97 0	+155 0	+250 0	+400 0	+630 0	+20 -20	+31 -31	+48 -48	+77 -77
450	500	+2050 +1650	+2280 +1650	+1240 +840	+1470 +840	+880 +480	+1110 +480																											

续表

基本尺寸/mm		J		K			M			N				P			R			S				T			U				V		X	
大于	至	7	8	6	7	8	6	7	8	6	7	8	9	6	7	8	6	7	8	6	7	8	9	6	7	8	6	7	8	9	6	7	6	7
—	3	+4 -6	+6 -8	0 -6	0 -10	0 -14	-2 -8	-2 -12	-2 -16	-4 -10	-4 -14	-4 -18	-4 -29	-6 -12	-6 -16	-6 -20	-10 -16	-10 -20	-10 -24	-14 -20	-14 -24	-14 -28	-14 -39				-18 -24	-18 -28	-18 -32	-18 -43			-20 -26	-20 -30
3	6	+6 -6	+10 -8	+2 -6	+3 -9	+5 -13	-1 -9	0 -12	+2 -16	-5 -13	-4 -16	-2 -20	0 -30	-9 -17	-8 -20	-12 -30	-12 -20	-11 -23	--15 -33	-16 -24	-15 -27	-19 -37	-19 -49				-20 -28	-19 -31	-23 -41	-23 -53			-25 -33	-24 -36
6	10	++8 -7	+12 -10	+2 -7	+5 -10	+6 -16	-3 -12	0 -15	+1 -21	-7 -16	-4 -19	-3 -25	0 -36	-12 -21	-9 -24	-15 -37	-16 -25	-13 -28	-19 -41	-20 -29	-17 -32	-23 -45	-23 -59				-25 -34	-22 -37	-28 -50	-28 -64			-31 -40	-28 -43
10	14	+10 -8	+15 -12	+2 -9	+6 -12	+8 -19	-4 -15	0 -18	+2 -25	-9 -20	-5 -23	-3 -30	0 -43	-15 -26	-11 -29	-18 -45	-20 -31	-16 -34	-23 -50	-25 -36	-21 -39	-28 -55	-28 -71				-30 -41	-26 -44	-33 -60	-33 -76			-37/-48	-33/-51
14	18																														-36/-47	-32/-50	-42/-53	-38/-56
18	24	+12 -9	+20 -13	+2 -11	+6 -15	+10 -23	-4 -17	0 -21	+4 -29	-11 -24	-7 -28	-3 -36	0 -52	-18 -31	-14 -35	-22 -55	-24 -37	-20 -41	-28 -61	-31 -44	-27 -48	-35 -68	-35 -87				-37/-50	-33/-54	-41/-74	-41/-93	-43/-56	-39/-60	-50/-63	-46/-67
24	30																							-37/-50	-33/-54	-41/-74	-44/-57	-40/-61	-48/-81	-48/-100	-51/-64	-47/-68	-60/-73	-56/-77
30	40	+14 -11	+24 -15	+3 -13	+7 -18	+12 -27	-4 -20	0 -25	+5 -34	-12 -28	-8 -33	-3 -42	0 -62	-21 -37	-17 -42	-26 -65	-29 -45	-25 -50	-34 -73	-38 -54	-34 -59	-43 -82	-43 -105	-43/-59	-39/-64	-48/-87	-55/-71	-51/-76	-60/-99	-60/-122	-63/-79	-59/-84	-75/-91	-71/-96
40	50																							-49/-63	-45/-70	-54/-93	-65/-81	-61/-86	-70/-109	-70/-132	-76/-92	-72/-97	-92/-108	-88/-113
50	65	+18 -12	+28 -18	+4 -15	+9 -21	+14 -32	-5 -24	0 -30	+5 -41	-14 -33	-9 -39	-4 -50	0 -74	-26 -45	-21 -51	-32 -78	-35 -54	-30 -60	-41 -87	-47 -66	-42 -72	-53 -99	-53 -127	-60 -79	-55 -85	-66 -112	-81 -100	-76 -106	-87 -133	-87 -161	-96 -115	-91 -121	-116 -135	-111 -141
65	80																-37 -56	-32 -62	-43 -89	-53 -72	-48 -78	-59 -105	-59 -133	-69 -88	-64 -94	-75 -121	--96 -115	-91 -121	-102 -148	-102 -176	-114 -133	-109 -139	-140 -159	-136 -165
80	100	+22 -13	+34 -20	+4 -18	+10 -25	++16 -38	-6 -28	0 -35	+6 -48	-16 -38	-10 -45	-4 -58	0 -87	-30 -52	-24 -59	-37 -91	-44 -66	-38 -73	-51 -105	-64 -86	-58 -93	-71 -125	-71 -158	-84 -106	-78 -113	-91 -145	-117 -139	-111 -146	-124 -178	-124 -211	-139 -161	-133 -168	-171 -193	-165 -200
100	120																-47 -69	-41 -76	-54 -108	-72 -94	-66 -101	-79 -133	-79 -166	-97 -119	-91 -126	-104 -158	-137 -159	-131 -166	-144 -198	-144 -231	-165 -187	-159 -194	-203 -225	-197 -232
120	140	+26 -14	+41 -22	+4 -21	+12 -28	+20 -43	-8 -38	0 -40	+8 -55	-20 -45	-12 -52	-4 -67	0 -100	-36 -61	-28 -68	-43 -106	-56 -81	-48 -88	-63 -126	-85 -110	-77 -117	-92 -155	-92 -192	-115 -140	-107 -147	-122 -185	-163 -188	-155 -195	-170 -233	-170 -270	-195 -220	-187 -227	-241 -266	-233 -273
140	160																-58 -83	-50 -90	-65 -128	-93 -118	-85 -125	-100 -163	-100 -200	-127 -152	-119 -159	-134 -197	-183 -208	-175 -215	-190 -253	-190 -290	-221 -246	-213 -253	-273 -298	-265 -305
160	180																-61 -86	-53 -93	-68 -131	-101 -126	-93 -133	-108 -171	-108 -208	-139 -164	-131 -171	-146 -209	-203 -228	-195 -235	-210 -273	-210 -310	-245 -270	-237 -277	-303 -328	-295 -335
180	200	+30 -16	+47 -25	+5 -24	+13 -33	+22 -50	-8 -37	0 -46	+9 -63	-22 -51	-14 -60	-5 -77	0 -115	-41 -70	-33 -79	-50 -122	-68 -97	-60 -106	-77 -149	-113 -142	-105 -151	-122 -194	-122 -237	-157 -186	-149 -195	-166 -238	-227 -256	-219 -265	-236 -308	-236 -351	-275 -304	-267 -313	-341 -370	-333 -379
200	225																-71 -100	-63 -109	-80 -152	-121 -150	-113 -159	-130 -202	-130 -245	-171 -200	-163 -209	-180 -252	-249 -278	-241 -287	-258 -330	-258 -373	-301 -330	-293 -339	-376 -405	-368 -414
225	250																-75 -104	-67 -113	-84 -156	-131 -160	-123 -169	-140 -212	-140 -255	-187 -216	-179 -225	-196 -268	-275 -304	-267 -313	-284 -356	-284 -399	-331 -360	-323 -369	-416 -445	-408 -454
250	280	+36 -16	+55 -26	+5 -27	+16 -36	+25 -56	-9 -41	0 -52	+9 -72	-25 -57	-14 -66	-5 -86	0 -130	-47 -79	-36 -88	-56 -137	-85 -117	-74 -126	-94 -175	-149 -181	-138 -190	-158 -239	-158 -288	-209 -241	-198 -250	-218 -299	-306 -338	-295 -347	-315 -396	-315 -445	-376 -408	-365 -417	-466 -498	-455 -507
280	315																-89 -121	-78 -130	-98 -179	-161 -193	-150 -202	-170 -251	-170 -300	-231 -263	-220 -272	-240 -321	-341 -373	-330 -382	-350 -431	-350 -480	-416 -448	-405 -457	-516 -548	-505 -557
315	355	+39 -18	+60 -9	+7 -29	+17 -40	+28 -61	-10 -46	0 -57	+11 -78	-26 -62	-16 -73	-5 -94	0 -140	-51 -87	-41 -98	-62 -151	-97 -133	-87 -144	-108 -197	-179 -215	-169 -226	-190 -279	-190 -330	-257 -293	-247 -304	-268 -357	-379 -415	-369 -426	-390 -479	-390 -530	-464 -500	-454 -511	-579 -615	-569 -626
355	400																-103 -139	-93 -150	-114 -203	-197 -233	-187 -244	-208 -297	-208 -348	-283 -319	-273 -330	-294 -383	-424 -460	-414 -471	-435 -524	-435 -575	-519 -555	-509 -566	-649 -685	-639 -696
400	450	+43 -20	+66 -31	+8 -32	+18 -45	+29 -68	-10 -50	0 -63	+11 -86	-27 -67	-17 -80	-6 -103	0 -155	-55 -95	-45 -108	-68 -165	-113 -153	-103 -166	-126 -223	-219 -259	-209 -272	-232 -329	-232 -387	-317 -357	-307 -370	-330 -427	-477 -517	-467 -530	-490 -587	-490 -645	-582 -622	-572 -635	-727 -767	-717 -780
450	500																-119 -159	-109 -172	-132 -229	-239 -279	-229 -292	-252 -349	-252 -407	-347 -387	-337 -400	-360 -457	-527 -567	-517 -580	-540 -637	-540 -695	-647 -687	-637 -700	-807 -847	-797 -860

附表2-8 轴的极限偏差(GB1800.4-1999摘选)

(μm)

基本尺寸/mm		a		b		c		d					e			f					g			h							js			
大于	至	10	11	10	11	10	11	8	9	10	11	12	8	9	10	5	6	7	8	9	6	7	8	6	7	8	9	10	11	12	6	7	8	9
—	3	-270	-270	-140	-140	-60	-60	-20	-20	-20	-20	-20	-14	-14	-14	-6	-6	-6	-6	-6	-2	-2	-2	0	0	0	0	0	0	0	+3	+5	+7	+12
		-310	-330	-180	-200	-100	-120	-34	-45	-60	-80	-120	-28	-39	-54	-10	-12	-16	-20	-31	-8	-12	-16	-6	-10	-14	-25	-40	-60	-100	-3	-5	-7	-12
3	6	-270	-270	-140	-140	-70	-70	-30	-30	-30	-30	-30	-20	-20	-20	-10	-10	-10	-10	-10	-4	-4	-4	0	0	0	0	0	0	0	+4	+6	+9	+15
		-318	-345	-188	-215	-118	-145	-48	-60	-78	-105	-150	-38	-50	-68	-15	-18	-22	-28	-40	-12	-16	-22	-8	12	-18	-30	-48	-75	-120	-4	-6	-9	-15
6	10	-280	-280	-150	-150	-80	-80	-40	-40	-40	-40	-40	-25	-25	-25	-13	-13	-13	-13	-13	-5	-5	-5	0	0	0	0	0	0	0	+4.5	+7	+11	+18
		-338	-370	-208	-240	-138	-170	-62	-76	-98	-130	-190	-47	-61	-83	-19	-22	-28	-35	-49	-14	-20	-27	-9	-15	-22	-36	-58	-90	-150	-4.5	-7	-11	-18
10	18	-290	-290	-150	-150	-95	-95	-50	-50	-50	-50	-50	-32	-32	-32	-16	-16	-16	-16	-16	-6	-6	-6	0	0	0	0	0	0	0	+5.5	+9	+13	+21
		-360	-400	-220	-260	-165	-205	-77	-93	-120	-160	-230	-59	-75	-102	-24	-27	-34	-43	-59	-17	-24	-33	-11	-18	-27	-43	-70	-110	-180	-5.5	-9	-13	-21
18	30	-300	-300	-160	-160	-110	-110	-65	-65	-65	-65	-65	-40	-40	-40	-20	-20	-20	-20	-20	-7	-7	-7	0	0	0	0	0	0	0	+6.5	+10	+16	+26
		-384	-430	-244	-290	-194	-240	-98	-117	-149	-195	-275	-73	-92	-124	-29	-33	-41	-53	-72	-20	-28	-40	-13	-21	-33	*52	-84	-130	-210	-6.5	-10	-16	-26
30	40	-310	-310	-170	-170	-120	-120																													
		-410	-470	-270	-330	-220	-280	-80	-80	-80	-80	-80	-50	-50	-50	-25	-25	-25	-25	-25	-9	-9	-9	0	0	0	0	0	0	0	+8	+12	+19	+31
40	50	-320	-320	-180	-180	-130	-130	-119	-142	-180	-240	-330	-89	-112	-150	-36	-41	-50	-64	-87	-25	-34	-48	-16	-25	-39	-62	-100	-160	-250	-8	-12	-19	-31
		-420	-480	-280	-340	-230	-290																													
50	65	-340	-340	-190	-190	-140	-140																													
		-460	-530	-310	-380	-260	-330	-100	-100	-100	-100	-100	-60	-60	-60	-30	-30	-30	-30	-30	-10	-10	-10	0	0	0	0	0	0	0	+9.5	+15	+23	+37
65	80	-360	-360	-200	-200	-150	-150	-146	-174	-220	-290	-400	-106	-134	-180	-43	-49	-60	-76	-104	-29	-40	-56	-19	-30	-46	-74	-120	-190	-300	-9.5	-15	-23	-37
		-480	-550	-320	-390	-270	-340																													
80	100	-380	-380	-220	-220	-170	-170																													
		-520	-600	-360	-440	-310	-390	-120	-120	-120	-120	-120	-72	-72	-72	-36	-36	-36	-36	-36	-12	-12	-12	0	0	0	0	0	0	0	+11	+17	+27	+43
100	120	-410	-410	-240	-240	-180	-180	-174	-207	-260	-340	-470	-126	-159	-212	-51	-58	-71	-90	-123	-34	-47	-66	-22	-35	-54	-87	-140	-220	-350	-11	-17	-27	-43
		-550	-630	-380	-460	-320	-400																													
120	140	-460	-460	-260	-260	-200	-200																													
		-620	-710	-420	-510	-360	-450																													
140	160	-520	-520	-280	280	-210	210	-145	-145	-145	-145	-145	-85	-85	-85	-43	-43	-43	-43	-43	-14	-14	-14	0	0	0	0	0	0	0	+12.5	+20	+31	+50
		-680	-770	-440	-530	-370	-460	-208	-245	-305	-395	-545	-148	-185	-245	-61	-68	-83	-106	-143	-39	-54	-77	-25	-40	-63	-100	-160	-250	-400	-12.5	-20	-31	-50
160	180	-580	-580	-310	-310	-230	-230																													
		-740	-830	-470	-560	-390	-480																													
180	200	-660	-660	-340	-340	-240	-240																													
		-845	-950	-525	-630	-425	-530																													
200	225	-740	-740	-380	-380	-260	-260	-170	-170	-170	-170	-170	-100	-110	-100	-50	-50	-50	-50	-50	-15	-15	-15	0	0	0	0	0	0	0	+14.5	+23	+36	+57
		-925	-1030	-565	-670	-445	-550	-242	-285	-355	-460	-630	-172	-215	-285	-70	-79	-96	-122	-165	-44	-61	-87	-29	-46	-72	-115	-185	-290	-460	-14.5	-23	-36	-57
225	250	-820	-820	420	-420	-280	-280																													
		-1005	-1110	-605	-710	-465	-570																													
250	280	-920	-920	-480	-480	-300	-300																													
		-1130	-1240	-690	-800	-510	-620	-190	-190	-190	-190	-190	-110	-110	-110	-56	-56	-56	-56	-56	-17	-17	-17	0	0	0	0	0	0	0	+16	+26	+40	+65
280	315	-1050	-1050	-540	-540	-330	-330	-271	-320	-400	-510	-710	-191	-240	-320	-79	-88	-108	-137	-185	-49	-69	-98	-32	-52	-81	-130	-210	-320	-520	-16	-26	-40	-65
		-1260	-1370	-750	-860	-540	-650																													
315	355	-1200	-1200	-600	-600	*360	-360																													
		-1430	-1560	-830	-960	-590	-720	-210	-210	-210	-210	-210	-125	-125	-125	-62	-62	-62	-62	-62	-18	-18	-18	0	0	0	0	0	0	0	+18	+28	+44	+70
355	400	-1350	-1350	-680	-680	-400	-400	-299	-350	-440	-570	-780	-214	-265	-355	-87	-98	-119	-151	-202	-54	-75	-107	-36	-57	-89	-140	-230	-360	-570	-18	-28	-44	-70
		-1580	-1710	-910	-1040	-630	-760																													
400	450	-1500	-1500	-760	-760	-440	-440																													
		-1750	-1900	-1010	-1160	-690	-840	-230	-230	-230	-230	-230	-135	-135	-135	-68	-68	-68	-68	-68	-20	-20	-20	0	0	0	0	0	0	0	+20	+31	+48	+77
450	500	-1650	-1650	-840	-840	-480	-480	-327	-385	-480	-630	-860	-232	-290	-385	-95	-108	-131	-165	-223	-60	-83	-117	-40	-63	-97	-155	-250	-400	-630	-20	-31	-48	-77
		-1900	-2050	-1090	-1240	-730	-880																													

续表

基本尺寸/mm		j		k			m			n				p			r			s				t			u				v		x	
大于	至	6	7	6	7	8	5	6	7	4	5	6	7	6	7	8	6	7	8	6	7	8	9	5	6	7	6	7	8	9	6	7	6	7
—	3	+4	+	+6	+10	+14	+6	+8	+12	+7	+8	+10	+14	+12	+16	+20	+16	+20	+24	+20	+24	+28	+39				+24	+28	+32	+43			+26	+30
		-2	-4	0	0	0	+2	+2	+2	+4	+4	+4	+4	+6	+6	+6	+10	10	+10	+14	+14	+24	+14				+18	+18	+18	+18			+20	+20
3	6	+6	+8	+9	+13	+18	+9	+12	+16	+12	+13	+16	+20	+20	+24	+30	+23	+27	+33	+27	+31	+37	+49				+31	+35	+41	+53			+36	+40
		-2	-4	+1	+1	0	+4	+4	+4	+8	+8	+8	+8	+12	+12	+12	+15	+15	+15	+19	+19	+19	+19				+23	+23	+23	+23			+28	+28
6	10	+7	+10	+10	+16	+22	+12	+15	+21	+14	+16	+19	+25	+24	+30	+37	+28	+34	+41	+32	+38	+45	+59				+37	+43	+50	+64			+43	+49
		-2	-5	+1	+1	0	+6	+6	+6	+10	+10	+10	+10	+15	+15	+15	+19	+19	+19	+23	+23	+23	+23				+28	+28	+28	+28			+34	+34
10	14	+8	+12	+12	+19	+27	+15	+18	+25	+17	+20	+23	+30	+29	+36	+45	+34	+41	+50	+39	+46	+55	+71				+44	+51	+60	+76			+51/+40	+58/+40
14	18	-3	-6	+1	+1	0	+7	+7	+7	+12	+12	+12	+12	+18	+18	+18	+23	+23	+23	+28	+28	+28	+28				+33	+33	+33	+33	+50/+39	+57/+39	+56/+45	+63/+45
18	24	+9	+13	+15	+23	+33	+17	+21	+29	+21	+24	+28	+36	+35	+43	+55	+41	+49	+61	+48	+56	+68	+87				+54/+41	+62/+41	+74/+41	+93/+41	+60/+47	+68/+47	+67/+54	+75/+54
24	30	-4	-8	+2	+2	0	+8	+8	+8	+15	+15	+15	+15	+22	+22	+22	+28	+28	+28	+35	+35	+35	+35	+50/+41	+54/+41	+62/+41	+61/+48	+69/+48	+81/+48	+100/+48	+68/+55	+76/+55	+77/+64	+85/+64
30	40	+11	+15	+18	+27	+39	+20	+25	+34	+24	+28	+33	+42	+42	+51	+65	+50	+59	+73	+59	+68	+82	+105	+59/+48	+64/+48	+73/+48	+76/+60	+85/+60	+99/+60	+122/+60	+84/+68	+93/+68	+96/+80	+105/+80
40	50	-5	-10	+2	+2	0	+9	+9	+9	+17	+17	+17	+17	+26	+26	+26	+34	+34	+34	+43	+43	+43	+43	+65/+54	+70/+54	+79/+54	+86/+70	+95/+70	+109/+70	+132/+70	+97/+81	+106/+81	113/+97	+122/+97
50	65																+60	+71	+87	+72	+83	+99	+127	+79	+85	+96	106	117	+183	161	+121	+132	+141	+152
		+12	+18	+32	+32	+46	+24	+30	+41	+28	+33	+39	+50	+51	+62	+78	+41	+41	+41	+53	+53	+53	+53	+66	+66	+66	+87	+87	+87	+87	+102	+102	+122	+122
65	80	-7	-12	+2	+2	0	+11	+11	+11	+20	+20	+20	+20	+32	+32	+32	+62	+72	+89	+78	+89	+105	+133	+88	+94	+105	+121	+132	+148	+176	+139	+150	+165	+176
																	+43	+43	+43	+59	+59	+59	+59	+75	+75	+75	+102	+102	+102	+102	+120	+120	+146	+146
80	100																+73	+86	+105	+93	+106	+125	+158	+106	+113	+126	+146	+159	+178	+211	+168	+181	+200	+213
		+13	+20	+25	+38	+54	+28	+35	+48	+33	+38	+45	+58	+59	+72	+91	+51	+51	+51	+71	+71	+71	+71	+91	+91	+91	+124	+124	+124	+124	+146	+146	+178	+178
100	120	-9	-15	+3	+3	0	+13	+13	+13	+23	+23	+23	+23	+37	+37	+37	+76	+89	+108	+101	+114	+133	+166	+119	+126	+139	+166	+179	+198	+231	+194	+207	+232	+245
																	+54	+54	+54	+79	+79	+79	+79	+104	+104	+104	+144	+144	+144	+144	+172	+172	+210	+210
120	140																+88	+103	+126	+117	+132	+155	192	+140	+147	+162	+195	210	+233	+270	+227	+242	+273	+288
																	+63	+63	+63	+92	+92	+92	+92	+122	+122	+122	+170	+170	+170	+170	+202	+202	+248	+248
140	160	+14	+22	+28	+43	+63	+33	+40	+55	+39	+45	+52	+67	+68	+83	+106	+90	+105	+128	+125	+140	+163	+200	+152	+159	+174	+215	+230	+253	+290	+253	+268	+305	+320
		-11	-18	+3	+3	0	+15	+15	+15	+27	+27	+27	+27	+43	+43	+43	+65	+65	+65	+100	+100	+100	+100	+134	+134	+134	+190	+190	+190	+190	+228	+228	+280	+280
160	180																+93	+108	+131	+133	+148	+171	+208	+164	+171	+186	+235	+250	+273	+310	+277	+292	+335	+350
																	+68	+68	+68	+108	+108	+108	+108	+146	+146	+146	+210	+210	+210	+210	+252	+252	+310	+310
180	200																+106	+123	+149	+151	168	+194	+237	+186	+195	+212	+265	+282	+308	+351	+313	+330	+379	+396
																	+77	+77	+77	+122	+122	+122	+122	+166	+166	+166	+234	+236	+236	+236	+284	+284	+350	+350
200	225	+16	+25	+33	+50	+72	+37	+46	+63	+45	+51	+60	+77	+79	+96	+122	+109	+126	+152	+159	+176	+202	+245	+200	+209	+226	+287	+304	+330	+373	+339	+356	+414	+431
		-13	-21	+4	+4	0	+17	+17	+17	+31	+31	+31	+31	+50	+50	+50	+80	+80	+80	+130	+130	+130	+130	+180	+180	+180	+258	+258	+258	+258	+310	+310	+385	+385
225	250																+113	+130	+156	+169	+186	+212	+255	+216	+225	+242	+313	+330	+356	+399	+369	+386	+454	+471
																	+84	+84	+84	+140	+140	+140	+140	+196	+196	+196	+284	+284	+284	+284	+340	+340	+425	+425
250	280																+126	+146	+175	+190	+210	+239	+288	+241	+250	+270	+347	+367	+396	+445	+417	+437	+507	+527
		+16	+16	+36	+56	+81	+43	+52	+72	+50	+57	+66	+86	+88	+108	+137	+94	+94	+94	+158	+158	+158	+158	+218	+218	+218	+315	+315	+315	+315	+385	+385	+475	+475
280	315	-16	-16	+4	+4	0	+20	+20	+20	+34	+34	+34	+34	+56	+56	+56	+130	+150	+179	+202	+222	+251	+300	+263	+272	+292	+382	+402	+431	+480	+457	+477	+557	+577
																	+98	+198	+98	+170	+170	+170	+170	+240	+240	+240	+350	+350	+350	+350	+425	+425	+525	+525
315	355																+144	+165	+197	+226	+247	+279	+330	+293	+304	+325	+426	+447	+479	+530	+511	+532	+626	+647
		+18	+29	+40	+61	+89	+46	+57	+78	+55	+62	+73	+94	+98	+119	+151	+108	+108	+108	+190	+190	+190	+190	+268	+268	+268	+390	+390	+390	+390	+475	+475	+590	+590
355	400	-18	-28	+4	+4	0	+21	+21	+21	+37	+37	+37	+37	+62	+62	+62	+150	+171	+203	+224	+265	+297	+348	+319	+330	+351	+471	+492	+524	+575	+566	+587	+696	+717
																	+114	+114	+114	+208	+208	+208	+208	+294	+294	+294	+435	+435	+435	+435	+530	+530	+660	+660
400	450																+166	+189	+223	+272	+295	+329	+387	+357	+370	+393	+530	+553	+587	+645	+635	+658	+780	+803
		+20	+31	+45	+68	+97	+50	+63	+86	+60	+67	+80	+103	+108	+131	+165	+126	+126	+126	+232	+232	+232	+232	+330	+330	+330	+490	+490	+490	+490	+595	+595	+740	+740
450	500	-20	-32	+5	+5	0	+23	+23	+23	+40	+40	+40	+40	+68	+68	+68	+172	+195	+229	+292	+315	+349	+407	+387	+400	+423	+580	+603	+637	+695	+700	+723	+860	+883
																	+132	+132	+132	+252	+252	+252	+252	+360	+360	+360	+540	+540	+540	+540	+660	+660	+820	+820

附录三 造船 船舶布置图中元件表示法(GB/T3894-2008)摘录

名称	符号	名称	符号
	一、舱壁(围壁)和舱壁孔		
A级防火分隔	A60a、A30、A15、A0	绝缘	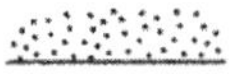
B级防火分隔	B15、B0 / B30	油密	○ ○ ○
C级防火分隔	C	金属舱壁或围壁	
木质或其他非金属舱壁或围壁		预制隔板	
帘		金属门	
非金属门		金属双节铰链门	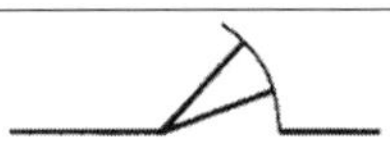

续表

名称	符号	名称	符号
非金属双节铰链门		金属自闭铰链门	
金属水平移门		非金属水平移门	
金属垂直移门		非金属垂直移门	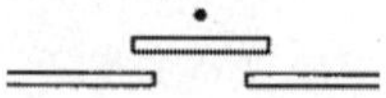
外开型侧开铰链窗	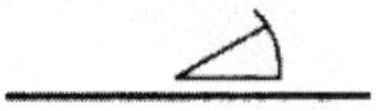	固定窗	
固定舷窗	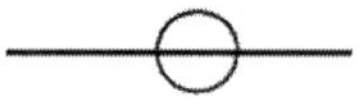	金属舱壁净开孔	
二、舱室家具			
架子		多层架子	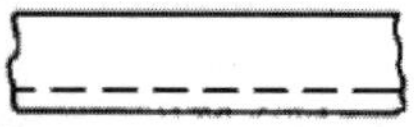
拉出架子	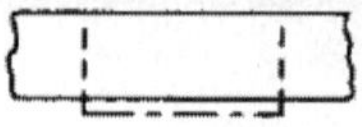	铰链架/座/桌	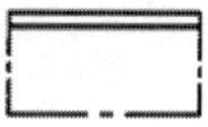
抽屉	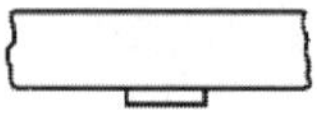	双层抽屉	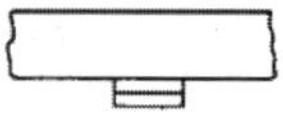
铰链门	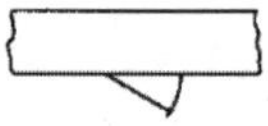	移门	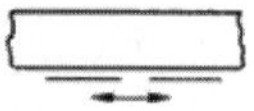
文件架	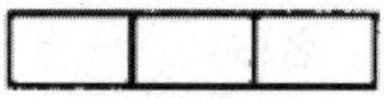	固定的镜子	
单人床	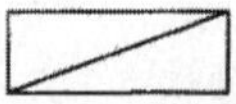	双人床	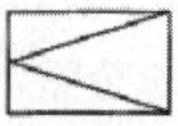
长凳或普通座位		有垫座位或沙发	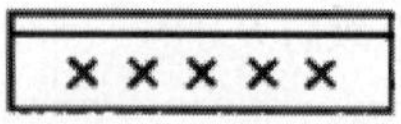 ×××××
圆凳		普通座椅	 或
有垫扶手椅	 或	桌子	 或
电视机	 TV	电影放映机	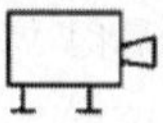

续表

名称	符号	名称	符号
散热器		冷饮水装置	
三、卫生设备			
洗脸盆等的冷热水供应	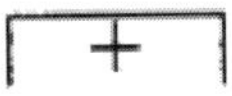	淋浴喷头	
冷水供应		盥洗盆	
洗涤池、水箱或缸		嵌入式浴缸	
水加热器		泄水板	
抽水马桶		蹲式便器	
平背式小便池	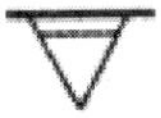	角式小便池	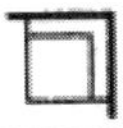
四、厨房和洗衣间			
燃油炉灶	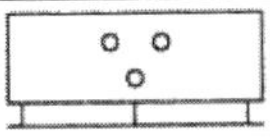	电炉灶	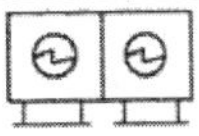
砧板		面包炉	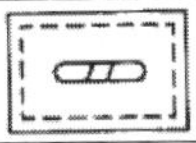
冰箱		洗衣机	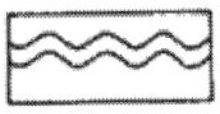
五、修理间设备			
带台钳的工作台	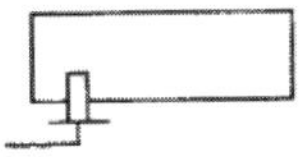	车床	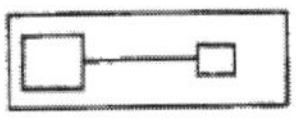
立式钻床		砂轮机	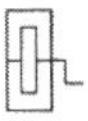 或 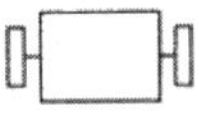
六、航行设备			
操舵仪		磁罗经	
主电罗经		分电罗经	
雷达扫描器	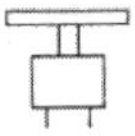	雷达显示器	

续表

名称	符号	名称	符号
桅灯（俯视图/侧视图）		尾灯（俯视图/侧视图）	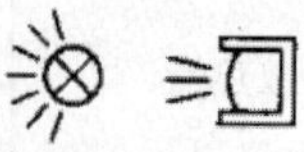
左舷灯（俯视图/侧视图）		右舷灯（俯视图/侧视图）	
锚灯及环照灯（俯视图/侧视图）	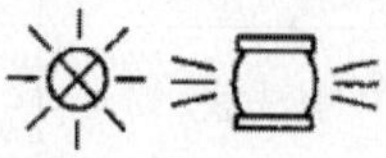	探照灯	
七、甲板设备			
双柱带缆桩（俯视图/侧视图）	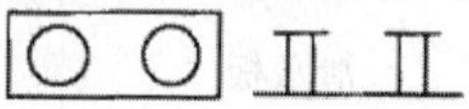	单十字带缆桩（俯视图/侧视图）	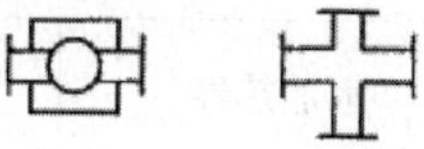
导缆钳（俯视图/侧视图）		闭式导缆钳（俯视图/侧视图）	
单滚轮导缆钳（俯视图/侧视图）		多滚轮导缆钳（俯视图/侧视图）	
缆绳卷筒	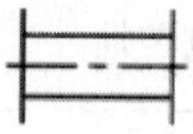	顶牵索绞车	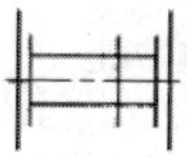
八、梯、舷墙等			
向上梯	 +	从下层上来的梯	 −
叠加梯	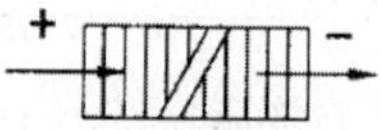 + −	自动梯	 + −
电梯		格栅	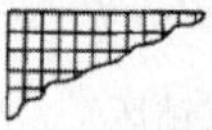
固定栏杆	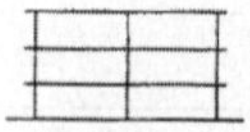	链条栏杆	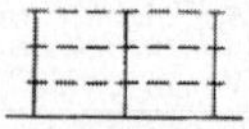
九、舱口和舱口盖			
带盖甲板孔		带盖人孔	
无盖舱口		金属舱口盖	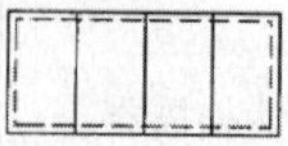
带滑动盖的舱口	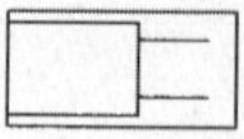	天窗	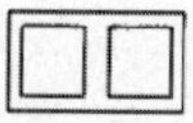

附录四 图样及技术文件分类号(CB/T14-1995)摘录

分类号	用途
0	总体设计技术文件
00	报价设计
000	一般的技术资料
01	合同设计
010	总体
011	船体
012	船舶设备和舱面属具
013	舱室
02	初步设计
020	总体
021	船体
022	船舶设备和舱面属具

续表

分类号	用途
023	舱室
03	辅助设计
030	总体
031	船体
032	船舶设备和舱面属具
033	舱室
040	总类
041	建造工艺计划
042	建造技术要求
043	原则施工工艺
044	材料消耗定额表
05	完工图样和技术文件
050	总体
051	船体
052	船舶设备和舱面属具
053	舱室
06	模型、试验和研究材料
060	总体
061	船体
062	船舶设备和舱面属具
063	舱室
1	总体、船体详细设计
10	总体技术文件
100	总类
101	总体性能计算书和技术条件
103	总体区域布置
107	螺旋桨图
108	设备订货明细表
11	船体主要结构
110	总类(船体结构部分技术文件和图样目录、船体说明书、各种计算书、主要横剖面图、基本结构图、肋骨型线图、外板展开图、船体分段划分图、船体典型节点图册、全船结构构件理论线图、钢料明细表、全船密性试验图、船东或船检部门退审意见答复)

续表

分类号	用途
111	船体立体分段和总段图
112	船体底部结构图
113	船体舷部结构图
114	端部结构(艏部结构图、艉部结构图、球鼻艏结构图、艏声呐舱导流罩结构图、挂舵臂结构图、锚链舱、艏艉尖舱加强结构、舵踵、艉鳍)
115	轴包架或轴支架结构
116	特种结构
117	艏、艉柱
118	龙骨、舭龙骨、坞龙骨
12	舱壁和小舱壁
120	总类
121	主横舱壁
122	主纵舱壁
123	其他舱壁和围壁
124	轴隧及管隧结构
125	活动舱壁
127	逃生围阱
13	甲板和平台
130	总类
131	上甲板
132	中间甲板
133	下甲板
134	平台
135	艏楼及艉楼甲板
136	金属铺板
137	覆板、甲板覆板和舱口角隅加强覆板
138	活动甲板和直升机平台
14	上层建筑
141	第一层上层建筑(或甲板室)
142	第二层上层建筑(或甲板室)
143	第三层上层建筑(或甲板室)
144	第四层上层建筑(或甲板室)

续表

分类号	用途
145	第五层上层建筑(或甲板室)
146	外烟囱、机炉舱棚及其他棚顶结构
147	直升机指挥塔、机库
15	基座和加强结构
150	总类(机座图样目录)
151	主机、主锅炉、主发电机、主变压器的基座
152	机炉舱辅机、辅锅炉、轴系的基座
153	战备和特种设备的基座和加强结构、小平台
154	甲板机械基座
157	舱室设备的基座
16	液舱、煤舱、泥舱及其加强结构
160	总类
161	液舱
162	煤舱
164	泥舱
165	货舱
166	减摇水舱
17	特种结构
173	调查船特种构架
174	起重船特种构架
175	渔捞特种构架
176	轮渡、吊桥、浮架、特种船舶大开门结构
179	其他特种船构架
18	护舷材及船体木质部分
181	护舷材
182	船外附件
183	木铺板
185	货舱护肋材
19	船体其他技术文件和图样
190	总类(船体结构制造公差要求、原则工艺说明书、焊接方式与规格明细表、造价估算单)
2	船舶设备和舱面属具详细设计

续表

分类号	用途
200	总类
201	计算书、说明书和技术条件
203	船舶设备的安装与布置
208	设备订货明细表
21	锚设备
210	总类(布置图、计算书、说明书、技术条件)
211	锚设备
212	深水抛锚装置
214	特种锚设备
22	系泊和拖带设备
221	系泊设备
222	拖带、顶推设备
223	单点系泊装置
224	平台海底系固装置
23	舵设备
231	舵设备
232	操舵系统及设备
233	端部侧推装置
234	特种舵设备
24	起货、桅樯及信号设备
241	起重设备
242	桅樯设备
26	舱面属具
261	窗、舷窗及其装置
262	特种门及其装置
263	普通门
264	舷梯及其装置
265	小舱口盖、出入口
266	舱口盖及其装置
267	天幕、栏杆、梯
268	天桥、飞桥、防风围壁

续表

分类号	用途
27	救生设备
271	艇和艇设备
272	救生工具及其装置
273	特种救生设备
274	应急救生用具
275	消防设备
28	渔捞工程船、调查船等特种设备
281	渔捞设备
282	挖泥设备
283	起重、打桩、钻探设备
3	舱室详细设计
301	计算书、说明书和技术条件
303	全船性甲板和舱室设备
308	设备订货明细表
31	居住舱室和公共处所
311	船员舱
312	客舱
313	公共处所
32	仓库和伙食舱室
34	工作舱室
341	甲板室和驾驶台
342	机舱舱室
345	修配间、实验室和摄影室
346	办公室、资料室
347	医务室
348	生活卫生间
35	舱室绝缘板及其结构
38	舱室木质结构
383	舱室木围壁和木质门
385	船体木作
39	油漆涂料、绝缘和其他

续表

分类号	用途
392	舱室绝缘和甲板敷料
393	舱室及其设备的涂漆

参考文献

[1] 胡适军. 制图基础与机械制图[M]. 大连:大连海事大学出版社,2008.
[2] 高积慧. 轮机工程基础[M]. 大连:大连海事大学出版社,2000.
[3] 刘力. 机械制图[M]. 3 版. 北京:高等教育出版社,2008.
[4] 闻邦椿. 机械设计手册[M]. 5 版. 北京:机械工业出版社,2010.
[5] 翁卫洲,杨大成等. 机械制图[M]. 杭州:浙江大学出版社,2011.
[6] 杨永祥,管义锋. 船体制图[M]. 北京:国防工业出版社,2010.
[7] 杨永祥,峁文玉,翁士纲. 船体制图[M]. 哈尔滨:哈尔滨工程大学出版社,2005.
[8] 龚昌奇,谢玲玲,刘益清. 船体结构与制图[M]. 北京:国防工业出版社,1995.
[9] 唐俊翟. 中文 AutoCAD2005 基础培训教程[M]. 北京:冶金工业出版社,2005.
[10] 姜军,姜勇,刘冬梅. AutoCAD 中文版机械制图习题精解[M]. 北京:人民邮电出版社,2011.
[11] 麓山文化. 中文版 AutoCAD2012 机械设计经典 208 例[M]. 北京:机械工业出版社,2012.
[12] 汤柳堤,蒋春芳. 机械制图组合体图库[M]. 北京:机械工业出版社,2012.

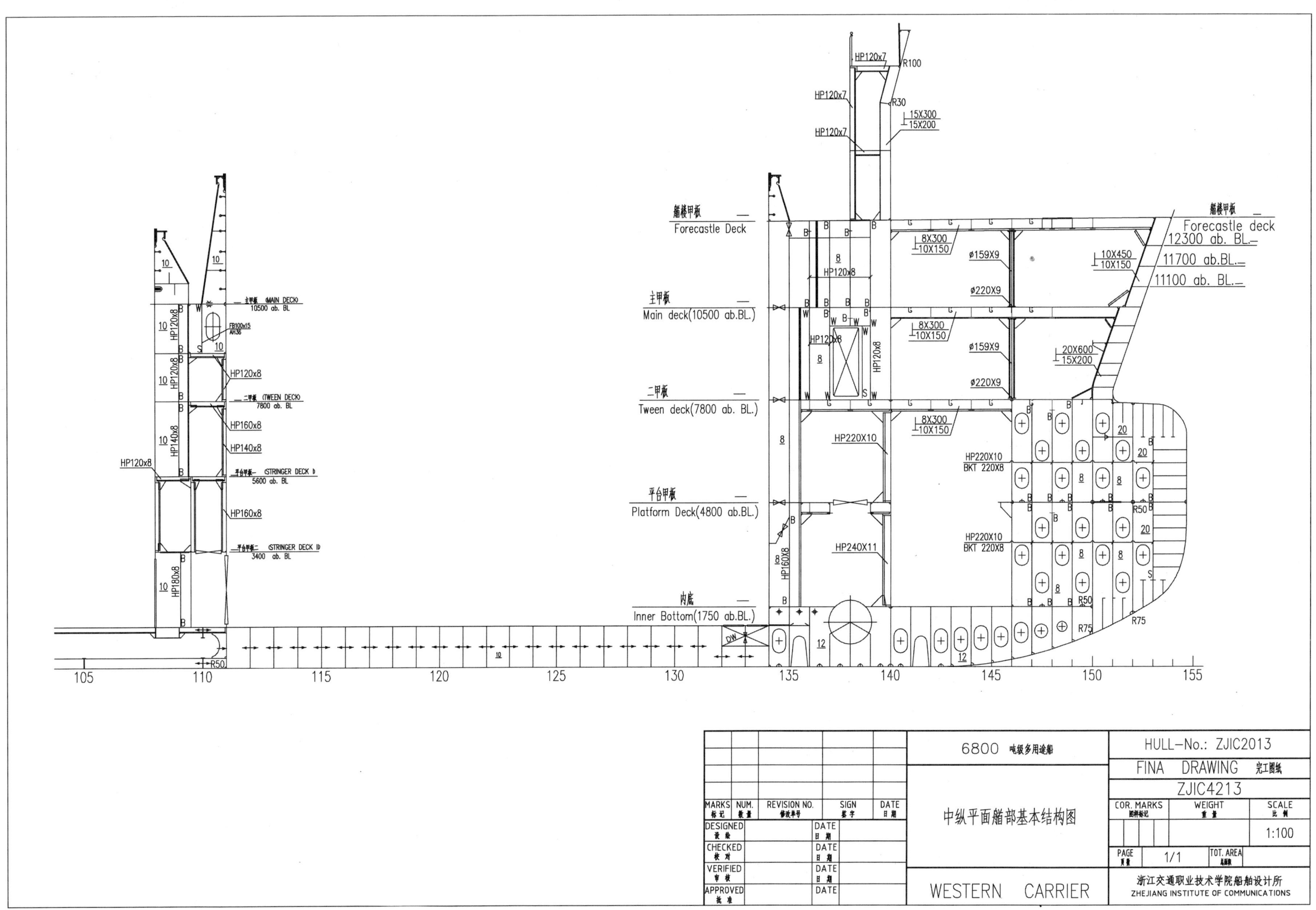

附图3 中纵平面艏部基本结构图

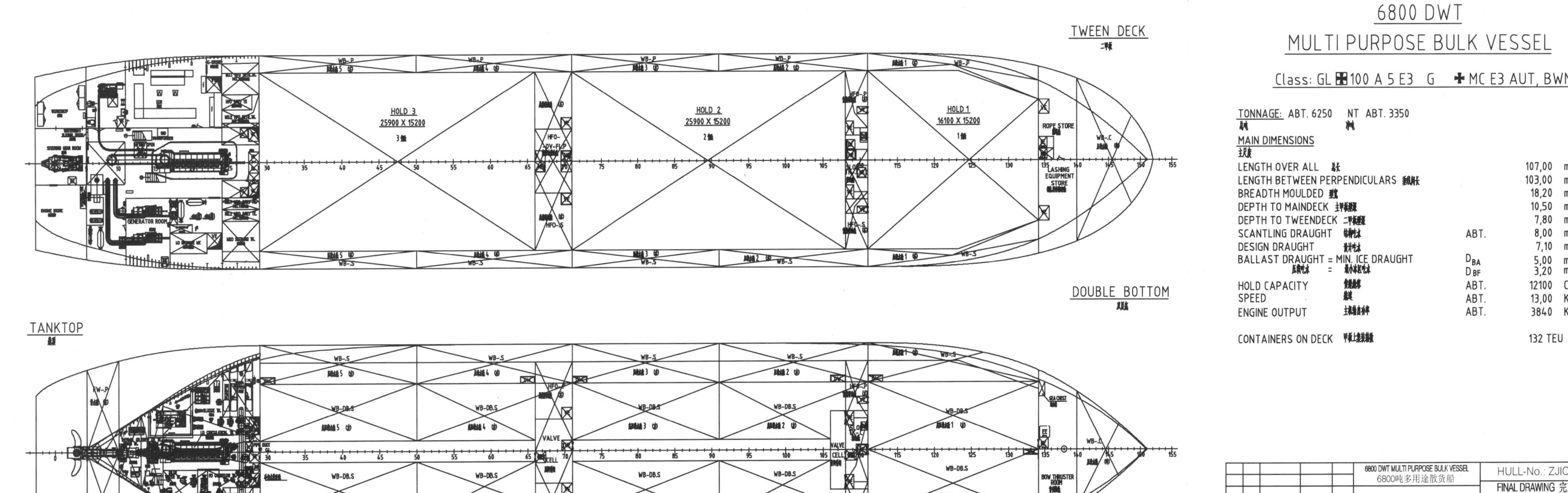
TWEEN DECK
HOLD 3
25900 X 15200
HOLD 2
25900 X 15200
HOLD 1
16100 X 15200
ROPE STORE
LASHING EQUIPMENT STORE
GENERATOR ROOM
DOUBLE BOTTOM
TANKTOP
VALVE CELL
BOW THRUSTER ROOM
6800 DWT
MULTI PURPOSE BULK VESSEL
Class: GL 100 A 5 E3 G MC E3 AUT, BWM
TONNAGE: ABT. 6250 NT ABT. 3350
MAIN DIMENSIONS
LENGTH OVER ALL 107,00 m
LENGTH BETWEEN PERPENDICULARS 103,00 m
BREADTH MOULDED 18,20 m
DEPTH TO MAINDECK 10,50 m
DEPTH TO TWEENDECK 7,80 m
SCANTLING DRAUGHT ABT. 8,00 m
DESIGN DRAUGHT 7,10 m
BALLAST DRAUGHT = MIN. ICE DRAUGHT D_BA 5,00 m D_BF 3,20 m
HOLD CAPACITY ABT. 12100 CBM
SPEED ABT. 13,00 KN
ENGINE OUTPUT ABT. 3840 KW
CONTAINERS ON DECK 132 TEU
6800 DWT MULTI PURPOSE BULK VESSEL
6800吨多用途散货船
GENERAL ARRANGEMENT
总布置图
WESTERN CARRIER
HULL-No.: ZJIC2013
FINAL DRAWING 完工图纸
ZJIC4213
MARKS
REVISION NO.
SIGN
DATE
DESIGNED
CHECKED
VERIFIED
APPROVED
COR. MARKS
WEIGHT
SCALE
1:200
PAGE
2/3
TOT. AREA
浙江交通职业技术学院
ZHEJIANG INSTITUTE OF COMMUNICATIONS

附图2-2　总布置图(2)

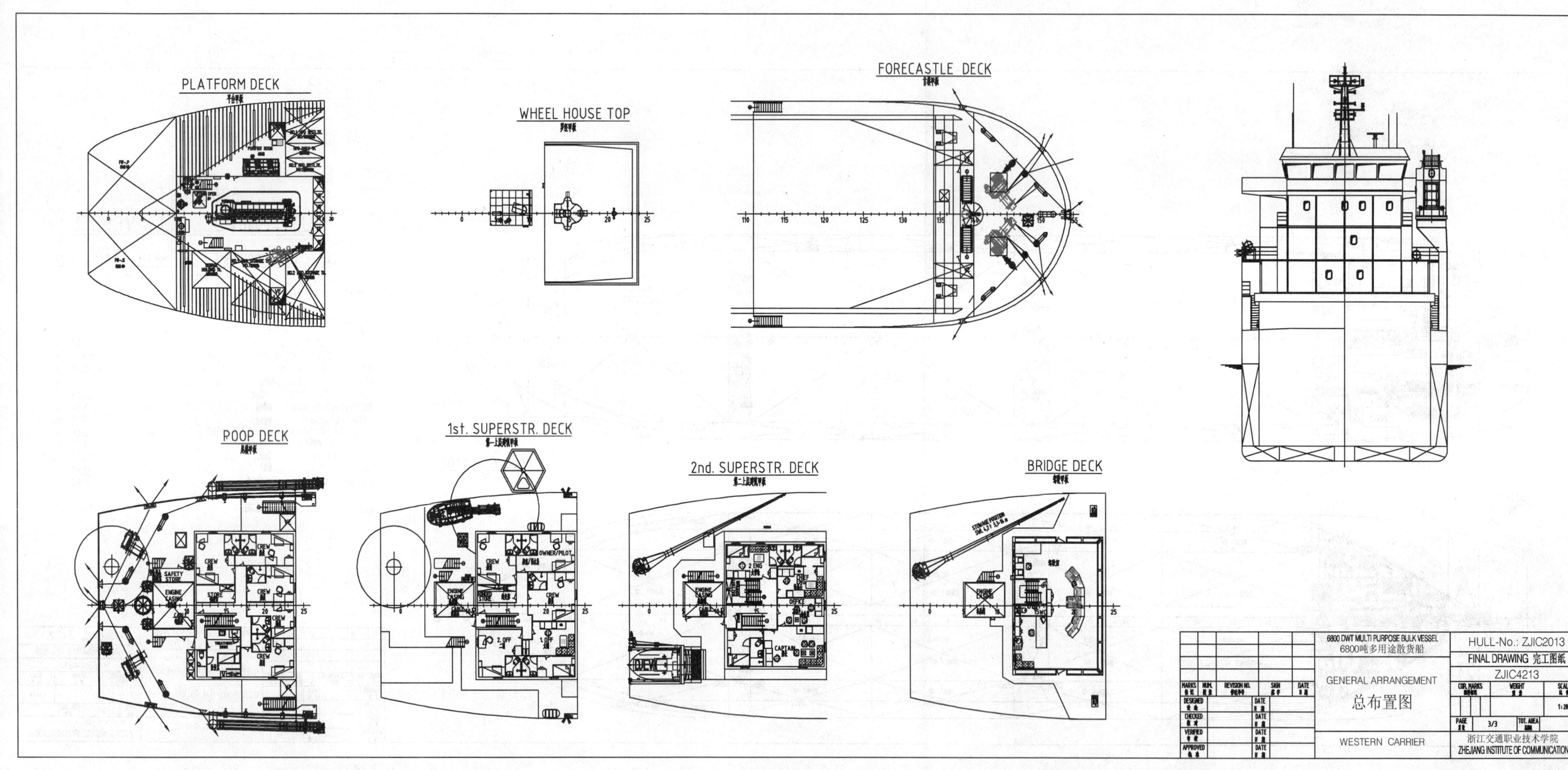
PLATFORM DECK
平台甲板
WHEEL HOUSE TOP
罗经甲板
FORECASTLE DECK
POOP DECK
1st. SUPERSTR. DECK
2nd. SUPERSTR. DECK
BRIDGE DECK
SAFETY STORE
ENGINE CASING
CREW
STORE
OWNER/PILOT
2.OFF
1.OFF
2.ENG
OFFICE
CAPTAIN
6800 DWT MULTI PURPOSE BULK VESSEL
6800吨多用途散货船
GENERAL ARRANGEMENT
总布置图
WESTERN CARRIER
HULL-No.: ZJIC2013
FINAL DRAWING 完工图纸
ZJIC4213
MARKS
NUM.
REVISION NO.
SIGN
DATE
DESIGNED
CHECKED
VERIFIED
APPROVED
COR. MARKS
WEIGHT
SCALE
1:200
PAGE
3/3
TOT. AREA
浙江交通职业技术学院
ZHEJIANG INSTITUTE OF COMMUNICATIONS

附图2-3　总布置图(3)

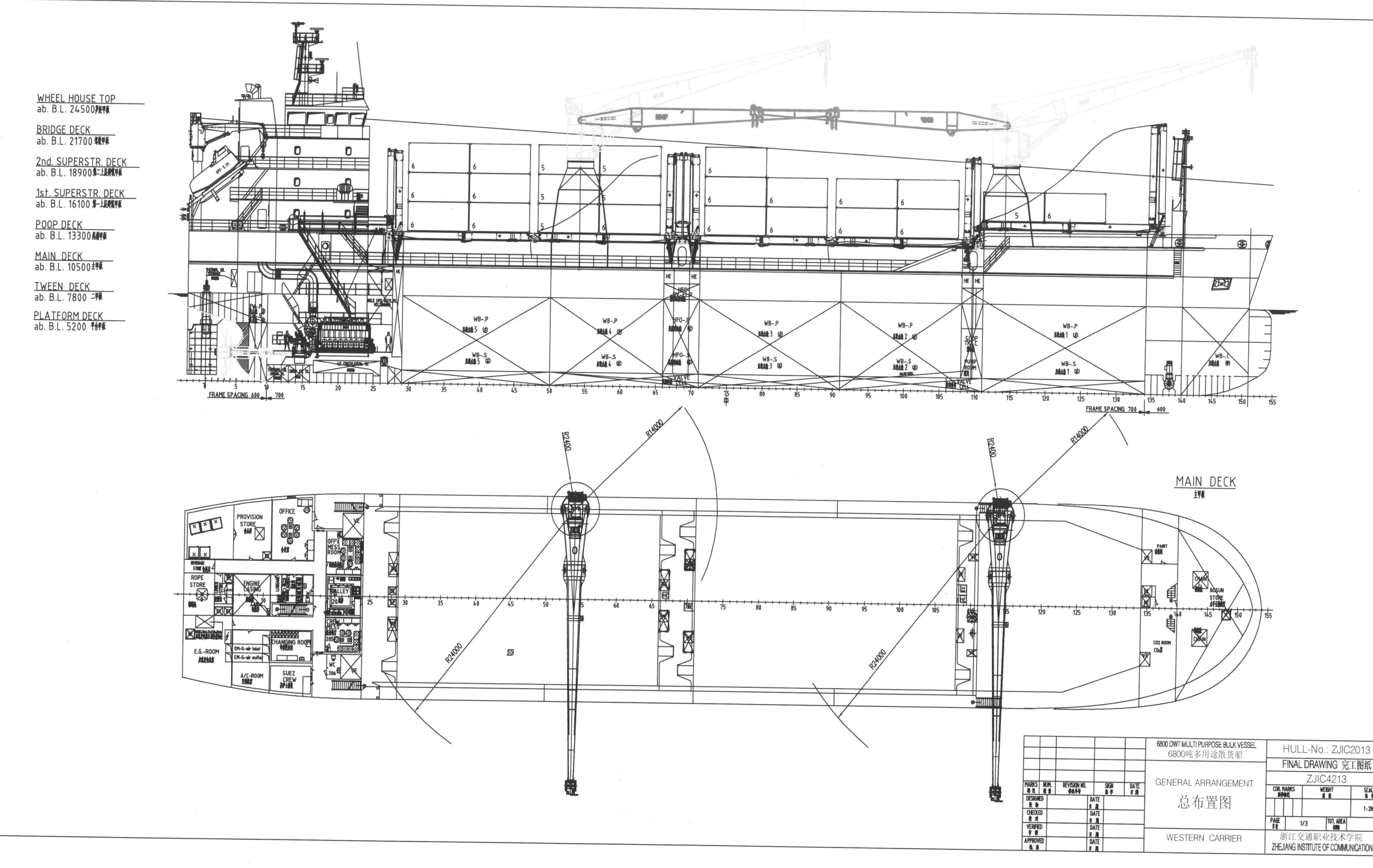
WHEEL HOUSE TOP
ab. B.L. 24500
BRIDGE DECK
ab. B.L. 21700
2nd. SUPERSTR. DECK
ab. B.L. 18900
1st. SUPERSTR. DECK
ab. B.L. 16100
POOP DECK
ab. B.L. 13300
MAIN DECK
ab. B.L. 10500
TWEEN DECK
ab. B.L. 7800
PLATFORM DECK
ab. B.L. 5200
FRAME SPACING 600
700
FRAME SPACING 700
600
R2400
R14000
R24000
MAIN DECK
PROVISION STORE
OFFICE
ROPE STORE
ENGINE CASING
GALLEY
CHANGING ROOM
E.G.-ROOM
A/C-ROOM
SUEZ CREW
PAINT
CHAIN
BOSUN STORE
CO2 ROOM
6800 DWT MULTI PURPOSE BULK VESSEL
6800吨多用途散货船
HULL-No.: ZJIC2013
FINAL DRAWING 完工图纸
ZJIC4213
GENERAL ARRANGEMENT
总布置图
WESTERN CARRIER
1:200
1/3
浙江交通职业技术学院
ZHEJIANG INSTITUTE OF COMMUNICATIONS

附图2-1　总布置图(1)

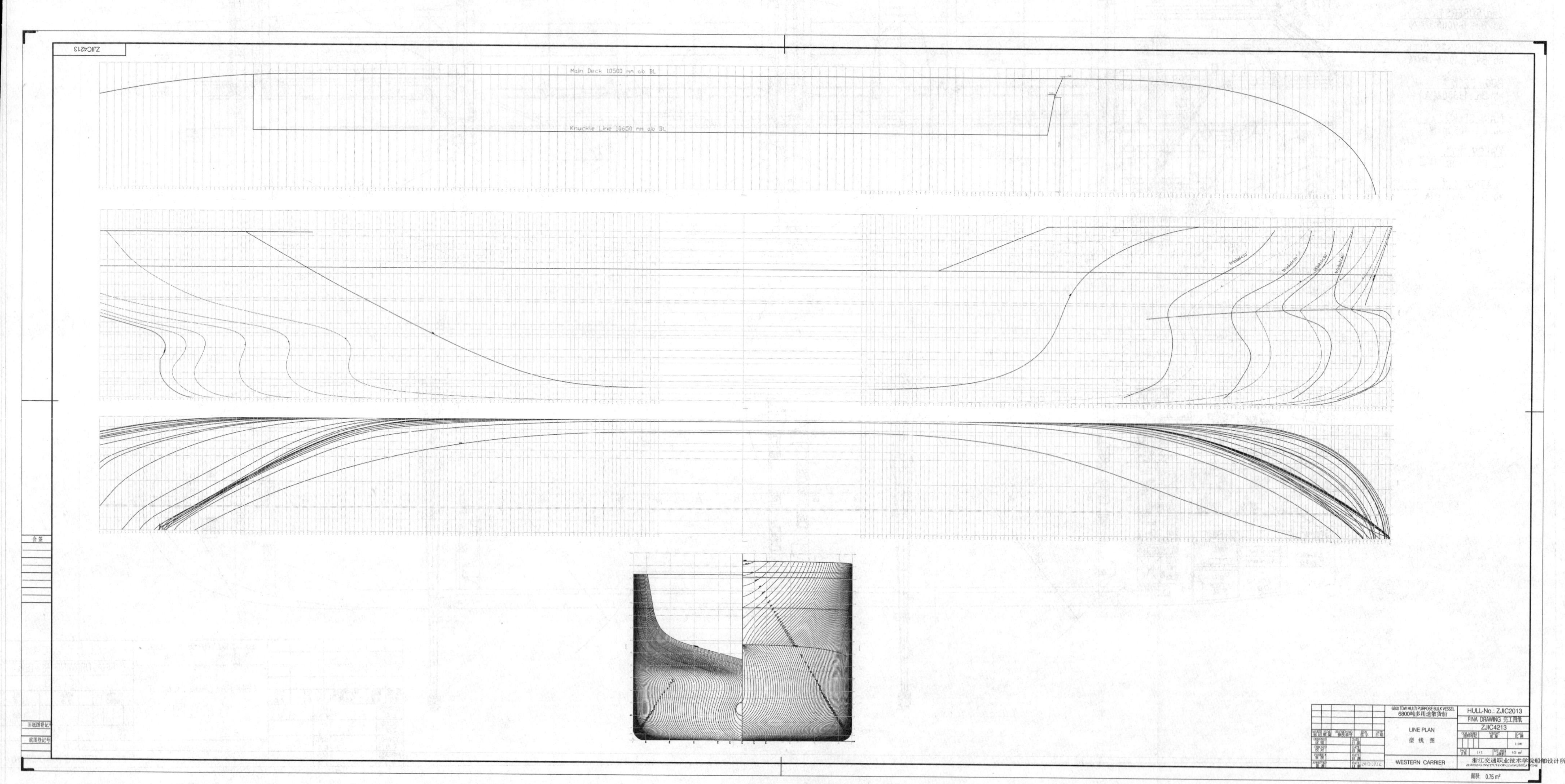
ZJIC4213
Main Deck 10500 mm ab BL
Knuckle Line 9650 mm ab BL
6800 TDW MULTI PURPOSE BULK VESSEL
6800吨多用途散货船
LINE PLAN
型 线 图
WESTERN CARRIER
HULL-No.: ZJIC2013
FINA DRAWING 完工图纸
ZJIC4213
1:100
1/1
2013.02.12.
浙江交通职业技术学院船舶设计所
面积: 0.75 m²

附图1　型线图